U0255507

国家出版基金项目
NATIONAL PUBLICATION FOUNDATION

"十三五"国家重点图书出版规划项目
中国特色畜禽遗传资源保护与利用丛书

豁　眼　鹅

王宝维　著

中国农业出版社

北　京

图书在版编目（CIP）数据

豁眼鹅 / 王宝维著 . —北京：中国农业出版社，
2020.1
（中国特色畜禽遗传资源保护与利用丛书）
国家出版基金项目
ISBN 978 - 7 - 109 - 26698 - 8

Ⅰ.①豁…　Ⅱ.①王…　Ⅲ.①鹅—饲养管理　Ⅳ.
①S835.4

中国版本图书馆 CIP 数据核字（2020）第 046096 号

　　内容提要：本书共 13 章，内容包括品种来源与形成过程、品种保护与利用、品种选育与种质特性、品种繁育技术、选种选配技术、人工孵化技术、常用饲料与营养需要、饲养管理技术、疾病诊断与防治、卫生防疫制度、养殖场废弃物处理和利用、鹅舍建造与设备。本书系统介绍了豁眼鹅的起源、形成历史、品种资源保护利用和生产关键技术，内容丰富、深浅适宜，具有一定的理论和学术价值，适合作为高等院校、科研单位等部门科技工作者，以及从事鹅业生产技术人员的学习参考资料。

中国农业出版社出版
地址：北京市朝阳区麦子店街 18 号楼
邮编：100125
责任编辑：肖　邦　　文字编辑：耿韶磊
版式设计：杨　婧　　责任校对：沙凯霖
印刷：北京通州皇家印刷厂
版次：2020 年 1 月第 1 版
印次：2020 年 1 月北京第 1 次印刷
发行：新华书店北京发行所
开本：720mm×960mm　1/16
印张：21.5　　插页：4
字数：369 千字
定价：145.00 元

版权所有·侵权必究
凡购买本社图书，如有印装质量问题，我社负责调换。
服务电话：010 - 59195115　010 - 59194918

丛书编委会

主　　任	张延秋　王宗礼
副 主 任	吴常信　黄路生　时建忠　孙好勤　赵立山
委　　员	（按姓氏笔画排序）

王宗礼	石　巍	田可川	芒　来	朱满兴
刘长春	孙好勤	李发弟	李俊雅	杨　宁
时建忠	吴常信	邹　奎	邹剑敏	张延秋
张胜利	张桂香	陈瑶生	周晓鹏	赵立山
姚新奎	郭永立	黄向阳	黄路生	颜景辰
潘玉春	薛运波	魏海军		

执行委员	张桂香　黄向阳

本书编写人员

著　者　王宝维

审　稿　李慧芳

　　我国是世界上畜禽遗传资源最为丰富的国家之一。多样化的地理生态环境、长期的自然选择和人工选育，造就了众多体型外貌各异、经济性状各具特色的畜禽遗传资源。入选《中国畜禽遗传资源志》的地方畜禽品种达500多个、自主培育品种达100多个，保护、利用好我国畜禽遗传资源是一项宏伟的事业。

　　国以农为本，农以种为先。习近平总书记高度重视种业的安全与发展问题，曾在多个场合反复强调，"要下决心把民族种业搞上去，抓紧培育具有自主知识产权的优良品种，从源头上保障国家粮食安全"。近年来，我国畜禽遗传资源保护与利用工作加快推进，成效斐然：完成了新中国成立以来第二次全国畜禽遗传资源调查；颁布实施了《中华人民共和国畜牧法》及配套规章；发布了国家级、省级畜禽遗传资源保护名录；资源保护条件能力建设不断提升，支持建设了一大批保种场、保护区和基因库；种质创制推陈出新，培育出一批生产性能优越、市场广泛认可的畜禽新品种和配套系，取得了显著的经济效益和社会效益，为畜牧业发展和农牧民脱贫增收作出了重要贡献。然而，目前我国系统、全面地介绍单一地方畜禽遗传资源的出版物极少，这与我国作为世界畜禽遗传资源大国的地位极不相称，不利于优良地方畜禽遗传资源的合理保护和科学开发利用，也不利于加快推进现代畜禽种业建设。

为普及对畜禽遗传资源保护与开发利用的技术指导，助力做大做强优势特色畜牧产业，抢占种质科技的战略制高点，在农业农村部种业管理司领导下，由全国畜牧总站策划、中国农业出版社出版了这套"中国特色畜禽遗传资源保护与利用丛书"。该丛书立足于全国畜禽遗传资源保护与利用工作的宏观布局，组织以国家畜禽遗传资源委员会专家、各地方畜禽品种保护与利用从业专家为主体的作者队伍，以每个畜禽品种作为独立分册，收集汇编了各品种在管、产、学、研、用等相关行业中积累形成的数据和资料，集中展现了畜禽遗传资源领域最新的科技知识、实践经验、技术进展与成果。该丛书覆盖面广、内容丰富、权威性高、实用性强，既可为加强畜禽遗传资源保护、促进资源开发利用、制定产业发展相关规划等提供科学依据，也可作为广大畜牧从业者、科研教学工作者的作业指导书和参考工具书，学术与实用价值兼备。

丛书编委会

2019 年 12 月

序言

　　我国是世界畜禽遗传资源大国，具有数量众多、各具特色的畜禽遗传资源。这些丰富的畜禽遗传资源是畜禽育种事业和畜牧业持续健康发展的物质基础，是国家食物安全和经济产业安全的重要保障。

　　随着经济社会的发展，人们对畜禽遗传资源认识的深入，特色畜禽遗传资源的保护与开发利用日益受到国家重视和全社会关注。切实做好畜禽遗传资源保护与利用，进一步发挥我国特色畜禽遗传资源在育种事业和畜牧业生产中的作用，还需要科学系统的技术支持。

　　"中国特色畜禽遗传资源保护与利用丛书"是一套系统总结、翔实阐述我国优良畜禽遗传资源的科技著作。丛书选取一批特性突出、研究深入、开发成效明显、对促进地方经济发展意义重大的地方畜禽品种和自主培育品种，以每个品种作为独立分册，系统全面地介绍了品种的历史渊源、特征特性、保种选育、营养需要、饲养管理、疫病防治、利用开发、品牌建设等内容，有些品种还附录了相关标准与技术规范、产业化开发模式等资料。丛书可为大专院校、科研单位和畜牧从业者提供有益学习和参考，对于进一步加强畜禽遗传资源保护，促进资源可持续利用，加快现代畜禽种业建设，助力特色畜牧业发展等都具有重要价值。

中国科学院院士
中国农业大学教授　吴常信

2019 年 12 月

前言

　　豁眼鹅又称五龙鹅、疤瘌眼鹅或豁鹅，为中国白色鹅种的小型品变种之一，原产于山东莱阳五龙河流域。经选育的豁眼鹅具有产蛋多、抗逆性强、耐粗饲等特点，已经成为世界上繁殖性能最高的鹅种之一，在我国鹅产业发展中起到了重要作用。

　　光阴似箭，日月如梭。转眼间，豁眼鹅品种资源调查、保种、品种选育利用工作开展已有40余载。这难忘的光阴岁月，成为历史上重要的里程碑——既寄托了老一辈家禽学专家们的期望，又体现了他们的聪明才智和远见卓识，还蕴藏了后生们不负众望、前赴后继、团结协作的精神。在这里特别感谢我的大学老师——青岛农业大学（原莱阳农学院）高英美教授，是他提醒我一定保住当时即将灭绝的豁眼鹅品种，没有他的谆谆叮嘱，就不会有我从事豁眼鹅保种、育种和配套技术研究的奋斗生涯；还要感谢各级职能部门多年来给予的科研立项支持；也特别感谢国家水禽产业技术体系岗位科学家、山东农业大学习有祥教授和国家水禽产业技术体系沈阳综合试验站站长、辽宁省农业科学院赵辉研究员等专家对本书撰写给予的大力支持；最后，还要感谢青岛农业大学优质水禽研究所科研团队的师生们，是他们积极配合和奋力拼搏才获得了一个又一个成果和荣誉。

1

迄今为止，国家水禽产业技术体系营养与饲料研究室、青岛农业大学优质水禽研究所科研团队，对豁眼鹅品种资源保护、种质特性、品种选育、饲料营养价值评定、营养需要量、饲养技术、养殖模式、生态营养等方面进行了较为全面系统的研究；主持参加了国家、省级科研项目 30 多项，获省部级科技进步奖一等奖 2 项、二等奖 5 项，获全国农牧渔业丰收奖二等奖 1 项，获国家发明专利 48 项，发表学术论文 400 多篇，编写著作和教材 20 部，主持制定国家标准、行业标准和地方标准 15 项，为鹅产业快速发展提供了重要技术支撑。

本书共有 13 章，系统介绍了豁眼鹅的起源、形成历史、品种资源保护利用、品种选育和配套生产关键技术，并附有相关照片。内容丰富，系统性强，深浅适宜。多数技术不仅适用于豁眼鹅，而且适用于其他品种，对指导我国鹅生产和历史研究具有重要参考价值和学术价值，是一部难得的鹅业生产专著，期望对广大读者有所裨益。

鉴于笔者的才学水平有限，书中疏漏和欠妥之处在所难免，敬请广大读者斧正。

王宝维

2019 年 9 月

目
录

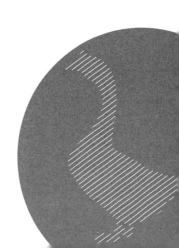

第一章
豁眼鹅品种来源与形成过程

第一节　品种来源与形成

一、品种来源

豁眼鹅又称“五龙鹅”“豁鹅”“疤瘌眼鹅”，为中国白色鹅种的小型品变种之一，具有产蛋多、繁殖力强、抗逆性强、耐粗饲、抗病力强等特点。原产于山东莱阳，因集中产区地处五龙河流域故名“五龙鹅”。主产于莱阳、海阳、莱西等地，分布于山东半岛栖霞、乳山、即墨、平度、胶州和胶南等周边地区。《莱阳县志》记载，该鹅经闯关东者带至东北各省，现广泛分布于山东、辽宁、吉林以及黑龙江等地，并各具特色。

二、品种形成与发展

据山东省《莱阳县志》记载，山东莱阳地区已有400多年的养鹅历史。莱阳编修地方志始于明朝，明万历八年（1580）知县程时建组织编纂的《莱阳县志》中有“其水禽，观似鹤，而顶不丹头赤……曰雁、曰鸨”的描述。1933年，县长梁秉锟组织人员编修的《莱阳县志》有闯关东者将当地鹅带至东北各省进行饲养的记载。

豁眼鹅在各地区风土驯化和人工选择过程中，已形成各自的特点并有不同名称。1977年7月，山东省农业厅调查家禽地方品种资源时发现了这个品种。1978年，在山东胶州县召开的山东省家禽育种会议上，因豁眼鹅在五龙河流域饲养分布最多、最广，故命名为“五龙鹅”。1982年，受《中国家畜家禽品种志》编委会委托，由山东、辽宁、黑龙江等省组成调查组，经过调查核实，

一致认为山东五龙鹅、辽宁豁鹅、吉林疤瘌眼鹅为同种异名,根据鹅上眼睑"豁口"特征将"五龙鹅"和东北三省的"豁鹅"统称为"豁眼鹅"。该品种相继编入《家禽学》《山东省家禽地方品种资源汇编》以及《畜禽品种志》等教材和专著。1979 年 10 月,在莱阳县建立了原种场,组织莱阳县畜牧主管部门和莱阳农学院,对豁眼鹅进行了一系列的调查和品种选育提纯工作。

辽宁省昌图地区素有养鹅习惯,但原有鹅群生产性能低。1958 年前后,当地群众在改良本地鹅的摸索中发现,上眼睑有豁口的小型鹅产蛋多,便自发选留,逐渐形成了昌图豁眼鹅。

三、品种形成的自然条件

豁眼鹅的原产地莱阳市位于胶东半岛中部,地理坐标为东经 120°31′—120°59′12″,北纬 36°34′10″—37°9′52″。东临海阳市,西接莱西市,北界栖霞、招远两市,南邻即墨区,东南隅濒黄海丁字湾。

莱阳地形为低山丘陵区,境内河流因地势北高南低,多为北源南流。500 m 以上的河流、沟溪共 187 条,其中流长 15 km(境内流长 9 km)以上的河流 13 条,内有 11 条归为五龙河水系,西部有 2 条归为莱西境内的大沽河水系。五龙河水系中的五龙河,为胶东第一大河流。上游有白龙河、蚬河、清水河、墨水河、富水河五大支流,在五龙村附近的峡口汇聚后始称五龙河。在其南下流径中有嵯阳河、玉带河、金水河,然后流入黄海丁字湾。莱阳气候属暖温带亚湿润气候区,四季分明。水利资源丰富,尤以五龙河水系为主,沿河两岸土地肥沃,是粮食、水果的主要产区。农作物主要有小麦、玉米、甘薯、花生等。

第二节　品种特征和性能

一、体型外貌特征

豁眼鹅体型小而紧凑,颈细长,呈弓形,体躯为椭圆形,背平宽,胸突出。全身羽毛白色,少数个体羽毛带有黑色或灰色斑点。皮肤白色。头顶有圆而光滑的肉瘤,颌下偶有咽。喙、肉瘤、跖和蹼均为橘黄色。眼睑淡黄色,虹彩灰色,多数个体有"豁眼"特征,即上眼睑边缘的后上部断开一个缺口,下眼睑完整无缺,使其眼部呈三角形。颈中等长,前伸似弓。

公鹅体型较母鹅高大雄壮，头颈粗大，肉瘤突出，前躯挺拔高抬；母鹅体躯细致紧凑，羽毛紧贴，腹部丰满略下垂，有1～2个皱褶，俗称"蛋窝"。雏鹅全身绒毛呈黄色。

二、体重和体尺

300日龄豁眼鹅体重、体尺各项指标详见表1-1。

表1-1 300日龄豁眼鹅体重、体尺

性别	体重 (kg)	体斜长 (cm)	半潜水长 (cm)	颈围 (cm)	颈长 (cm)	喙宽 (cm)	盆骨宽 (cm)	胸宽 (cm)	胸深 (cm)	胸围 (cm)	胸骨长 (cm)	跖长 (cm)	跖围 (cm)
公鹅	4.40± 0.60	26.63± 0.84	77.26± 3.63	12.26± 0.65	27.31± 1.39	3.09± 0.12	10.74± 0.84	12.46± 0.64	12.08± 0.66	46.54± 1.71	16.91± 0.66	7.94± 0.46	5.35± 0.27
母鹅	3.65± 0.30	24.61± 1.19	68.77± 2.73	10.83± 0.59	23.78± 1.48	2.83± 0.12	9.96± 0.38	11.62± 0.69	10.67± 0.53	44.00± 2.16	15.92± 0.41	7.33± 0.43	4.93± 0.19

注：本资料来源于青岛农业大学优质水禽研究所育种基地，测定时间为2016年，分别测定公、母鹅各30只的平均数。

三、繁殖性能

农村有"百日赶母"的说法，因其产蛋个数与鸡差不多，故又称"鸡鹅"。母鹅一般在31周龄开始产蛋。在旱养条件下种蛋受精率为85%～90%，在有水面养殖条件下，受精率最高达95%。受精蛋孵化率为85%～90%。年产蛋量为30～100个。每年立春前后开始产蛋，一般每2d产1个蛋，在春末夏初产蛋旺期还能3d产2个，秋末换羽也不停产，待主翼羽脱换时，才开始短期停产。在一般条件下，第1年产蛋量较少，第2～3年产蛋量最多，4年以后开始下降。经长期选择，该鹅基本无就巢性。种鹅利用年限：母鹅为3～4年，公鹅为2～3年。一般8—9月开始换羽。低产鹅换羽较早，换羽期较长，约需3个月。高产鹅换羽较晚，换羽迅速，只需1个月左右。蛋重为130～140g。蛋壳白色。

四、产肉性能

300日龄全净膛重：公鹅为2310g，成年母鹅为2050g。1～49d饲料转化率为2.40∶1，骨肉比5.90∶1。肌肉主要化学成分和氨基酸含量详见表1-2。

表 1-2 肌肉常规化学成分和氨基酸含量

性别	部位	水分 (%)	干物质 (%)	蛋白质 (%)	脂肪 (%)	灰分 (%)	氨基酸（每100 g鲜肉样，g）	
							必需氨基酸	非必需氨基酸
公鹅	胸肌	70.90±0.91	29.10±0.12	23.66±0.33	4.35±0.06	1.07±0.01	9.67	10.39
	腿肌	72.48±0.58	27.52±0.01	23.12±0.18	3.45±0.08	1.03±0.01	9.63	11.20
母鹅	胸肌	72.92±1.12	27.08±0.40	22.35±0.73	3.63±0.18	1.04±0.02	8.70	9.10
	腿肌	73.91±1.29	26.09±0.15	22.17±0.48	3.30±0.05	0.89±0.02	8.54	9.20

注：本资料来源于青岛农业大学优质水禽研究所育种基地，测定时间为 2016 年，分别测定公、母鹅各 30 只的平均数。

第二章
豁眼鹅品种保护与利用

第一节　品种保护

目前，在山东莱阳、莱西、高密、即墨等地均有保种场和繁育场。莱阳有 6 个保种点，规模达 2 万只。由于豁眼鹅保种规模较大，分布范围广，近交系数上升较慢，迄今为止没有引入外血。1979 年，辽宁昌图建成了 2 个豁眼鹅原种场，2003 年又建成辽宁省豁眼鹅原种场，隶属于辽宁省家畜家禽遗传资源保存利用中心，2008 年被农业部确定为"国家级畜禽品种资源保护场"；组成 50 个家系的保种群。1998 年，成立了"青岛农业大学优质水禽研究所"和"豁眼鹅原种繁殖基地"，主要开展了以下 4 个阶段的工作：第 1 个阶段为豁眼鹅种质资源调查、搜集和保存；第 2 个阶段开展了蛋用系选育；第 3 个阶段开展了快长系选育；第 4 个阶段是品种（品系）配套利用阶段。

豁眼鹅 1989 年收录于《中国家禽品种志》，2000 年列入《国家畜禽品种保护名录》，2006 年列入《国家畜禽遗传资源保护名录》。2008 年 4 月国家标准《豁眼鹅》（GB/T 21677—2008）发布。2013—2016 年，"小型豁眼鹅快长系"连续 4 年被农业部办公厅推介为农业主导品种。

第二节　品种资源开发利用

一、品种资源现状

山东省豁眼鹅原产地莱阳存栏量：1949 年约 4 万只；20 世纪 60 年代达

8万～9万只；70年代达10万～21万只；1995年达73.1万只；1999年达38.9万只；2007年达34.9万只。截至2018年，已建立了10处良种繁育基地，豁眼鹅核心群规模6000只，已推广到全国20多个省份，每年推广父母代种鹅共30万～35万套，商品代1500万～1800万只，促进了农村经济的产、供、销一体化发展。截至2017年底，辽宁中心产区的铁岭市昌图县及周边地区，豁眼鹅种鹅存栏量约35万只，年饲养量在800万只左右。

二、开发利用价值

从20世纪90年代开始，青岛农业大学等单位开始了豁眼鹅品种和配套系选育工作，主要沿两个方向选育，一个是蛋用系；另一个是快长系。然后将形成的纯系进行扩群提高，最后建立一个稳定的良种核心群和良种繁育群。经选育的小型豁眼鹅快长系具有繁殖力高和生长速度快两方面的优点，是优秀的肉鹅配套杂交母本。小型豁眼鹅快长系繁育推广，解决了我国肉鹅良种产业化实施过程中鹅品种繁殖力低的关键问题，符合我国发展节粮高效畜牧业的总战略的需要。

为评估豁眼鹅作为父本的杂交利用效果，辽宁省农业科学院草牧业研究所开展了以豁眼鹅为父本的肉鹅杂交模式研究。试验以豁眼鹅为父本，四川白鹅为母本，测定两者和杂交后代在1～10周龄体重，并在10周龄测定体尺及屠宰性能。结果表明，杂交鹅在体重指标上优于其他纯系，但并未表现出显著差异（$P > 0.05$）；在屠宰性能方面，杂交鹅的全净膛重和胸肌率优于纯系母鹅，且与豁眼鹅差异显著（$P < 0.05$）或极显著（$P < 0.01$）。在体尺指标方面，豁眼鹅、四川白鹅和杂交鹅存在不同程度的差异，其中杂交鹅的体斜长、胫长、胫围、潜水长等指标均高于纯系（$P < 0.05$）。由此可见，豁眼鹅可作为杂交利用的父本。

三、开发利用现状

豁眼鹅经过长期选育形成了抗逆性强、体型外貌一致、产蛋量高和耐粗饲的优良地方良种。选育的蛋用系产蛋量达到100个/年以上，最高达120个/年，种蛋受精率达到95%，受精蛋孵化率达到93%以上，具有良好的繁殖性能。2002年，"五龙鹅（豁眼鹅）品种选育"获山东省科技进步奖一等奖和全国农牧渔业丰收奖二等奖。选育的快长系除了具有较高的繁殖能力之外，还具有适应性强、生长速度快等特点，弥补了原五龙鹅生长速度慢的缺陷。该鹅产蛋量为92个/年，种蛋受精率为93%，孵化率为90%；成年体重公鹅为5 kg，母鹅为4 kg；商品雏鹅4周龄成活率为96%以上；8周龄体重为3 kg以上，饲料转化率为2.3∶1。经选育的五龙鹅（豁眼鹅）快长系是优秀的肉鹅配套杂交母本，与重型或中型鹅配套杂交，能够表现出良好的配套杂交效果。成功解决了我国肉鹅良种产业化实施过程中繁殖力低的制约因素。目前，拥有良种繁殖群达20万只以上，核心群6 000只，每年能够推广父母代种鹅共109万套，商品代2 880万只以上，大大优化了我国鹅良种繁育体系，增加了农民收入。

在良种配套技术推广方面，针对选育配套系的特点，制定了品种标准、生产与繁育技术规程、建议体重与喂料标准、生产性能标准等。通过大量的饲养与代谢试验，评价了鹅常用饲料营养价值，制定了饲养标准，推广了20多套商品鹅和种鹅饲料配方与预混料配方。开展了农业副产品、牧草等非常规饲料营养价值评定与利用技术研究工作，提出了科学利用方法。开展了鹅反季节高繁技术和鹅旱地养殖技术研究。通过标准化鹅舍的设计，探索了舍饲种鹅的可行性与配套技术，为旱养种鹅提供技术支撑。研究出通过营养、光照和环境温度等因素调控诱导鹅快速换羽技术。上述技术已推广到全国多个地区，并在企业进行了成果转化。

豁眼鹅良好的适应性及杂交效果得到了社会的广泛认可，已被江苏、河南和东北三省等地引进饲养，主要用于品种配套生产。本品种开发推广过程中，大力普及了良种配套技术，提高了我国养鹅业的总体生产技术水平。烟台地区118个乡镇示范区良种推广度达98%，威海、青岛、潍坊等胶东地区73个乡镇示范区推广度达90%，滨州、济宁、日照、临沂等区市的73个乡镇示范区推广度达85%以上，东北三省等示范区推广度达50%以上，对加快我国鹅良种产业化步伐和促进畜牧生产结构调整起到了积极推动作用。

四、品种产业化发展思路

目前，国内外肉鹅产业化生产中普遍存在着种鹅繁殖力低的问题，实施链条化生产较为困难，培育的豁眼鹅对促进我国鹅产业发展具有重要作用。今后产业化发展思路：一是利用选育的快长系具有良好的繁殖性能和配套杂交效果，同大型或中型鹅进行配套杂交，提高商品鹅的增重速度，增加种鹅鹅苗繁殖数量，解决肉鹅产业化良种繁殖力低的问题。二是利用豁眼鹅体型小，运动灵活，适合放牧或林地养殖的特点，发展林地或果园除草养殖模式，解决劳动力不足问题。三是利用豁眼鹅产蛋量高、用料少、蛋重适中等特点，发展鹅蛋产业化生产。借鉴胶东半岛多数养殖场采用该鹅种生产鹅蛋满足市场需求的经验，拓宽产品利用途径。四是创新品种资源保护利用机制，维护良种选育推广发展生态环境。

第三章
豁眼鹅品种选育与种质特性

初期的豁眼鹅无系统的选育和品种保护，毛色混杂，标志性特征不一致，生产性能参差不齐，且忽高忽低不稳定，个体大小差异显著。自 1978 年在山东省家禽地方良种选育座谈会上，该鹅被确定为"烟台五龙鹅"后，青岛农业大学（原莱阳农学院）开始重视对这一高产蛋量鹅品种的选育工作。1979 年10 月，在莱阳建立了原种场，相关部门组织莱阳有关专家专门对五龙鹅进行了一系列的扩繁和良种选育工作，进一步提高五龙鹅的数量和质量。1998 年，山东省组织有关专家对包括五龙鹅在内的地方优良禽品种资源进行调查评估后，确定了关于实施"优良地方禽品种的保护和利用"的必要措施。由莱阳农学院为主承担"五龙鹅的良种保护和利用"的课题研究。1998 年，山东省建成了莱阳市五龙鹅原种繁殖基地，并依托莱阳农学院成立了山东省优质水禽研究所，对这一地方优良品种开始了全方位地保护和开发利用。

30 多年来，豁眼鹅的品种选育过程可分为 2 个阶段。第 1 个阶段为豁眼鹅种质资源调查与初步的品种选育工作。在对豁眼鹅品种种质特性的评定工作中，测定了大量的生产性能指标数据，进行了遗传基础分析以及生理生化指标、繁殖特性等内容测定，同时开始组群对豁眼鹅有目的地进行家系选育，取得了显著成效。第 2 个阶段是进行品系的建立与选育，采用了分子标记手段进行分子育种工作。根据豁眼鹅的突出特点和生产用途来进行定向选育，通过DNA 分子遗传标记来进行辅助标记育种，加快了遗传进展。

第一节　品种选育

一、育种目标

以分布于五龙河流域的豁眼鹅作为研究对象，经过长期的组群选择、选育

提高，主要采用家系选育和闭锁选育的方法，结合分子标记等先进的育种手段，选育出纯白色的，具有豁眼特征的，体型小、产蛋量高、抗病力强、早期生长发育速度快，适应性广的优良的地方鹅品种。要求鹅品种具有颈细长、体型紧凑、胸高腹大、呈流线型、肉质好、孵化率高的特点，杂交改良效果明显。

根据豁眼鹅的外貌特征和现有的生产性能水平及其本身的特点确定了以下选育目标：年产蛋量 100 个以上，蛋重平均为 130 g，种蛋受精率 85% 以上，受精蛋孵化率 85% 以上，4 周龄育雏期成活率 95% 以上，产蛋期成活率 95% 以上，商品代仔鹅 56 日龄体重 3 000 g 以上，商品代仔鹅 56 日龄饲料转化率 2.6:1（含粗饲料），商品代仔鹅 56 日龄成活率 95% 以上，豁眼鹅种群规模 10 000 只以上，综合开发效益提高 15%，每年推广良种 10 万只以上。

二、技术路线

首先根据预先制定的标准进行鹅个体的选择，并对豁眼鹅的生产性能、生长发育、种蛋受精率、孵化率等指标进行实验研究与测定，组建选育群进行选育，通过不同群体选育后，产生理想型个体，再经过繁殖选择形成一世代，再采用群体继代选育法，经过 4 个世代闭锁选育稳定其遗传性能，形成一个具有某些特点的群体结构（独立群）。再选取以上理想型的群体，根据需要进行家系或类群间杂交。杂交方式可以是两两杂交，再杂交也可以两群体杂交后，再与第 3 个群杂交。杂交后可以沿两个方向选育，一个是蛋用系，另一个是快长系，并按各自方向进行 5～6 个世代选育，形成纯系。然后将形成的纯系进行扩群提高，不断纯化，提高质量和扩大良种群，最后建立一个稳定的良种核心群。

1. 组建核心群　在外形特征选择的基础上，选择品种特征明显、健康的公母鹅进行性能测定，根据性能测定的结果，确定组合家系，并在此基础上分别建立蛋用系和快长系。目的是在豁眼鹅品种内选优提纯，获得外形一致、性能整齐的纯系。按照公母鹅比例 1:5 组成不少于 100 个家系。

由于豁眼鹅前期选择主要以外形为主，因而个体间生长发育和生产性能差异较大。为此，采用闭锁的群体继代选育法，实行不同品系的同质组群，即选择产蛋量高的个体组成蛋用系；生长发育快，体型大的个体组成快长系。为了使基础群具有更广泛的遗传基础，基础群内的个体近交系数均为零。

2. 世代选育　基础群组建后，采用群体继代选育法进行闭锁选育。在选育过程中，严格按照选种要求进行选种，每个世代选种方法和选种标准均保持一致，群体量和公母鹅比例保持不变。留种个体进行家系内多性状综合选择，实行各家系等量留种，保持每个家系在世代选育中都留有个体，以确保遗传基础的丰富和稳定。

3. 体型外貌选择方法与标准　蛋用系留种个体的选择：第一，种蛋选择。据亲本的生产性能，选开产早、产蛋频率高、蛋大母鹅产的蛋作为种蛋。第二，雏鹅的选择。选蓝眼，脖子细，黄色，毛长，性情活泼，腹部柔软，卵黄吸收良好，无钉脐的雏鹅进行称重、编号、记录，留作育成后备鹅。第三，月龄选择。生长发育好，体型紧凑，结构匀称，全身被毛白色无杂，喙、肉瘤、胫和蹼橘黄色，无花斑，才能进入基础鹅群。第四，产前再选一次，将不合格的和后期发育不良的剔除掉。对种公母鹅的鉴定，实行百分制，以分数决定种公母鹅的去留。快长系留种个体的选择：以初生重、30 d 体重、60 d 体重、6月龄体重及 8 月龄体重进行综合选择。

4. 选配方案　选配的具体方法主要是采用家系间随机交配。个别优秀家系适当采用一定程度的近交，以促进优良基因的纯合和性状的固定。

三、实施效果

1. 良种繁育体系建立　到 2002 年已建立育种核心群 5 000 只，良种繁殖群 30 万只以上。初步建立起豁眼鹅良种繁育体系，改变了传统的自繁自养的繁育模式，有效地防止了退化（图 3-1）。

图 3-1　青岛农业大学豁眼鹅育种基地

2. 体型外貌选育结果 经选育提纯的鹅以羽毛白色为标准羽色。少数个体羽毛带有黑色或灰色斑点。皮肤黄白色。骨骼黄白色。头部大小适中,顶端有圆而光滑的肉瘤,颌下偶有咽。喙、肉瘤、胫和蹼均为橘黄色。眼睑淡黄色,虹彩为灰色,多数个体有"豁眼"特征,即上眼睑边缘的后上部断开一个缺口,下眼睑完整无缺,使其眼部呈三角形。眼睑淡黄色,两眼上眼睑处均有明显的豁口,其中双豁比例为87%,左豁为2%,右豁为3%(合计豁眼比例为92%)。颈中等长,前伸似弓。公鹅体型较母鹅高大雄壮,头颈粗大,肉瘤突出,前躯挺拔高抬;母鹅体躯细致紧凑,羽毛紧贴,腹部丰满略下垂,有1~2个皱褶,俗称"蛋窝"。20%成年鹅有顶心毛。

3. 生产性能选育结果

(1)蛋用系选育结果 2002年豁眼鹅蛋用系培育成功,经过选育的豁眼鹅产蛋量为110个/年,受精率为95%(有水塘),孵化率为93%,雏鹅成活率达98%。7周龄体重达2 639 g、饲料转化率为2.33∶1。为我国鹅规模化孵化及产业化生产奠定了良好基础。

国家水禽产业技术体系沈阳综合试验站赵辉科研团队与核心示范企业彰武县隆江牧业科技开发有限公司和海城正丰牧业有限公司合作建成的豁眼鹅育种基地,针对东北地区豁眼鹅生产性能退化比较严重的问题,以东北三省豁眼鹅作为育种素材,建立了育种核心群,存栏量为5 000只。目前已经进行了6个世代选育,主要选育进展见表3-1至表3-3。

表3-1 豁眼鹅10周龄体重和体尺进展情况

指标	2016 年		2011 年	
样本量（只）	公（50）	母（50）	公（30）	母（30）
10 周龄体重（g）	3 087.56±23.47	2 843.67±21.23	2 612.00±105.24	2 438.13±90.46
体斜长（cm）	29.30±1.23	28.53±1.02	30.22±0.18	29.00±0.13
胸宽（mm）	102.72±6.81	100.23±5.31	111.8±0.7	109.2±0.6
胸深（mm）	65.60±3.22	62.51±4.29	70.1±0.6	70.3±0.04
龙骨长（mm）	125.36±9.70	118.08±8.62	126.8±0.9	120.9±0.7
骨盆宽（mm）	64.64±5.19	61.90±4.43		
胫长（mm）	114.9±4.10	109.78±4.87	108.9±0.5	104.7±0.5
胫围（cm）			4.73±0.03	4.55±0.02
半潜水长（cm）	69.77±2.50	66.81±2.38	68.64±1.38	65.19±0.48

注:资料来源于国家水禽产业技术体系沈阳综合试验站。

表 3-2　豁眼鹅 300 日龄体重与体尺选育进展

指标	公鹅	母鹅
样本量（只）	10	10
初生重（g）	70～77.7	68.4～78.5
体斜长（cm）	30.65	29.07
胸宽（cm）	11.92	9.10
胸深（cm）	10.80	8.71
龙骨长（cm）	17.5	15.13
骨盆宽（cm）	11.10	10.68
颈长（cm）	27.10	26.27
嘴宽（cm）	2.66	2.74
成年体重（g）	3 750	3 250

注：资料来源于国家水禽产业技术体系沈阳综合试验站。

表 3-3　豁眼鹅 5 个世代的选育进展

组别	入舍鹅产蛋数（个）	高峰期产蛋率（%）	种蛋受精率（%）	受精蛋孵化率（%）
2017 年豁眼鹅第 5 世代	94.7	96.8	91.0	80.2
2016 年豁眼鹅第 4 世代	78.9	87.0	88.3	83.0
2015 年豁眼鹅第 3 世代	76.5	86.0	89.0	80.0
2014 年豁眼鹅第 2 世代	73.0	88.0	87.0	85.2
2013 年豁眼鹅第 1 世代	64.5	90.0	93.1	68.3
2012 年豁眼鹅基础群	54.2	89.6	97.0	94.8

注：豁眼鹅选留群入舍鹅产蛋数统计时间为每年的 4 月 1 日至 11 月 15 日；高峰期产蛋率统计时间为每年 4 月 1 日至 7 月 31 日；全期产蛋率统计时间为每年的 4 月 1 日至 11 月 15 日；种蛋受精率和受精蛋孵化率统计时间为每年的 6 月 10 日至 8 月 1 日。

　　（2）肉用系选育结果　针对国内外鹅产业化生产中普遍存在着种鹅繁殖力低的关键问题，青岛农业大学优质水禽研究所实行个体选择、家系选择与家系内选择相结合进行品系选育。从 2002 年开始，采用闭锁群体继代选育及分子遗传标记等手段，对已育成的豁眼鹅蛋用系，开展了早期生长速度的选育，提高其肉用性能；2008 年，又培育出豁眼鹅快长系。公鹅体重比原种提高 16.3%，母鹅提高 23.5%，6 周龄饲料转化率提高了 26.7%。各世代生产性能选育进展见表 3-4。豁眼鹅快长系外貌特征见图 3-2 至图 3-5。

表 3-4 各世代生产性能选育进展

项目	零世代	第 1 世代	第 2 世代	第 3 世代	第 4 世代	第 5 世代
种鹅产蛋量（个/年）	98	93	93	93	92	92
种蛋受精率（%）	93	93	93	92.5	92.5	92
孵化率（%）	91	91	92	91	91	91
雏鹅 4 周龄成活率（%）	96	96	97	97.5	97.6	97.6
8 周龄体重（kg）	2.5	2.7	2.8	2.9	2.9	3.0
6 周龄饲料转化率	3.0∶1	2.7∶1	2.5∶1	2.4∶1	2.3∶1	2.35∶1

注：资料来源于青岛农业大学优质水禽研究所育种基地，测定时间：2002—2006 年。

图 3-2 豁眼鹅快长系核心群分家系饲养

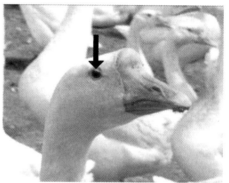

图 3-3 选育的快长系"豁眼特征"

图 3-4 经选育的豁眼鹅快长系公鹅

图 3-5 经选育的豁眼鹅快长系母鹅

4. 繁殖性能选育结果　母鹅一般在 31 周龄开始产蛋。种蛋受精率为 85%～90%，在有水面的条件下受精率最高达 95%。受精蛋孵化率为 85%～90%。日增重：1～49 d，公鹅为 55 g，母鹅为 50 g。年产蛋量为 90～100 个，最高产蛋量为 130 个，蛋重为 135～140 g。每年立春前后开始产蛋，一般每 2 d 产 1 个蛋，在春末夏初产蛋旺期还能 3 d 产 2 个，秋末换羽也不停产，待主翼羽脱换时，才开始短期停产。一般条件下第 1 年产蛋量较少，第 2～3 年产蛋量最多，5 年以后开始下降。经长期选择，该鹅基本失去就巢性。种鹅利用期：母鹅 4～5 年，公鹅 3～4 年。一般 8—9 月开始换羽。低产鹅换羽较早，换羽期较长，约需 3 个月。高产鹅换羽较晚，换羽迅速，只需 1 个月左右。

5. 生长性能选育结果　成年公母鹅屠宰体重：成年公鹅为 2 410 g，成年母鹅为 2 140 g。屠宰率为 73%。半净膛重：成年公鹅为 2 650 g，成年母鹅为 2 330 g。全净膛重：成年公鹅为 2 310 g，成年母鹅为 2 050 g。饲料转化率：1～49 d，2.40：1。骨肉比：5.90：1。肉品质分析表明，该鹅胸肌肉色较深，肌肉脂肪丰富，表明具有良好的育肥性能，高于太湖鹅和隆昌鹅。

6. 杂交利用效果　1983 年，莱阳县畜牧兽医站引进狮头鹅与豁眼鹅进行杂交试验，取得了一定的效果。一是通过人工授精和自然交配两种配种方式进行杂交，其结果是人工授精的受精率为 86.7%，个别批次达到 97% 以上，而自然交配的为 71.6%，个别批次达到 82% 以上，孵化率却只有 50% 多。二是对狮头鹅与豁眼鹅杂交一代生长发育进行了测定，结果是在舍养条件下，30 日龄体重是豁眼鹅的 2.91 倍，60 日龄体重是豁眼鹅的 2.15 倍，90 日龄是豁眼鹅的 1.59 倍。由此可见，狮头鹅与豁眼鹅杂交组合的亲和力强，杂种优势明显。三是进行了狮头鹅与豁眼鹅杂交一代填饲产肝试验，结果是狮头鹅与豁眼鹅杂交鹅在 4 月龄填肥，产肝效果较好，20 只填成 17 只，平均每只肝重 473 g，500 g 以上的占 61%，最大肝重 1 040 g。

另外，以豁眼鹅为母本，以皖西白鹅、莱茵鹅、朗德鹅为父本，进行不同杂交组合配合力测定。试验结果表明，以豁眼鹅为母本建立杂交配套系，生产肉仔鹅以莱茵鹅为最佳父本，莱茵鹅和豁眼鹅的一般配合力、特殊配合力都比较高，并且杂交一代的生长速度最快，60 日龄、70 日龄体重比豁眼鹅纯繁分别高 754 g 和 810 g，分别提高了 36.94% 和 35.42%。另外，皖西白鹅和豁眼鹅有正向杂交优势，杂种一代平均体重大于豁眼鹅纯繁。用太湖鹅、皖西白鹅、四川白鹅、豁眼鹅 4 个品种分别进行两两杂交。结果表明，杂交后代 60

日龄、70日龄活重只有以豁眼鹅为母本的3个杂交组合表现出杂种优势，其余组合的杂交效应均小于4个品种的平均纯繁效果。以上两个试验都说明了以豁眼鹅为母本较为合适，在配套系生产中可作为母系加以利用。

第二节　种质特性研究

一、数量性状间遗传相关与回归关系研究

王宝维等（2008）对豁眼鹅数量性状间遗传相关与回归关系进行了研究，获得以下研究结果：

1. 出壳雏鹅体型指标间相关与回归关系　种蛋大小与出壳重相关系数为 0.918 2，属强相关，差异极显著（$P<0.01$），说明种蛋越大，雏鹅的体重越大，利用 $Y=0.695\ 3X-7.692\ 7$ 回归方程可估测任意种蛋孵出的雏鹅出壳体重的大小。出壳重与胸围、胫围分别呈强相关，与胫长呈中等相关，这表明胚胎各项体型指标的生长发育具有同步性。

2. 早期（0～4周龄）体型指标间的相关与回归关系　出壳体重对4周龄的体重影响不大，随着日龄增长相关程度越来越大。出壳胸围、胫长、胫围与4周龄体重均呈强相关或中等相关。差异极显著（$P<0.01$），这说明雏鹅发育到4周龄时，体尺指标的发育与体重增长具有同步性。

3. 早期体重与20周龄体重的相关与回归关系　4周龄体重、5周龄体重、6周龄体重分别与20周龄体重均呈中等相关，差异极显著（$P<0.01$）。因此，可根据确定的回归方程，用前期的体重估测后期体重。

4. 20周龄体型指标间的相关与回归关系　20周龄体重与各项体尺指标呈中等相关，差异极显著（$P<0.01$）或显著（$P<0.05$）。这说明20周龄体重与体尺指标的发育也具有同步性。而20周龄髋宽与胸宽相关系数为0.276，呈弱相关，差异显著（$P<0.05$），这点更反映了豁眼鹅体型紧凑，蛋用性能良好的种质特性（表3-5）。

5. 产蛋期能量蛋白进食量与产蛋性状间的相关与回归关系　用 x_1 和 x_2 分别代表能量和蛋白进食量，用 x_3 和 x_4 分别代表平均日产蛋重和产蛋率。利用试验中统计资料，求出能量蛋白、日产蛋重和产蛋率间的零级相关系数，再用零级相关系数求出一级偏相关系数，再用一级偏相关系数求出各性状间的二级偏相关系数（表3-6）。

表 3-5　20 周龄体型指标间相关与回归关系

相关变量	测定只数（只）	相关系数（r）	相关程度	相关检验 P 值	相关检验 显著性	回归方程
体重-体长	57	0.506	中等	<0.05	显著	$Y=-5.547+2.711X$
体重-胫围	57	0.47	中等	<0.01	极显著	$Y=-1.183+2.821X$
体重-髋宽	57	0.43	中等	<0.01	极显著	$Y=0.477+1.188X$
体重-胸宽	57	0.404	中等	<0.01	极显著	$Y=-1.01+1.865X$
髋宽-胸宽	59	0.276	弱	<0.05	显著	

表 3-6　产蛋期能量蛋白进食量与产蛋性状间的相关与回归关系

相关变量	相关系数	显著性检验 P 值
能量-蛋白（x_1-x_2）	$r_{12.34}=0.5914$	<0.01
能量-平均日产蛋重（x_1-x_3）	$r_{13.24}=-0.8741$	<0.01
能量-产蛋率（x_1-x_4）	$r_{14.23}=0.1087$	>0.05
蛋白-平均日产蛋重（x_2-x_3）	$r_{23.14}=0.3997$	<0.01
蛋白-产蛋率（x_2-x_4）	$r_{24.13}=0.3714$	<0.05
平均日产蛋重-产蛋率（x_3-x_4）	$r_{34.12}=0.9730$	<0.01

（1）在固定平均日产蛋重与产蛋率的情况下，能量与蛋白进食量呈强的正相关，差异极显著（$P<0.01$），这说明能量与蛋白进食量随日粮采食量的多少，同步增减。

（2）在蛋白进食量与产蛋率固定的情况下，能量进食量与平均日产蛋重呈强的负相关，差异极显著（$P<0.01$），这说明豁眼鹅同其他家禽一样，具有为能而食的习性。在日粮中蛋白质水平保持不变的条件下，能量水平越高，鹅采食量降低，从日粮中摄取的蛋白减少，日产蛋重就越低。反之，则相反。因此，鹅的日粮也必须有恰当的蛋白能量比。

（3）在蛋白进食量与日产蛋重固定的情况下，能量进食量与产蛋率呈弱相关，差异不显著（$P>0.05$）。

（4）在能量进食量及平均日产蛋重固定的情况下，蛋白进食量与产蛋率呈较强的正相关，差异显著（$P<0.05$），这说明蛋白摄入量越多，产蛋率越高。

（5）在能量与蛋白进食量固定的情况下，平均日产蛋重与产蛋率呈极强的

正相关，差异极显著（$P<0.01$），说明产蛋量越高，平均日产蛋重就越高。

采用典型群随机抽样法选出 115 只 0～63 d 豁眼鹅快长系公鹅作为研究对象，运用 SAS 系统软件进行了体重与各个选择性状间的相关性分析。结果表明，蛋用系与快长系在体重、自然颈围、喙宽、自然胸围、胸骨长、胫长上差异极显著（$P<0.01$）。快长系的体重与半潜水长、喙宽、自然胸围、胫围均具有非常显著的正相关关系（$r_{体重/半潜水长}=0.456$，$r_{体重/喙宽}=0.446$，$r_{体重/自然胸围}=0.427$，$r_{体重/胫围}=0.403$）。快长系 13 d 与 49 d、13 d 与 63 d 体重间呈中等强度相关，49 d 与 63 d 体重呈强相关（$r=0.858$）；快长系豁眼鹅生长速度明显大于蛋用系，早期生长发育速度快，体型的紧凑性优于蛋用系，且胸、背部的发育速度也较快，已初步具有肉用鹅的体型特征。这对快长系豁眼鹅早期选种具有非常重要的意义。

二、肉用性能特性研究

王宝维等（2008）对选育的豁眼鹅快长系测定结果表明，180 日龄公母鹅的胸肌率分别为 16.6％和 13.3％，腿肌率分别为 15.2％和 12.2％。主要肉质指标，系水力指标胸肌为 73.4％，腿肌为 80.2％；嫩度（剪切力值）指标胸肌为 48.02 N，腿肌为 36.26 N；蛋白质含量胸肌为 23％，腿肌为 22.6％；肌间脂肪含量胸肌为 4％，腿肌为 3.4％；肌纤维直径胸肌为 31.9 μm，腿肌为 33 μm；屠宰率中等。胸肌肉色较深，具有水禽肌肉的典型特征，这一结果与鸡肉的特点相反。与中国鹅地方品种的产肉和肉质研究资料相比，豁眼鹅胴体产肉力居中等水平，胸腿肌率高于太湖鹅和隆昌鹅。在肉质方面，系水力、熟肉率高于四川白鹅，嫩度低于浙东白鹅和莲花白鹅。

三、分子标记筛选研究

（一）蛋用系及快长系体重与酶活力相关性研究

王宝维等（2006）对 3 月龄和 9 周龄蛋用系及快长系豁眼鹅血清中碱性磷酸酶（AKP）、酯酶（EST）及谷丙转氨酶（GPT）、乳酸脱氢酶（LDH）活力分别进行测定，比较了蛋用系和快长系豁眼鹅酶活力高低，分析酶活力与体重的表型相关。结果显示，豁眼鹅蛋用系与快长系体重存在显著差异，快长系体重在 7 周龄时比蛋用系提高了 10％；7 周龄时料重比和体增重差异显著；碱性磷酸酶活力差异显著，快长系碱性磷酸酶活力低于蛋用系；酯酶活力差异极显著，快长系酯酶活力低于蛋用系。相关分析发现，快长系 3 月龄体重与碱性磷酸酶活性相关性不显著，而蛋用系则呈中等程度的负相关（$r = -0.50$）；豁眼鹅快长系与蛋用系均与酯酶活性呈负相关，快长系则呈弱的负相关，蛋用系则呈强负相关（$r = -0.67$）。而谷丙转氨酶和乳酸脱氢酶活力差异不显著，但快长系谷丙转氨酶活力高于蛋用系，蛋用系乳酸脱氢酶活力高于快长系；两种酶活力公鹅有高于母鹅的趋势。相关性分析发现，两种鹅的谷丙转氨酶和乳酸脱氢酶活力与体重无一致的相关性，不同品系之间、公母之间结果差异较大，相关性不显著。由此表明，豁眼鹅 7 周龄时快长系体重极显著高于蛋用系（$P < 0.01$），早期生长发育速度快。

（二）相关酶遗传变异性研究

1. 酯酶遗传变异性研究　朱新产等 2003 年用改进的聚丙烯酰胺凝胶系统对豁眼鹅及杂交后代血液酯酶（Est）进行了遗传变异多态性检测，共检测到 Est 的 2 个区，对其中 Est-1 区进行表型、基因型和基因频率的统计及计算。在 Est-1 区检测到 A_1、A_2、A_3、B_1、B_2、B_3、C_1、C_2、C_3 带，这是一组不同位点的拟等位基因组，每个位点呈显/隐性遗传。即 Est-1 区为 Est-1 拟等位基因组，包括：①Est-1^{A_1} Est-1^{a_1}；②Est-1^{A_2} Est-1^{a_2}；③Est-1^{A_3} Est-1^{a_3}；④Est-1^{B_1} Est-1^{b_1}；⑤Est-1^{B_2} Est-1^{b_2}；⑥Est-1^{B_3} Est-1^{b_3}；⑦Est-1^{C_1} Est-1^{c_1}；⑧Est-1^{C_2} Est-1^{c_2}；⑨Est-1^{C_3} Est-1^{c_3} 9 个位点的显/隐性基因，若出现 1～9 条带的个体在 9 个等位位点上分别有 1～9 个显性基因，而无带显示时则 9 个位点均为纯隐性个体（可认为为 0 型）。豁眼鹅及杂交后代种在 Est-1 的表型、基因型和基因频率是不尽相同的，有的位点有明显的差异。这表明，豁眼鹅及杂交后代在 Est-1 中 C_1、C_2、C_3 带的表型、基因型和基因频率较高，而且与豁眼鹅豁眼性状特征一致相关，可作为构成豁眼鹅品种豁眼性状特征的 Est 生化分子标记（图 3-6）。

2. 豁眼鹅随机扩增多态 DNA 分析　朱新产等 2003 年利用 RAPD 技术研究豁眼鹅及杂交后代品种的遗传多样性和遗传进化关系，从 120 条随机引物中筛选出 16 条多态性丰富、重复性好、分辨率高的引物，对豁眼鹅及杂交种（脑基因组 DNA）进行检测分析。共扩增出近 150 条带，平均每条引物扩增出 9 条带，其中 90 多条带存在多态性，占 60%。豁眼鹅杂交后代及非豁眼鹅的

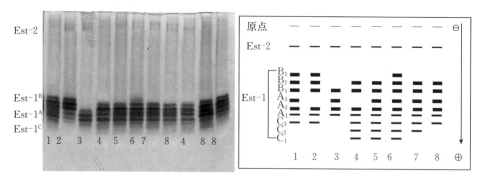

图 3-6 豁眼鹅及杂交后代 Est 同工酶谱带

等位基因条带出现差异变化（图 3-7），这些特征性条带可以作为豁眼鹅与非豁眼鹅的分子鉴定标记，为豁眼鹅杂交利用及品种选育提供有效辅助手段。

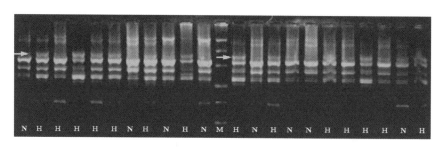

图 3-7　RAPD 技术分析鉴定豁眼鹅非豁眼鹅特异性条带

H. 豁眼鹅组　N. 非豁眼鹅组

3. 蛋白质遗传变异性研究　朱新产等 2003 年以地方特色品种豁眼鹅和隆昌鹅组合杂交、用 SDS-PAGE 对豁眼鹅及杂交后代的血液蛋白质进行多态分析。结果表明，在还原条件下，全血样品更能显示出蛋白质的多态变化，优化杂交后代豁眼鹅的蛋白质结构出现新的亚基组分 S1-S3；清蛋白（Alb）和转铁蛋白（Tf）受多等位基因支配，血液中转铁蛋白（Tf）泳动速度，快（F）带明显多于慢（S）带，其基因频率 Tf^A 高于 Tf^B。这种差异变化的频率直接或间接与生产性能相关。表明蛋白质表达多态变化差异，是地方特色鹅群体遗传分析、保种利用、选育、种质评价及杂交亲本选配的有效遗传标记。

4. 碱性磷酸酯酶遗传变异性研究　朱新产等 2003 年用改进的聚丙烯酰胺凝胶系统对豁眼鹅及杂交后代的血液碱性磷酸酯酶（AKP）进行遗传变异多态性分析，检测到 AKP 区（或位点），并对其进行了表型、基因型和基因频率的统计及计算。豁眼鹅及杂交后代中 AKP 表现为移动快的快（F）带型和迁移较慢的慢（S）带型，它们均由 3 条谱带组成，且第 2、3 条带的泳动距离基本相同，是 F 带、S 带的共有带，它们分别受显隐性等位基因 AKP 和 ASP（碱性丝氨酸蛋白酶）所决定。试验表明，FF 表型频率最高的是豁眼鹅，达到 0.966 0，其年产蛋个数均达 100 个以上，恰好符合快型（F）鸡产蛋能力强的研究结果。杂交后代 ASP 频率和 SS 表型频率逐渐增加，可向肉用品种发展。

5. 淀粉酶遗传变异性研究 朱新产等 2003 年用改进的聚丙烯酰胺凝胶系统对豁眼鹅及杂交后代的血液淀粉酶（Amy）进行遗传变异多态性检测，检测到 Amy-1 区（或位点），对其进行了表型、基因型和基因频率的统计和计算。在 Amy-1 位点检测到 AA、AB 和 BB 3 种类型，为 4 个共显性遗传的等位基因 Amy-1^A、Amy-1^B、Amy-1^C 和 Amy-1^D 控制，豁眼鹅及杂交后代中均明显呈现 4 条带，在 Amy-1 区，为两对共显性基因 Amy-1^A、Amy-1^B、Amy-1^C 和 Amy-1^D 控制，这与 Hashiguchi 和肖朝武等 Amy-1 位点有 4 个呈等显性遗传的等位基因（Amy-1^A、Amy-1^B、Amy-1^C、Amy-1^D）分别控制着 4 条酶带的说法相一致。AA 出现频率最少，但在杂交后代中逐渐增多，豁眼鹅及杂交后代 Amy-1^B 频率均大于 Amy-1^A。豁眼鹅 BB 型频率最多0.666 7。而杂交后代种 AB 型频率增高，达到 50%，其表达频率存在显著差异。因此，Amy 位点与生产性能的关系不能单一由哪一种基因型频率高低所完全决定，在选育地方特色种鹅时，考虑外貌体型和生产性能的同时，应检测其同工酶等位基因，以利用这种有效的生化标记进行系统的选育。

6. 微卫星 DNA 遗传多样性分析 朱新产等 2003 年利用 3 个微卫星标记，对 60 只豁眼鹅及杂交后代的 DNA 多态性进行检测，分析等位基因组成，计算各座位的基因杂合度和多态性信息含量。3 对微卫星引物共扩增出 9 个等位基因，平均基因频率为 0.333 3。3 个微卫星位点的平均杂合度（H）为0.474 8，平均多态性信息含量（PIC）为 0.428 4。豁眼鹅及杂交后代群体中 3 个基因位点的基因频率均呈现 Hardy-Weinberg 不平衡状态，这可能与保种选留及人们在长期生产中对某些性状的选育有关，豁眼鹅及杂交后代的遗传多样性较为丰富、具有较高的选择潜力，可作为宝贵的种质资源被保存及开发利用。

四、抗逆性研究

(一) 免疫球蛋白 (Ig) 分子特性与免疫系统发育规律研究

刘光磊 (2005) 通过优化五龙鹅 Ig 分离纯化条件，开展了其分子特性研究，成功地分离到高纯度的 IgY 和 IgM 及相应的 H 链、L 链、Fab 段和 Fc 段。IgY 分子质量为 166 ku，存在几个亚类，H 链约为 60 ku，L 链约为 23.5 ku；IgM 的 H 链分子质量分别为 51.72 ku、48.30 ku 和 44.09 ku，L 链分子质量为 20.30 ku，IgM 的分子质量为 660～740 ku；Ig、H 链的分子质量均小于鸡、鸭；Fab 段分子质量为 48.67 ku，Fc 段分子质量为 68.62 ku。不同 Ig 间及 H 链、L 链间氨基酸含量存在差异，IgY、H 链、L 链中酸性氨基酸较多，而 IgM、H 链、L 链中碱性氨基酸较多；IgY 的 L 链中 Pro 的摩尔百分数为仅 0.10%；IgY 中 Cys 摩尔百分数为 2.25%，IgM 中 Cys 摩尔百分数为 3.26%。IgY 在 pH 3.5～11.5 时十分稳定，IgM 在 pH 4.0～10.5 时稳定，酸碱稳定性小于鹅 IgY，但 IgM 在 pH 3.5～4.5 时活性增加 5%～8%。IgY 热稳定性较差，热变性反应级数为 1.2。

豁眼鹅血清中 IgY 含量约为胆汁的 10 倍，为小肠液的 100 倍；血清中 IgM 含量约为胆汁的 3～6 倍，为小肠液的 15～20 倍。免疫组与未免疫组间、各日龄间存在差异，且各种体液与日龄共同对 IgY 含量产生作用。血清中 IgY 消长规律与血清总蛋白规律一致，疫苗免疫可显著提高免疫后 10～60 d 的 IgY 含量 ($P<0.05$)，胆汁与小肠液 IgY 含量初生时较低，后逐渐增加，疫苗免疫刺激可提高 IgY 含量，但效果不明显 ($P>0.05$)。血清中 IgM 含量随日龄增加而逐渐降低，而胆汁与小肠液中的 IgM 含量则随日龄的增加而逐渐升高。免疫刺激后胆汁中出现短暂的 IgM 含量上升的现象 ($P<0.05$)，血清中 IgM 含量显著提高 ($P<0.01$)，且 IgM 的高含量一直持续 30 d 左右。将豁眼鹅血清 Ig 与人及家畜比较，发现禽类 IgY 含量均小于人及家畜，IgM 含量与人及家畜类似。鸡、鸭、鹅、火鸡血清中 IgY 含量以鹅最多，其顺序为“鹅＞鸭＞火鸡＞鸡”，IgM 含量顺序为“鸡＞鸭＞火鸡＞鹅”。

豁眼鹅胸腺、脾、法氏囊的发育，均随日龄变化先增大后逐渐萎缩，疫苗免疫对其发育有显著影响 ($P<0.05$)。疫苗免疫后可刺激免疫器官的发育，同时也加快免疫器官的萎缩。免疫器官与其他系统的相对生长率及相关分析表

明：免疫器官的发育是相对独立的，不受其他器官系统的影响。

（二）主要组织相容性复合体（MHC）研究

贾晓辉等（2006）从 GenBank/DDBJ/EMBL 基因库中读取鸡、其他鸟类、爬行类和哺乳类的 *MHC class Ⅰ* 基因进行序列分析设计引物，在豁眼鹅脾中提取总 RNA 和 DNA，利用 RT－PCR 和 LA－PCR 法从豁眼鹅的基因组中克隆了 *MHC class Ⅰ* 基因序列并分析其基因组结构（图 3－8），运用生物信息学技术对测序结果进行分析显示：基因组 DNA 由 8 个外显子和 7 个内含子组成，与鸡基因序列同源率为 64.1%，与人的同源率为 42.9%，分子进化树进一步揭示了豁眼鹅与鸡、其他鸟类、爬行类、哺乳

图 3-8 *MHC class Ⅰ* 空间构象

类的进化关系，同源建模分析发现该基因由氨基末端结构域和羧基末端结构域构成。利用定量 real time PCR 对各组织中 *MHC class Ⅰ* 基因表达量进行测定，试验证明 *MHC class Ⅰ* 基因在鹅的法氏囊中表达量最高（$P<0.01$），胸腺和脾次之（$P<0.05$），在脑、心脏、肌肉、肝等组织中表达量最低（$P>0.05$）。*MHC class Ⅰ* 的 DNA 序列和 mRNA 序列已被登录到 GenBank，登录号分别为 AM114925 和 AM114924。

（三）热休克蛋白 70（HSP70）的表达提纯与病毒复合物形成研究

吴晓萍（2006）对成年豁眼鹅 43 ℃急性热处理 5 h，利用 Sephacryl S－300 分子筛- ConA－sepharose 亲和层析-DEAE 离子交换层析与 ADP－Agarose 亲和层析相结合的方式，对鹅 HSP70 蛋白进行提取纯化，Western Blot 检测以兔抗人 HSP70 多克隆抗体作为第一抗体，辣根酶标记的鼠抗兔 IgG 为第二抗体，进行 DAB 染色，发现纯化物（分子质量为 70 ku）条带清晰，非特异性染色微量，表明鹅与人 HSP70 同源性较高，其抗体可以发生交叉反应。通过对试验组和对照组血浆蛋白进行 SDS－PAGE 电泳可知，试验组和对照组的血浆蛋白之间存在一些微小的差异，其中对照组有 4 条弱带表达；免疫化试验

表明，HSP70 在组织中染色为棕黄色颗粒，对照组的 HSP70 在细胞中着色很浅，表明在正常状态下 HSP70 的表达水平很低，试验组的 HSP70 在心肌中主要分布在胞核中，呈阳性表达；热休克后恢复 12 h 组的 HSP70 主要分布在胞浆中的细胞膜附近，在血管壁上的染色较深，含有强阳性颗粒。

五、功能基因克隆与多态性研究

（1）王雷等 2007 年从豁眼鹅的基因组 DNA 中扩增了 $IGF-I$ 基因 $5'$ 调控区序列，将其克隆到 pMD 18－T 载体上进行测序，结果得到长 796 bp 的序列。豁眼鹅 $IGF-I$ 基因 $5'$ 调控区序列与鸭、鸡的同源性分别为 98.1%、93.0%，充分显示了 $IGF-I$ 基因在进化上的高保守性；与鸭相比有 4 处碱基缺失和 7 处碱基插入；与鸡相比有 4 处碱基缺失和 3 处碱基插入。对其序列进行酶切图谱分析发现，共有 5 种常见的限制性内切酶的酶切位点。

（2）杨志刚等 2007 年对 $A-FABP$ 基因内含子 2 多态性及其 $A-FABP$ 基因在鹅组织中表达差异的研究结果表明，克隆的豁眼鹅和朗德鹅 $A-FABP$ 基因内含子 2 序列长为 461 bp（GenBank 登录号为 DQ647701、EF639390）。该扩增产物酶切后，发现有 HaeⅢ－RFLP，并出现 AA、AB 和 BB 3 种基因型；豁眼鹅和朗德鹅的基因型频率分别为 0.7、0.2、0.1 与 0.372、0.465、0.163。朗德鹅在体重和肥肝重上基因型 AA 与 AB 和 BB 之间存在显著差异（$P<0.05$），而豁眼鹅在体重性状上 3 种基因型之间差异不显著（$P>0.05$）。

六、鹅细小病毒 $NS1$ 基因植物真核表达载体的构建及向苜蓿中转化研究

1. 细小病毒 $NS1$ 基因植物真核表达载体的构建　朱新产等 2003 年根据已发表的鹅细小病毒（GPV）核苷酸序列设计并合成特异引物，扩增 GPV 主要非结构蛋白 $NS1$ 基因片段，构建重组克隆载体－PMD18－T－NS1，转化入感受态大肠杆菌 JM109 中增殖，测定序列显示 GPV YZ 株的 $NS1$ 基因由 1 881 个核苷酸组成，编码 627 个氨基酸，与 B 株进行同源性比较，有 36 个碱基、13 个氨基酸不同，核苷酸序列同源性为 98.09%，推导氨基酸序列同源性为 97.93%。将 GPV YZ 株的 $NS1$ 基因片段与原核表达载体 PQE－30Xa 连接后，获得 $NS1$ 的原核表达载体——PQE－30Xa－NS1。转化感受态大肠杆菌 M15，IPTG 诱导表达，成功的表达出了 GPV YZ 株的 $NS1$ 基因产物约 73 ku

的蛋白（图 3-9、图 3-10）。

图 3-9　大肠杆菌 M15 阳性菌株的蓝白斑筛选

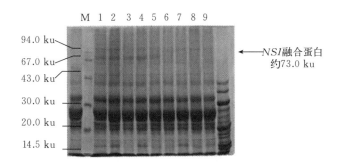

图 3-10　表达产物的 SDS-PAGE 分析

1. 诱导前阳性 M15（PQE-30Xa-*NS1*）　2～5. 诱导后 1 h、2 h、3 h、4 h 阳性 M15

（PQE-30Xa-*NS1*）；M. 低分子质量标准蛋白　6～9. 诱导后 1 h、2 h、3 h、

4 h 阴性 M15（PQE-30Xa）

　　GPV YZ 株 *NS1* 基因经原核表达载体（PQE-30Xa-*NS1*）表达的 *NS1* 融合蛋白，通过 SDS-PAGE 电泳和薄层扫描定量分析结果表明，*NS1* 融合蛋白占菌体蛋白总量的 26.5%。蛋白质分析软件 DNAMAN 显示 *NS1* 蛋白的等电点 PI=4.975，具有较好的抗原性，可以作为一种理想的免疫原来免疫动物。NS1 蛋白具有较多的螺旋结构，其二级结构对维持它的抗原稳定性有重要意义。

　　2. 细小病毒 *NS1* 基因向苜蓿中转化的技术研究　朱新产等 2003 年采用 PCR 方法扩增出 GPV YZ 株的 *NS1* 基因，克隆到植物中间表达载体-pBI121

的多克隆位点之间，成功地构建了农杆菌介导的 GPV *NS1* 基因真核表达载体-pBI121-*NS1*。将克隆的 GPV YZ 株的 *NS1* 基因通过叶盘转化法侵染外植体而导入紫花苜蓿"金皇后"中，获得了 37 个转化株系，经过卡那霉素抗性鉴定和 PCR 分子检测，获得 5 株阳性苗，PCR 阳性率为 13.51%，利用农杆菌介导的 GPV *NS1* 基因真核表达载体成功地转化入苜蓿中，为研制植物性基因工程疫苗开创了新的技术途径（图 3-11 至图 3-14）。

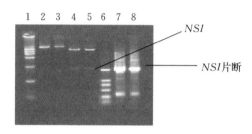

图 3-11　*NS1* 基因重组质粒 pBI121-*NS1* 的酶切及 PCR 鉴定
1. Marker　2、3. 重组质粒 pBI121-*NS1* 的 BamH I 单酶切鉴定
4、5. 重组质粒 pBI121-*NS1* 的 BamH I /EcoR I 双酶切鉴定　6. DL2000

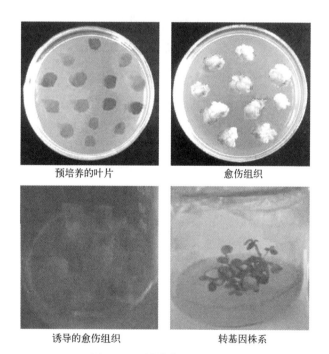

预培养的叶片　　　　　　　　愈伤组织

诱导的愈伤组织　　　　　　　转基因株系

图 3-12　转化体的形成过程

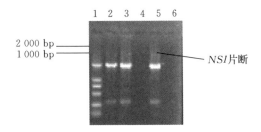

图 3 - 13　苜蓿总 DNA PCR 扩增结果

1. Marker　2、3、5. PCR 扩增产物

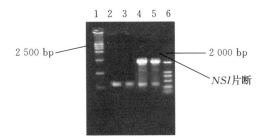

图 3 - 14　苜蓿总 RNA 做 RT - PCR 检测结果

1. Marker DL15 000　2～5. RT - PCR 结果　6. Marker DL2 000

第四章
豁眼鹅品种繁育技术

豁眼鹅的繁殖是养鹅生产中的关键环节，也是品种优良扩繁的重要手段。为了使种鹅繁殖遗传潜力得到充分发挥，获得理想的产蛋量、受精率、孵化率和健雏率，全面了解种鹅繁殖规律、繁育方法和配种技术具有十分重要的意义。

第一节　繁殖规律与方法

一、繁殖规律

（一）繁殖特性

目前，我国多数鹅繁殖规律的最大特点是有明显的季节性。一般从当年的秋末开始，直到翌年的春末为母鹅的产蛋期。也就是说，春季是鹅的主要繁殖季节，夏秋季休产。而豁眼鹅春季、夏季和秋季均可产蛋，而且产蛋量高，受精率也高。一般秋末和冬季天冷时停产换羽。

鹅的繁殖特性还表现在公母鹅有固定配偶的习性。据观察，有的鹅群中40%的母鹅和22%的公鹅是单配偶，这与家鹅是由单配偶的野雁驯化而来的有关。

鹅前3年产蛋量随年龄的增长而逐年提高，到第3年达到最高，第4年开始下降，因此种母鹅的经济利用年限可长达4～5年之久，种鹅以2～3年的鹅为主组群较理想。

（二）产蛋规律及产蛋曲线

豁眼鹅是世界上产蛋量最高的鹅种，种鹅开产日龄为28周左右，年产蛋量为 90～110 个。产蛋期约为 40 周，其中在开产后 9～10 周达产蛋高峰，然后维持 8 周左右之后开始缓慢下降，持续约 20 周。其第 2、第 3 个产蛋年产蛋量高于第 1 个产蛋年，以第 3 个产蛋年为最高。产蛋曲线详见附图 5 至附图 8。

二、配种方法

(一) 自然交配

自然交配是让公母鹅在适宜的环境中自行交配的一种配种方法。配种季节一般为每年的春、夏、秋初。将选择好的公母鹅按 1：(5～7) 进行饲养，让其自然交配，一般受精率可达 80%～90%。鹅是水禽，有在水中交配的习性，在水中交配的受精率比在陆地上高。所以，种鹅应饲养在水源比较丰富的地方，如浅河、池塘或水池等地。自然交配主要有大群配种和小间配种两种方式。

1. 大群配种　一定数量的公鹅按比例配以一定数量的母鹅，让每只公鹅都有机会和群中所有母鹅自由组合交配。种鹅群的大小应视鹅舍容量或当地放牧群的大小而定，从几百只到上千只不等，一般利用池塘、河湖等水面让鹅嬉戏交配。大群配种一般受精率较高，尤其是放牧的鹅群受精更高，适用于繁殖生产群。但需注意，大群配种时，种公鹅的年龄和体质要相似，体质较差和年龄较大的种公鹅，没有竞配能力，不宜做大群配种用。这种配种方法多用于农村种鹅群或鹅的繁殖场。

2. 小间配种　这是育种场常用的配种方法。在一个小间内将每只公鹅及其所要配种的母鹅单间饲养，使每只公鹅与规定的母鹅配种，每个饲养间设水栏，让鹅自由交配。公母鹅均编脚号或肩号。设有自闭产蛋箱集蛋，其目的是收集有系谱记录的种蛋。在鹅育种中采用小间配种，主要是用于建立父系家系。也可用探蛋结合装产蛋笼的方法记录母鹅产蛋情况。探蛋是指每天午夜前逐只检查母鹅子宫内有无将产的蛋的方法。这种方法能确知雏鹅的父母，适用于鹅的育种，是种鹅场常用的方法。

(二) 人工辅助配种

在孵化繁殖季节，为了使每只母鹅都能与公鹅交配，提高种蛋受精率，可

实行人工辅助配种。有的鹅因体型大、行动笨或公母鹅体型相差悬殊，自然交配比较困难，也可实行人工辅助配种。其方法是：在水面或地面上捉住母鹅的两条腿和两个翅膀，轻轻摇动引诱公鹅接近，公鹅看到就会主动接近配种。当公鹅踏上母鹅背时，一只手托住母鹅，另一只手把母鹅尾羽向上提起。人工辅助配种时，最好间隔 5～6 d 给母鹅配种 1 次，1 只公鹅 1 d 可配 3～5 只母鹅。

第二节　自然配种技术

一、配种年龄和比例

（一）配种年龄

种公鹅的配种年龄与品种的性成熟早晚有关。一般品种在 180～200 日龄即达到性成熟，就有配种能力，但一般在 10 月龄以上才开始配种。公鹅使用年限以 3～4 年为宜，过老的公鹅由于体质较差，其受精率也相应降低。母鹅养至 7 个月左右开始产蛋，开产后蛋重达 110～130 g 即可进行配种。

（二）配种比例

公母鹅配种比例直接影响受精率的高低。配种比例因鹅的品种、年龄、配种方法、季节及饲养管理条件不同而不同。在鹅群中，如果公鹅过多，容易因争母鹅咬斗发生死亡，或因争配而导致母鹅淹死在水中；公鹅过少时，影响受精率。因此，公母鹅配种的比例要适当。公母比例一般为 1∶（5～7）。配种比例还受以下因素影响：

1. 季节因素　早春和深秋，天气相对寒冷，性活动受影响，公鹅应提高 2% 左右（按母鹅数计）。

2. 饲养管理条件　在良好的饲养管理条件下，特别是放牧鹅群能获得丰富的动物饲料时，公鹅的数量可以适当减少。

3. 公母鹅合群时间的长短　在繁殖季节到来之前，适当提早合群对提高受精率极为有利。大群配种时，部分公鹅因较长时间不分散于母鹅群中配种，需经 10 多 d 才合群。因此，在大群配种时将公鹅及早放入母鹅群中十分必要。

4. 种鹅的年龄　1 岁的种鹅性欲旺盛，公鹅数量可适当减少。实践表明，公鹅过多常常造成鹅群受精率降低。

此外，在鹅配种方面，还要注意克服公母鹅固定配偶交配的习惯。克服这种固定配偶交配的方法是先将公鹅偏爱的母鹅挑出，拆散其单配偶，公鹅经过几天后就会逐渐和其他母鹅交配，也可采用控制配种，每天让一公鹅与一母鹅轮流单配。

二、配种时间与观察

配种时间最好是在母鹅产蛋之后，此时配种受精率高。公鹅早晨性欲旺盛，优良种公鹅上午可交配 3～5 次。在配种期间每天上午应多次让鹅下水，尽量使母鹅获得复配机会。公母鹅一般在自由嬉水时进行交配。对于没有水面的地区，公母鹅也可在陆地进行交配，但公鹅交配后，往往因阴茎不能立即回缩而被异物污染，造成阴茎受损不能回缩，直至坏死而丧失生殖能力。因此，公鹅配种完毕后应及时观察公鹅阴茎是否回缩，如遇污染可及时用清水洗净污染物，并将阴茎送回泄殖腔，以保持其种用价值。鹅群嬉水时，注意不让其过度集中或分散，而应任其自由分配，然后梳理羽毛休息。

三、种鹅利用年限

母鹅的利用年限比其他家禽长，因为鹅的性成熟期较晚，产蛋量随年龄增长而增加，第 2 个产蛋年产蛋量比第 1 个产蛋年增加 15％～20％，第 3 年再增加 15％～25％，从第 4 年开始产蛋性能下降。因此，母鹅利用 3 年为宜，公鹅一般也利用 3 年进行更新，个别优良的公鹅可延至 4～6 年。

四、提高鹅繁殖力方法

鹅是体型较大的水禽，其繁殖性能远低于鸡和鸭，从目前养鹅生产来看，一只母鹅所繁殖的雏鹅较少，成本也高。饲养种鹅普遍存在着种鹅群繁殖力较低的问题，即单位母鹅提供的仔鹅数量远远低于理论数值。因此，提高种鹅的繁殖力，是提高养鹅经济效益的重要前提。提高种鹅繁殖力是一项系统工程，主要包含以下技术内容。

（一）提高种蛋受精率的措施

1. 遗传与选育　应用现代遗传育种学原理和方法，培育繁殖性能优良的品种或品系。鹅的产蛋性能、受精率等受品种影响较大，鹅的产蛋性能可以通过家系选择、导入杂交等方法提高；公鹅的交配能力也可以通过不断的选育得到提高。在选育中，小型高产品种要注意淘汰抱性个体。

2. 营养与饲养　通过合理的营养调控，可以控制种鹅的性成熟、产蛋量和蛋的品质。鹅育成期生长的好坏、产蛋期的营养供给是否合理，以及光照制度、限制饲养等饲养方法是否妥当等，都将直接影响鹅繁殖性能的发挥。注意青绿饲料供应，搭配好精、粗饲料，添加适量的矿物质或某些微量元素，确保获得较高的受精率。因此，要按照种鹅的生长发育规律及繁殖规律特点，进行科学饲养。

3. 投苗与管理　鹅繁殖性能的表现还与投苗季节和管理有很大关系。我国很多地区习惯于在早春投苗饲养种鹅。因为此时投苗种鹅产蛋性能表现最佳。而管理也直接影响种鹅的生长和产蛋，如进行人工诱导换羽，可以缩短种鹅的换羽时间，提高下一个产蛋期开产的整齐度等。按照科学方法，对种鹅进行阶段饲喂、合理光照和营养、防病、治病以及尽量减少应激因素的干扰等，都是提高繁殖力的重要措施。

4. 人工授精　人工授精技术可以使单只公鹅的与配母鹅数大大增加，从而扩大优秀种公鹅的影响力，以充分发挥其繁殖潜力。

5. 做好公母鹅的选择　应选择体大毛纯，厚胸，颈、脚粗长，两眼有神，叫声洪亮，行动灵活，具有雄性特征的公鹅。手执公鹅的颈部提起离开地面时，公鹅两脚做游泳样猛烈划动，同时两翅频频拍打。应淘汰那些每天仅与一只母鹅反复交配的公鹅。

公鹅的阴茎发育不良或有缺陷时会严重影响受精率。选留种公鹅还要检查其生殖器官的发育状况，根据螺旋状交配器的长短、粗细、软硬程度及纤毛样组织颜色的深浅判定公鹅交配器发育是否正常。选留交配器长而粗，发育正常，伸缩自如，性欲旺盛，精液品质优良的公鹅做用。

6. 公母鹅比例　合理搭配公母鹅，有水塘的鹅舍公母比例适当增加，旱养鹅舍公母比例适当减少。

7. 种鹅更新换代　公鹅一般利用2年，不超过3年；母鹅一般利用3年，不超过4年。每年在产蛋临近尾声时，要对鹅群进行严格的选择和淘汰，同时补充新的公母鹅。规模化养鹅场，种鹅饲养提倡全进全出制，不提倡不同年龄的种鹅同群饲养。这种情况下，鹅群一般可利用3年，然后一次性淘汰。

8. 水面运动场　鹅是水禽，自然交配时，以在水面上的交配受精率最高。

一般每只种鹅应有 0.5～1 m² 的水面运动场，水深 1 m 左右，以便于公母鹅交配，其水深具体标准是鹅在水中嬉游、求偶，并能"扎猛子"。若水面太宽，则鹅群较分散，配种机会减少；若水面太窄，鹅过于集中，会出现争配以及相互干扰的现象，这样都会影响受精率。水源最好是活水，流速缓慢，且水质良好。鹅的交配多半是在水面上进行，早晚交配频繁。因此，在种鹅产蛋季节，早晨和傍晚应延长放水和配种时间，使母鹅获得较多的配种机会，以提高种蛋受精率。对舍饲鹅，要每天早、晚放水，使之在早晚多交配。

9. 选择休息场地　放牧饲养的种鹅，中午休息时应尽量让鹅群在靠近水边的树荫处活动，以创造更多的交配机会；晚上休息的场地应选择平坦避风地面，每只种鹅应有 0.4～0.5 cm² 的面积。如果面积过小，将影响种鹅的休息，使其不能维持充沛的精力，进而使受精率下降。

10. 加强种鹅饲养　种鹅从出壳到 100 日龄左右饲养不宜太粗放，特别是前 3 周。100 日龄以后，种鹅进入维持饲养期，要以青粗饲料为主，不要喂得过肥。产蛋前 4 周开始改用种鹅日粮，粗蛋白质水平为 15%～16%，在整个饲养期间每天每只种鹅喂给精饲料 150～250 g。种鹅产蛋期的饲料应为全价饲料，保证产蛋所需的能量、蛋白质、维生素、矿物质等。每天饲喂 2～4 次，同时供应足够的青粗饲料和饮水。有条件的地方也可放牧，特别是翌年的种鹅应多放牧，以补充青粗饲料，在运动场上撒一些贝壳、砂粒，让其自由采食，以满足种鹅的营养需要。

公鹅应早补精饲料，日粮应含有足够的蛋白质，使其有充沛的精力配种以提高受精率。产蛋种鹅的日粮配合，要充分考虑母鹅产蛋的营养需求，每千克配合日粮含代谢能为 10.3～10.7 MJ，粗蛋白质为 16%～17%，钙磷比为 (2.5～3)∶1。配合日粮应以优质青绿多汁饲料和精饲料为主，同时补充维生素、矿物质。实行自由饮水，自由放水。为提高种鹅的产蛋量和种蛋受精率，应以全价配合饲料喂种鹅。

11. 保持饲养环境的相对稳定　建立有规律的饲养制度，形成良好的条件反射，排除不必要的意外干扰和应激。

12. 搞好疫病防治　患病的鹅群代谢紊乱，其产蛋量、配种能力及种蛋的孵化率都会明显下降。因此，对本地区的常发疾病一定要进行疫苗接种或药物防治，尤其要注意日常鹅群的清洁工作，要做到每天打扫 1～2 次圈舍，每隔半个月用百毒杀等对鹅无害的消毒液对鹅舍及运动场进行一次全面消毒。不能喂给发霉变质的饲料，在饲料中还应定期投放一些广谱抗菌药物。除此之外，应禁止非工作人员进出种鹅场，场内的工作人员进入种鹅场前也要进行严格消毒，以防疫病发生。

(二) 提高种蛋孵化率的措施

1. 鹅蛋人工孵化异常及原因　　及时纠正不正确的方法。鹅蛋人工孵化异常及原因剖析见表4-1。

表4-1　鹅蛋人工孵化异常及原因剖析
(引自《鹅高效生产技术手册》)

异常现象	可能造成的原因
第7~10天验蛋，无精蛋超过10%~25%	种鹅群中公鹅太多或太少，种鹅未完全成熟，种鹅太老、过肥或有脚病，种鹅常受惊吓，无水池，配种季节未供应青粗饲料或饲料缺少未知生长因子，繁殖季节之初产蛋，饲料或水中加药物，种蛋储存过久或运输保存不当，饲料发霉或谷物遭虫害，鹅生殖器官疾病
第7~10天验蛋，有环状血丝	种蛋储存不当，储存温度过高；孵化温度控制不当
气室脱位	移蛋时动作粗鲁或蛋畸形
蛋黄黏附于蛋壳内膜	储蛋过久，未进行翻动
壳内膜有暗斑	蛋壳上的污物或细菌入侵
第7~25天，胚胎死亡超过5%	饲料成分不当，高度近亲，孵化温度不正确，温度太高或太低，翻蛋不当，饲料缺少未知生长因子
孵化期间种蛋渗漏、腐臭及爆裂	细菌感染，鹅舍泥泞不净，产蛋巢箱脏污，蛋壳污染粪便，交叉污染，母鹅生殖道细菌感染
过早出雏	孵化温度过高
过迟出雏	孵化温度过低，孵化期间晾蛋过头
啄壳未出孵或未啄壳	孵化期间温度过高或过低；孵化最后5d内种蛋失温或过热；出雏机湿度太低使壳膜干化；出雏机通气不良；出孵前干扰；鹅胚膜离壳较远；鹅胚头部弯向腹部；鹅胚上身受挤，头部无活动余地；蛋壳过硬或虽啄壳但壳膜不破，也有一些鹅胚在孵化时因湿度太高或本身含水量高，造成啄壳时壳破了但胎膜、蛋壳膜因具弹性而不破，致使鹅胚被闷死壳中

异常现象	可能造成的原因
鹅雏黏湿	孵化或出雏期间湿度不够
脐带过大或脱出	温度过高，种蛋过度脱水失重，细菌感染
雏鹅死亡	过热或窒息，病原菌感染
两腿开叉	出雏器底部过滑
除了腿开叉外，跛脚鹅雏超过5%	翻蛋不当，晾蛋时间过久，遗传缺陷

　　2. 适当采取补救措施　对发育正常的鹅胚啄壳前死亡可采取以下补救措施。

　　（1）翻蛋　孵化的前10 d是胚盘定位关键期，为使胚胎眼点（头部）沿大头壳边发育而利于出壳时以喙顺利啄壳，此期翻蛋操作时应注意始终保持种蛋平放，翻蛋角度以180°为宜。实践证明，采用大角度翻蛋能够显著提高鹅种蛋孵化率和健雏率（图4-1）。

　　（2）照蛋　孵化10 d后照蛋，如发现种胚不见眼点，只在气室周围可见清晰血管，这些种胚至出壳时一般是头部位于气室中央或头部弯向腹部，出壳率极低。对于这些种胚要注意在蛋壳上做好记号，以便出壳时及时抢救。

　　（3）出壳前的助产　一般发育正常、胚位较正的雏鹅出壳较为集中，且有明显的出

图4-1　鹅蛋孵化大角度翻蛋

雏高峰期。一般到31 d前的14～18 h为出雏高峰，31 d后基本出齐。因此，对雏鹅的助产最适宜的时间是在出雏高峰期的1～2 h，即快满31 d整的前5～6 h。助产过早，会影响正常出雏以及因大量出血造成死胎、弱雏，或因破壳过早水分蒸发太多形成雏鹅黏壳难产；助产过迟，会使大批胎位不正的鹅胚闷死在壳中。助产时将鹅胚头上半部蛋壳剥掉，把蜷曲于腹部或翅膀下的头部轻拉出来即可。注意清除雏鹅鼻孔周围的黏液和污物，以免影响呼吸。

由于种蛋被剥开、水分蒸发较多，可将孵化室的相对湿度加至 90％以上（暂时性和晚期性的影响不大）。一些啄壳的被黏结的鹅胚，则可用温水湿润，然后用剪刀、镊子轻轻剪开或挑开黏膜干痂，使其慢慢展开肢体，自行断脐脱壳。剥壳时还应小心，不要弄破胎膜表面未收缩完全的大血管，避免鹅胚失血过多，脐部瘀血死亡。孵化的最后 2 d，相对湿度应保持在 70％～80％，并加大通风量。

第三节　人工授精技术

一、人工授精目的

鹅的繁殖力比鸡、鸭低，年产蛋量只有 35～90 个，自然交配时，公鹅的饲养量占鹅群的 25％～30％，大大增加了养鹅成本。公鹅的生殖器官疾病很多，阳痿现象也较普遍，从而导致种蛋受精率下降。开展鹅人工授精，对养鹅生产意义重大。

人工授精可使与配母鹅数较自然配种多 5～6 倍，提高了种公鹅的利用率，因此可减少种公鹅饲养量，节省饲养成本；因种公鹅用得少，可以优中选优，提高了种公鹅的质量，延长了种公鹅的使用年限，同时节省了饲料和管理费用，提高了经济效益；克服部分公母鹅因个体差异悬殊及择偶所造成的配种困难及漏配现象，提高种蛋受精率；由于操作过程进行了严格消毒，避免了公母鹅生殖器官的接触，可防止生殖器官传染病的蔓延；可加快选种选配、培育新品种的进程，有利于育种工作的开展。

二、采精

（一）采精器械

采精所用器械主要有集精杯、保温杯、卡介苗注射器、65％酒精棉球、镊子、剪刀、瓷盘等，输精主要使用由带刻度的玻璃吸管或卡介苗注射器改装的输精器，使用前都要进行消毒。

（二）采精方法

公鹅一般都要经过 1 周左右的训练，建立性条件反射，才能人工采精。在配种季节应剪去公鹅肛门附近的羽毛，以方便采精和减少精液的污染。公鹅要补充蛋白质饲料和维生素等营养物质，以保持健壮的体况，提供高质量的精液。

1. 采精方法 公鹅的采精方法有台鹅诱情法、按摩法、假阴道法和电刺激法。前两种方法在生产中使用较多。一般情况下，每天采精1次，连续采精5～6 d，休息1～2 d。

（1）台鹅诱情法 使用母鹅（台鹅）对公鹅进行诱情，促使其射精而获取精液的方法。首先将台鹅固定于诱情台上（离地10～15 cm），然后放出经调教的公鹅，公鹅会立即爬跨台鹅，当公鹅阴茎勃起伸出交尾时，采精人员迅速将阴茎导入集精杯而取得精液。有的公鹅爬跨台鹅而阴茎不伸出时，可迅速按摩公鹅泄殖腔周围，使阴茎勃起伸出而射精。

（2）按摩法 按摩法中以背腹式效果最好。采精员将公鹅放于膝上，公鹅头伸向左臂下，左手掌心向下，大拇指和其余4指分开，稍弯曲，手掌面紧贴公鹅背腰部，从翅膀基部向尾部方向有节奏地反复按摩（公鹅引起性兴奋的部位主要在尾根部）；同时，用右手拇指和食指有节奏地按摩腹部后面的柔软部，一般8～10 s。当阴茎即将勃起的瞬间，正进行按摩的左手拇指和食指稍向泄殖腔背侧移动，在泄殖腔上部轻轻挤压，阴茎即会勃起伸出，射精沟闭锁完全，精液会沿着射精沟从阴茎顶端快速射出，用集精杯接入，即可收集到洁净的精液。熟练的采精员操作过程为20～30 s，并可单人进行操作。

按摩法采精要特别注意公鹅的选择和调教。要选择那些性反应强烈的公鹅进行采精，并采用合理的调教日程，使公鹅迅速建立起性条件反射。调教良好的公鹅只需背部按摩即可顺利取得精液，同时可减少由于对腹部的刺激而引起排粪排尿污染精液。采精时按摩用力要适当，过重易引起生殖器出血，污染精液。按摩手势不正确，按摩泄殖腔上部时挤压到直肠，往往会造成排粪；采精时，集精杯不要靠近泄殖腔，以防公鹅突然排粪造成精液污染。

2. 采精注意事项

（1）采精时要防止粪便污染精液，故采精前4 h应停水停料，集精杯勿离泄殖腔太近，采精宜在上午放水前进行。

（2）采集的精液不能曝于强光之下，15 min内使用效果最好。

（3）采精前公鹅不能放水活动，防止相互爬跨而射精。

（4）采精处要保持安静，抓鹅的动作不能粗暴。

（5）集精杯每次使用后都要清洗消毒。寒冷季节采精时，集精杯夹层内应

加 40～42 ℃的温水保温。

三、精液品质检查

1. 外观检查　正常为乳白色、不透明液体，混入血液为粉红色，被粪便污染为黄褐色，混入尿液呈粉白色絮状块。凡受污染的精液，品质均急剧下降，受精率不高。

2. 精液量检查　采用有刻度的吸管或结核菌素注射器等，将精液吸入，测量一次射精量。射精量会随品种、年龄、季节、个体和采精操作熟练程度不同而有较大变化。公鹅射精量为 0.1～1.38 mL，平均为 0.3 mL。要选择射精量多、稳定正常的公鹅。

3. 精子活力检查　于采精后 20 min 内进行，取等量精液及生理盐水各 1 滴，置于载玻片一端，混匀，放上盖玻片。精液不宜过多，以布满载玻片而又不能溢出为宜。在室温 37 ℃条件下用 200～400 倍显微镜检查。测定精子活力是以直线前进运动的精子数为依据，前进运动的精子数越多，精子的活力就越大，受精率就越高。精子的活力按 10 分制评定，根据在显微镜视野内呈直线运动的精子数占精子总数的百分比进行评分。做圆周运动和就地摆动的均无受精能力。

4. 精子密度检查　可分为血细胞计数法和精子密度估测法两种检查方法。

血细胞计数法：用血细胞计数板计算精子数较为准确。先用红细胞吸管吸取精液至 0.5 刻度处，再吸入 3‰氯化钠溶液至 101 刻度处。即为稀释 200倍，摇匀，排出吸管前 3 滴，然后将吸管尖端放在计数板与盖玻片的边缘，使吸管内的精液流入计算室内。在显微镜下计数精子。计数 5 个方格应选位于一条对角线上或 4 个角各取 1 个方格，再加中央 1 方格，共 5 个方格。计算精子数时只数精子头部 3/4 或全部在方格中的精子（以黑头计数）。最后按下列公式计算出每毫升精液的精子数（只计头为黑色精子数）：

$$C＝n/10$$

式中，C 为每毫升含有的精子数（亿个）；n 为 5 个方格的精子数（个）。

例：5 个方格共检出 70 个精子，则每毫升精液中精子数＝70÷10＝7 亿个。

精子密度估测法：在显微镜下观察，可根据精子密度分为密、中等、稀 3 种情况。密是指在整个视野里布满精子，精子间几乎无空隙。每毫升精液有 6 亿～10 亿个精子；中等是指在整个视野里精子间距明显，每毫升精液有

4亿~6亿个精子；稀是指在整个视野里，精子间有很大的空隙，每毫升精液有3亿个以下。

5. 精液的 pH 检查　通常用精密 pH 试纸进行测定，各品种精液的 pH 基本上是中性，一般在6.8~7.6。过酸或过碱都表明品质异常或受到污染，精子易失活死亡，严重影响受精率。

6. 精液的畸形率检查　取精液1滴于载玻片上抹片，自然干燥后用95％乙醇固定1~2 min，冲洗；再用0.5％龙胆紫染色3 min，冲洗，晾干后即在显微镜下检查。数300~500个精子，再计算畸形精子占多少。

四、精液稀释和保存

稀释液的主要作用是为精子提供能源，保障精细胞的渗透压平衡和离子平衡，稀释液中的缓冲剂可以防止乳酸形成时的有害作用。在精液的稀释液中添加抗菌剂可以防止细菌的繁殖。同时，精液中加入稀释液还可以冲淡或整合精液中的有害因子，有利于精子在体外存活更长的时间。

鹅精液在稀释前，应首先检查精液质量，然后根据精子活力和密度确定稀释倍数，稀释倍数一般为1∶（1~2）。稀释精液时，要把吸有与精液等温的稀释液的滴管或注射器的尖端插入精液内，然后将稀释液缓慢挤入精液中。切不可将几只公鹅的精液混合共同稀释。

鹅人工授精常用的稀释液配方见表4－2。如因条件限制不能配制专门的稀释液，也可用生理盐水、新鲜牛奶或蛋黄液替代。实践证明，以 pH 7.1 的 Lake 液和 BPSE 液稀释效果最好。

表4－2　常用鹅精液稀释液配方

（引自《实用养鹅大全》）

项目	Lake 液	pH 7.1 的 Lake 缓冲液	pH 6.8 的 Lake 缓冲液	BPSE 液	江苏家禽所 C-2 液	Brown 液	Macpherson 液	磷酸盐 缓冲液
葡萄糖（g）		0.600	0.600		1.000	0.500	0.150	
果糖（g）	1.000			0.500	4.000			
棉籽糖（g）						3.864		
乳糖（g）							11.000	
肌醇（g）						0.220		
一水合谷氨酸钠（g）	1.920	1.520	1.320	0.867		0.234	1.381	

（续）

项目	Lake液	pH 7.1 的 Lake缓冲液	pH 6.8 的 Lake缓冲液	BPSE液	江苏家禽所 C-2液	Brown液	Macpherson液	磷酸盐缓冲液
六水合氯化镁（g）	0.068			0.034		0.013	0.024	
四水合醋酸镁（g）		0.080	0.080					
三水合醋酸钠（g）	0.857			0.430	1.000			
柠檬酸钾（g）	0.128	0.128	0.128	0.064				
二水合柠檬酸钠（g）						0.231		
柠檬酸（g）						0.039		
氯化钙（g）						0.010		
氯化钠（g）								
碳酸氢钠（g）					0.150			
磷酸二氢钾（g）				0.065				1.465
三水合磷酸氢二钾（g）			1.270		0.150			0.837
1 mol/L NaOH（mL）		5.8	9.0					
10％醋酸（mL）					0.25			
BES（g）		3.050						
MES（g）			2.440					
TES（g）				0.195			2.235	

注：表中数值均为加蒸馏水配制成 100 mL 稀释液的用量。BES，即 N，N-二（2-羟乙基）-2 二氨基乙烷磺酸；MES，即 2-（N-吗啉）乙烷磺酸；TES，即 N-三（羟甲基）甲基-2-氨基乙烷磺酸。每毫升稀释液加青霉素 1 000 U，链霉素 1 000 μg。

如果是短时间（72 h 内）内保存精液，保存温度应为 2~5 ℃，切不可认为温度越低越好。如果在 0 ℃以下保存，会造成精子冷休克，即使恢复到适温条件，精子也不再复苏而丧失活力。如果要长期保存，应先将采得的精液按 1∶3 稀释，置于 5 ℃下冷却 2 min，再加入 8％甘油或 4％二甲基亚砜，在 5 ℃平衡 10 min，然后用固体二氧化碳（干冰）或液氮进行冷冻，冷冻后存放于液氮（-196 ℃）中。

无论采用何种保存方法，在使用精液前，都应把精液的温度提升到 38~39 ℃。精液采取后，如果其活力低于 0.5，则没有保存的必要，更谈不上长期保存。如果使用冷冻精液，只有解冻后精液的活力在 0.3 以上时，才可用于输精。

五、输精

(一) 输精器械

目前, 尚无专门的鹅输精器, 多为改装的代用品。一般都用有刻度的玻璃吸管或 1 mL 注射器 (卡介苗注射器)。用有刻度的吸管, 最好是有 0.01 mL 的刻度, 管壁较厚。若无这样的吸管, 可用 1 mL 移液管, 截去一段, 留下合适的长度, 截头处用酒精喷灯烧成结节, 套上输精管头便成为一根很好的输精器。用有 0.01 mL 刻度的输精器, 便于控制剂量, 操作方便。为了避免损伤鹅的生殖道, 可在玻璃管 (或吸管) 尖端, 套上 2 cm 的自行车气门芯作为输精管头。每只鹅使用 1 支输精管头, 切不可 1 支输精管头给多只母鹅输精, 以免造成疫病传播。若使用 1 mL 注射器, 则在前端接上可以更换的无毒塑料管或细玻璃管作为输精管头, 1 根管只装 1 只鹅用的剂量, 每只鹅用 1 根。

(二) 输精方法

由于鹅的生殖道开口较深, 阴道口括约肌紧缩, 阴道部不像母鸡那样容易外翻, 所以采用一般的输精方法受精率不高。实践证明, 采用直接插入输精法和手指引导输精法受精率最高, 且操作简便易行, 熟练的输精员可以单人进行操作。除此之外, 还有注射器输精法。

1. 直接插入输精法 输精员用左脚轻轻踩压母鹅背部, 面向母鹅尾部, 用酒精棉球消毒接受输精的母鹅泄殖腔周围后, 左手的食指、中指、无名指和小指并拢, 将鹅的尾巴拨向背侧, 大拇指紧靠着泄殖腔的下缘, 轻轻向下压迫, 使泄殖腔张开; 右手将吸有精液的输精器插入泄殖腔后, 向左下方推进 5～7 cm 深, 即可自然插入阴道部输卵管内, 此时左手大拇指放松, 稳住输精器, 右手将所需用量的精液输入, 然后轻轻拔出输精器, 最后放开母鹅。如使用吸管输精器, 则要捏紧橡胶乳头拔出, 以免把输入的精液又吸回输精器。

采用本法操作时阴道部易受感染, 不熟练时常将蛋压破。因此, 采用本法时, 输精员必须熟练掌握技术, 同时做好消毒工作, 以防止阴道发炎, 最终导致产蛋下降, 甚至发生卵黄性腹膜炎。

2. 手指引导输精法 是国际上通用的一种输精方法。对于输精器不易直接插入母鹅生殖道内的母鹅, 常采用手指引导输精法输精。输精员用左手食指从泄殖腔口轻缓插入泄殖腔，向泄殖腔左下侧寻找阴道口所在。阴道口括约肌较紧，而直肠口较松。待找到阴道口时，左手食指尖定准阴道口的括约肌，与此同时，右手将输精器的头部沿着左手食指的方向插入泄殖腔的阴道口，一般深入至 3～5 cm 后，再将食指抽出，并注入精液。输精后在母鹅背部轻轻按摩 5～7 s，效果会更好。产蛋多的母鹅，输卵管柔软且体积较大，其阴道部出口是张开的；产蛋少的母鹅，输卵管呈细绳状，输精时较难往里插。此法可借助食指指尖撑开阴道口，以利于输精，适用于一些阴道口括约肌紧缩的母鹅，但此法也易引起生殖道炎症。如果使用此法给 2 只以上的母鹅输精，一定要注意手指的消毒。

3. 注射器输精法　当母鹅输卵管内有蛋时，可采用此种方法输精。助手将母鹅右侧卧位保定，输精员以右手在体外或用消毒的右手食指伸入母鹅生殖道内固定输卵管内鹅蛋，左手持吸有精液、带有针头的卡介苗注射器，从母鹅左侧腹部将针头刺入至卵的钝端，当感觉到针头碰到卵壳时，将针头沿蛋壳表面向蛋前端倾斜，然后将精液缓慢注入，完成后拔出注射针头和手指。

（三）输精时间和输精量

输精时间和输精量直接影响种蛋的受精率，因此应选择恰当的输精时间和合适的输精量。输精量主要取决于精液品质的高低。如果使用原精，一般每次输入的精液量为 0.03～0.05 mL；如果用稀释的精液，用量为 0.05～0.1 mL。每次输精时每只母鹅至少应输入 3 000 万～5 000 万个精子。如果在鹅产蛋期开始第 1 次输精时，剂量还应增加 1 倍。

试验表明，母鹅在一次输精量为 0.05 mL 时，精液中含活精子数 1 300 万～7 500 万个，每隔 5～6 d 输精 1 次就可达到正常的受精率。如果输精的时间间隔超过 6 d，一次输精量中活精子数就要增加到 1 亿个。用未稀释的精液输精，一次输精量为 0.05 mL 时，母鹅一次输精以后第 3 天就可获得受精蛋，蛋的受精率可达到 85.2%，第 5 天达到最高，为 94.4%，从第 6 天起开始下降，到第 12 天受精率只有 35.6%。如果一次输精量为 0.1 mL，一次输精以后从第 3～11 天均可获得很高的受精率。用 1∶3 稀释精液，输精量为 0.1 mL 时，精液中含活精子数为 2 000 万～3 000 万个时，每 6 d 输精 1 次也可获得很高的受精率。

鹅的输精时间以每天 16:00～18:00 为好，因上午有些鹅还要产蛋，此时抓鹅会影响产蛋。由于鹅的受精持续期比鸡和火鸡短，一般在受精后 6～7 d 受精率即急速下降。因此，要获得高的受精率，以 5～6 d 输精 1 次为宜。

总之，人工授精首先要保持精液品质不下降，精液采集后应尽快使用；同时要防止精液受到污染，并注意不要使精液受到阳光直射，装精液的器皿，应选用棕色玻璃瓶；输精时操作要缓慢稳当，不可操之过急，以免损伤母鹅生殖道；严格保持无菌操作，接触精液的器皿和稀释液，用前要彻底消毒。

第四节　鹅反季节繁殖技术

目前，国内外多数鹅品种都具有明显的繁殖季节性，表现为从每年的 10—11 月进入产蛋期，至翌年的 4—6 月进入休产期，导致 7—10 月雏鹅及肉鹅供应严重短缺，此阶段还是最适宜发展养鹅生产的水草丰茂时期，由于无鹅苗可供往往造成有草无鹅的局面。冬季 1—2 月雏鹅上市高峰期也与中国传统的春节休闲时节重叠，鹅场养鹅数量下降，使雏鹅供过于求造成鹅苗过剩和价格大跌。鹅反季节繁殖技术可以大大提高种蛋的产量，使鹅苗及其产品市场供需不受季节影响，保证全年均衡生产与供应，同时能够充分利用夏季青粗饲料资源，从而带来良好的经济效益。该项技术是保障全年均衡生产和降低生产成本的有效方法。

一、鹅反季节繁殖技术概念

通过人为措施调整种鹅的产蛋季节，使种鹅在正常的非繁殖季节（每年 6—8 月）产蛋繁殖，并为市场提供商品肉鹅的技术，称之为反季节繁殖技术。

二、反季节繁殖技术的理论依据

施振旦和孙爱东（2011）对广东鹅种研究认为，我国南北各鹅种的季节性繁殖现象可分为 3 种类型：第 1 种类型为生活于高纬度温带地区（北纬 40°—45°）的鹅种，此类鹅种在春季和初夏产蛋繁殖，属于长日照繁殖鹅种；第 2 种类型是生活在中纬度地区（北纬 30°—40°）的鹅种，于秋季日照缩短时开始产蛋，于日照延长的冬春季达产蛋高峰，在春季结束产蛋；第 3 种类型为生活在亚热带低纬度地区（北纬 22°—25°）的鹅种，其产蛋期开始于夏季末期，高峰期为日照最短的冬季并在春季结束产蛋。繁殖季节性是长期适应环境的结果，可以促使鹅最大限度地利用环境条件繁殖更多的后代以利于种群生存。鹅繁殖季节性的差异受外界光照周期变化的影响，光照影响垂体促性腺激素和催乳素的分泌水平从而调节年度繁殖产蛋季节。通过遗传选育和其他生产管理技术，如雏鹅的留种季节和营养供应水平等，都能部分影响鹅的繁殖季节性。而通过人工控制程序，则可以完全克服鹅的繁殖季节性问题，并配之以环境控制和营养调控技术，以有效避免热应激及水体细菌和内毒素污染等问题，则可以调控种鹅在春夏季的非繁殖季节正常产蛋繁殖，从而克服雏鹅生产的季节性，进行肉鹅的全年均衡生产。

王宝维2008年对山东豁眼鹅进行的研究试验表明，接受自然光照的鹅多呈季节性繁殖，一般10～11月进入繁殖产蛋期，4月初停产。而此阶段的自然光照时间南北方均为11～12 h。说明此光照时间适合鹅的繁殖活动，而较长的光照则有抑制鹅繁殖机能的作用。上述自然现象是对鹅实施反季节繁殖产蛋期光照时间确定的重要依据。由此可以推论，在夏季要使鹅正常产蛋，就必须提供一个与上述类似短的光照时间环境。另外，在自然状态下，5—9月是一年光照时间最长的季节，鹅进入停产换羽期。由此还可以推论，在产蛋期过后，人工诱导换羽前期，可以较大幅度地增加光照时间（18 h），以促进鹅快速停产和换羽。本项目开展的遮黑鹅舍的设计旨在模拟一个冬春季节产蛋的环境，让鹅在夏秋产蛋。

三、北方鹅反季节繁殖技术程序示例

王宝维2008年研究报道，种鹅要施行反季节繁殖生产，关键技术主要包括遮黑鹅舍、光照控制、综合限制饲喂和人工诱导换羽。下面以北方地区豁眼鹅和朗德鹅试验结果为例，介绍反季节繁殖技术的要点。

（一）遮黑鹅舍设计

1. 遮黑鹅舍设计要求　实施鹅反季节繁殖，遮黑鹅舍是关键。鹅舍设计可以采用砖瓦结构或钢架结构。宽为7～12 m，长为60～100 m。朝向宜选择南、南偏东或偏西各15°～30°。南北墙留有窗户，推拉窗和外翻窗均可，南、北窗面积比可为（2～3）:1，采用卷帘或黑色塑料布遮挡，并保证遮黑效果。鹅舍运动场一般是鹅舍宽度的4～5倍，为种鹅提供充足的运动空间，增加运动量，避免产蛋后期因体重过大降低产蛋率和受精率。鹅舍建筑设计总的要求是冬暖夏凉，阳光充足，空气流通，干燥防潮，经济耐用。鹅虽是水禽，但鹅舍内不易潮湿，特别是雏鹅舍更要注意。

2. 鹅舍防暑降温及通风换气设计　鹅的羽绒丰满，绒羽含量较多，皮下有脂肪而无皮脂腺，只有发达的尾脂腺，散热困难，所以耐寒而不耐热，对高温反应敏感。夏季气温高，母鹅常停产，公鹅精子无活力。母鹅产蛋的适宜温度为 8～25 ℃，公鹅产壮精的适宜温度为 10～25 ℃。为此，夏季应特别注意做好防暑降温工作。

为了便于夏季鹅舍的降温和冬季舍内除潮，一般常用纵向通风、湿帘降温设施。一般是将湿帘安装在负压通风的进风口。湿帘蒸发表面积大、透气好，由顶部淋水，一侧进风，靠水蒸发降低舍内温度，一般可降温 3～6 ℃。风机采用低噪声大风量畜禽舍专用风机。通风量按当地历史上最高气温所需通风量进行设计。通风量按每只鹅 50 m³/h 计算。

产蛋期种鹅由于在鹅舍内生活时间较长，摄食和排泄量也很多，很容易造成舍内空气污染，既影响鹅体健康，又使产蛋率下降。为保持鹅舍内空气新鲜，除控制饲养密度（舍饲）不超过 1.2 只/m² 外，还要加强鹅舍通风换气，及时清除粪便、垫料，根据室温及舍内湿度选择开启风机的数量及时间长短，始终保持舍内空气新鲜。

（二）光照控制程序设计

光照时间对种鹅的繁殖性能有很大的影响。光照时间延长能促进母鹅开始产蛋，光通过视觉刺激脑垂体前叶分泌促性腺激素，促使母鹅卵巢卵泡发育增大，卵巢分泌雌性激素促使输卵管发育，同时使耻骨开张，泄殖腔扩大；光照引起公鹅促性腺激素的分泌，刺激睾丸精细管发育，促使公鹅达到性成熟。为此，在育成期 14～30 周龄，昼夜总光照时间保持 8 h，适度控制性成熟，以保证生殖系统和体型得到同步发育。

根据对自然季节性繁殖现象进行的观察，一般鹅在冬春季节产蛋，依此确定每天 12 h 光照为鹅产蛋期的最佳光照时间（自然光照＋人工光照），一直维持到产蛋结束。光照时间不能过长，因为较长的光照时间加上气温过高，会影响到产蛋率和受精率。光照时间如果超过 14 h 以上会使产蛋停止和出现就巢现象。

产蛋前期补充光照应在开产前 1 个月进行。小型鹅可在 28 周龄开始补充光照，大型鹅在 31 周龄开始补充光照。光照时间在育成期 8 h 的基础上，每

天增加 20 min 直至 12 h。增加人工光照的时间可以采取早、晚恒定法。补充光照度按 25 lx 设计。

经过多年的研究与实践，青岛农业大学优质水禽研究所已制订出豁眼鹅和肉鹅配套系育雏、育成、产蛋和人工诱导换羽期光照程序设计方案，详见表 4-3。

表 4-3 种鹅光照程序设计方案

生产阶段	周龄	光照时间（h）	光照度（lx）
	1	23	25
育雏期	2	18	25
	3	16	20
生长期	4～8	逐渐过渡到自然光照	
育成期	9～13	自然光照	
	14～30	8	10
第一产蛋前期	31～32	每天增加 20 min，逐渐至 12 h	25
第一产蛋期	33～54	12	25
	55～59	18	50～80
第一换羽期	60～68	8	10
	69～70	每周增加 0.5 h，逐渐至 12 h	25
第二产蛋期	71～94	12	25
	95～99	18	50～80
第二换羽期	100～108	8	10
	109～110	每周增加 0.5 h，逐渐至 12 h	25
第三产蛋期	111～134	12	25
	135～139	18	50～80
第三换羽期	140～148	8	25
	149～150	每周增加 0.5 h，逐渐至 12 h	25
第四产蛋期	151～174	12	25

（三）综合限制饲喂方案的设计

制订合理的种鹅综合限制饲喂方案，加强营养调控也是保障鹅反季节繁殖技术成功的基础。雏鹅 1～8 周龄，尽量满足其采食量的需要，以保证体况发育健康良好；9～26 周龄，育成期要加大粗饲料或青粗饲料饲喂比例，减少精饲料饲喂量，以促进消化系统的发育，并控制生殖系统不让其发育过快；26周龄以后，开始进入预产期，此时逐渐加大精饲料饲喂量，每周至少增加10 g以上精饲料，直到29周龄达到高峰喂料量。产蛋期间适当补充粗饲料或青粗饲料。休产换羽期精饲料的快速减少有利于促进种鹅掉羽，换羽后期逐渐增加精饲料有利于促进新的羽毛生长。换羽期粗饲料或青粗饲料饲喂比例必须增加，以防止种鹅饥饿引起死亡或啄癖。各个饲养阶段应按照生产计划制订综合限制饲喂方案进行管理。

（四）人工诱导换羽方案设计

该技术方案的设计主要是通过控制喂料量、改变光照程序、人工换羽等措施，使种鹅短期停产换羽进入下一个产蛋期，并将产蛋高峰集中在理想的季节内。青岛农业大学研究表明，对种鹅实施17.75 d间歇断水断料法诱导换羽，致使体重下降30%，羽毛脱落量大且速度快，换羽效果好，死淘率较低，产蛋性能恢复快，换羽后产蛋率高。人工诱导换羽方法详见本章第五节。

（五）反季节繁殖技术经济效益分析

以目前国内市场鹅苗销售行情为例，1—3月雏鹅价格南方达到了12～15元/只，北方达到10～12元/只；8—11月初雏鹅价格南方达到了28～30元/只，北方达到23～25元/只，反季节繁殖鹅苗比自然季节繁殖价格高出1倍，总经济效益高出2～3倍。由此可见，反季节繁殖技术的应用具有显著的社会经济效益。

四、南方鹅反季节繁殖技术程序示例

施振旦2007年对广东马岗鹅反季节繁殖技术研究表明，利用人工光照处理，可以改变马岗鹅的繁殖季节进行反季节繁殖和生产，改变育成鹅的开产日龄。

反季节繁殖方法：在冬季自然光照时间较短的12月或1月，将光照时间从每天约11 h，延长到18 h。该18 h的长光照由两部分组成，即白天的阳光或自然光照和鹅舍内日光灯的补充光照。鹅舍内日光灯的光照度维持在80～100 lx，以每盏灯照射5 m² 的面积均匀安装日光灯即可。由于日光灯的光照度大大低于白天的自然光光照度，因此在冬季需要将总光照时数延长到18 h，以弥补光照度的不足。鹅的繁殖活动一般在延长光照时间后1个月左右停止，表现为产蛋的终止及开始换羽。对鹅继续处理每天 18 h 的长光照共 75 d 左右，然后在春季约 3 月，将光照时间缩短至每天 11 h，使鹅接受短光照处理。再经过约 1 个月的时间，鹅即可以重新产蛋。因此，一般在人工光照程序处理下，鹅的休产期为 2~3 个月，与自然非繁殖期类似。而在开产后，鹅在维持每天 11 h 的短光照下，就可能持续表现出高的产蛋性能，很好地避免类似于自然状态下夏季开产初期产蛋性能低下的问题。

对马岗鹅人工光照处理后，每只母鹅在一个试验期内的平均产蛋总数达到了 48 个，比接受自然光照的对照组鹅的 26 个的产蛋量提高了 85%。人工光照处理后诱导的反季节繁殖中，公鹅也具有了良好的繁殖性能，表现为在反季节繁殖中，种蛋的受精率维持较高水平，达到了 80%~90%。

该反季节繁殖光照程序，目前也已经被用于后备马岗鹅的育成环节。以往必须选留秋季孵出的雏鹅，至翌年春季产出第 1 窝小而不适于孵化的种蛋，然后进入非繁殖季节，至秋天才能再次进入繁殖状态并产出正常大小适于孵化的种蛋。鹅的饲养时间较长，成本较高。而在鹅于 6~7 月龄将产出第 1 窝小种蛋时延长光照时间抑制其产蛋，然后再过 2~3 个月，等后备马岗鹅进一步生长发育后缩短光照时间促进其产蛋。该操作一方面可以避免产小种蛋；另一方面在促进产蛋时可以较好地提高产蛋性能，而且该方法可以很好地使后备马岗鹅在全年任一时间开产，克服了季节性的限制。农户采用该技术饲养 1 只种母鹅平均每年可以获得 200~300 元的净利润。

五、采用反季节繁殖技术的注意事项

（1）采用反季节繁殖技术，不但要使种母鹅在夏季多产蛋，而且还要使种蛋受精，因此种公鹅的选择更加重要。种公鹅的选择比种母鹅难度大，种母鹅可根据体型外貌进行选择，但种公鹅仅根据体型外貌来选择，生殖能力就不一定理想，如有的种公鹅体型虽然很大，外貌也好，但生殖器却存在着发育不良、畸形或者精液品质不好等问题，养这种种公鹅，既消耗饲料，又干扰其他种公鹅的正常配种行为。因此，选择种公鹅时必须进行生殖器官的检查，尤其是水池中不常换水，生殖器的感染更为严重，种蛋受精率会大大降低。因此，采用反季节繁殖，选择好种公鹅是关键环节。

（2）反季节繁殖技术是在舍饲条件下进行的，所采用的鹅经过长期的选育与驯化，能够较好地适应圈养环境；育雏期、育成期和产蛋期要严格执行已制订的鹅舍遮黑、光照控制、综合限制饲喂和人工诱导换羽方案。而在我国南方许多养殖场，鹅育雏期、育成期一直处于露天放牧或敞棚散养状态，受自然光照周期影响很大；由于品种缺乏系统选育和圈养训练，生产中执行技术方案不够严格或方案不正确，夏季降温措施不到位，这也许是导致反季节繁殖失败的主要原因。另外，反季节繁殖技术是一个环环紧扣的科学程序，缺乏任何一个环节，生产效果都不会理想。

第五节　种鹅人工诱导换羽技术

种鹅人工诱导换羽就是人们通过某种应激手段（控制光照、饲料、饮水或添加某种药物）刺激种母鹅，诱导其迅速换羽并长出新羽，然后刺激迅速产蛋的方法。种鹅人工诱导换羽是解决鹅季节性繁殖和提高下一个产蛋期生产性能的关键技术环节。目前，有关种鹅实施诱导换羽的方法主要有氧化锌诱导换羽法和间歇断水断料诱导换羽法两种。

一、换羽原理与作用

换羽是鹅的一种自然的生理现象，不论是种公鹅还是种母鹅，每个产蛋周期都要换一次羽。鹅的自然换羽一般出现在夏季。换羽是羽毛组织衰老和性机能活动减弱的结果，此时种母鹅因经过长期产蛋之后，有些羽毛掉了，有些羽毛断了，特别是产蛋力高的种母鹅，把供给羽毛生长所需的蛋白质营养也利用到产蛋上，引起种母鹅羽毛稀疏，羽毛质量下降。因此，种母鹅必须将损坏的羽毛换成新的羽毛，为御寒做准备。光照时间长短和环境温度高低等因素变化使性激素分泌减少或完全停止，引起停产或换羽。自然换羽停产 4～5 个月才开始进入下一个产蛋周期。

目前研究认为，某种应激处理可以使种母鹅体内促黄体素释放激素（LHRH）的感受性降低而引起流入血中的促黄体素量减少，同时减少了卵巢作用于卵泡的雌性激素的分泌量，其结果是卵泡停止发育而逐步萎缩，引起休产、换羽。

很多研究证实，生殖器官是按体重减轻的比例萎缩的，诱导换羽后，随着体重的增加则生殖器官再次增大，促黄体素（LH）和雌二醇量也急剧恢复。诱导换羽后改善了输卵管分泌蛋白腺及卵壳分泌腺机能，因此经诱导换羽，使组织"返老还童",重新恢复产蛋机能,产生良好的产蛋成绩,并使蛋重增加,蛋壳质量改善。

种鹅羽毛掉落的顺序是:腹部-背部-翅部-肩部-颈部-头部-尾部;主翼羽的脱落顺序是:从近心端到远心端,副翼羽的脱落顺序是从远心端到近心端。

二、人工诱导换羽方法

(一)基本要求

(1)要求在很短时间使鹅群停止产蛋,在诱导换羽后第5～7天,务必使产蛋率降到0～1%。

(2)停产期间,控制所有的母鹅不产蛋,一般理想的停产时间为11～12周,时间长了不经济,时间短了换羽效果不好及换羽后的产蛋持久性差,不能很好地提高蛋的品质。

(3)主翼羽的脱羽情况。处理7～10 d体羽开始脱落,第15天主翼羽开始脱落。当鹅群产蛋率达10%时,10根主翼羽中有5根脱落为换羽成功,不足5根为换羽不完全。

(4)诱导换羽期间每3～5 d称重1次,一般体重减轻25%～30%时,根据成活率情况确定开始喂料时间。

(5)死亡率要低,诱导换羽理想的死亡率在2%～3%。换羽前10 d死亡率为1.0%,前20 d为1.5%,前7周为2.5%,前10周为3%。断水时,死亡率达3%,应立即给水,在断料时死亡率达5%立即给料。

(6)换羽后达5%产蛋率的日龄一般在80 d左右;否则换羽不完全,产蛋量不高。

(二)换羽前准备工作

1. 清扫鹅舍　地面平养方式要彻底清扫鹅能采食的一切东西,如锯末、沙子、墙皮等。产蛋箱内暂不加垫料,以防鹅饥饿状态下采食,影响绝食和换羽效果。氧化锌诱导换羽法、药物诱导换羽法可以铺部分垫料。

2. 消毒　鹅舍内可用3%氢氧化钠+2%生石灰喷雾消毒一遍,并开门窗换气晾干。若有多余鹅舍,可将待换羽的鹅一起移进已冲刷、消毒好的净化鹅舍。

3. 鹅舍遮光　将鹅舍门窗用油毡纸遮挡上,造成黑暗安静环境,减少鹅活动和体力消耗，防止因饥饿造成相互啄食，造成死亡。清晨或傍晚可开窗通风换气，或采用百叶窗及通风设备（排风扇）进行换气。药物诱导换羽法可以不遮光。

4. 驱虫 在开始换羽前 1 周，用哌嗪枸橼酸盐（驱蛔灵）按每千克体重 0.5 g 拌在料内于 17:00 一次喂给，翌日清晨及时清除粪便，防止鹅采食蛔虫及虫卵。若有鹅虱子，可用溴氰菊酯（敌杀死）或其他菊酯类药物杀死。

5. 接种疫苗 将选留的鹅接种鹅副黏病毒疫苗和小鹅瘟疫苗，7 d 之后再进行诱导换羽。

6. 换羽鹅的选择 选择肛门括约肌松弛，耻骨距离宽，增加腹压容易翻肛，腹部柔软，形体发育良好的鹅。淘汰过肥，过小，后腹下垂，大嗉囊，头、冠、翅、腿异常和怀疑有病的鹅。

（三）换羽方法

1. 氧化锌诱导换羽法 氧化锌诱导换羽法，鹅换羽期可根据其生理特点划分为减重期、体重恢复期、产蛋前期、产蛋期 4 个时期。减重期，目标体重降低 25%，此期间连续饲喂 2% 氧化锌饲料，直到体重下降 25% 停喂氧化锌饲料（一般种鹅饲喂 13 d 2% 的氧化锌饲料，体重可以下降 25%）。体重恢复期，目标体重恢复到换羽前原体重。产蛋前期，恢复期结束到开始产蛋。产蛋期，从开始产蛋至产蛋率达到 32%。氧化锌诱导换羽法见表 4-4。

表 4-4 氧化锌诱导换羽法

阶段	喂料	饮水	光照
减重期	饲喂添加 2% 氧化锌饲料直到体重下降 25%	第 1 天停水，然后每天 16:00 饮水 2 h，至体重下降 25%	光照度：25 lx 时间：18 h
体重恢复期	第 1 天 60 g/只休产期料，每天每只增加 10 g 直至 150 g	自由饮水	光照度：10 lx 时间：降至 8 h/d，喂料达到 150 g/d 时，光照时间每天增加 30 min 直至每天光照时间 12 h
产蛋前期	每天 150 g/只休产期饲料至产蛋率到 1%	自由饮水	光照度：25 lx 时间：12 h
产蛋期	改喂产蛋期饲料，每天每只增加 10 g 直至 200 g，产蛋率达 20% 时，自由采食	自由饮水	光照度：25 lx 时间：12 h

试验表明，按照目标体重下降 20％、25％、30％ 3 个等级进行设计，其中饲喂 2％氧化锌饲料，体重下降 25％，综合评定羽毛脱落率、达到目标体重的时间、开产日龄、达到的最高产蛋率、死淘率等指标成绩最佳。

2. 间歇断水断料诱导换羽法 鹅换羽期可根据其生理特点划分为减重期、体重恢复期、产蛋前期、产蛋期 4 个时期。减重期，目标体重降低 30％，此期间以体重降低 30％为标准，达到目标体重停止实施间歇断水断料措施。体重恢复期，目标体重恢复到换羽前原体重。产蛋前期，恢复期结束到开始产蛋。产蛋期，从开始产蛋至产蛋率达到 32％。间歇断水断料诱导换羽法详见表 4-5。

试验表明，按照目标体重下降 20％、25％、30％ 3 个等级进行设计，其中体重下降 30％，综合评定羽毛脱落率、达到目标体重的时间、开产日龄、达到的最高产蛋率、死淘率等指标成绩最佳。

表 4-5 间歇断水断料诱导换羽法

阶段划分	喂料	饮水	光照
减重期	停料至体重下降 30％	第 1 天停水，以后每天 16:00 饮水 2 h，至体重下 30％	光照度：40 lx 时间：18 h
体重恢复期	第 1 天 60 g/只休产期饲料，每天每只增加 10 g 直至 100～150 g	自由饮水	光照度：10 lx 时间：降至 8 h/d，喂料达到 150 g/d 时，光照时间每天增加 30 min 直至每天光照时间 12 h
产蛋前期	每天 150 g/只休产期饲料至产蛋率到 1％	自由饮水	光照度：25 lx 时间：12 h
产蛋期	改喂产蛋期饲料，每天每只增加 10 g 直至 200 g，产蛋率达 20％时，自由采食	自由饮水	光照度：25 lx 时间：12 h

鹅间歇断水断料诱导换羽，就是在遵循鹅的生理特性的前提下，人为地给鹅施加一些应激因素（限制喂料、饮水、改变光照程序），在应激因素作用下，使鹅群缺乏营养，身体消瘦，体重下降，经过一定时间，主翼羽与尾羽出现干枯现象，羽毛可自行脱换，使鹅短期停产换羽并进入下一个产蛋期。主要步骤如下：

（1）断水断料步骤

步骤一：将种鹅日粮由高峰料量 200 g/（d·只）直接降低到 150 g/（d·只）；随后 3 d 内减为 100 g/（d·只），7 d 后减为 50 g/（d·只），大约 30 d 停止产蛋。

步骤二：产蛋停止后，停料 4 d，停水 1 d（夏天停水 1 d，其他季节可停水 2~3 d）；若体重减少达到标准开始人工脱羽，达不到标准的情况下可连续停料 7 d 再进行人工脱羽。

步骤三：断水断料结束后第 1 天，开始饲喂饲料 60 g/（d·只），以后逐渐增加 10 g/（d·只），直至 100 g/（d·只），以后恒定。

步骤四：从新的主翼羽长出开始，在原有喂料 100 g/（d·只）的基础上，每天每只增加 10 g，直至 150 g/（d·只），以后恒定。

步骤五：换羽鹅 130 d 左右见蛋后，要根据产蛋率情况逐渐增加喂料量，喂料量由 150 g/（d·只）逐渐增加到 200 g/（d·只）。

（2）人工脱羽步骤

步骤一：断水断料处理 67 d 之后，鹅大羽毛囊腔内容物消失，体重比脱羽前下降 28%~30%，即开始人工诱导脱羽。

步骤二：脱羽顺序为先从胸上部开始拔，由胸到腹，从左到右，胸腹部拔完后，再拔体侧和颈部、背部的羽绒。

步骤三：先拔片羽，后拔绒羽，可减少拔毛过程中产生的飞丝，还容易把绒羽拔干净。最后拔掉主翼羽、副翼羽和尾部的大梗毛。

（3）光照控制步骤

步骤一：换羽方案实施第 1 天，光照时间由产蛋期 12 h/d 改为 18 h/d。光照度保持 40 lx。

步骤二：在 68 d 左右，光照时间从每天 18 h 直接缩短为每天 8 h，持续到 120 d 左右。

步骤三：在 120 d 左右，光照时间由每天 8 h，再每天增加 30 min 直至 12 h/d，以后恒定。光照度保持 25 lx。

（4）其他事项

① 体重比脱羽前下降 28%~30%。

② 断水断料期间死淘率不超过 3%，如果超过就立即停止。

③ 公鹅与母鹅分开换羽。换羽后，公鹅比母鹅提前 20 d 补料，提前 20 d

补光。

④ 在换羽期和产蛋高峰期期间，按照制订的饲喂方案适量补充粗饲料和青粗饲料。

⑤ 对鹅实施 18 d 左右间歇断水断料诱导换羽，体重下降 30％左右，羽毛脱落量大且速度快，换羽效果好，死淘率低，产蛋性能恢复快，换羽后产蛋率高。

3. 换羽效果比较　由表 4－6 可知，体重下降 30％的间歇断水断料诱导换羽法羽毛脱落率、达到目标体重的时间、开产日龄、达到的最高产蛋率、死淘率等指标均优于体重下降 25％的氧化锌诱导换羽法。为此，建议饲养者可根据生产条件优先选择间歇断水断料诱导换羽法。

表 4－6　不同诱导换羽法效果比较分析

项目	氧化锌诱导换羽法	间歇断水断料诱导换羽法
主翼羽脱落率（％）	59.38±0.53[b]	91.12±5.01[a]
副主翼羽脱落率（％）	55.42±0.69[b]	90.73±2.73[a]
达到目标体重的时间（d）	15.21±0.61[a]	17.75±1.83[a]
开产日龄（d）	98.00±6.11[b]	78.75±2.75[a]
达到的最高产蛋率（％）	32.00±1.25[b]	40.00±3.44[a]
死淘率（％）	6.20±0.35[b]	3.78±1.56[a]

注：同列不同上标字母表示差异显著（$P < 0.05$），相同字母表示差异不显著（$P > 0.05$）。

第五章
豁眼鹅选种选配技术

在养鹅业生产中，进行选种、选配的目的就是选优去劣，培育出高产的品种或品系。在同样的饲养管理条件下，优良的种鹅，能生产量多质好的蛋和肉，降低饲养成本。如果不注意选种、选配，高产的品种或品系也可能退化，使生产水平下降。因此，选种和选配是养鹅业生产中不可缺少的重要工作。

第一节　选　　种

种鹅是养鹅业的基础，对种鹅的选择称为选种。种鹅选择的好坏不仅影响其本身，还涉及其后代的生产性能和生产者的经济效益。具体来说，选种就是按照预定的选育目标，从鹅群中选择适应性广、耐粗饲、抗病力强的种鹅。目的在于使鹅的后代群体得到遗传上的改进，提高后代的生产性能。选种是选配的基础，而选配所产生的后代，又为进一步选种提供了更加丰富的种源。

一、选种的标准

对种鹅选择的原则要求是外貌特征与品种相符，体质健壮，适应性强，遗传稳定，生产性能优良。选种的标准因鹅的类型不同而有差异。

（一）蛋用鹅选种标准

蛋用鹅在选种时首先要考虑以下几个性状：开产日龄、开产体重、产蛋量、产蛋率、产蛋期料蛋比、产蛋期存活率、产蛋总重和平均蛋重、生活力和蛋品质。

选择初生雏鹅时要求初生雏鹅体躯硕大，绒毛柔软，头大颈粗，眼大有神，反应灵敏，鸣声洪亮，食欲旺盛，胸深背阔，腹圆脐平，尾钝翅贴，脚粗而高，蹼油润，健康结实，活泼好动。选择的重点是初生体重大和毛色一致。

后备种鹅的中雏鹅，必须来自高产无病的种鹅群，要求体型外貌符合本品种特征，体质强健，生长发育良好。公鹅选留的数量应比实际需要量多1倍，以便在开始配种时再选1次，确保质量。后备种鹅一般在50～60日龄时选择，以便将淘汰的中雏鹅转为育肥鹅。

1. 种公鹅选择标准　要选头大颈粗，眼大、明亮而有神，喙宽而齐，身长体宽，羽毛紧密而有光泽，性羽分明，两翅紧贴，脚粗而高，健康结实，体不过肥，活泼好动的公鹅。这种公鹅性欲旺盛，配种力强。在交配季节，公鹅眼圈缩小，而且有分泌物，羽毛蓬松杂乱，这是优秀种公鹅表现的疲惫特征，过了配种季节，这种特征将全部消失。

2. 种母鹅选择标准　要选留颈细长，眼亮有神，羽毛致密，喙长而直，身长背阔，胸深腹圆，后躯宽大，耻骨扩张，两翅紧贴，脚稍粗短，蹼大而厚，健壮结实，体不过肥，活泼好动的母鹅。颈长而细，是高产蛋用鹅的固有特征，选种时要充分注意。具有以上体型外貌特征的种母鹅，卵巢发育良好，输卵管发达，腹部容积大，而耻骨之间的距离在3指以上（"三指裆"）。不同季节、不同年龄的蛋用种母鹅，其外貌表现也不同。"春鹅一枝花，秋鹅丑喇叭"。因为春季鹅群开产不久，产蛋性能高的母鹅代谢旺盛，性腺机能活跃，羽毛细致有光泽，像鲜花一样。到了秋季，高产的母鹅由于连续产蛋，营养消耗量大，色素消退，羽毛零乱没有光泽，腹部也因下蹲的时间和次数多，羽毛沾污，甚至部分脱落，走起路来摇摇摆摆，像个"丑八怪"。

（二）肉用鹅选种标准

肉用鹅在选种时首先要考虑以下几个性状：早期（3周龄）体重、成年体重、仔鹅饲料转化率、羽毛生长速度、屠宰率、半净膛率、全净膛率、胸肌率、腿肌率、脂肪率、开产日龄、产蛋量、种蛋受精率、孵化率、10周龄仔鹅成活率、种鹅产蛋期存活率。

肉用种鹅必须具备生长发育快，育肥性能好，脂肪分布均匀，肉质优良，繁殖力和适应性强等特点，体型外貌要具有肉用鹅的品种特征。

1. **肉用种公鹅选择标准** 体型呈长方形、头大、颈粗、背平直而宽，胸腹宽而略扁平，腿略高而粗、蹼大而厚，两翅不翻，羽毛光洁整齐，走路昂头挺胸，步态雄健有力，生长快，体重大，配种能力强。

2. **肉用种母鹅选择标准** 体型呈梯形，背略短而宽，体长，腿稍短而粗，两翅下翻，羽毛光洁，头颈较细，腹部丰满下垂但不擦地，耻骨间距3指以上（"三指裆"），繁殖力强，受精率和孵化率高。

3. **种公鹅选择的注意事项** 种公鹅的选择要比种母鹅的选择更加重要，俗话说："公鹅好，好一坡；母鹅好，好一窝"。另外，公鹅的选择比母鹅难度大，母鹅可根据体型外貌进行选择，但公鹅仅根据体型外貌来选择，生殖能力就不一定理想，如有的公鹅体型虽然很大，外貌也好，但却存在着生殖器官发育不良、畸形或者精液品质不好等问题。因此，选择种公鹅时必须进行生殖器官的检查。检查时要两个人协同进行，具体的做法是助手将种公鹅固定在一个高约70 cm的凳子上，使鹅头向后，鹅尾向前。检查人一只手掌放在公鹅的背腰上，拇指和其余4指分别按住鹅腰两边，然后向鹅的后方轻轻地按摩；同时另一只手的5个手指向相同的方向伸出，略呈圆筒样，用指尖反复触动公鹅的肛门周围。经8~10 s的反复按摩后，阴茎便充血胀大，在肛门处突出成团。这时用按在鹅腰两边的手指适当用力，捏住公鹅肛门上部1/3的地方，手指一齐用力压，使阴茎充分勃起向外伸出。正常的阴茎呈螺旋状，颜色肉红，长达10~12 cm。阴茎发育不良的、畸形的以及有炎症的种公鹅，均应淘汰。

二、选种方法

选择种鹅是进行纯种繁育和杂交改良工作必须首先考虑的问题。优秀的种鹅应具备品种的外貌特征，体质健壮，适应性强，遗传稳定，生产性能高。外貌特征在一定程度上可反映出种鹅的生长发育和健康状况，并可作为判断生产性能的参考依据，这种选择方法适合于生产商品鹅的种鹅繁殖场（户）。

鹅的选种方法，常见的有根据鹅的体型外貌和生理特征进行选种，根据生产性能进行选种两种方法。此外，还可依据孵化季节进行选留、根据公鹅性器官的发育和精液品质选留等。

（一）根据外貌与生理特征进行选择

体型外貌、生理特征能够反映出种鹅的生长发育和健康状况，可以作为判断种鹅生产性能的基本条件。这种选择方法适于提供商品鹅的种鹅繁殖场（户）。因为这种繁殖场（户）没有个体生产性能记录，根据体型外貌选择种鹅，必须在不同的生长发育阶段连续多次进行选择。

1. 母鹅的选择　选留的母鹅要求头部清秀，颈细长，眼大而明亮。胸饱满，腹深，体型长而圆，臀部宽且丰满，肛门大而圆润，两耻骨间距宽，末端柔软且较薄，耻骨与胸骨末端的间距宽阔。两脚结实，两脚间距宽，蹼大而厚。羽毛紧密，两翼贴身。皮肤有弹性，胫、蹼和喙的色泽鲜明。行动灵活而敏捷，觅食力强，肥瘦适中。

2. 公鹅的选择　选留的公鹅要求体型大，体质健壮，躯体各部位发育匀称。大头阔脸，眼大且明亮有神；喙长而钝，闭合有力；颈粗长。胸部宽且深，背直而宽，体型呈长方形，与地面近于水平，尾稍上翘。腿粗壮有力，胫长，两脚间距宽，蹼厚大，站立时轩昂挺直，鸣声响亮，雄性特征明显。

此外，常有部分公鹅的阴茎发育不良或有缺陷，这会严重影响配种。因此，选留种公鹅还要检查生殖器官的发育状况，根据螺旋状交配器的长短、粗细、软硬程度及纤毛样组织颜色的深浅判定公鹅交配器发育是否正常。选留交配器长而粗，发育正常，伸缩自如，性欲旺盛，精液品质优良的公鹅作种用。

3. 种蛋的选择　种鹅选好后，应根据该品种固有的要求选择种蛋。如蛋壳颜色、蛋重、蛋形。此外，还要将蛋壳上有沙点的沙壳蛋、薄壳蛋和蛋壳特别坚硬、敲击时声音发脆的"钢皮蛋"剔除。

4. 种鹅各阶段的选择　根据体型外貌选择种鹅，要在不同发育阶段进行多次复选。在育种场，这种选种方法仅为初选用。初选后需根据生产性能记录进行复选。

（1）雏鹅的选择　应该从 2～3 年的母鹅所产种蛋孵化的雏鹅中选适时出壳，体质健壮，绒毛光洁且长短稀密适度，体重大小均匀，腹部柔软无钉脐，绒毛、喙、胫的颜色都符合品种特征的健雏作种雏。还要注意，不同孵化季节孵出的雏鹅，对其生产性能影响较大。早春孵出的雏鹅，生长发育快，体质健壮，生活力强，开产早，生产性能好。春末夏初孵出的雏鹅较差。

（2）育成种鹅的选择　在 70～80 日龄的育成鹅中，把羽毛颜色符合品种要求、生长发育快、体质健壮的个体留作后备种鹅。

（3）后备种鹅的选择　在 120 日龄至开产前的后备种鹅中，把鹅体各部位器官发育良好而匀称、体质健壮、骨骼结实、反应灵敏、活泼好动、品种特征明显的个体留作种用，把羽色异常、偏头、垂翅、翻翅、歪尾、瘤腿、体重小、衰弱等不合格的个体及时淘汰。

（4）开产前的选择 在180日龄后，母鹅开产、公鹅配种前，对公母鹅分别进行选择。母鹅选留标准：体躯各部位发育匀称，体型不粗大，头大小适中，眼睛明亮有神，颈细中等长，体躯长而圆、前躯较浅窄、后躯宽而深，两脚健壮且距离较宽，羽毛光洁紧密贴身，尾腹宽阔，尾平直。公鹅选留标准：体型大，体质健壮，身躯各部位发育匀称，肥瘦适中，头大脸宽，眼睛灵敏有神，喙长、钝且闭合有力，鸣声洪亮，颈长粗且略显弯曲，体躯呈长方形、前躯宽阔、背宽而长、腹部平整，腿长短适中、强壮有力，两脚距离较宽。若是有肉瘤的品种，肉瘤必须发育良好而突出，呈现雄性特征。

在后备期结束，转入种鹅生产阶段时应对后备种鹅进行复选和定群，选留组成合格的成年种鹅群。把体重外貌符合品种特征或选育标准要求、体质健壮、体型结构良好、阴茎发育好、性欲旺盛、精液品质优良、生长发育充分的后备鹅留作种用。如发现鹅有以下缺陷，应立即淘汰。

① 弓颈。颈部显著弯曲如弓，此主要是遗传所致，有时受伤也会发生。

② 畸形喙。上喙或下喙弯曲至侧面，上下喙无法契合成一直线，或下喙过短，主要为遗传所致。

③ 脚弱。可能因饲料中营养不平衡，雏鹅保温不足或遗传所致。

④ 曲趾。一趾或多趾弯曲，可能为遗传或受伤所致。

⑤ 性器官不正常。母鹅下腹部膨胀，此种母鹅易引起输卵管脱垂，可能是遗传因素；公鹅阴茎如经常无法缩回，可能造成性器官萎缩或脱垂，饲喂发霉的饲料，可能致使公鹅阴茎发育不良，无法作为种用。为确保种鹅群良好的受精率，在繁殖季节结束后，应由肛门检查其阴茎的状况是否良好。另外，患有生殖器官疾病的鹅不可留作种用。

⑥ 滑翅（飞机翼）。翅膀在腕关节处扭曲，主翼羽向外突出，可能因饲料中营养缺乏或遗传缺陷所引起。

⑦ 翅膀下垂。可能因饲料营养不平衡或管理不当，环境泥泞潮湿所引起，此种鹅只精子活力及受精力不佳。

⑧ 歪尾。由于尾部肌肉或骨头不正常造成尾羽歪向一侧，可能为遗传所致。

⑨ 眼盲。两只眼或一只眼看不见，常见于近亲繁殖的鹅群。

⑩ 其他。如羽毛混杂（白鹅绝不能有异色杂毛）、背不平、单眼、斜眼、

瘦弱及叉脚等。

（二）根据生产性能记录资料选择

体型外貌与生产性能有密切关系，但不是生产性能的直接指标。有些性状的选择，如产蛋性能单凭体型外貌选择，达不到预期的目的。产量相差不大的个体，有时还会发生错误的判断。只有依靠科学测定的记录资料，进行统计分析，才能做出比较正确的选择。一个正规的育种场必须对各项生产性能做好记录。鹅育种过程中必须记录的项目有：产蛋量、蛋重、蛋形指数、开产日龄、饲料消耗量、种蛋受精率、孵化率、雏鹅成活率、育成鹅成活率、初生体重、育雏结束时体重、育成期末体重、开产期体重、500 日龄体重等。为更准确地评定种鹅的生产水平，育种场必须做好主要经济性状的观测和记录工作，并根据这些资料及遗传力进行更为有效的选种。对种鹅的选择可根据记录资料从以下 6 个方面进行，若条件许可，最好进行综合评定。

1. 根据系谱资料选择　就是根据双亲及祖代的成绩进行选择。这种选择方法适合于尚无相关生产性能记录的雏鹅、育成鹅或公鹅。通过系谱进行选种的方法，要看选留个体的亲代系谱资料，所以必须有完整的系谱资料。尤其是公鹅，本身没有产蛋记录，在后代尚未繁殖的情况下，系谱就是主要依据。在运用系谱资料时，血缘关系越近影响越大。这种选择应掌握的原则是：选择历代性状一致，符合品种特征，就是说性状能够比较稳定地一代一代遗传给后代。要从发展的观点去看系谱，从祖代开始，品质一代比一代好，生产力逐渐上升，这就是非常有希望的趋势；重点分析公母鹅的二代、三代祖先，因为代数越远，对后代的影响就越小；应该结合祖先所处的饲养管理条件，历史地、辩证地看问题。

2. 根据本身成绩选择　本身成绩是种鹅生产性能在一定饲养管理条件下的表现。系谱选择只能说明该个体生产性能的可能性，而本身成绩则反映了该个体已达到的生产水平。因此，种鹅本身成绩可作为选择的重要依据。根据个体本身表型值的优劣决定选留与淘汰。个体选择时，有的性状应向上选择，即数值大代表成绩好，如蛋量、增重速度；有的性状应向下选择，即数值小代表成绩好，如开产日龄等。但个体本身成绩的选择只适于遗传力高的能够在活体上直接度量的性状，如体重、蛋重、胸骨长等。而遗传力低的性状，如繁殖力方面的性状和适应性等则需要采用家系选择方法才有效。

3. 根据同胞成绩选择　这种选择方法对早期选择公鹅最为可行。同胞可分为全同胞和半同胞两种亲缘关系。在选择种鹅，尤其是早期选择种公鹅时，要根据其全同胞或半同胞姊妹的表现来决定去留。种公鹅既不产蛋，早期又尚无女儿产蛋，要鉴定种公鹅的产蛋性能，只能根据该种公鹅的全同胞或半同胞姊妹的平均产蛋成绩来间接估计。因为它们在遗传结构上有一定的相似性，故生产性能与其全同胞或半同胞的平均成绩接近。统计的全同胞或半同胞数越多，同胞均值的遗传力越大。对于一些遗传力低的性状（如产蛋量、生活力等），用同胞资料进行选种的可靠性更大。此外，对于屠宰率和屠体品质等不能活体度量的性状，用同胞选择就更有意义。但是同胞测验只能区别家系间的优劣，而同一家系的个体就难以鉴别好坏。

4. 根据后裔成绩选择　后裔就是指子女。按后裔成绩选择主要应用于公鹅，是选择种鹅最可靠的方法，因为采用这种方法选出的种鹅不仅可判断其本身是否为优良的个体，而且通过其后代的成绩可以判断它的优秀品质是否能够稳定地遗传给下一代。根据后裔成绩选择种鹅历时较长，一般种鹅至少要饲养两年以上才能淘汰，但可据此建立优秀家系，并使种公鹅得到充分利用。但由于后裔测定所需时间长，因而改进速度较慢。

后裔测定的方法主要有母女对比法和后代间比较法等，前者主要通过母女成绩的对比对公鹅做出评价，后者是对两只或两只以上的公鹅在同一时期分别与其他母鹅交配，后代在相同的饲养管理条件下饲养，根据后代的性状来判断公鹅的优劣。

5. 家系选择与合并选择　家系选择是根据家系（半同胞、全同胞、半同胞与全同胞混合同胞）性状平均值的高低所进行的选择，也就是家系选择是以整个家系为单位，根据家系平均值的高低进行留种或淘汰。这种方法适于遗传力低、家系大、共同环境造成的家系间差异小的情况。

合并选择是对家系均值及家系内偏差两部分给予不同程度的适当加权，以便最好地利用两种来源的信息，称之为合并选择。理论上讲，合并选择是获得最大选择反应的最好方法。

6. 根据综合指数进行选择　以上介绍的选择方法，都是对单个性状的选择，但在实际选种工作中，经常要同时对多个性状进行综合选择，如繁殖、生长速度、饲料转化率、品质等性状的综合选择。对于多个性状的选择，常采用综合指数进行选择，即根据各性状的相对经济重要性和遗传力以及性状间的遗

传相关和表型相关进行选择。如只有祖先记录时，可根据系谱资料进行初选；有了个体资料时，高遗传力性状可以进行个体选择，而低遗传力性状，则需进行家系选择；有时是家系选择后，再进行家系内个体选择。后裔测定可以作为最终选择的重要依据。按遗传学原理构成一个统一的选择指数，然后根据每个个体的指数值进行排序。

当同时选择几个不相关性状时，常用简化选择指数来进行选择。

$$I = \sum_{i=1}^{n} \frac{w_i h_i^2 p_i}{\overline{p_i} \sum w_i h_i^2} \times 100$$

式中：I 为简化选择指数；w_i 为各性状的经济加权值；p_i 为各性状的个体表型值；$\overline{p_i}$ 为各性状的群体均值；h_i^2 为各性状的遗传力。

（三）根据孵化季节进行选留

孵化季节对孵出的仔鹅以后个体的发育和生产性能影响很大。早春孵出的仔鹅，由于天气逐渐转暖，日照时间长，育雏条件好，待育雏结束后，脱温的仔鹅逐渐有了较好的发育条件，生长发育快，体质健壮，因而体型大，开产早，有的品种或个体在当年就可产蛋。如 3 月孵化，4 月出雏，5 月育雏，有的 8—9 月就可开产。

我国疆域辽阔，气候条件复杂，各地选种季节也不一样，如我国北方一般选用 3—4 月的雏鹅，江苏苏南地区习惯留早春入孵的 1～3 批蛋的雏鹅留种，而苏北地区只留养第 4 批以后入孵的蛋所产的雏鹅留种。

（四）根据公鹅性器官的发育和精液品质选留

公鹅的性器官发育不一致，有一部分公鹅的阴茎发育不全，细而小。阴茎发育好的公鹅，个体间精液数量和品质也存在着差异。选留公鹅时，开始应多留一些后备种公鹅，然后再根据公鹅的配种能力进行定群选留。选留的数量，在自然交配时，公母比例可按 1：（4～8）选留；人工授精时，公母比例可按 1：（10～15）（最高为 1：20）选留。

第二节　选　　配

选配是在选种基础上进行的，把优秀的、具有种用价值的个体选出之后，下一步就是有目的地组配公母个体或家系或群体，以便获得体质外貌理想和生产性能优良的后代。选配是双向的，既要为母鹅选择最合适的与配公鹅，也要为公鹅选择最合适的与配母鹅。选种必须通过选配才能表现其作用。选配决定着整个鹅群以后的改进和发展方向。

一、选配的分类

选配是家禽育种工作中最为重要的一个环节。选配一般分为个体选配和种群选配，其主要作用有两个方面：一是稳定遗传；二是创造必要变异。

(一) 个体选配

个体选配是考虑交配双方个体品质对比和亲缘关系远近的一种选配方式。主要包括品质选配和亲缘选配。

1. 品质选配 品质既可指一般品质（体质、体型、生物学特性、生产性能、产品质量等），也可特指遗传品质〔数量遗传学中指估计育种值（EBV）的高低〕。

品质选配也称选型交配，是考虑交配双方品质对比情况的一种选配方式。它又可分为同质选配和异质选配。

（1）同质选配 同质选配就是以表型相似性为基础的选配，选用经济性能特点、性能表现或育种值相近的优秀个体配种，以期获得相似的优秀后代。同质选配多用于育种群。选择的双方越相似，越有可能将共同的优点遗传给后代，使优良基因纯合。同质选配应该以基因型的准确判断为基础，应以一个性状为主，不应多于两个，遗传力高的性状效果明显。

同质选配的作用，主要是使亲本的优良性状稳定地遗传给后代，使优良的性状得以保持与巩固。同质选配的个体，只有在基因型是纯合子的情况下，才能产生相似的后代。如果交配双方的基因型都是杂合子，即使是同基因型交配，后代也可能分化，性状不能巩固。如果能准确判断基因型，根据基因型选配，则可收到良好的效果。

同质选配不良结果是群体内的变异性相对减少，长期同型选配会增大近交系数，降低群体内的变异性，使原有的缺点更明显，一般在保种或杂交育种的横交固定阶段采用同质选配。

有时适应性和生活力也可能有所下降。为了防止这些不利影响，要特别加

强选择，淘汰体弱或有遗传缺陷的个体。

（2）异质选配　又称选异交配、异型交配或不相似选配，以表型不同为基础的选配。

所谓异质选配是指选择具有不同生产性能或性状的优良公母鹅交配，这种选配可以增加后代杂合基因型的比例，降低后代与亲代的相似性，丰富后代的变异，提高后代的生活能力。鹅的品种间杂交或品系间杂交多属于异质选配。这种选配方法，是交配双方通过受精过程将遗传物质重新组合，综合了双亲的优点，从而丰富了群体中所选性状的遗传变异，为进一步选择提供了选种材料。因此，在鹅群繁育中，为了改良鹅群某些性状，可以采用这种方法提高鹅群的生产品质。法国的白色朗德鹅是世界上著名的肥肝专用品种，但其种蛋受精率不高，严重影响了繁殖率。目前，不少国家引进法国朗德鹅，除直接用于肥肝生产外，主要是利用朗德鹅做父本与本地母鹅进行杂交改良，以提高其后代的繁殖率。

异质选配可分为两种情况。一种是选择有不同优异性状的公母鹅相配，以使两个性状结合在一起，从而获得兼有双亲不同优点的后代。例如，选生长快的公鹅和产蛋量多的母鹅相配。另一种是选同一性状但优劣程度不同的公母鹅相配，在后代中以一方的优秀性能代替另一方不理想表现，即所谓以优改劣。例如，有些高产母鹅蛋壳质量差，可选经测定过的具有优质蛋壳质量遗传潜力的公鹅与之交配，以期后代改进这一缺点。但是这种方法对连锁和负相关的性状选配效果不好，有时可能把双亲的不良性状在后代身上结合起来。

异质选配综合了双亲优良性状，丰富了后代的遗传基础，创造了新的类型，提高了后代的适应性和生活力。

值得一提的是，在鹅群选育应用同质选配和异质选配时，两者既互相区别，又互相联系，不能截然分开。有时以同质选配为主，有时则以异质选配为主。而且同质选配并非要求所有性状都相同，只要求所选择的主要性状相同即可，至于次要性状则可能是异质的，只要相差不过于悬殊就行；同样，在异质选配时，也只要求所选主要性状是异质的，而某些次要性状可以是同质的。在繁育实践中，这两种方法经常密切配合，交替使用，可以不断提高和巩固整个群体品质。

2. 亲缘选配　亲缘选配是考虑交配双方亲缘关系远近的选配。如交配双方有较近的亲缘关系（畜牧学上指双方到共同祖先的总代数不超过6代）称为近亲交配，简称近交（所生后代近交系数大于0.78）；如交配双方亲缘关系很远则称非亲缘交配，或称远亲交配，简称远交。

（1）近交　公母鹅间的亲缘关系有近有远，有直系也有旁系。与配公母鹅亲缘系数 $R>6.25\%$ 者为近交。近交的主要作用是固定优良性状，暴露有害基因，保持优良个体血统，提高畜群的同质性。

近交在纯合固定优良性状的同时，也会使有害基因纯合产生近交衰退。近交使繁殖性能、生理活动及与适应性相关的性状都降低。主要原因是两性细胞差异减小，致使后代生活力下降；基因纯合使互作效应减小，显性效应（dominance，D）和上位性效应（epitasis，I）降低。防止近交衰退，要严格淘汰不良隐性纯合子；加强饲养管理，缓解衰退现象；导入外血，更新血缘；做好选配，结合远交，多留公鹅。

（2）远交　即非亲缘交配。交配双方没有亲缘关系或亲缘关系较远的选配方式。

杂交是不同群体间的远交，即"异种群选配"。分为品种间杂交、品系间杂交和远缘杂交。杂交的作用有增加杂合子频率，提高群体均值，产生互补效应，改变子一代的遗传方差。

（二）种群选配

种群指一个类群、品系、品种或种属等种用群体的简称。种群选配是根据与配双方隶属于相同或不同的种群而进行的选配。种群选配，分为纯种繁育与杂交繁育两大类，而杂交繁育又可进一步分为育种性杂交和经济杂交两类。

1. 纯种繁育　纯种繁育简称"纯繁"，是指在本种群范围内，通过选种选配、品系繁育、改善培育条件等措施，提高种群性能的一种方法。纯种繁育容易导致近亲繁殖，近亲繁殖的弊病在鹅业生产上表现不明显。但一般需进行血液更新，即将无亲缘关系的同一品种的公鹅引入作种用。

纯种繁育的基本任务是保持和发展一个种群的优良特性，增加种群内优良个体的比重，克服该种群的某些缺点，达到保持种群纯度和提高整个种群质量的目的。另外，还可通过有计划的系统选育，选育出新的品种、品系或群体。纯繁有以下两个作用：一是巩固遗传性，使种群固有的优良品质得以长期保持，并迅速增加同类型优良个体的数量；二是提高现有品质，使种群水平不断稳步上升。

运用本品种选育方法时，应着重注意选择品质优秀的种公鹅，因为种公鹅对鹅群后代的影响大。但也较易出现近亲繁殖，特别是规模较小的种鹅场或商品养鹅场，由于群体小，有时难以进行严格淘汰，很难避免近亲繁殖，从而引起后代的生活力和生产性能降低，如体质变弱，发病、死亡增多，产蛋率、受精率和孵化率降低，弱胎、死胎增加，增重慢、体型变小等。因此，近亲繁殖只有在培育新品种的横交固定阶段或培育品系时才适当应用。

为了克服本品种选育时近亲繁殖的缺点，在繁育过程中，可以采取一些预防措施。如严格淘汰不符合理想型要求的、生产力低、体质衰弱、繁殖力差和表现出退化现象的个体；加强种鹅群的饲养管理，满足幼鹅群及其繁殖后代的营养要求，保证正常生长发育，以防止遗传和环境两方面不良影响而导致衰退现象的产生；为防止亲缘交配不良影响的积累，可以进行血缘更新，即育种场（种鹅繁殖场）从外场引入一些同品种、同类型和同质性而又无亲缘关系的种公鹅或种母鹅进行繁育。对于商品养鹅场的一般繁殖群，为保证其具有较高的生产性能，定期采取血缘更新措施尤为重要。

民间所说的"三年一换种""异地选公鹅，本地选母鹅"，都是强调要进行血缘更新。定期调换种公鹅的方法，不一定考虑同质性（但对羽毛颜色要强调同质性，这样不仅保持羽毛性状遗传结构的稳定性，而且还可以保持羽绒的经济价值不受影响，特别是白色羽毛），但要做好选配工作，适当多选留种公鹅，在选配时不至于被迫进行亲缘交配。

2. 杂交繁育　简称"杂交"，是指用不同品种公母鹅进行交配，不同品种鹅的杂交后代称为杂种。由两个或两个以上的品种杂交所获得的后代，具有亲代品种的某些特征和性能，丰富和扩大了遗传物质基础及变异性，因此杂交是改良现有品种和培育新品种的重要方法。由于杂交一代常常表现出生命力强、成活率高、生长发育快、产蛋产肉多、饲料转化率高、适应性和抗病力强的特点，所以在生产中利用杂交生产出的具有杂种优势的后代，作为商品鹅是经济而有效的。同时，有计划地开展杂交，通过双亲遗传结构的重新组合，使后代的遗传结构多样化而出现新性状（兼备双亲的或双亲所没有的性状），这就为通过选种创造鹅的新类型提供了丰富的材料。

因而在养鹅生产和种鹅繁育工作中，常采用杂交与选种选配和培育相结合的方法，达到以下目的：一是利用杂交优势获得高产、优质、低成本的商品鹅和鹅产品。二是利用遗传结构的重新组合，不同程度地改良现有地方品种，或

选育新品种。当现有地方品种不符合市场需要，并且又有适合的杂交亲本可供
选择的情况下，就可以根据不同目的采用相应的杂交方法。根据杂交目的的不
同可分为育种性杂交（级进杂交、导入杂交和育成杂交）和经济杂交（简单杂
交、三元杂交和双杂交）。

（1）级进杂交　级进杂交，又称改良杂交、改造杂交、吸收杂交，指用高
产优良品种公鹅与低产品种母鹅杂交，所得的杂种后代母鹅再与高产优良品种
公鹅杂交。一般连续进行3～4代，就能迅速而有效地改造低产品种。当需要
彻底改造某个种群（品种、品系）的生产性能或者是改变生产性能方向时，常
用级进杂交。在进行级进杂交时应注意：根据提高生产性能或改变生产性能方
面选择合适的改良品种；对引进的改良公鹅进行严格的遗传测定；杂交代数不
宜过多，以免外来血统比例过大，导致杂种对当地的适应性下降。

（2）导入杂交　导入杂交就是在原有种群的局部范围内引入不高于1/4的
外血，以便在保持原有种群的基础上克服个别缺点。当原有种群生产性能基本
上符合需要，局部缺点在纯繁下不易克服时，宜采用导入杂交。在进行导入杂
交时应注意：针对原有种群的具体缺点，进行导入杂交试验，确定导入种公鹅
品种；对导入种群的种公鹅严格选择。

（3）育成杂交　指用两个或更多的种群相互杂交，在杂种后代中选优固
定，育成一个符合需要的品种。当原有品种不能满足需要，也没有任何外来品
种能完全替代时，常采用育成杂交。进行育成杂交时应注意：要求外来品种生
产性能好、适应性强；杂交亲本不宜太多以防遗传基础过于混杂，导致固定困
难；当杂交出现理想型时应及时固定。

（4）品系杂交的配套利用　专门化品系的培育及杂交配套系的生产是现代
养鹅业生产的必然要求。建立品系的目的在于开展品系配套杂交，利用其杂种
优势，提高鹅的生产性能，培育具有特色的商用配套系。选出理想配套系的关
键在于配合力测定，经过品系一定模式或程序进行配套杂交之后，选出配合力
最好、经济效益最高的配套品系和配套模式，生产出具有强大杂种优势的商品
鹅供市场需要。品系配套模式主要有二系配套、三系配套和四系配套。

配合力测定：配合力可分为一般配合力和特殊配合力两种。图5-1中，
F_1（A）为A品系与B、C、D、E、F……各品系杂交产生的各杂种一代某一
性状的平均值；F_1（B）为B品系与A、C、D、E、F……各品系杂交产生的
各杂种一代该性状的平均值。F_1（A）即A品系的一般配合力，F_1（B）即B

品系的一般配合力，而 F_1（AB）$-1/2$ $[F_1$（A）$+F_1$（B）$]$ 即为 A、B 两品系的特殊配合力。

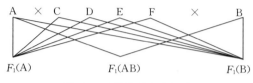

图 5-1　两种配合力概念

根据遗传学原理，实际上一般配合力所反映的是杂交亲本群体平均育种值的高低，其基础是基因的加性效应。所以一般配合力的提高主要依靠亲本品系纯繁选育来实现。遗传力高的性状，一般配合力的提高比较容易；而遗传力低的性状，一般配合力则不易提高。特殊配合力所反映的是杂种群体平均基因型值与亲本平均育种值之差，其基础是基因的非加性效应，即显性效应与上位效应。因此，提高特殊配合力主要应依靠杂交组合的选择。遗传力高的性状，各组合的特殊配合力不会有很大差异；反之，遗传力低的性状，特殊配合力可以有很大差异。生产上可通过品系间特殊配合力的测定，选出杂交优势强的配套组合。

特殊配合力一般以杂种优势率（RH）表示。其计算公式如下：

$$RH = \frac{\overline{F_1} - (\overline{P}_{ii} + \overline{P}_{jj})/2}{(\overline{P}_{ii} + \overline{P}_{jj})/2} \times 100\%$$

式中，$\overline{P}_{ii}$ 和 $\overline{P}_{jj}$ 为亲本对照组的平均值；$\overline{F_1}$ 为杂交一代的平均值；RH 为杂种优势率。

杂种优势率的直接检验可采用下列公式：

$$t = \frac{RH}{2S_1/(\overline{p}_{ii} + \overline{p}_{jj})\sqrt{n_1}}$$

式中，S_1 为 F_1 代的标准差，即 $\sqrt{\dfrac{\left(\sum F_i - \overline{F}\right)^2}{(n_1 - 1)}}$；$n_1$ 为 F_1 试验组的样本数。

二系配套：这是选用不同品种或同一品种两个优秀品系的公母鹅，进行一次杂交所组成的配套系。其配套模式如图 5-2。

三系配套：这是先利用 A 品系公鹅与 B 品系母鹅杂交，再用杂交一代（AB）与第三品系 C 的公鹅杂交所组成的配套系。其配套模式如图 5-3。

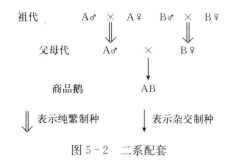

图 5-2　二系配套

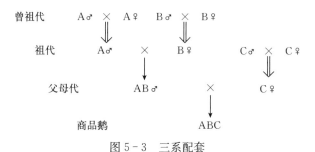

图 5-3　三系配套

四系配套：这是用 4 个品系分别两两杂交，然后两个杂种间再进行杂交所组成的配套品系，这种配套通常称为双（杂）交。其配套模式如图 5-4。

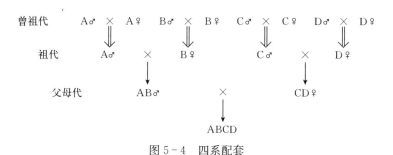

图 5-4　四系配套

从遗传学的角度来分析，参与配套的品系越多，其遗传基础就越广泛，杂交后代综合亲本的优良性状也越多，生产出的商品鹅杂交优势也更强。但参与配套的品系越多，势必增加品系培育、纯繁保种和杂交制种的投资。随着现代家禽育种技术的不断进步和提高，国外一些育种公司，从经济效益出发，近年来已从四系配套转为三系或二系配套生产商品代。

（5）杂种优势的利用

① 杂种优势与利用。不同种群（品种或其他种用类群）的鹅进行交配后，

所产生的杂种在生活力、生长发育和生产性能等方面，一定程度上优于其亲本纯繁群体的现象，即人们所说的"杂种优势"。

杂种优势的利用是一套综合性措施，包括杂交亲本种群的选择与提纯、杂交亲本的选择、杂交效果的预估、选用适宜的杂交方式以及对杂交种的培育等。上述环节密切相关，在应用中不可忽视和偏废，且不可认为有了杂种优势，不考虑杂种所处的生活条件，就可以得到杂交优势的经济效益。只有给予杂交种相应的饲养管理条件，才能使杂种优势充分表现出来。因此，利用杂种优势时，必须把遗传上的改良和生活环境的改善紧密结合起来，这样才能在经济效益上收到事半功倍的效果。

② 杂种优势的表现性状和经济效益评价。实践证明，在所有鹅的品种群中，体型外貌、生长发育和生产性能等方面都存在着差异。这些遗传上的差异性，影响着杂种优势的强弱。一般认为，杂交亲本各自的基因型纯合程度高，而且相互差异大，则杂交优势强。杂交优势表现程度也和杂交亲本的配合力、培育条件有关。另外，一代杂种自群繁育或与亲本回交，也会使后代群体的杂种优势有不同程度的削弱，因此，在利用杂种优势时应注意。

二、选配的实施原则

目的明确，进行亲和力的筛选，公鹅等级高于母鹅，相同缺陷或相反缺陷的个体不能交配，慎用近交，注意品质选配的使用。

三、选配工作应注意的问题

（1）每个鹅场必须定期制订出符合鹅群育种目标的选配计划，要特别注意和防止近交衰退。

（2）在调查分析的基础上，针对每只母鹅本身的特点选择出优秀的与配公鹅。也就是说，与配公鹅必须经过后裔测验，而且其某些育种值或选择指数要高于母鹅。

（3）每次选配后的效果应及时分析总结，不断提高选配工作的效果。

（4）选配计划制订的步骤：了解畜群和品种情况，如系谱和群体特性；分析与配公母鹅的系谱和个体品质；明确选配目的：保种、纯繁、杂交育种、杂交利用；确定选配方法：品质选配、亲缘选配；制订详细配种计划，进行效果预测。

第三节　主要经济性状的遗传

一、主要经济性状

（一）产蛋量

这一性状是数量性状，由多基因控制，遗传力比较低，通过个体选择成效极差，即选择高产的母鹅不一定能得到高产的后代。要进行家系选择，选出高产的母鹅才有较大的成效。一定时间内产蛋量的高低，受开产期的迟早、产蛋强度的高低，以及换羽和休产3个因素的制约。

1. 开产期的迟早　目前测定蛋鹅的产蛋量都以500日龄为一个周期，在产蛋量较高的育成品种中，早熟获得高产的潜力很大。但初产日龄和平均蛋重存在着不理想的正相关，即开产早的个体，一般蛋重较轻。因此，选择早熟个体，可能会出现蛋重降低的危险，必须处理好两者的关系。

2. 产蛋强度的高低　产蛋强度（即产蛋率）与产蛋量的关系很密切，尤其是开产初期和产蛋末期更为重要。开产初期产蛋率高，表示该品种（或品系）的产蛋高峰期来得快；产蛋末期的产蛋率高，表示该品种（或品系）的产蛋持续性好。所以，对产蛋率还应注意进入最大产蛋率（高峰期）的日龄、高峰时的产蛋量、高峰维持的时间。产蛋率是可以遗传的，不同品系之间会有较大的差别，选择时应特别注意这个性状。

3. 换羽和休产　家鹅没有就巢性，但都有换羽和休产的问题，经过一段时间的产蛋之后，就会出现换羽、休产，但高产的品种（品系或配套系）在换羽时不休产，而且保持着85%以上的产蛋率，要注意对一些优良经济性状的选择。

（二）蛋重

包括平均蛋重、日平均产蛋量和产蛋总重，这是经济意义最大的第二性状。鹅在一个产蛋周期内，蛋重是有变化的，开产时蛋重较轻，但增长较快，至200日龄时，可以达到标准蛋重。350日龄后，蛋重又开始减轻，经过换羽休产后，蛋重又有明显增加。一般第二产蛋年的蛋重比第一产蛋年大。蛋重与体重呈正相关趋势，体重大的蛋也大，但通过选择体重大的个体来提高蛋重是不可取的，因为这样将导致饲料消耗量的增加。蛋重与产蛋强度之间呈负相

关。因此，在选择蛋重时，不仅要注意提高平均蛋重，还要注意在开产后短时间能达到最大蛋重，并能保持较高的产蛋强度，而且体重又不增加的优秀家系或个体。只有这样，才能有效地提高产蛋总重，得到最佳的饲料转化率。蛋重受外界因素的影响而有变化，特别是饲料的影响最大，温度、光照也有影响，测定蛋重时要注意环境因素的稳定。蛋重的遗传力较高，通过选种能较快地使蛋重得到提高。

（三）体重

体重是种鹅很重要的一个经济性状。蛋鹅要求产蛋量高、蛋重大，而体重却要求尽可能小，以便节省饲料；肉鹅要求一定的成年体重，要着重于早期的生长发育速度。体重和生长速度的遗传力都较高，通过个体选择和家系选择均能得到好的效果。体重与性成熟和饲料消耗量相关，体重大的一般性成熟晚，饲料消耗多；体重轻的一般性成熟早，饲料消耗少。雏鹅的体重与蛋重呈强的正相关；雏鹅的初生重与成年体重无关；体重与性别有关，仔鹅和成年鹅不同性别间有较大差异。选种时应针对品种制订标准。

蛋用鹅选种时，在保持和提高产蛋量的前提下，应尽量保持一定的成年体重，以减少维持饲料的消耗，提高饲料转化率，并增加单位面积鹅舍内的饲养密度。肉用鹅选种时，以提高早期（7～8 周龄）生长速度为目标，适当控制成年体重（特别是母系），以降低种鹅的饲养成本。

（四）饲料转化率

饲料转化率是指消耗若干饲料后能取得肉、蛋产品的多少。由于饲料成本占养鹅总成本的 70% 左右，所以，饲料转化率是十分重要的经济性状。饲料转化率是可以遗传的，但品系和个体之间存在着明显的差异。通过选种可以提高饲料转化率。

提高饲料转化率有两条途径：一是提高种鹅的产蛋量或增重速度；二是降低饲料消耗，提高饲料转化为产品的能力。只有从上述两个方面进行选择，才能较快地获得理想效果。

（五）生活力

生活力通常用存活率或死亡率来表示，这是鹅对不良条件的适应能力，也是与经济效益有直接关系的重要性状。蛋鹅的生活力主要按 3 个阶段划分：第 1 阶段是胚胎期，用受精蛋的孵化率衡量；第 2 阶段是育成期，用 0～20 周龄的育成率表示；第 3 阶段为产蛋期，用产蛋期存活率表示。肉鹅的生活力考查还需要加上仔鹅 7 周龄成活率一项。生活力的遗传力很低，所以个体选择效果不大，必须采用家系选择法。

（六）蛋的品质

蛋的品质包括蛋壳强度、蛋白浓度、蛋形、壳色、血斑与肉斑等多个性状。

1. 蛋壳强度　由蛋壳密度、蛋壳厚度和蛋膜的质量决定。蛋壳厚度受温度、代谢过程的影响，品系之间也有差异。通过选择可改善蛋壳的厚度，蛋壳厚度与产蛋量呈负相关。密度大、壳厚的蛋，强度高，有利于蛋的包装运输，能降低蛋的破损率。遗传力 $h^2 = 0.3～0.4$。

2. 蛋白浓度　蛋白浓度用哈氏单位表示。蛋白越浓，蛋的质量越好，孵化率越高，营养价值也高。蛋储藏时间延长，浓蛋白将变稀，因此测定蛋的哈氏单位时，应尽量采用当天产的新鲜蛋。遗传力 $h^2 = 0.38$。

3. 蛋形　用蛋形指数（纵径/横径）表示。蛋形与包装、运输有直接关系，对孵化也有影响。过大或过小的蛋，都不易统一包装，破损率高，孵化率低。遗传力 $h^2 = 0.4$。

4. 壳色　壳色不影响产蛋力，也与营养无关，只与人的习惯和爱好有关。鹅蛋的壳色基本上为白色和青色。蛋壳颜色受遗传制约，青壳蛋的公鹅与白壳蛋的母鹅交配所产后代，产青壳蛋，即青壳为显性。我国许多地方，群众喜欢青壳蛋，售价也略高些，这种习惯与爱好影响到经济效益，选种时不能忽略这个因素。遗传力 $h^2 = 0.3$。

5. 血斑与肉斑　形成血斑与肉斑的原因，主要与排卵时输卵管黏膜损伤少量出血有关。产蛋后期血斑和肉斑有所增加。这是受遗传制约的性状，通过选育可减少血斑和肉斑率。遗传力 $h^2 = 0.25$。

（七）肉的品质

该性状对肉用鹅尤为重要。优秀的肉鹅品种，不仅要求屠宰率、半净膛率、全净膛率都要高，而且胸肌率和腿肌率也要高。前 3 项是指出肉率的高低，后两项是指胴体的结构和品质。胸、腿肌肉占全净膛的比例高，即屠体品质好。不同的品种，有不同的肉质和风味，选种时要注意肉质的物理、化学及组织学等决定肉质优劣的性状，如渗水率、嫩度、pH、粗蛋白质含量、脂肪含量、肌间脂肪含量、纤维直径、纤维密度等。胴体质量与胴体结构有较高的遗传性，通过个体选择可获得较快的改进。

二、主要经济性状遗传参数

经济性状的遗传参数是数量遗传理论应用于现代育种工作的重要基础，鹅主要经济性状的遗传参数见表5-1和表5-2。

表5-1 鹅主要经济性状的遗传力

（引自《实用养鹅大全》）

性状	遗传力（h^2）	性状	遗传力（h^2）
产蛋率	0.09～0.64	阴茎长	0.32
		射精量	0.24
蛋重	0.56～0.86	体重	0.67
		60日龄体重	0.38
大肝率	0.63	受精蛋孵化率	0.09

表5-2 鹅有关性状间的相关性

相关性状	相关系数（r）	相关性状	相关系数（r）
胴体净肉重与大腿长	0.6	仔鹅体重与受精率	0.34
胴体净肉重与胸骨长	0.6	蛋重与42日龄体重	0.49
胴体净肉重与腿围	0.68	蛋重与54日龄体重	0.34～0.38
胴体净肉重与屠宰重	0.73	蛋重与56日龄体重	0.52
胴体净肉重与尺骨长	0.74	蛋重与成年体重	0.12
胴体净肉重与脚重	0.75	仔鹅体重与孵化率	0.97
胴体净肉重与胴体重	0.72～0.94	仔鹅体重与出壳体重	0.42～0.58
胴体净肉重与头重	0.77	6周龄体重与8周龄体重	0.75
胴体净肉重与体长	0.80	8周龄体重与10周龄体重	0.60
胴体净肉重与胸围	0.81	胸肌＋腿肌肉重与活重	0.59～0.73
胴体净肉重与肩膀重	0.91	胸肌＋腿肌肉重与胴体重	0.50～0.75
胴体净肉重与胸肉重	0.98	胸肌＋腿肌肉重与胸肉厚	0.07～0.43
蛋重与出壳体重	0.79～0.92	胸肌＋腿肌肉重与胸骨长	0.40～0.72
仔鹅体重与孵化季节	－0.41		

第六章
豁眼鹅人工孵化技术

孵化是种鹅进行繁殖的一种特殊方法，分自然孵化和人工孵化两大类。利用有就巢性（抱性）的母鹅孵化种蛋，称自然孵化；根据母鹅抱孵的原理，人工模仿并满足自然孵化的各种条件孵化种蛋，就是人工孵化。鹅的孵化是养鹅生产中的一个主要环节。孵化成绩的好坏，不仅影响鹅数量的增长，而且直接影响雏鹅的质量和以后生产性能的发挥。为了获得理想的孵化率和健雏率，首先必须加强种鹅的饲养管理和繁育工作，提供优质种蛋，同时还要做好种蛋的保存、消毒、运输工作，掌握孵化技术，为鹅胚生长发育创造良好的环境，定期检查和分析鹅胚生长发育情况，并采取相应的措施，这样才能达到预期的效果。

第一节　种蛋管理

一、种蛋收集

鹅是水禽，多进行地面平养并设产蛋箱，因此产蛋箱内的垫料要铺足，同时要保持清洁和干燥，产蛋箱内的垫料以吸湿能力强的木刨花、谷壳、花生壳、稻草和干草等为佳。在产蛋阶段，如发现垫料已被破蛋、污水、粪便等污染，应立即进行更换。由于母鹅喜欢在黑暗处产蛋，因此不得将产蛋箱放在很亮的地方，即使人工补光时也不要将灯泡挂在产蛋箱的正上方，同时产蛋箱必须具有足够的深度，以防窝外蛋的发生。

鹅夜间产蛋，而且多集中在后半夜至黎明前。刚产出的蛋温度高，蛋表面的细菌繁殖快。据测定，产出 1 h 后蛋表面细菌达 20 000～30 000 个。所以种蛋的收集时间可在 4:00 和 6:00~7:00 分两次进行，注意产在水中的蛋（俗称天公蛋、水蛋）不宜作种蛋。勤收集蛋可以有效地降低破损率和减少污染，利于保证种蛋质量。

种蛋应捡入塑料蛋托，小头朝下放置，切勿用铁丝篮或铁桶装蛋，并与破蛋及脏蛋分开搁置，以减少被污染的机会，同时也有利于搬运与码放。种蛋用的蛋托必须提前消毒，装放蛋托的运输工具，如车、纸箱也必须经过消毒。

二、种蛋选择

种蛋质量高低与能否孵出高质量的雏鹅密切相关，也是孵化厂经营成败的关键环节之一。因此，种蛋应按要求进行严格选择。

（一）种蛋质量要求

1. 种蛋来源　种蛋应来自遗传性能稳定、高产、饲养管理良好、公母比例适当、健康无病的鹅群。种母鹅必须具有良好的鹅舍条件、合理的全价配合饲料和科学的饲养管理，凡患有白痢、传染性支气管炎等病的母鹅所产的蛋都不能用作种蛋。

2. 种蛋新鲜程度　种蛋的新鲜程度对孵化率影响很大。种蛋越新鲜，孵化率越高；种蛋保存时间越长、保存室温越高，孵化率越低。试验证明，春季孵化保存 2 d 的种蛋，孵化率比保存 6 d 的高 5% 左右；在炎热的夏季，种蛋保存时间超过 5 d 时，每多存放 1 d，孵化期延迟 20~30 min，孵化率下降 3.8%~4.3%，保存时间超过 12 d 的种蛋，死胚率达 72% 以上。所以，一般要求种蛋春秋季保存期不得超过 7 d，夏季不得超过 5 d。凡蛋壳发亮，壳上有斑点，气室变大的多为陈蛋，不宜孵化。对于蛋库没有装空调的，夏季宜视具体情况采用恒温分批入孵，能取得较好的孵化效果。

3. 种蛋形状　以长椭圆形为好，异形蛋的孵化率较低。种蛋形状可用蛋的长径与短径的比值来衡量，不同鹅所产蛋的蛋形指数基本一致，通常为 1.4~1.5。低于或高于这个范围的一般不可作为种蛋，过长、过圆、腰鼓形等畸形蛋应剔除。实践证明，大小一致、形状正常的种蛋，其孵化率高，孵出的雏鹅健壮活泼，均匀质高，成活率较高，有利于饲养管理。

4. 种蛋重　一般来说，各种鹅所产的蛋大小不完全一致，种蛋的大小要符合本品种的要求，以达到本品种的平均水平或略高水平为宜。如豁眼鹅的种蛋重在 120 g 左右。要选择平均蛋重，过大、过小均不适宜。

5. 种蛋颜色　蛋壳的颜色是品种的特征之一。鹅蛋壳颜色多为灰白色，要求蛋壳组织致密、平滑。对于育成品种或纯系的蛋壳，颜色应符合该品种（系）的标准。选育程度不同的地方良种或杂种蛋壳颜色往往不一致，可适当放宽要求进行种蛋选择。

6. 蛋壳结构　任何品种的种蛋，其蛋壳必须厚薄适当，致密均匀，表面平整，厚度一般为 0.32～0.44 mm。有些蛋壳过厚或质地过于坚硬，敲击时发出类似金属撞击的声音，俗称"钢皮蛋"，应剔除。因为这种蛋孵化时受热缓慢，蛋内水分不易蒸发，气体交换不畅，雏鹅破壳困难，易出现啄壳无力或闷死壳内等情形。有些蛋壳表面钙的沉积不均匀，过薄易破损，俗称"沙皮蛋"，这类蛋在孵化时水分蒸发过度，失重过快，造成胚胎代谢障碍，也应剔除。蛋壳表面粗糙有皱纹、裂纹的蛋也不宜作种蛋。

7. 种蛋卫生　鹅产蛋多在夜间，蛋受到粪便、污水等污物的污染。受污染的种蛋，气体交换受阻，而且壳表面的微生物极易大量繁殖侵入蛋内，引起种蛋腐败变质，并污染其他种蛋和孵化器，导致种蛋孵化率降低。因此，种蛋表面必须清洁干净，不得有粪便、血块及其他污物黏附。已被污染的种蛋，必须经过清洁和消毒才能孵化。

8. 受精率高　一般于交配后 5 d 开始选留种蛋，要求种蛋受精率能达到 90％以上。

（二）选蛋方法

1. 感官法　对种蛋的一些外观指标，如蛋形、大小、清洁程度可采用肉眼检查；有裂缝或破损的蛋可以通过轻轻碰撞，听是否有破裂声来判断。也可两手各持一蛋，边转边轻敲，从碰撞声来判别。

2. 透视法　对种蛋的蛋壳结构、气室大小和位置、血斑、肉斑等情况，采用灯光或照蛋器做透视检查，可更准确地判断种蛋的品质。此法也可用来判别一些极不易判断的裂纹蛋，如发现气室倾斜或移位，则基本可判断蛋壳是否有裂纹或破损。

三、种蛋储存

种蛋储存受到多方面因素的制约，刚产出的蛋，往往不能及时入孵，要经过一段时间的储存。如果储存不当，种蛋品质下降，会直接影响孵化率。因此，种鹅场需要建一个条件良好的种蛋储存库。种蛋储存库往往由两部分组成，一部分供清洗种蛋及储存包装材料用，另一部分供储存种蛋用，尤其是后者具备控温控湿及翻蛋系统，能保证种蛋在储存过程中蛋黄与蛋壳膜不发生粘连，从而保证种蛋质量。

（一）温度

受精蛋在蛋形成过程中已开始发育，产出体外时胚胎发育暂停，在适宜温湿度条件下，又开始发育。鹅胚发育的临界温度为23.9℃，达到或超过此温度时，胚胎开始发育，尽管发育较慢，但会导致胚胎的衰老或死亡。如果温度低于0℃，则蛋白凝固，种蛋失去孵化能力，因此一般建议种蛋储存在13～18℃的环境中，根据不同季节以及储存时间的长短进行调整。春秋季种蛋保存时间不超过7d时，以15～16℃为宜；夏季保存3～5d时以18℃左右为宜，保存7d以上者则以12～13℃为宜。不论采用何种温度，种蛋储存时间越长，孵化率越低（表6-1）。

表6-1　豁眼鹅种蛋储存天数与孵化率的关系

储存天数（d）	1	3	5	7	10	15	20
受精蛋孵化率（%）	94	93	92	91	88	85	76

值得注意的是，种蛋在进入蛋库储存之前的温度如果高于储存温度，则应逐步降温（最好蛋库内设有缓冲间），使种蛋的温度接近储存库的温度后，再入储存库保存。

（二）湿度

储存种蛋的环境湿度对种蛋孵化率有一定影响。空气湿度过高，蛋易发霉变质；湿度太低，种蛋内水分向外蒸发过度，气室增大，蛋失重过多，也会影响孵化效果。比较理想的相对湿度为70%～80%，因为这种湿度与鹅蛋的含水率较接近，种蛋更易储存。但应当注意，种蛋在储存过程中蛋壳表面不能出现水珠，否则会为细菌生长提供有利条件。

（三）通风

种蛋储存库内必须保证一定的通风，否则种蛋会发霉变质，但保持恒温恒湿与通风是矛盾的，若种蛋储存库无冷却与通风设备，可在夜间打开窗户放入新鲜空气，白天暖和时关闭，或用电风扇定期向外排出污浊气体，以达到通风换气的目的。

（四）种蛋储存库及其设备

若中、小型孵化厂尚未配置空调，在这种情况下，种蛋至少应保存在简易的种蛋储存库里。简易种蛋储存库的大小可据种蛋的多少而定，种蛋储存库应建在套间内，四周砌成双层墙，墙内填塞隔热保温的填充物。库顶高度约2 m，顶部安装天花板，板上铺有隔热保温的填充物（如发泡塑料、稻谷或木屑等）。地面用沥青浇底，垫放玻璃纤维，铺上油毡、水泥。门为双层木板或纤维板，内塞蓬松的旧棉花或发泡塑料。窗不宜过大，双层。种蛋储存库内应配备车式蛋架，蛋架装有转动装置，能倾斜 $90°\sim100°$，每天至少翻蛋 $1\sim2$ 次，以防保存时间过长，蛋壳与蛋黄发生粘连。

种蛋在储存过程中，最好钝端向上放置，这样可使蛋黄位于蛋的中心，避免胚胎与壳膜粘连。如果储存时间不长，即使不每天翻蛋，也可防止孵化率急剧降低。

四、种蛋消毒

鹅蛋在体内、产出后及储存过程中，都可能感染各种微生物。在孵化过程中，特别是在夏季孵蛋时，常因腐败菌等微生物的侵入而造成"炸蛋"，因此集蛋后与入孵前均应严格消毒，以降低微生物污染率和胚胎死亡率，确保较高的孵化率与健雏率。

（一）种蛋的清洗

加强种鹅舍的卫生管理，尤其是垫料的清洁与卫生，以及适时收集蛋，都将有利于减少污染，并提高种蛋的卫生品质。尽管清洗种蛋有所争议，但用热的消毒水洗脏蛋仍然是一种有效的除菌方法，以挽救有价值的种蛋。当然，洗过的蛋也难以确保很干净。种蛋清洗应做好以下工作：

1. 选择合适的洗蛋装置　为了提高种蛋清洗效率，减少破损，保障清洗和消毒的效果，每个种蛋场或孵化厂均应配备一个机械洗蛋装置。

2. 存放时间　集蛋与洗脏蛋的时间越长，细菌侵入蛋壳的机会就越大。

据报道，细菌能在蛋放置 30 min 内穿透蛋壳。因此，应尽早洗蛋。

3. 洗液温度　如刚收蛋就洗蛋，洗液温度一定要比蛋内温度高，否则洗液中的污染物将会从蛋的气孔中吸进；反之，如果温度太高会伤及胚盘。理想的洗液温度为 41～45 ℃。

4. 选择灭菌消毒剂　氯或过氧化氢作为消毒剂效果不错，季铵化合物作为灭菌剂效果也很好。

5. 洗蛋时间　洗蛋最好不要超过 5 min。5 min 内不能洗净的蛋最好不作孵化用。值得注意的是，洗蛋时间越长，种蛋破损可能性越大。

6. 冲洗晾干　消毒剂洗过的蛋必须立即冲洗。冲洗水的温度（45～48 ℃）必须比洗液温度高，冲洗 1～2 min 即可。洗过的蛋必须在清洁、无尘、21～22 ℃ 的房间里阴干。

（二）种蛋的消毒

据测定，刚产出的蛋，蛋壳表面的细菌只有 100～300 个，15 min 后会增加到 1 000～3 000 个，1 h 后会增加到 20 000～30 000 个，而且蛋壳表面的某些细菌能通过蛋壳上的蛋孔侵入蛋内，许多细菌可感染发育中的胚胎，并且能在雏鹅出壳时进入雏鹅体内，从而使雏鹅产生某些疾病，还有某些细菌能使蛋内容物发生化学变化，使蛋内营养物质不易被胚胎所利用。因此，在饲养管理过程中，应注意垫料的清洁卫生，及时收集种蛋，不要用刷子洗刷蛋壳，否则会除去对病原微生物有一定阻碍作用的壳胶膜。蛋产出后，应在入蛋库保存之前及时消毒，杀死其表面附着的微生物。常见的消毒方法有熏蒸法和喷雾法。

1. 熏蒸法　将装有种蛋的蛋托放入一密封良好的消毒柜（或带有电风扇的密封性能良好的小房间）中，按每立方米空间先在一广口瓷盆或器皿中放入高锰酸钾 15 g，注意要均匀散平。同时，按比例将 40％ 的福尔马林溶液 30 mL 倒入一广口容器（如茶缸），然后迅速倒入盛放高锰酸钾的容器中，关闭门窗熏蒸消毒 20～30 min 后，打开门窗，尽快将熏蒸气体排出。消毒时，最适宜环境温度为 24～28 ℃，空气相对湿度为 75％～80％。这种方法消毒效果好，杀菌能力强，可杀死蛋壳表面的细菌、芽孢和病毒，在孵化生产中被广泛采用。如蛋的表面有粪便或泥土时，必须先清洗，否则影响效果。

2. 喷雾法　可用 50％ 的癸甲溴铵溶液、百毒杀 3 mL，加 10 L 水配成消毒液，对种蛋进行喷雾消毒。季铵类消毒剂无腐蚀性和毒性，对细菌、霉菌都有消毒作用，而且价格便宜，使用安全简便，深受广大养鹅户的喜爱。

五、种蛋包装和运输

（一）种蛋的包装

种蛋最好采用规格化的种蛋箱包装。种蛋箱要结实，能承受一定的压力，每层有纸板做成的活动蛋格，每小格内放一个种蛋，大头向上竖直放置，同时层与层之间用棉絮等软物垫隔，避免相互接触。也可将种蛋大头向上放入蛋托内，再将蛋托重叠地放入种蛋箱内，蛋托四周用碎草、木屑或发泡塑料填实。最简易的包装是将种蛋横放入竹篓或纸箱内，每放一层用碎草、木屑等垫料填隔，底层与顶层应厚些，每篓（箱）应装满，不留有太大的空隙，这样在运输时可降低种蛋的破损率。

（二）种蛋的运输

长距离运输以空运最安全，孵化率一般不会受到很大的影响。如陆上或海上运输时，应尽可能减少颠簸。夏季防止日晒雨淋，冬季防止冻害。所以夏季运输种蛋时，要有遮阳和防雨设备；冬季要注意保暖，最好采用空调车（船）。运输时要求平稳，严防剧烈震动，装卸要轻装轻放，以免造成蛋壳破裂、卵黄膜破损、系带断裂，同时要尽量缩短运输时间。种蛋到达目的地后，应尽快开箱检查，剔除破损蛋，消毒，装盘，静置6～12 h后入孵。注意经长距离运输的种蛋不可再入种蛋储存库储放。

生产中为了减少长途运输雏鹅的不便，有时将快要出壳的胚蛋运输到另一地方出雏，这个过程称为嘌蛋。嘌蛋运输时，多采用空运或船运。

第二节　胚胎发育

一、蛋形成过程中的胚胎发育

鹅是卵生的禽类，其胚胎发育分为两个阶段。胚胎在母体内的发育阶段即蛋在形成过程中的胚胎发育为第1阶段，包括排卵、受精到蛋的形成至排出之前的全过程。卵巢上成熟的卵泡破裂排卵后，被输卵管漏斗部（伞部）接纳，并在此处与精子结合形成受精卵。由于母鹅体温在 39.5～41.5 ℃，受精卵在输卵管内约 24 h 开始发育，到产出之前，经过不断的卵裂，到达子宫部后已形成一个多细胞的胚盘。在胚盘中央的细胞与卵黄表面分离形成一个腔，称为囊胚腔，因这些细胞不再附着于卵黄，这个区域是透明的，称为明区；而外部的分裂球仍附着于卵黄上，没有空隙，没有液体，颜色较暗不透明，称为暗区。在透明区中央，胚胎在其中发育并形成两个不同的细胞层，外层称外胚层，内层称内胚层，到蛋产出体外时，胚胎发育已进入囊胚期或原肠早期。在蛋产出体外后，由于外界气温低于胚胎发育所需的临界温度，胚胎发育处于停滞状态。

二、孵化期的胚胎发育

鹅胚胎经 31 d 孵化发育成雏鹅。孵化期间的胚胎发育，大概分为 4 个阶段，并各有其发育特征。

1. 内部器官发育阶段　在鹅蛋孵化的第 1～6 天，先在内胚层与外胚层之间很快形成中胚层，此后由这 3 个胚层形成各种组织和器官。外胚层形成皮肤、羽毛、喙、趾、眼、耳神经以及口腔和泄殖腔的上皮等；内胚层形成消化道和呼吸道的上皮以及分泌腺体等；中胚层形成肌肉、生殖器官、排泄器官、循环系统和结缔组织等。

2. 外部器官形成阶段　在鹅蛋孵化的第 7～18 天，胚胎的颈部伸长，翼、喙明显，四肢形成，腹部愈合，全身覆盖绒毛，胫趾上有鳞片。

3. 胚胎强化生长阶段　在鹅蛋孵化的第 19～29 天，由于蛋白全部被吸收利用，胚胎强化生长，肺血管形成，尿囊及羊膜消失，卵黄囊收缩进入体腔，开始用肺呼吸，并开始鸣叫和啄壳。

4. 出壳阶段　在鹅蛋孵化的第 30～31 天，雏鹅利用喙端的齿状突继续啄壳至破壳而出。

第三节　人工孵化条件

一、温度

科学实践充分证明，孵化温度决定着鹅胚胎的生长发育进程，决定着鹅胚胎的生活力。因此，孵化温度是孵化率高低的关键。孵化方法分为变温孵化制度（即整批入孵制度，又称单阶段孵化制度）与恒温孵化制度（即分批入孵制度，又称多阶段孵化制度）两种。

（一）变温孵化制度

是在有相当规模、种蛋来源充裕、实行整箱全进全出的情况下的施温方法。也即在胚龄一致的孵化条件下，适于采用变温孵化，同时密切注意温度的调控，防止引起局部胚胎大量死亡的事故。具体变温孵化温度要求见表 6 - 2。

表 6 - 2　鹅蛋变温孵化温度表（℃）

室温	1～6 d	7～12 d	13～18 d	19～28 d	29～31 d	备注
23.9～29.5	38.1	37.8	37.8	37.5	37.2	适宜冬季、早春
	38.1	37.8	37.5	37.2	36.9	春季
29.5～32.2	37.8	37.5	37.2	36.9	36.7	夏季

（二）恒温孵化制度

适于种蛋来源不充足、规模较小的鹅场，采取分批入孵和分批出雏的方式，俗称老蛋孵新蛋法。它具有节能的特点，其孵化率并不低于变温孵化制度。鹅蛋恒温孵化温度要求见表 6 - 3。

表 6 - 3　鹅蛋恒温孵化温度表

胚　龄	室温（℃）	机温（℃）
1～28 d	23.9～29.5	37.8
1～28 d	29.5～32.2	37.5
28～31 d	23.9	36.7

二、湿度

鹅蛋对湿度的要求较高，其相对湿度为 60%～80%。总的说来，变温孵化所需湿度掌握"两头高，中间低"的原则。孵化前期，胚胎要产生羊水和尿囊液，胚胎要保持适当的水分，故相对湿度应为 75%～80%；孵化中期，胚蛋要逐步排出羊水和尿囊液，保持 60% 的相对湿度为宜；而在出壳阶段，需要有一定的温度，空气中的水分与二氧化碳反生反应产生碳酸，进而蛋壳中的碳酸钙变为碳酸氢钙而变脆，有利于雏鹅破壳，也可防止蛋壳膜和蛋白膜过分干燥，致使雏鹅胎毛与其发生黏毛现象，故应恢复到 75%～80% 的相对湿度。

在实际生产中，可以通过蛋形大小、初生雏鹅体重（为蛋重的 68%～70%）、绒羽发育等指标检验孵化湿度合适与否。

三、通风

孵化过程中需要进行气体交换，才能满足胚胎正常的新陈代谢。自然孵化时基本上能满足胚胎对氧气的需求，在进行人工机器孵化时，孵化器密闭，种蛋多，需要氧气多，排出二氧化碳也多，更需要合理的通风。

胚胎对氧气的需要量随胚胎发育日龄的增长而增加。发育初期，胚胎物质代谢能力较低，需要氧气较少；至中后期，随着尿囊的发育，胚胎呼吸量逐渐增大；孵至最后 2 d，胚胎开始用肺呼吸，吸进的氧气和排出的二氧化碳显著增加，若通风不良，二氧化碳含量过高，则胚胎发育迟缓、胎位不正或畸形，甚至出现中毒死亡。一般来说，胚蛋周围的空气中二氧化碳含量不得超过 0.6%。

通风与温度、湿度之间有密切的关系。通风良好，散热快，湿度低；通风不好，空气不流通，湿度高，余热增加，则温度、湿度不易维持。因此，通风的要诀是按胚龄大小开启通气孔，前期开 1/4～1/3，中期开 1/3～1/2，后期全开。如分批孵化，孵化器内有两批以上的胚蛋，而外界气温不是很低时，通气孔可全部打开。

近几年制造的孵化器，一般都较注意孵化器内的通风装置，开设了进出气孔，有的增加了风扇数量，有的加快风扇的转速，具体操作时，只要不影响温度、湿度，通气越通畅越好。

四、翻蛋

翻蛋的主要目的是使胚胎各部分受热均匀，增加了卵黄囊血管、尿囊血管与蛋黄、蛋白的接触面积，有利于养分的吸收，同时加强胚胎运动，防止蛋壳与内容物粘连，能显著提高孵化率。

立体孵化器翻蛋时一般不会影响孵化的正常温度，每昼夜翻蛋 8～12 次，不能少于4次，一般每2h翻蛋1次，现在绝大多数孵化设备生产厂家在孵化器出厂时都已设定好每2h翻蛋1次。但采用平箱孵化器或传统方法孵化时，翻蛋次数不能太多，以免影响孵化温度，通常每昼夜翻蛋4~6次即可，当孵至24d胚胎已覆盖绒毛时，可停止翻蛋，一般不会引起胚胎与壳膜粘连。

实践证明，鹅蛋的翻蛋角度不得小于90°（±45°）（"+"表示左倾，"一"表示右倾，下同），以大于125°为佳（图6-1）。

图6-1 孵化器孵化鹅蛋翻蛋倾斜状态

五、晾蛋

晾蛋的方法很多，主要有两种：一种为机内晾蛋，当孵化至14~24d时，关闭孵化器的加温系统。开动风扇打开孵化器的门，此方法适用于整批入孵且外界气温不高的情况下，一般每天2次，每次20~30min，直至用眼皮感触胚蛋壳不烫不凉为止，再启动加温系统，将门关闭，继续孵化。另一种为机外晾蛋，当孵化至18~24d时，将蛋车（连同蛋盘、胚蛋）拉出孵化器，向蛋面喷洒25~30℃的温水，直至蛋温降至35℃左右为止。此方法适用于整批或分批入孵且外界气温较高（特别是夏季）时，一般每次20~30min，每天1~2次。也有采取孵化器孵化与上摊床相结合的方法，当外界气温在10~15℃时，1~13d在孵化器内孵，14d后上摊床，通过翻蛋来进行晾蛋，也能取得较好的效果。

晾蛋的次数和每次晾蛋的时间应根据季节、室温和胚胎发育程度灵活掌握。如胚胎发育较慢，可推迟1~2d晾蛋，或减少晾蛋次数和每次晾蛋时间；

如胚胎发育过快，则可提前晾蛋或增加晾蛋次数和时间。此外，孵化室内的环境条件对孵化器能否维持适宜的孵化条件也有很大影响。一般要求孵化室维持21～24 ℃，相对湿度50％～60％，室内要保持清洁卫生，设备用具摆放整齐，空气要新鲜，要避免阳光直射或冷风直吹到孵化器上。孵化室最好用水泥地板，并设有排水系统，以便冲洗用具。如有条件，特别是孵化量大的孵化厂，可分设种蛋储存库、孵化室、出雏室、洗涤消毒室等，以利于卫生防疫，提高雏鹅质量。

六、机器孵化程序案例

（一）种蛋消毒

第1次：在集蛋后用福尔马林熏蒸消毒（按1 m³ 容积30 mL 福尔马林、15 g 高锰酸钾熏蒸消毒20～30 min）。在消毒柜进行。

第2次：在上孵前用福尔马林熏蒸消毒，方法同第1次。在消毒室内进行。

脏蛋处理：脏蛋在入孵前用消毒剂浸泡消毒，可一并洗去蛋面污物，水温35～40 ℃，晾干后再入孵。

（二）种蛋的储存

储存温度：10～15 ℃。

适宜相对湿度：75％。

储存时间：适宜时间以1周内为好，最多不超过15 d。

翻蛋：保存时间超过1周者，每天可进行1～2次翻蛋，种蛋在蛋车上改变角度即可。也可以把种蛋箱一侧垫高，下一次翻蛋把另一侧垫高。

储存环境：种蛋储存库要清洁卫生，不能有阳光直射。

（三）孵化温度

1. 变温孵化（机器一次性上满种蛋）

冬春季节：1～6 d，38.1 ℃；7～12 d，37.8 ℃；13～18 d，37.5 ℃；19～28 d，37.2 ℃；29～31 d，36.9 ℃。

夏秋季节：1～6 d，37.8 ℃；7～12 d，37.5 ℃；13～18 d，37.2 ℃；

19～28 d，36.9 ℃；29～31 d，36.5 ℃。

1～28 d，种蛋在孵化器内孵化；29～31 d 胚胎在出雏器内出雏。

2. 恒温孵化（机器多次上满种蛋）

冬春季节：1～28 d，37.5 ℃；29～31 d，36.9 ℃。

夏秋季节：1～28 d，37.5 ℃；29～31 d，36.5 ℃。

（四）相对湿度

1～9 d 为 67%；10～18 d 为 63%；19～28 d 为 68%，29～31 d 为 72%。

（五）晾蛋和喷水

1. 晾蛋

晾蛋次数：孵化至 11～16 d，每天晾蛋 1 次；17～22 d，每天晾蛋 2 次。22～28 d，每天晾蛋 3 次。

晾蛋时间：从孵化 11 d 开始，以 10 min 为基础，每天增加 1 min。

晾蛋方式：11～16 d，打开孵化器的门；17 d 以后，将蛋车拉出。

晾蛋标准：当蛋温降至 35 ℃时，继续孵化。

晾蛋室温：20～23 ℃。

2. 喷水

喷水设备：小型喷雾器。

喷水温度：喷 35～40 ℃的温水。

喷水方式：每次晾蛋时，用喷雾器向蛋表面喷洒。

喷水程度：将蛋喷湿，晾干后继续孵化。

喷水次数：同晾蛋次数。

（六）通风换气

1～28 d，孵化器进气孔风门开启大小根据上蛋数量和种蛋胚龄进行调整，上蛋数量越多、种蛋胚龄越大风门开启档越高。

29～31 d，孵化器进气孔风门逐渐开启到最高档。

（七）翻蛋

2 h 翻蛋 1 次，翻蛋度角为 125°～180°。

第四节 机器孵化方法

近年来，随着养鹅业的发展，机器孵化法日趋普及，而且向着大型化、自动化方向发展。孵化器内所需的温度、湿度、通风和翻蛋等操作可自动控制，孵化量大，劳动强度大大降低，便于管理，且孵化效果好。

一、孵化器的选择

各单位、个人可根据生产能力、经济条件、技术水平等，选购相应的孵化器。无论哪一种孵化器，基本结构是由箱体、热源、温度调节系统、湿度装置、蛋架或蛋车、翻蛋装置、匀热电扇和出雏器组成。需注意的是，孵鹅蛋时要用专门的蛋盘，因为孵化器的蛋盘通常是为鸡蛋设计的，鹅蛋较大，不好放。

二、孵化前的准备

1. 制订孵化计划 根据育种计划、生产计划或合同，并根据孵化与出雏能力，种蛋数量以及市场情况，制订出孵化计划，无特殊情况一般勿轻易变动。制订计划时，尽量把费力、费时的工作（如入孵、照蛋、落盘、出雏等）错开。按照本场情况，决定分批入孵还是整批入孵，有条件时可实行分组作业（码蛋、入孵、照蛋、落盘、出雏、雌雄鉴别等作业组），以提高工作效率。

2. 准备孵化用具用品 孵化前 1 周应将有关用具用品准备齐全，如温度计、湿度计、照蛋器、消毒用品、防疫注射器、记录表格、易耗元件、电动机、马达皮带等。

3. 孵化室准备 室内温度宜在 20 ℃左右，相对湿度在 55%～60%，光照系数 1 :（15～20），二氧化碳含量不大于 0.1%，每立方米含尘量在 10 mg 以下。要有专门的通气孔和风机。孵化室在使用前要先清扫、消毒，通常与孵化器的消毒同时进行。

为避免在孵化中发生机械、电气、仪表等故障，使用前要全面检查孵化器，包括电热装置、风扇、电动机、控制调节系统、温度计、密闭性能等。无论是新孵化器还是使用过的孵化器，都应检查。

三、孵化期内的操作

1. 上蛋　将消毒后的种蛋装入蛋盘内，顺序放进蛋车，蛋盘一定要装到指定位置（图 6-2）。全车装好后，必须由两人将蛋车缓缓推入孵化器内，注意导向轮要在后边，经底板导轨入机，让蛋架车的转轴销和摆杆销分别插入翻蛋机构的大、小横梁长圆孔中，则盘架平衡锁紧销将自动退出，压下蛋架车后轮的两个刹车块或用斜木垫在每台蛋车的后轮下，防止蛋车自动退出，并拔出每台蛋车的销轴。左右摆动任何一台蛋车的活动蛋架，其余各台也会随之有小的摆动，说明吻合良好。

图 6-2　鹅蛋孵化前选蛋码盘

2. 开机　将翻蛋选择旋钮转到手动位置，左右翻蛋 1 次，如果没有任何阻碍或异常情况，即可将翻蛋旋钮转动至自动翻蛋位置。此时蛋架一定要翻到左侧或右侧，然后将翻蛋计数器拨到 0，以记下 24 h 的翻蛋次数。如果手动翻蛋，翻蛋速度不要过快，不要超过规定的限度。开机前将热选择旋钮转到加热Ⅱ的位置，关闭孵化器的门，开孵化器升温，等孵化器内温度达到设定孵化温度时，可将热选择旋钮转到加热Ⅰ的位置。如果是微型计算机控制的孵化器，则要拨动温度设定的齿片，将其定在 37.8 ℃；拨动相对湿度设定的齿片，将其定在相对湿度 65%～70%处，开机后就会自动操作。有的型号的孵化器没有自动翻蛋装置，则要每隔 2 h 左右机械翻蛋 1 次。

3. 入孵后的管理　现代的立体孵化器，机械化、自动化程度较高，管理的主要任务是保证机器正常运行，做好孵化记录。一般实行定期观察的制度，检查机器运行状况，观察温度变化和调节控制系统的灵敏程度，遇有不正常时则进行调整。有的型号的孵化器降温能力差，在孵化后期代谢热过剩，孵化器温度比定温高时绿灯仍亮着，这时不需调节控温装置，只要加大通风量或采取其他降温措施即可。

4. 照蛋　按照规定，孵化期内应照蛋 3 次，以便及时验出无精蛋和死胚蛋，并了解鹅胚胎生长发育情况。

5. 移盘（或称转盘、落盘）　如果是孵化器、摊床结合孵化，二照以后可将蛋盘从孵化器中取出，把胚蛋转到摊床上继续孵化。如果是全程孵化器内孵化，到 28 d 时将蛋架上的蛋盘抽出，移至出雏器内继续孵化，停止翻蛋，提高湿度，准备出雏。在育种场内，则应将每个种蛋套上出雏袋，以便出雏后进行编号。移盘的具体时间，主要还是看胚胎发育情况，在气室已很弯曲、内见喙的阴影时即可。如发育偏迟，移盘时间可推迟一些。

6. 出雏　出壳前将清洁的装雏盒或雏筐准备好，雏筐内的垫草或垫纸要干燥，铺平。一般每隔 4 h 拣 1 次。为了节省劳动力，可以在出雏 30％～40％时拣第 1 次雏，出雏 60％～70％时拣第 2 次雏，最后再拣第 3 次雏。拣雏动作要求轻、快，可将绒毛已干的雏迅速拣出，再将空蛋壳拣出，以防蛋壳套在其他胚蛋上使雏鹅闷死。第 2 次拣雏后，将已破壳的胚蛋并盘，放在上层，促进这些弱胚出雏。这时尚未破蛋的绝大部分是死胚蛋。少数弱胚自己出壳困难的，可人工助产。拣雏时，不要同时打开出雏器前后门，以免出雏器内温度、湿度下降过快，影响出雏。出雏结束后，对出雏器进行清扫、冲洗、消毒。

四、停电时的对策

规模较大的孵化厂，都有备用线路，一路停电时可立即转为另一路。一般孵化厂要备有发电机。遇到停电可以自己发电。如果停电后一时没有供电，应采取以下紧急措施：

（1）将孵化室内门窗关闭，尽可能使室温保持在 27～30 ℃，不低于 25 ℃。

（2）停电时将所有孵化器的电源切断，以防来电时全部孵化器启动，电流过大使保险丝熔断。通电时，应根据各台孵化器的具体情况分别启动。

（3）停电后匀温装置不起作用，孵化器内蛋盘间的温差加大，故要每隔 30 min 人工翻蛋 1 次，必要时上、下调盘调温。一般用眼皮测温法测温，温度计仅作参考。

（4）如果是计划内的短时间停电，应在停电前稍加温；如果是经常性的短时间停电，则要根据积温适当调整施温方案。

（5）孵化前期的胚蛋，遇有不超过 12 h 的停电，只需将孵化器的门、气孔关闭即可；孵化中期的胚蛋，遇停电应每隔 3 h 检查蛋温 1 次，必要时进行调盘、晾蛋；孵化后期的胚蛋，遇停电，除个别情况外，都应先打开前后机门降温，因为这时胚蛋代谢热过剩，同时每隔 2 h 检温 1 次，防止热死或闷死胚蛋。

五、做好孵化记录

每批孵化，应将上蛋日期、蛋数、种蛋来源、照蛋情况、孵化结果、孵化期内的温度变化等记录下来，以便统计孵化成绩或做工作总结时参考。

第五节　孵化效果检查与分析

种蛋在孵化过程中，通过照蛋、称重、解剖以及啄壳出雏时的一系列检查，及时发现胚胎发育是否正常，了解胚胎死亡情况，一旦发现胚胎发育异常或死亡，应认真分析原因，并及时采取相应的措施，以提高孵化效果和经济效益。

一、照蛋

（一）照蛋目的

通过照蛋可以全面了解胚胎发育情况，了解孵化条件是否合适。如孵化条件不合适应及时进行调整，使胚胎发育正常，以提高孵化率。照蛋时要拣出无精蛋和死胚蛋，这样可更充分地利用孵化器的容蛋量；了解入孵蛋的受精率和胚胎死亡情况，以便分析原因。拣出的无精蛋可供食用，仍有商品价值；剔除死胚蛋和破裂壳蛋，防止因其变质腐败而污染活胚蛋和孵化器，保持孵化器内清洁卫生。

（二）照蛋方法

利用蛋壳的透光性，通过阳光、灯光透视所孵的种蛋。照蛋的用具设备，可因地制宜，就地取材，视具体情况而定。最简便的是在孵化室的窗或门上开一个比蛋略小的圆孔，利用阳光透视。其次是采用方形木箱或铁皮圆筒，同样开孔，其内放置电灯泡或煤油灯。将蛋逐个朝向孔口，稍微转动对光照检。目前，多采用手持照蛋器，也可自制简便照蛋器。照蛋时将照蛋器透光孔按在蛋的大头下逐个点照，顺次将蛋盘的种蛋照完。此外，还有装上光管和反光镜的照蛋框，将蛋盘置于其上，可一目了然地检查出无精蛋和死胚蛋。

照蛋之前，如遇严寒应加热，将室温提高至 28～30 ℃。照蛋时要将种蛋逐盘从孵化器中取出。照蛋操作力求敏捷准确，如操作过久会使蛋温下降，影响胚胎发育而延迟出雏。

（三）照蛋次数和照蛋特征

种蛋在孵化期中，照蛋的次数视孵化厂的规模、孵化器类型以及照蛋器的类型而定。通常使用平面孵化器，容蛋量较少，可分头照、二照和三照 3 次。立体式大型孵化器容蛋量 1 万多个，头照、三照两次全照，二照时只抽样检查尿囊膜是否在蛋的小头"合拢"。巨型巷式孵化器的孵蛋量更多，孵化条件比较稳定，如种蛋新鲜、受精率较高时，只在胚蛋转移到出雏器时进行一次照蛋。这种做法可减少工作量和破蛋率，但是不能及时剔除无精蛋和死胚蛋，往往引起死胚蛋变质发臭，污染孵化器，所以在生产上头照还是十分必要的。

（四）照蛋时正常蛋与异常蛋的区别

1. 第 1 次照蛋　鹅蛋第 7 天进行第 1 次照蛋，有以下几种情况：

（1）70％以上的蛋都符合胚胎发育标准，少数蛋发育稍快，尚有数量不多的蛋发育稍慢，快慢差异有限，血管清晰，除无精蛋外，剔出来的散黄蛋、血圈蛋、死胚蛋的数量占受精蛋总数的比例不超过 3％。说明胚胎发育正常，温度掌握得当。

（2）70％以上的蛋发育达不到"起珠"，只有少数蛋符合标准，死胚蛋的比例较少，说明温度偏低。

2. 第 2 次照蛋　鹅蛋第 15～16 天进行第 2 次照蛋。可发现：

（1）绝大部分蛋的尿囊血管合拢，快慢相差不大，死胚蛋的比例不超过 1％～3％，说明温度正常。

（2）70％以上蛋的尿囊血管没有合拢，死胚比正常低，说明温度不够，从没有合拢部位的大小就可算出温度偏低的幅度。

（3）绝大部分蛋的尿囊血管早已合拢。少数蛋符合标准，死胚蛋增加 $2\%\sim$ 3%，说明温度稍偏高。

（4）$20\%\sim30\%$蛋的尿囊血管不合拢，死胚数超过 6%，这是由于温度太高或者局部温度太高所造成的。辨别超温的方法是，尿囊血管已经合拢的胚蛋，如果血管清晰，颜色正常，则很可能是由于局部超温所造成；如果看到血管小血斑、充血、卵黄颜色发深等现象，这是温度太高造成的，需降温。若属局部超温，则说明孵化器内温差较大，要设法采取补救措施排除温差，这可以通过调盘来完成。

3. 第 3 次照蛋　第 3 次照蛋时 70% 以上的蛋除气室外，胚胎占蛋的全部空间，漆黑一团，只见气室边缘弯曲，尿囊血管逐渐萎缩，有的可见胚胎黑影闪动，说明发育正常，死胚蛋只占 2% 以下；如果鹅胚胎在第 27 天开始啄壳，死胚蛋超过 7% 以上，说明后半期较长时间施温过高；气室偏小，边缘整齐，无黑影"闪毛"现象，说明孵化温度偏低，湿度偏大；胚胎发育正常，但死胚蛋超过 10% 以上，则可能是由多种因素造成的。

二、失重率的测定

种蛋在孵化过程中，由于蛋内水分的蒸发，蛋重会逐渐减轻，减重程度与湿度大小密切相关，同时也会受到其他因素的影响。种蛋孵化过程的失重表现为前快、中慢、后快，失水率随胚龄增加而增加，两者呈正相关。一般正常情况下，鹅蛋孵化 25 d 时，蛋重减轻到原来蛋重的 $85\%\sim89\%$，鹅蛋的失重率见表 6 - 4。

表 6 - 4　在不同孵化期中鹅蛋失重率

胚龄（d）	5	10	15	20	25
失重率（%）	1.5~2	3~5	6~8	9~10	11~15

通过胚蛋失重大小来判断孵化条件及胚胎发育是否正常。入孵之前，将蛋盘称重，然后装上种蛋后再次称重。在总质量中减去蛋盘的质量即为入孵时的质量（计算平均蛋重）。如孵化的种蛋数量少，可随机抽取 $50\sim100$ 个，做上记号，称重并算平均蛋重。入孵蛋多按 $5\%\sim10\%$ 比例进行抽测。以后定期称重时应减去无精蛋和死胚蛋数，求得活胚蛋的总重，计算平均蛋重。先算出

本次称重所减轻的百分比，然后根据胚蛋在孵化期中的减重率进行核对，检查是否相符。如不相符，应根据失重率相差的高低幅度来调整孵化设备的湿度。有经验的孵化师傅，只要检查气室大小就能判定孵化湿度及胚胎发育是否正常。

三、影响雏鹅质量的原因分析

（一）出雏过程的原因分析

胚蛋转移至出雏器后，要密切观察胚胎啄壳和出雏的时间、啄壳状态以及出雏时是否正常。壳被啄破，但幼雏无力将壳孔扩大，这是因为温度太低、通风不良或B族维生素缺乏所致。啄壳中途停止，部分幼雏死亡，部分存活，这可能是孵化过程中，种蛋大头向下、转蛋不当、湿度偏低、通风不良、短时间超温、温度太低等原因造成的。正常的出雏时间从开始出雏至全部出雏约持续35 h。如果出雏时间正常，啄壳整齐，出壳雏鹅大小强弱比较一致，死胚蛋占6%～10%，那么可说明种蛋的品质优良，孵化的温度、湿度、通风、转蛋和晾蛋等孵化条件掌握正确。如果出雏时间提早，幼雏脐部带血，弱雏中有明显"胶毛"现象，死胚蛋超过15%，但二照时胚胎发育正常，则可能是二照之后温度过高或湿度太低所致。相反，出雏时间推迟，雏鹅体质差、腹大、脐环凸起的弱雏较多，死胚蛋明显增加，但二照时胚胎发育正常，这可能是二照之后温度偏低、湿度偏高所致。出壳时间拖延很长，与种蛋储存太久，储存不当，大小蛋、新旧蛋混在一起入孵，孵化过程中温度维持在最高界限或最低界限的时间过长，以及通风不良有一定关系。

（二）雏鹅质量原因分析

雏鹅出壳后，应注意观察初生雏鹅的活力、结实程度、体重大小、蛋黄吸收情况、脐部愈合情况，以及绒毛色泽、整洁和长短程度等。若种蛋品质优良、孵化条件良好、胚胎发育正常，则雏鹅体格健壮，精神活泼，体重合适，绒毛整洁、色泽鲜艳、长短合适，脐环闭合平整、腹部中等大小。此外，还要注意雏鹅有无躯肢畸形、瞎眼、弯喙、卷趾、脐环闭合不全，蛋黄是否全被包入腹腔内，骨髓有无异常弯曲，以及是否出现脚麻痹、站立不稳等情况。幼雏黏附蛋白、脐部周围绒毛未长齐，是由于温度偏低、湿度太高、通风不良造成的。幼雏与壳膜粘连，是因为温度高，种蛋水分蒸发过多，或湿度太低，转蛋不正常所致。脐部收缩不良、充血，是由于温度过高或温度变化过剧、湿度太高、胚胎受感染所致。幼雏腹大而柔软，脐部收缩不良，是因为温度偏低，通风不良，湿度太高所致。胎位不正，畸形雏多，是因为种蛋储存过久或储存条件不良、转蛋不当、通风不良、温度过高或过低、湿度不正常、种蛋大头向下、用畸形蛋孵化、种蛋运输受损等。

第六节　初生雏鹅鉴别分级和运输

一、初生雏鹅雌雄鉴别

雏鹅出壳后，要进行性别鉴别。雌雄鉴别后，商品蛋鹅可将雄雏及时淘汰或育肥，能节约育雏的房舍、设备和饲料；肉鹅雌雄分养，可提高鹅群的整齐度和饲料转化率。常用的鉴别方法有捏肛法和翻肛法。

（一）捏肛法

此法流行于传统孵坊。本法操作速度快，鉴别率高，但要有长期的丰富经验。熟练者每小时可鉴别初生雏 1 500～1 800 只。雄雏鹅的阴茎较发达，长约 0.5 cm，呈螺旋状，在泄殖腔肛门口内的下方，而雌雏鹅则无。

具体操作：以左手捏住雏鹅，使其背朝上，腹向下，以拇指和食指轻抓住鹅颈部，然后用右手拇指和食指在雏鹅肛门外部轻轻捏一下，使其泄殖腔略微外翻一点，以手指触摸，如感觉到有芝麻大小的凸起，即为雄雏鹅，无则为雌雏鹅。初学者可多触摸几次，注意用力要轻，以免伤及雄雏鹅阴茎。

（二）翻肛法

此法鉴别较为准确，但速度较慢。操作者用左手的中指和无名指夹住雏鹅颈口，使其腹部向上，无名指和小指夹住雏鹅两脚，注意用力要轻，以牢靠又不损伤雏鹅为度，将左手拇指靠近腹侧，轻压腹部排粪，用右手的拇指和食指放在泄殖腔两侧，轻轻翻开泄殖腔，如在泄殖腔口见有螺旋形突起，即为雄雏，如是三角瓣形皱褶，即为雌雏。使用翻肛法鉴别雏鹅时，一方面要求操作者视力好，以保证判断准确；另一方面要求光线要适中，操作者动作要轻柔、快捷，不可粗暴。注意应在出壳绒毛干后 2～12 h，进行翻肛鉴别，此时对雏

鹅损伤较小。

二、初生雏鹅分级

雏鹅经性别鉴定后，即可按体质强弱进行分级，畸形雏如弯头、弯趾、跛足、关节肿胀、瞎眼、顶脐、大肚、残翅等要淘汰，弱雏单独饲养。这样可使雏鹅发育均匀，减少疾病感染机会，提高育雏率。一般鹅场应做到自繁自养，以降低死亡率，防止传染病的发生。若必须从外地或市场上采购雏鹅，则应掌握对健康雏、弱雏的鉴别方法，防止购入弱雏和病雏。刚出壳不久的健康雏，大小匀称，毛色光亮整齐，手捉时挣扎有力，行走灵敏，活泼好动，无畸形，眼睛明亮有精神，用手握住颈部将其提起时，两脚能迅速收缩，并挣扎有力。腹部不大而柔软，蛋黄吸收良好，脐部收缩完全，脐部周围无结痂、血斑和水肿，叫声洪亮，胎粪排出正常，无尾毛污染。强雏和弱雏的鉴别见表6-5。

表6-5 强雏和弱雏的鉴别

项　目	强雏	弱雏
出壳时间	正常时间内	过早或最后出雏
绒　毛	整洁，长短合适，颜色鲜浓	蓬乱污秽，缺乏光泽，有时绒毛短缺
体　重	体态匀称，大小均匀	大小不一，过重或过轻
脐　部	愈合良好，干燥，其上覆盖绒毛	愈合不好，脐孔大，触摸有硬块，有黏液或卵黄囊外露
腹　部	大小适中，柔软	脐部裸露特别膨大
精　神	活泼，腿干结实，反应快	痴呆，闭目，站立不稳，反应迟钝
感　触	饱满，挣扎有力	瘦弱，松软，挣扎无力

此外，必须向售雏者了解清楚，雏鹅是否来自于健康无病、生产性能高的鹅群，其亲本种鹅是否实施了免疫接种。如果种蛋来自未经小鹅瘟疫苗免疫接种过的母鹅群，则必须给初生雏鹅接种小鹅瘟疫苗。

三、雏鹅运输

初生雏鹅运输的基本原则是迅速、舒适、安全、卫生，并由专人押运。

（一）运前准备

安排具体进舍时间和数量，备好青绿饲料和精料，选好饲养人员并进行技术培训。对鹅舍进行维修，在春季砌好烟道等育雏设施，用塑料薄膜密封窗户和做好天棚，同时舍内消毒，试温 2～3 d。

准备好运输工具，车辆性能要好，以控温车或带布篷车厢的车为宜。备齐雏鹅运输箱，该箱要做好消毒工作，或采用一次性雏鹅用纸箱。每箱盛雏鹅 40～60 只。挑选具有一定运雏经验的运雏人员 2～3 人，其中 2 人在车上，观察箱内情况，及时调整。初生的雏鹅最好在 12 h 内运到育雏舍，远地运雏也不应超过 24 h，以免中途喂饮和损失。到达目的地后迅速点数，不耽搁时间。

（二）运输技术

雏鹅质量是影响长途运雏效果的首要因素。弱雏经过长时间颠簸，途中死亡多，育雏期成活率低，损失大，因此装运前必须认真挑选，选择健康雏进行运输。可用纸、木头、塑料制成的专用运雏箱。箱长为 80 cm、宽为 45 cm、高为 18 cm，箱的四周和壁上均有通气孔，内分为四格，底部要垫一层薄薄的干净稻草或纸屑，每格可容 15～20 只雏鹅，每箱可容 60～80 只雏鹅。装车时，竹筐或箱子排列整齐，并挤紧，以防止途中滑动、倾斜。最上面盖上雨布，保持厢内温度在 30～34 ℃，空气新鲜，并要防止雏鹅缺氧、呼吸困难、窒息死亡，使雏鹅处于舒适、安静的环境中。

车辆行驶速度应为 40～50 km/h。除交通检查和车辆事故外，一般不应停车，途中不宜吃饭和加油。遇到特殊情况，应迅速判断，能在 1～3 h 解决的，只要掌握车厢内温度，观察鹅群动态即可；若超过 3 h 以上，则应立即联系别的车辆，重新装车，保证按时到达目的地。

第七章
豁眼鹅常用饲料与营养需要

与其他畜禽相比，鹅的营养需要研究起步相对较晚。迄今为止，还没有建立鹅饲料营养价值和营养需要量数据库，多数参照鸡的标准。国外相关领域研究也比较少。21 世纪之前，我国一般沿用民间的一些饲料调制技术，生产技术体系也不够健全和完善。随着养鹅业不断向集约化、规模化方向发展，鹅营养需要与饲料加工技术面临着挑战。本章针对我国目前鹅营养需要与饲料营养评价的现状，结合国外现代化技术系统阐述鹅的营养需要量，并列举相关饲养标准，以便为我国鹅业科学经济地配制饲料奠定基础。

第一节　饲料养分分类及功能

要发挥鹅的最大生产潜力，首先应给鹅提供用以维持其健康和正常生命活动的营养需要，即维持需要；其次提供用于供给产蛋、长肉、长毛、肥肝等生产产品的营养需要，即生产需要。所需的主要营养物质有蛋白质、能量、矿物质、维生素和水。

一、能量

鹅的一切生理过程，都需要能量来驱动。碳水化合物、脂肪和蛋白质是鹅维持生命、生长发育和生产产品所需能量的主要来源。

（一）能量的来源

1. 碳水化合物　能量主要来源于日粮中的碳水化合物和脂肪，部分来源于粗纤维以及体内蛋白质分解所产生的能量。鹅主要是依靠碳水化合物氧化分解供给能量以满足生理活动和生产上的需要。多余的能量往往以糖原或脂肪的形式储存于体组织中。

2. 脂肪　在肉用鹅的日粮中添加 $1\%\sim2\%$ 的油脂可满足其高能量的需求，同时也能够提高能量的利用率和抗热应激能力。在此特别要提到的是，脂肪中的几种不饱和脂肪酸是鹅体不能合成但在生命活动中又必不可少的，如亚油酸、亚麻酸。

3. 粗纤维　粗纤维对于鹅来说，也是能量的重要来源。鹅能在腺胃提供的酸性环境（pH 3.04）及肠液提供的弱碱性（pH 7.39～7.53）环境的化学作用下，与盲肠、大肠中的纤维素分解菌三者协同作用，使牧草纤维素得以消化分解。鹅能采食大量的粗纤维，可以起到填充作用，并可刺激胃肠的发育和蠕动，对维持鹅体健康具有重要作用，但添加量不能太多，太多则将降低饲料转化率，特别是在育雏期和产蛋期，不能饲喂太多的粗纤维。

4. 蛋白质　蛋白质也可以转化为能量，但一般在鹅能量供应不足的情况下才分解供能，其能量的利用率不及脂肪和碳水化合物，不但不经济，而且还会加重肝、肾的负担，从而带来一系列代谢疾病。

能量饲料过多，会在种鹅体内沉积过多脂肪，不但是一种浪费，而且还影响产蛋。如作为烤鹅或肥肝鹅生产，则应配制能量饲料为主的填肥饲料。

（二）影响能量需要的因素

鹅对能量的需要受品种、性别、生长阶段等诸多因素影响。肉用鹅维持需要的能量比同体重蛋用鹅高，公鹅维持需要的能量要比母鹅高，产蛋期母鹅维持需要的能量也要比非产蛋期母鹅高。另外，饲养方式以及环境温度等因素也会使鹅对能量的需要产生影响。鹅自身具有调节采食量以满足能量需要的本能，日粮能量水平低时采食量较多，反之则少。但是，由于日粮中能量水平不同，鹅采食量会随之变化，这就会影响蛋白质和其他营养物质的摄取量。所以在配合日粮时应确定能量与蛋白质比例，即能量蛋白比。当能量水平发生变化时，蛋白质水平应按照这一比例做相应调整，避免鹅摄入的蛋白质过多或不足。对于外界温度的变化，鹅会通过调节采食量的多少来调节自身能量的需要，不需要额外增加能量。但这种调节能力有一定限度，超过了这一限度，就会影响鹅对能量的需要。冷应激时，消耗的维持能量多；而热应激时，鹅的采

食量往往减少，最终会影响生长和产蛋率。在实际生产中可以通过补充油脂、维生素 C 等营养物质来降低鹅的应激反应。

二、蛋白质

蛋白质是构成鹅体和鹅产品的重要成分，也是组成酶、激素的主要原料之一，关系到整个新陈代谢的进行，而且不能由其他营养物质代替，是维持生命、进行生产所必需的养分。蛋白质在鹅营养中占有特殊重要的地位，是碳水化合物和脂肪所不能替代的，必须由饲料提供。蛋白质之所以如此重要，是因为它在体内发挥着重要的生理功能。由于鹅采食的饲料蛋白质经胃液和肠液中蛋白酶的作用，最终都分解为氨基酸被吸收利用，因此蛋白质的营养价值取决于它所含氨基酸的种类和数量，这些氨基酸分为必需氨基酸和非必需氨基酸两类。

（一）必需氨基酸

鹅的必需氨基酸有赖氨酸、蛋氨酸、色氨酸、胱氨酸、异亮氨酸、精氨酸、苏氨酸、苯丙氨酸、亮氨酸、组氨酸、缬氨酸、甘氨酸、酪氨酸等 13 种。任何一种必需氨基酸的缺乏都会影响鹅体蛋白质的合成，导致鹅生长发育不良。但过多的蛋白质和氨基酸不能被利用，将合成尿素后排出体外。鹅对各种氨基酸的需要是不完全相同的，而且要有一定的比例，当其某种或某些必需氨基酸达不到比例的要求量时，其他含量高的氨基酸的利用也受到限制，因此营养学上称其为限制性氨基酸。根据其限制的程度又可分为第一限制性氨基酸、第二限制性氨基酸、第三限制性氨基酸。

（二）非必需氨基酸

非必需氨基酸是指动物体内可以合成或需要较少，而不必从饲料中取得的氨基酸。

总之，在实际生产中配合日粮时，必须考虑到各种氨基酸的含量，使其平衡利用，否则将造成浪费。

三、矿物质

矿物质又称无机物或灰分，在鹅的生命活动和产品生产中起着重要作用。尽管其在鹅体内含量不多，仅占鹅体重的 3%～4%，但却是鹅的正常生长、繁殖和生产中所必不可少的营养物质。现已证明，在鹅体内具有营养生理功能的必需矿物元素有22种。按各种矿物质在鹅体内的含量不同，可分为常量元素和微量元素。通常把占鹅体重0.01%以上的矿物元素称为常量元素；占鹅体重0.01%以下的矿物元素称为微量元素。鹅需要的常量元素主要有钙、磷、钠、氯、钾、镁、硫等；微量元素主要有铁、铜、锌、锰、碘、钴、硒等。现将主要的矿物元素介绍如下。

（一）常量元素

1. 钙（Ca）和磷（P）　钙和磷是鹅需要量最多的两种矿物元素，占体内矿物质总量的65%～70%。钙和磷主要以磷酸盐、碳酸盐形式存在于鹅体组织、器官、血液中，尤其是骨髓和蛋壳中。雏鹅缺钙易患软骨病，关节肿大，骨端粗大，腿骨弯曲或瘫痪，有时胸骨呈S形；种鹅缺钙，蛋壳变薄，软壳和畸形蛋增多，产蛋率和孵化率下降。但钙含量过多也会影响雏鹅生长和锰、锌的吸收。鹅日粮中钙的需要量：雏鹅为1.0%，种鹅为3.2%～3.5%。钙在一般谷物、糠麸中含量很少，要注意补充。磷能促进骨髓的形成，在碳水化合物和脂肪代谢中起重要作用，在维持细胞生物膜的功能和机体酸碱平衡方面，也起着重要作用。鹅缺磷时，食欲减退、生长缓慢，饲料转化率降低，严重时关节硬化。一般日粮中总磷的需要量为0.7%～0.75%。钙含量过多，会阻碍磷、锌、锰、铁、碘等元素的吸收；与脂肪酸结合成钙皂排出，降低脂肪的吸收率。磷含量过多会降低镁的利用率。一般认为，生长鹅日粮中的钙磷比约为2:1；其中钙为0.8%～1.0%，有效磷为0.4%～0.5%；产蛋鹅较高，约为6:1；其中钙为2.5%～3.0%，有效磷为0.4%～0.5%。

2. 钠（Na）、氯（Cl）和钾（K）　钠、氯主要存在于鹅的体液和软组织中，对鹅的生理功能起着重要作用。钠不仅能维持鹅体内的酸碱平衡、保持细胞和血液间渗透压的平衡、调节水盐代谢、维持神经肌肉的正常兴奋性，还有促进鹅生长发育等作用。氯除有维持渗透压的作用外，还有促进食欲、帮助消化等作用。钠和氯在植物饲料中含量较少，鹅饲料中含量稍多，但一般都不能满足鹅的需要。如果饲料中食盐含量不足或缺少，则会引起鹅消化不良，食欲减退，生长缓慢，种鹅体重、蛋重减轻，产蛋率下降，雏鹅生长发育不良，并容易导致啄癖的发生。因此，在日粮中必须补充适量的食盐，在日粮中添加0.25%～5%为宜，但要考虑鱼粉和贝壳粉的含盐量，含盐量过多易引起食盐中毒。

钾有类似钠的作用，与维持水分和渗透压的平衡有密切的关系，对红细胞和肌肉的生长发育有特殊的功能。鹅对钾的需要量一般占日粮的 0.2%～0.3%，如果钾缺乏，鹅就会表现为生长发育不良。植物性饲料中钾的含量丰富，因此不必额外补充钾。

（二）微量元素

1. 铁（Fe）　铁是鹅体内血红蛋白、肌红蛋白和细胞色素及多种辅酶的成分，能使血液担负输送氧的作用。日粮中缺乏铁元素时，则鹅的食欲不振，羽毛生长不良，引起营养性贫血。日粮中铁元素过多时，则易引起营养障碍，鹅采食量减少，磷和铜的吸收率降低，并使维生素 A 在肝中沉积下降，导致磷、铜和维生素 A 缺乏症，重者可使鹅出现佝偻病。饲料中含铁量丰富，鹅能较好地利用机体周转代谢产生的铁，因此鹅一般不会缺铁。铁主要来源于谷实类、豆类、鱼粉和含铁化合物。日粮中含铁 40～60 mg/kg 即能满足鹅的生长、生产和繁殖的需要。铁主要来源于硫酸亚铁。

2. 铜（Cu）　铜是酶的组成成分，在鹅体内参加血红蛋白的合成及某些氧化酶的合成和激活，它能促进铁的吸收和血红蛋白的形成。铜与骨骼的正常发育及鹅的羽绒品质有关。雏鹅缺铜时，易发生贫血，生长缓慢，羽毛褪色，胃肠功能障碍，骨质疏松，跛行，骨脆易断等；成年鹅日粮中缺铜时，易出现食欲不振，异食癖，运动失调和神经症状等。但是日粮中铜过量时也可引起雏鹅生长受阻，肌肉营养障碍，肌胃糜烂，甚至死亡，还可引起锌、铁等矿物元素缺乏症。日粮中含铜量为 8 mg/kg 即能满足鹅的需要。一般情况下，日粮中不会发生铜的缺乏。铜主要来源于硫酸铜。

3. 锌（Zn）　在鹅体内，近 300 种酶或辅酶因子的合成和功能调节需要锌的参与，锌还作为胰岛素的成分参与体内糖类、蛋白质和脂肪的代谢，并影响机体的许多代谢过程。缺锌时，幼鹅食欲不振，生长受阻，关节肿大，羽毛生长不良，有时发生啄羽、啄肛等怪癖，免疫力下降等；种鹅产软壳蛋，孵化中常出现胚胎畸形，甚至在胚胎发育过程中或出壳后突然死亡。当日粮中钙、镁、铜含量过高时，则会影响锌的吸收，发生缺锌症。日粮中锌过量，时间长可导致锌中毒，雏鹅表现精神抑郁，生长迟缓，羽毛蓬乱，肝、肾、脾肿大，肌胃角质层变脆而糜烂，甚至出现白肌病；种鹅卵巢和输卵管萎缩，产蛋量和饲料转化率下降。日粮含锌量为 40～80 mg/kg 即可满足鹅的需要。植物性饲料中含锌量有限，而且利用率低，日粮中通常需补充锌。

4. 碘（I） 碘是甲状腺素的重要组成成分，并通过甲状腺素的机能活动对鹅机体物质代谢起调节作用，参与几乎所有的物质代谢过程，提高基础代谢率，促进生长发育，维持正常的繁殖功能。缺碘时，甲状腺肿大，基础代谢率降低，雏鹅生长受阻，骨骼和羽毛生长不良；成年种鹅产蛋量下降，种蛋受精率和孵化率降低。日粮含碘量为 20 mg/kg 即能满足鹅的需要。植物性饲料含碘量较低，常不能满足鹅的需要，特别是在缺碘地区更加需要在日粮中添加碘制剂。一般多添加碘化钾或碘酸钙，碘酸钙优于碘化钾。碘主要来源于海产品和含碘化合物。

5. 锰（Mn） 锰是鹅生长所必需的，是鹅体内蛋白质、脂肪和糖类代谢酶类的组成成分，调节机体的代谢过程，对鹅的生长、繁殖和骨骼的发育具有重要影响。日粮中缺锰时，雏鹅骨骼发育不良，生长受阻，体重下降，易导致"溜腱症"（骨粗短症），并引发神经症状，共济失调，出现与维生素 B_1 缺乏症类似的"望星"姿势；成年母鹅产蛋率下降，公鹅睾丸发育受阻，曲细精管变细，精子减少，种蛋受精率和出壳率降低。鹅对锰的需要量有限，日粮含锰量为 40～80 mg/kg 即能满足鹅的需要。生产上常以硫酸锰、氧化锰或碳酸锰来满足锰的需要。

6. 硒（Se） 在鹅体内，肌肉、皮肤、羽毛、骨骼和肝中含硒量较多。硒是鹅体内谷胱甘肽过氧化酶的组成成分，以硒半胱氨酸的形式存在于其中，与维生素 E 具有协同作用，都有抗氧化的功能，有助于清除体内过氧化物，对保护细胞脂质膜、维持胰腺的正常功能具有重要作用。日粮中缺硒时，雏鹅常表现精神沉郁，食欲不振，生长迟缓，渗出性素质，肌肉营养不良或白肌症，胰变性、纤维化、坏死等；种母鹅产蛋率下降、种蛋受精率降低及早期胚胎死亡等。鹅对硒的需要量极微，但由于我国大部分地区是缺硒地域，很多饲料的硒含量与利用率又很低，故一般需要在日粮中添加硒，添加量一般为 0.15 mg/kg，多以亚硒酸钠形式添加。

硒是一种毒性很强的元素，其安全范围很小，容易发生中毒，因此在配合日粮时，应准确计量，混合均匀，并要求预混合。

四、维生素

维生素是一种饲料中含量很少，又有特殊作用的物质。维生素是鹅正常生理活动和生长、繁殖、生产以及维持健康所必需的营养物质，其用量很少，但作用很大，在体内起着调节和控制新陈代谢的作用。绝大多数维生素在体内不能合成，有的虽能合成但不能满足需要，必须从饲料中获取。在放牧饲养条件下，鹅能采食大量青绿饲料，一般不会发生维生素的缺乏，但在舍饲饲养条件下，则应注意维生素的补充。维生素缺乏时会导致各种维生素缺乏症，使生产性能下降，生长发育受阻。维生素按其溶解性质分为脂溶性维生素和水溶性维生素两大类。

（一）脂溶性维生素

1. 维生素 A 又称视黄醇或抗干眼醇。其主要功能是合成视紫质，维持正常视觉。此外，还具有保护皮肤和黏膜的发育及再生，提高对疾病的抵抗力，促进生长发育和性激素的形成，提高繁殖力，调节体内代谢，维持骨骼的正常生长和修补的作用。缺乏时雏鹅出现步态不稳，眼炎或失明，眼、鼻出现干酪样物质；母鹅产蛋量减少，孵化率下降，抗病力减弱，容易发生各种疾病。维生素 A 过量可引起中毒。鹅的最低需要量为每千克日粮中含维生素 A 1 000～5 000 IU。维生素 A 主要来源于青绿多汁饲料、黄玉米和维生素 A 制剂等。

2. 维生素 D 又称钙化醇。维生素 D 为类固醇衍生物，对鹅有营养作用的是维生素 D_2 和维生素 D_3，其中维生素 D_3 的效能比维生素 D_2 高 20～30 倍。维生素 D 与钙磷的吸收和代谢有关，能调节鹅体内钙磷代谢，增加肠对钙磷的吸收，促进软骨骨化与骨髓发育。另外，维生素 D 还能促进蛋白质合成，提高机体免疫功能。维生素 D 缺乏时，雏鹅出现腿畸形、佝偻病，生长迟缓；种鹅产蛋量下降，种蛋蛋壳变薄、孵化率下降等。维生素 D 过量时，可使大量钙从鹅的骨组织中转移出来，导致组织和器官普遍退化、钙化，生长停滞，严重时，易死于血毒症。一般在日粮中补充维生素 D 200～300 IU/kg 时，即可满足鹅的需要。维生素 D 主要来自鱼肝油、维生素 D 制剂。

3. 维生素 E 又称生育酚。维生素 E 在鹅体内起催化、抗氧化作用，维持生物膜的完整性，有保护生殖机能、提高机体免疫力和抗应激能力的作用，并与神经、肌肉组织代谢有关。维生素 E 缺乏时，公鹅睾丸退化，种蛋受精率、孵化率下降；雏鹅肌肉营养不良，出现渗出性物质，免疫功能和抗应激能力下降，发生脑软化症。维生素 E 与硒存在协同作用，能减轻缺硒引起的缺乏症。另外，维生素 E 的抗氧化作用，可保护维生素 A。但维生素 A 与维生素 E 存在吸收竞争，因此维生素 A 的用量加大时要同时加大维生素 E 的供给量。一般在日粮中补充维生素 E 50～60 mg/kg 即可满足鹅的需要。

4. 维生素 K　又称凝血维生素、抗出血维生素，是萘醌的衍生物，有维生素 K_1、维生素 K_2、维生素 K_3 3 种形式，其中维生素 K_1 与维生素 K_2 是天然的，维生素 K_3 是人工合成的，能部分溶于水。维生素 K 是动物维持正常凝血所必需的一种成分。维生素 K 的主要生理功能是促进动物肝合成凝血酶原及凝血活素，并使凝血酶原转化为凝血酶。维生素 K 缺乏时，雏鹅皮下组织和胃肠道因血液不能凝结而流血不止，或凝血时间延长，呈现紫色血斑，生长缓慢；种蛋孵化率降低。一般在日粮中添加维生素 K 2～3 mg/kg 即可满足鹅的需要。

（二）水溶性维生素

1. 维生素 B_1（硫胺素）　又名抗神经炎素，主要来源于禾谷类加工副产品、酵母粉、青绿饲料和优质干草、维生素 B_1 制剂。维生素 B_1 是许多细胞酶的辅酶，主要参与糖类的代谢和脂肪酸、胆固醇、乙酰胆碱的合成，维持神经组织及心脏的正常功能，促进肠蠕动和消化道内脂肪的吸收。雏鹅对维生素 B_1 缺乏较敏感，表现为消化不良，食欲减退，碳水化合物和脂肪代谢功能失调，甲状腺功能降低，水代谢障碍，胃肠功能紊乱，甚至引起多发性神经炎。种鹅缺乏维生素 B_1 严重时，生殖器官萎缩，繁殖力降低。通常在日粮中添加维生素 B_1 1～2 mg/kg 即可满足鹅的需要。

2. 维生素 B_2（核黄素）　参与生物氧化过程，起辅酶作用，与碳水化合物、脂肪和蛋白质代谢有关。鹅缺乏维生素 B_2 会引起代谢紊乱，出现多种症状，主要是跗关节着地，趾向内弯曲成拳状（卷曲爪）。鹅生长缓慢、腹泻、垂翅、产蛋率下降，种蛋孵化率极低，死胚增加。主要来源于干酵母、苜蓿粉、动物性蛋白质、核黄素制剂，而谷类籽实、块根块茎类饲料中含量很少。因此，雏鹅更容易发生维生素 B_2 缺乏症。鹅对维生素 B_2 的最低需要量一般为每千克日粮 2～4 mg。高能量高蛋白日粮、低温环境以及抗生素的使用等因素，会加大对维生素 B_2 的需要量。

3. 维生素 B_3（泛酸）　维生素 B_3 以乙酰辅酶 A 形式参与机体代谢，同时也是体内乙酰化酶的辅酶，对碳水化合物、脂肪和蛋白质代谢过程中的乙酰基转移具有重要作用。其主要功能是参与各种酶促反应。维生素 B_3 缺乏时，雏鹅生长迟缓，羽毛松乱，眼睑粘连，皮肤和黏膜变厚和角质化；种鹅繁殖力下降，孵化过程中胚胎死亡率升高。维生素 B_3 广泛存在于动植物饲料中，酵母、米糠和麦麸是良好的泛酸来源。鹅一般不会缺乏维生素 B_3，但玉米-豆粕型日粮中需添加维生素 B_3，其商品形式为泛酸钙。在日粮中添加泛酸 $10\sim30$ mg/kg 即能满足鹅的需要。

4. 维生素 B_4（胆碱）　维生素 B_4 主要参与脂肪代谢、神经传导、肾上腺素合成，促进代谢，防止脂肪肝，与蛋氨酸、甜菜碱有协同作用。一般日粮中不会缺乏维生素 B_4，同时在机体内可以合成。如维生素 B_4 缺乏时，雏鹅生长迟缓，胫骨粗短，出现溜腱症，共济失调，肝、肾脂肪浸润；种鹅产蛋率下降，甚至停产。鹅对维生素 B_4 的需要量比较大，体内合成的量往往不能满足日常需要，必须在日粮中添加。鹅对维生素 B_4 的需要量为 $500\sim2\,000$ mg/kg。

5. 维生素 B_5（烟酸）　又称尼克酸、维生素 pp。维生素 B_5 在体内转变为烟酰胺，是辅酶 I 和辅酶 II 的组成成分。维生素 B_5 对碳水化合物、脂肪、蛋白质的代谢起着重要作用，可维持皮肤和消化器官的正常功能，有助于产生色氨酸。维生素 B_5 缺乏时，雏鹅食欲不振，生长停滞，羽毛蓬乱，口腔和食管上部易发生炎症，口舌呈深红色，皮肤和脚有鳞状皮炎，趾关节肿大，类似骨粗短症，溜腱症；成年鹅发生"黑舌病"，羽毛脱落，骨粗短，关节肿大，产蛋量和种蛋孵化率降低。维生素 B_5 在酵母、麸皮、青绿饲料、动物蛋白质饲料中含量丰富。玉米、小麦、高粱等谷物中的维生素 B_5 大多呈结合状态，鹅利用率低，需要在日粮中补充。一般在日粮中添加维生素 B_5 $50\sim70$ mg/kg 即能满足鹅的需要。

6. 维生素 B_6（吡哆醇）　维生素 B_6 包括吡哆醇、吡哆胺和吡哆醛，是体内许多种酶的辅酶，主要以活性磷酸吡哆醛的形式参与蛋白质、脂肪和碳水化合物的代谢反应，主要存在于肌肉组织中，具有转氨基、脱羧基、脱氨基、转硫等作用，能将色氨酸转变成维生素 B_5，还有降低血清胆固醇的作用等。维生素 B_6 缺乏时，雏鹅表现食欲不良，生长受阻，皮下水肿，中枢神经紊乱，兴奋，痉挛，严重时衰竭而死；种鹅生殖系统退化；母鹅产蛋量及种蛋孵化率下降。日粮中含维生素 B_6 $1\sim2$ mg/kg 即能满足鹅的需要。

维生素 B_6 主要来源于酵母粉、植物性饲料、糠麸、豆类、禾谷类籽实和维生素 B_6 制剂。动物性饲料及块根块茎类饲料中含量较少。鹅一般不会发生维生素 B_6 缺乏，当日粮中蛋白质水平较高时，会提高鹅对维生素 B_6 的需要量。鹅对维生素 B_6 的需要量一般为每千克日粮 $2\sim5$ mg。

7. 维生素 B_7（生物素）　维生素 B_7 是鹅体内多羧化酶的辅酶，广泛参与蛋白质、脂肪、碳水化合物的代谢，是二氧化碳的载体，能促进不饱和脂肪酸的合成，在肝和肾中较多。维生素 B_7 缺乏时，雏鹅生长缓慢，喙、眼睑、泄殖腔周围及趾蹼部裂口、变性、发生皮炎，易患溜腱症与骨粗短症，并发生脂肪代谢障碍；种鹅产蛋一般不受影响，但孵化率降低，胚胎骨骼畸形。一般在日粮中添加维生素 B_7 $25\sim100$ mg/kg 即能满足鹅的需要。主要来源于青绿多汁饲料、谷物、豆饼和干酵母。

8. 维生素 B_9（叶酸）　维生素 B_9 在体内作为转移酶中的辅酶，参与嘌呤、嘧啶、胆碱及红细胞的形成，促进核酸、蛋白质的合成，并与维生素 C 和维生素 B_{12} 共同促进红细胞、血红蛋白的生成。缺乏维生素 B_9 时引起贫血、孵化率降低，雏鹅生长不良，严重时患骨粗短症。长期饲喂磺胺类药物和抗生素，易造成维生素 B_9 缺乏。通常在日粮中添加维生素 B_9 $1\sim2$ mg/kg 即能满足鹅的需要。主要来源于动物性饲料、苜蓿粉、酵母粉、豆饼及叶酸制剂。

9. 维生素 B_{12}（钴胺素）　维生素 B_{12} 是唯一含有金属元素的维生素，也是辅酶的成分，其主要功能是维持正常的造血功能，参与核酸、甲基合成，参与碳水化合物和脂肪代谢以及维持血液中谷胱甘肽的平衡，有助于提高造血机能和日粮中蛋白质的转化率。维生素 B_{12} 缺乏时，雏鹅生长速度减慢，贫血，饲料转化率低；母鹅产蛋量下降，孵化率降低，脂肪沉积于肝、肾，并有出血症状，称为脂肪肝出血综合征。维生素 B_{12} 在鹅体内不能合成，一般在日粮中添加 $5\sim10$ mg/kg 即能满足鹅的需要。主要来源于动物性蛋白质饲料和维生素 B_{12} 制剂。

10. 维生素 C（抗坏血酸）　鹅体内能合成，在青绿饲料中含有丰富的维生素 C。维生素 C 主要参与机体内许多氧化还原反应，在代谢物的羧基化中是必不可少的，具有解毒和抗氧化作用，能提高机体的免疫力和抗应激能力。维生素 C 缺乏时，雏鹅黏膜自发性出血，生长停滞，代谢紊乱，抗感染和抗应激能力降低；种鹅繁殖力降低，蛋壳变薄。

五、水

不同的生长阶段机体含水量也不相同，雏鹅体内含水量约为 70%，成年鹅体内含水量约为 50%。一切生理活动都离不开水，水是各种营养物质的溶剂，是进行生理活动的基础，不仅参与物质代谢和营养物质的吸收、运输及废物的排出等，而且能缓冲体液的突然变化，还能协助调节体温、维持鹅体正常形态、润滑组织器官等。鹅是水禽，在饲养中应充分供水，如饮水不足，会影响饲料的消化吸收，阻碍分解产物的排出，导致血液浓稠，体温升高，生长和产蛋都会受到影响。一般缺水比缺料更难维持鹅的生命，当体内损失 1%～2%水分时，会引起食欲减退，损失 10%的水分会导致代谢紊乱，损失 20%则发生死亡现象。高温缺水的后果比低温更严重，因此必须给鹅提供足够的清洁饮水。

鹅的需水量受环境温度、年龄、体重、采食量、饲料成分和饲养方式等因素的影响。一般温度越高，需水量越大；采食的干物质越多，需水量也越多；饲料中蛋白质、矿物质、粗纤维含量多，需水量会增加，而青绿多汁饲料含水量较多则饮水减少。另外，生产性能不同，需水量也不同，生长速度快、产蛋多的鹅需水量较多，反之则少。生产上一般对圈养鹅要考虑提供饮水，可根据采食干物质的量来估计鹅对水的需要量。

第二节　常用饲料种类

鹅的饲料按来源可分为谷实、糠麸、糟渣、豆类籽实、饼粕、青绿饲料、草粉、叶粉、块根块茎和瓜果等植物性饲料，以及动物性饲料、矿物质饲料、维生素、微量元素等。如按营养特性分类，则可分为青绿饲料、青贮饲料、粗饲料、能量饲料、蛋白质饲料、矿物质饲料、维生素饲料及添加剂饲料等八大类。能量饲料、蛋白质饲料、矿物质饲料、维生素饲料、饲料添加剂，特别是鹅常用的青绿多汁饲料，应给予足够的重视。

一、能量饲料

按饲料分类标准，凡饲料干物质中粗纤维含量小于或等于 18%、粗蛋白质小于 20%的均属能量饲料。其特点是消化率高，产生的热能多，粗纤维含量为 0.5%～12%，粗蛋白质含量为 8%～13.5%。这类饲料包括谷实类、糠麸类、块根块茎和瓜果类及油脂类饲料等，在鹅日粮中的主要功能是供给能量。

（一）谷实类饲料

1. 玉米　代谢能达 13.39 MJ/kg。玉米中无氮浸出物含量为 74%～80%、粗纤维含量为 2%、粗蛋白质含量为 7%～9%，缺乏赖氨酸和色氨酸，钙含量为 0.02%，磷含量为 0.2%～0.3%，且半数以上为植酸磷，粗脂肪含量为 3.5%～4.5%，粉碎后易酸败变质，富含胡萝卜素，维生素 E 和维生素 B₁ 含量较多。一般在鹅日粮中占 40%～70%。储存时含水量应控制在 14% 以下，以防止霉变。黄色玉米和白色玉米在蛋白质、能量价值上无多大差异，但黄玉米含胡萝卜素较多，可作为维生素 A 的部分来源，还含有胡萝卜素和叶黄素，对保持蛋黄、皮肤和脚部的黄色具有重要作用，可满足消费者的爱好。一般情况下，玉米用量可占到肉鹅日粮的 30%～65%。

2. 小麦　代谢能约为 12.5 MJ/kg，粗蛋白质含量为 10%～12%，为禾谷籽实类之首，粗纤维含量较高，为 1.9%～2.4%，粗脂肪含量为 1.7%，B 族维生素含量丰富，适口性好，易消化，氨基酸组成优于玉米和大米，但苏氨酸、赖氨酸缺乏。缺点是缺乏维生素 A、维生素 D，黏性大，粉料中用量若过大，则黏嘴，降低适口性。目前，我国小麦主要作为人类食物，用其喂肉鹅不一定经济。如在肉鹅的配合饲料中使用小麦，一般用量为 10%～30%。患赤霉病和受潮发芽的小麦慎用。

3. 大麦　代谢能为 11.34 MJ/kg 左右，粗蛋白质含量为 11%～13%，粗纤维含量为 2.0%～4.8%，粗脂肪含量为 1.7%～2.1%，赖氨酸含量比玉米约高 1 倍，为 0.42%，B 族维生素含量丰富，且品质优于其他谷物。大麦皮壳粗硬，其中含有 β-葡聚糖和戊聚糖，难以消化吸收，应破碎或发芽后饲喂。饲喂效果逊于玉米和小麦，通常在鹅日粮中占 10%～25%。

4. 稻谷　代谢能低，每千克含代谢能 10.7 MJ，粗脂肪含量为 1.5%，粗蛋白质含量为 8.3%，粗纤维含量较高（约 8.5%）。稻谷是我国水稻产区常用的肉鹅饲料。在生产上常将稻谷去壳制成糙大米，其粗蛋白质含量为 8.8%，氨基酸组成与玉米类似，但色氨酸含量比玉米高，为 0.12%，赖氨酸含量比玉米高 33%，为 0.32%。糙大米完全可以替代玉米或小麦等，一般在鹅的日粮中可占 10%～60%。

5. 高粱　含代谢能 12.0～13.7 MJ/kg，含单宁较多，味苦，其适口性差，而且还能降低蛋白质、矿物质的利用率。在鹅日粮中应限量使用，一般不宜超过 15%，但低单宁高粱饲喂量可适当增加。

6. 糙米　水分含量为 11.4%，粗蛋白质含量为 6.8%，粗脂肪含量为 1.6%，粗纤维含量为 0.7%，其代谢能为 14.0 MJ/kg。取材容易，适口性好，易消化吸收。常用作开食料。

7. 碎米 碎米是碾米厂筛出来的细碎米粒，淀粉含量高，纤维素含量低，粗蛋白质含量约为 8.8%，易于消化，价格低廉，是农村养肉鹅常用的饲料。但缺乏维生素 A、B 族维生素、钙和黄色素，亮氨酸含量较低，为常用的开食料。在日粮中可占 30%～50%。但应注意，用碎米作为主要能量饲料时，要相应补充胡萝卜素。

（二）糠麸类饲料

1. 米糠 其营养价值与出米率有关。蛋白质含量为 12% 左右，稍低于小麦麸，所含代谢能约为玉米的一半。赖氨酸含量为玉米的 3 倍，蛋氨酸含量比玉米高 38%。粗脂肪含量为 16.5%，并且不饱和脂肪酸含量较高，极易氧化，酸败变质，不宜久储，尤其在高温高湿的夏季，极易变质，应慎用。粗纤维含量较高，为 5.7%，影响消化率，应限量使用。富含 B 族维生素和维生素 E。钙少磷多，钙与总磷和有效磷之比分别为 1∶20 和 1∶1.43。一般在鹅日粮中的用量为 5%～20%。

2. 小麦麸 又称麸皮，为小麦加工的副产品，粗蛋白质含量较高，为 15.7%，是玉米的 1.8 倍，赖氨酸、精氨酸的含量是玉米的 2.4 倍，色氨酸的含量是玉米的 2.8 倍，含硫氨基酸与玉米相当。维生素 E 和 B 族维生素含量较丰富。粗纤维含量较高，为 8.9%，质地疏松，体积大，具有轻泻作用，故应控制用量。钙少磷多，钙与总磷和有效磷之比分别为 1∶8.4 和 1∶2.2。通常在鹅日粮中的用量为 5%～20%。

3. 次粉 又称四号粉，粗蛋白质含量是玉米的 1.6～1.7 倍，为 13.6%～15.4%，赖氨酸、精氨酸和色氨酸分别是玉米的 2.16 倍、2.18 倍和 2.57 倍，含硫氨基酸与玉米相近。粗脂肪含量为 2.1%，粗纤维含量为 1.5%～2.8%。钙少磷多。但和小麦相同，多喂时也会发生黏嘴现象，制作颗粒料时则无此问题。一般在鹅日粮中的用量为 10%～20%。

（三）块根块茎和瓜果类

1. 胡萝卜 胡萝卜产量高，营养丰富，易栽培，耐储存，是冬春季重要的多汁饲料，且含有蔗糖和果糖，故有甜味。富含胡萝卜素，还有大量钾盐、磷盐和铁盐等。胡萝卜宜生喂，以免胡萝卜素、维生素 C 及维生素 E 遭到破坏。家禽可日喂 20～30 g，鹅应加大喂量。

2. 木薯　又称树薯，干物质中 90% 为无氮浸出物，代谢能约为 12 MJ/kg，蛋白质含量低，仅 1.5%～4.0%，且品质差。赖氨酸与色氨酸含量多，而蛋氨酸和胱氨酸缺乏。磷含量低，而钙、钾含量高。微量元素及维生素含量几乎为零。脂肪含量也低。由于木薯含有生长抑制因子，大量（50%）使用会出现适口性差，生长减慢及死亡率上升的现象。故鹅以使用 10% 以下为宜。

3. 甘薯　又名红薯。营养价值不及玉米，成分近似木薯，更不含氢氰酸。加热后可破坏蛋白酶抑制因子。优良的薯粉可占日粮的 10%，应补充蛋白质、氨基酸等方可取得好的饲养效果，要预防甘薯发芽、腐烂或出现黑斑等现象。

4. 马铃薯　又称土豆。块茎中 80% 左右是淀粉，其余成分为：水分 12%，粗蛋白质 7.2%，粗纤维 2.9%，粗脂肪 0.3%，粗灰分 3.5%，钙 0.07%，磷 0.2%。种鹅与肉鹅使用 10%～30% 无不良影响。

5. 南瓜　又名倭瓜，富含淀粉，而饲用南瓜含果糖和葡萄糖较多。还含较多的胡萝卜素和核黄素，饲喂各饲养阶段的鹅都很适宜。

（四）油脂类

油脂来自动植物，是动物重要的营养物质之一，是配制高热能饲料不可缺少的原料，如鹅的育肥饲料。天然油脂中，除了甘油三酯外，还含有少量的磷脂、固醇、色素、维生素、游离脂肪酸、脂肪醇、酯、醛和酮等。饲料用油脂据产品来源可分为动物性油脂、植物性油脂、海产动物油脂、饲料级水解油脂和粉末油脂。油脂受光、热、湿、空气或微生物作用，会发生氧化和水解反应，产生刺激性的"哈喇味"或臭味时，表明油脂已酸败变质。

二、蛋白质饲料

蛋白质饲料通常是指干物质中粗纤维含量为 18% 以下，粗蛋白质含量为 20% 以上的饲料。这类饲料营养丰富，特别是粗蛋白质含量高，易于消化，能值较高。含钙、磷多，B 族维生素含量丰富。按照蛋白质饲料的来源不同，分为植物性蛋白质饲料、动物性蛋白质饲料、单细胞蛋白质饲料。

（一）植物性蛋白质饲料

1. 豆粕（饼）　大豆采用浸提法提油后的加工副产品称为豆粕，豆饼是压榨提油后的副产品，粗蛋白质含量为 42%～46%；含有较高的赖氨酸，豆粕残留油少，能量比豆饼低，但蛋白质含量高。生豆饼含胰蛋白酶抑制因子、血细胞凝集素、皂角素，前者影响蛋白质的消化吸收，后两者是有毒害的物质。还有致甲状腺肿物质、抗维生素因子、胀气因子等抗营养物质，应喂熟豆饼。目前，国内一般多用 3 min 110 ℃ 热处理。其用量可占肉鹅日粮的 10%～25%。

2. 菜籽粕（饼）　是菜籽榨油后的副产品，为一种重要的植物性蛋白质饲料，菜籽粕（饼）粗蛋白质含量达 37% 左右，但能值偏低，营养价值不如豆饼（粕）。由于其含有硫代葡萄糖苷，在芥子酶的作用下，可分解为异硫氰酸盐和唑烷硫酮等有害物质，严重影响菜籽粕（饼）的适口性，导致甲状腺肿大，激素分泌量减少，使动物生长速度和繁殖率降低。此外，菜籽饼（粕）有辛辣味，适口性不好，因此饲喂时最好经过浸泡、加热，或采用专门解毒剂进行脱毒处理。在鹅的日粮中其用量一般应控制在 5%～8%，使用之前最好进行脱毒处理。

3. 花生仁粕（饼）　是花生榨油后的副产品，分去壳与不去壳两种，以去壳的较好。花生仁粕（饼）的原料为花生。花生的成分与大豆类似，主要产区在山东省。机榨花生仁粕（饼）粗蛋白质含量约为 44%，浸提粕约为 47%。花生仁粕（饼）脂肪含量高，在温暖而潮湿的地方容易腐败变质，产生剧毒的黄曲霉毒素，其毒害作用很大。因此，不宜久存。用量占日粮的 5%～10%。

4. 棉仁粕（饼）　棉仁粕（饼）是棉籽脱壳榨油后的副产品，棉仁粕（饼）有带壳与不带壳之分，其营养价值也有较大差异。一般蛋白质含量为 33%～40%，最高可达 50%，因其赖氨酸含量低，适口性差，且含有棉酚毒素，对鹅的体组织和代谢有破坏作用，影响蛋白质吸收，降低产蛋量、受精率和孵化率，过多饲喂易引起中毒。应严格控制饲喂量，日粮中不应超过 5%～8%。可采用长时间蒸煮或 0.05% $FeSO_4$ 溶液浸泡去毒等方法，以减少棉酚对鹅的毒害作用。

5. 亚麻仁粕（饼）　又称胡麻仁粕（饼）。其粗蛋白质含量为 29.1%～38.2%，高的可达 40% 以上，粗脂肪含量为 1.8%～7.8%，粗纤维含量为 7.8%～8.2%。其含有较多的果胶物质（为遇水膨胀而能滋润肠壁的黏性液体），是雏鹅、弱鹅、病鹅的良好饲料。亚麻仁粕（饼）虽含有毒素，但在日粮中搭配 10% 左右不会发生中毒，最好与赖氨酸含量高的饲料搭配在一起喂鹅，以补充其赖氨酸含量低的缺陷。

6. 向日葵仁粕（饼）　向日葵仁粕（饼）因加工工艺不同，其营养成分差异较大，粗蛋白质含量为 29%～36.5%，粗脂肪含量为 1.0%～2.9%，粗纤维含量为 10.5%～20.4%。向日葵仁粕（饼）中钙、磷含量和 B 族维生素含量比豆粕（饼）丰富，且不含抗营养因子。带壳加工时，所得粕（饼）粗纤维含量高，影响其营养成分的利用，因此在鹅的日粮中使用量应控制在 10%～20%。

7. 芝麻粕（饼）　芝麻粕（饼）粗蛋白质含量为 39.2%～46%；赖氨酸含量为 0.9%，是豆粕（饼）赖氨酸含量的 40%；蛋氨酸含量较高，为 0.9%，是豆粕（饼）的 15 倍；粗脂肪含量为 10.3%；粗纤维含量为 7.2%。其优点是不含不良因子；缺点是植酸含量较高，影响钙、锌、镁等元素的利用。如与花生仁粕（饼）或棉仁粕（饼）混合使用，其氨基酸组成可互补优劣，效果较好。一般在雏鹅日粮中的用量应低于 10%，在成年鹅日粮中应低于 18%。

8. 植物蛋白粉　为制粉、乙醇等加工业采用谷实、豆类、薯类提取淀粉后所得到的蛋白质含量很高的副产品。可作饲料的有玉米蛋白粉、粉浆蛋白粉等。其粗蛋白质含量因工艺条件不同而差异很大（25%～60%）。其氨基酸组合不佳，蛋氨酸含量虽高，但赖氨酸和色氨酸含量严重不足。但玉米蛋白粉含丰富的黄色素，含量为玉米的 15～20 倍，可使机体的肤色和蛋黄颜色加深。

9. 啤酒糟　啤酒糟是酿造工业的副产品。粗蛋白质含量丰富，达 26% 以上，其营养价值优于米糠、谷物等；无氮浸出物占 39%～43%；粗纤维含量较高；B 族维生素含量丰富；钙磷含量低且比例不当。另外，啤酒糟含有一定量的乙醇，过量饲喂易引起乙醇中毒。有人称啤酒糟为"火性饲料"，因此喂量要适度。

10. 玉米胚芽粕（饼）　玉米胚芽粕（饼）是玉米胚芽湿磨浸提玉米油后的产物。中国饲料数据库收录的数据表明，其粗蛋白质含量为 20.8%，粗脂肪含量为 2.1%，粗纤维含量为 6.5%，无氮浸出物含量为 54.8%，赖氨酸含量为 0.75%，蛋氨酸＋胱氨酸含量为 0.49%。玉米胚芽粕（饼）适口性好、价格低廉且蛋白质含量高、氨基酸组成合理，是一种较好的饲料来源。

11. 玉米干酒糟及其可溶物　玉米干酒糟及其可溶物（DDGS, distillers dried grains with solubles）由干酒精糟（DDG, distillers dried grains）和可溶性酒精糟滤液（DDS, distillers dried solu-ble）组成，其中含有约 30% 的 DDS 和 70% 的 DDG。市场上产品有两种：一种为 DDG（distillers dried grains），是将玉米酒精糟做简单过滤，滤渣干燥，滤清液排放掉，只对滤渣单独干燥而获得的饲料；另一种为 DDGS（distillers dried grains with solubles），是将滤清液干燥浓缩后再与滤渣混合干燥而获得的饲料。后者的能量和营养物质总量均明显高于前者。玉米干酒糟及其可溶物营养成分参见表7-1。目前，DDGS已成为国内外饲料生产企业广泛应用的一种新型蛋白饲料原料，在鹅饲料中通常用来替代部分豆粕和鱼粉等蛋白质饲料。

表7-1 玉米干酒糟及其可溶物营养成分

营养物质	DDG	DDGS	DDS
干物质（%）	94.0	90.0	93.0
粗蛋白质（%）	30.6	28.3	28.05
粗脂肪（%）	14.6	13.7	9.0
粗纤维（%）	11.5	7.1	4.0
无氮浸出物（%）	33.7	36.8	43.05
粗灰分（%）	3.6	4.1	8.0
钙（%）	0.41	0.20	0.35
磷（%）	0.66	0.74	1.27
赖氨酸（%）	0.51	0.59	0.90
蛋氨酸（%）	0.80	0.59	0.50
胱氨酸（%）	0.48	0.39	0.40
苏氨酸（%）	1.17	0.92	1.00
异亮氨酸（%）	1.31	0.98	1.25
亮氨酸（%）	4.44	2.63	2.11
精氨酸（%）	0.96	0.98	1.05
缬氨酸（%）	1.66	1.30	1.39
组氨酸（%）	0.72	0.59	0.70
酪氨酸（%）	1.30	1.37	0.95
苯丙氨酸（%）	1.76	1.93	1.30
色氨酸（%）	—	0.19	0.30
铁（mg/kg）	300	280	560
铜（mg/kg）	25.0	57.0	83.0
锰（mg/kg）	22.0	24.0	74.0
锌（mg/kg）	55.0	80.0	85.0
硒（mg/kg）	0.45	0.39	0.33
消化能（猪）（MJ/kg）	13.10	14.35	16.23
消化能（羊）（MJ/kg）	15.94	14.64	—
消化能（鸡）（MJ/kg）	8.69	9.20	12.95
表观代谢能（鹅）（MJ/kg）	—	8.78	—
消化能（牛）（MJ/kg）	—	14.06	—

注：本表数据为企业测定值。其中，表观代谢能（鹅）为青岛农业大学优质水禽研究所实验室测定值。

（二）动物性蛋白质饲料

我国传统的养鹅常有"鸭吃荤、鹅吃素"之说，极少使用动物性蛋白质饲料。实践证明，鹅并非素食性动物而是杂食性动物，在日粮中添加少量的动物性蛋白质饲料，对于达到日粮中氨基酸的平衡，保证雏鹅的生长发育，提高产蛋率和羽毛生长速度，都有积极作用。

1. 鱼粉　鱼粉粗蛋白质含量应在 50％以上，代谢能值达 12.12 MJ/kg。此外，还含有各种维生素、矿物质和未知生长因子，是鹅生长、繁殖最理想的动物性蛋白质饲料。因为鱼粉中组氨酸含量较高，很容易被分解转化为组胺，能破坏食管膨大部和肌胃黏膜，易造成消化道出血。其用量一般可占日粮的 2％～5％。

2. 肉粉与肉骨粉　是屠宰场的加工副产品。经高温、高压、消毒、脱脂的肉骨粉含有 50％以上的优质蛋白质，且富含钙磷等矿物质及多种维生素，因此是肉鹅很好的蛋白质和矿物质补充饲料，用量可占日粮的 5％～10％。我国规定肉粉中含骨量超过 10％则为肉骨粉。

3. 血粉　是屠宰场的另一种下脚料。蛋白质含量很高，为 80％～82％，但血粉加工所需的高温易使蛋白质的消化率降低，赖氨酸受到破坏。且血粉有特殊的臭味，适口性差，用量不宜过多，在有条件的地方可使用喷雾血粉或发酵血粉，一般在鹅日粮中可占 2％～5％。

4. 蚕蛹粉　是缫丝过程中剩下的蚕蛹经晒干或烘干加工制成的，蛋白质含量高，可达 50％以上，含有鹅所必需的各种氨基酸，特别是赖氨酸和蛋氨酸含量较高，是十分理想的蛋白质原料之一，用量可占日粮的 4％～8％。蚕蛹粉容易酸败变质，影响肉蛋品质，需特别注意保存。

（三）单细胞蛋白质饲料

单细胞生物产生的细胞蛋白质称为单细胞蛋白质。由单细胞生物个体组成的蛋白质含量较高的饲料，称为单细胞蛋白质饲料。这类饲料包括酵母、非病原菌、原生动物及藻类。而生产实践中应用最广泛的是饲料酵母，是将酵母繁殖在适当的工农业副产品上（如味精厂、啤酒厂等的废液）而制成的一种饲料。其粗蛋白质含量高达 50％～70％，且利用率高；氨基酸总和达 51.4％（豆粕 50.2％），赖氨酸、蛋氨酸和色氨酸 3 种主要限制性氨基酸含量均高于豆粉，适合与饼粕类饲料配伍，但蛋氨酸、胱氨酸含量低，故使用时注意添加 DL-蛋氨酸；酵母蛋白粉能提高饲料的适口性及营养价值，对雏鹅生长和种鹅产蛋均有较好的作用。

三、矿物质饲料

矿物质饲料是补充动物矿物质需要的饲料，是鹅生长发育、机体新陈代谢所必需的。它包括天然单一的和多种混合的矿物质饲料，以及某些微量或常量元素的补充料。青绿饲料、能量饲料、蛋白质饲料中虽均含有矿物质，但含量远不能满足鹅生长和产蛋的需要，因此在鹅日粮中常常需要专门加入矿物质饲料。

（一）常量元素矿物质饲料

1. 钙源饲料

（1）石粉　由天然石灰石粉碎而成，主要成分为碳酸钙，白色或灰色，无味，不吸湿。钙含量为 35%～38%。石粉中的铅、汞、砷、氟的含量不超过安全系数，均可用作饲料。鹅的石粉用量控制在 2%～7%。过高易影响有机养分的消化率，使泌尿系统发生炎症和形成结石。

（2）贝壳粉　贝壳粉为各种贝类外壳经加工粉碎而成的粉状或粒状产品。含有约 94% 的碳酸钙（38% 的钙），呈白色粉状或片状。鹅对贝壳粉的吸收率尚可，特别是下午喂颗粒状贝壳，有助于形成质量良好的蛋壳。其用量可占日粮的 2%～7%。

（3）蛋壳粉　蛋壳粉为禽蛋加工厂的副产品，经清洗、干燥灭菌、粉碎过筛即成。碳酸钙含量约为 94%（钙含量为 34%），粗蛋白质含量为 7%，磷含量为 0.09%。用蛋壳制粉喂鹅时要注意消毒，以免感染传染病。

（4）石膏　石膏为二水硫酸钙，是天然石膏粉碎后的产品，也有化学工业产品。石膏钙含量约为 22%，硫含量为 16%～17%，又为硫的良好来源，生物利用率高。有预防啄羽、啄肛的作用。其用量一般占日粮的 1%～2%。

（5）砂粒　砂粒本身并没有营养作用，但补充砂粒有助于鹅的肌胃磨碎饲料，提高消化率。放牧鹅群随时可以吃到砂粒，而舍饲鹅则应加以补充。舍饲鹅如长期缺乏砂粒，就容易造成积食或消化不良，采食量减少，影响生长和产蛋。因此，应定期在饲料中适当拌入一些砂粒，或者在鹅舍内放置砂粒盆，让鹅自由采食。一般日粮中可添加 0.5%～1%，粒度似绿豆大小为宜。

2. 磷源饲料

（1）骨粉 以家畜的骨骼为原料，经蒸汽高压蒸煮、脱脂、脱胶后干燥、粉碎过筛制成。一般为黄褐色或灰褐色。其基本成分为磷酸钙，钙含量约为 26%，磷含量约为 13%，钙磷比为 2:1，是钙磷较平衡的矿物质饲料。还含有蛋白质 12%。其品质因骨源与加工方法不同而差异较大，如经 40.5 kPa 蒸制处理脱胶，骨髓和脂肪基本去除，则无异味，并呈白色粉末状。生骨粉易酸败变质，并有传播疾病的危险。用量可占日粮的 1%～2%。

（2）磷酸钙盐 由磷矿石制成或由化工生产的产品。常用的有磷酸二钙（磷酸氢钙），还有磷酸一钙（磷酸二氢钙）。它们的溶解性要高于磷酸三钙，鹅对其中的钙磷的吸收利用率也较高。磷酸钙盐中含氟量高，使用前应做脱氟处理，使氟含量不超过 0.2%，以免引起鹅中毒死亡。磷酸氢钙或磷酸钙在日粮中可占 1%～2%。

3. 食盐 食盐是鹅必需的矿物质饲料，能同时补充钠和氯，其化学成分为氯化钠，其中钠含量为 39%，氯含量为 60%，另有少量钙、镁、硫等。食盐具有促进食欲，保持细胞正常渗透压，维持健康的作用。但鹅对食盐的耐受量较低，一般用量占日粮的 0.3%左右，最高不得超过 0.5%。

（二）微量元素矿物质饲料

1. 含铁饲料 最常用的是硫酸亚铁、氯化铁、氯化亚铁、DL - 苏氨酸铁等。硫酸亚铁有七水硫酸亚铁和一水硫酸亚铁。硫酸亚铁具有较高的生物学效价，并且价格便宜，为当前饲料工业使用的主要铁源。七水硫酸亚铁因易吸湿潮解，不易粉碎，久储会结块，与其他矿物质混合制成预混料也可结块，故先烘干成一水硫酸亚铁，再行粉碎备用。

2. 含铜饲料 常用的是硫酸铜。此外，还有碳酸铜、氯化铜、氧化铜等。硫酸铜具有较高的生物学效价，用于饲料还具有类似抗生素的作用。但使用量过高易导致中毒，以一个结晶水硫酸铜为好。硫酸铜长期储存会结块，且促进不稳定脂肪的氧化而酸败，而且能破坏维生素，配料时应重视。

3. 含锰饲料 常采用硫酸锰、碳酸锰、氧化锰、氯化锰及氨基酸螯合锰等，最常用的是硫酸锰，其锰含量达 27% 以上，生物学效价高。氧化锰纯度不一，锰含量为 55%～75%。一般饲料级的锰含量多在 60% 以下。氧化锰因市场价格便宜，尽管其生物学效价不如硫酸锰，但使用量大。

4. 含锌饲料　常用的有硫酸锌、氧化锌、碳酸锌、葡萄糖酸锌、蛋氨酸锌等。考虑生产成本与生产效果，目前多用前3种，氧化锌含锌量为70%～80%，比硫酸锌的含锌量高1倍以上，且价格低廉，但生物学效价较低，因此鹅生产中最常用的还是氧化锌。

5. 含碘饲料　比较安全且常用的含碘化合物有碘化钾、碘化钠、碘酸钠、碘酸钾和碘酸钙。我国使用碘化钾较多，但其稳定性差，故应按预混料和配合饲料使用周期长短，适当增加用量（一般为需要量的1.5倍）。

6. 含硒饲料　常用硒酸钠和亚硒酸钠作为硒源，尤以亚硒酸钠生物学效价高。由于硒是有毒物质，其添加量应严格控制，一般添加量多为0.1 mg/kg，缺硒地区可适当增加。亚硒酸钠混合后需标明含量、说明注意事项。配料时要特别注意其用量及混合均匀度，如饲料中超过3 mg/kg就可能中毒。

7. 有机微量元素氨基酸螯合物　有机微量元素氨基酸螯合物是近年来在国内外发展较快的新型微量元素饲料添加剂。它是动物生长所必需的微量元素金属离子与氨基酸反应生成的具有环状结构的螯合物。可作为中心离子的微量元素有铜、铁、锌、锰、铬等，使用的配位体有蛋氨酸、赖氨酸、甘氨酸等。有机微量元素氨基酸螯合物的一般合成制备是先将蛋白质原料用酸水解，再用碱中和残酸，然后用无机盐进行螯合，最后经浓缩、干燥、粉碎即成产品。有机微量元素氨基酸螯合物具有改善金属离子在体内的吸收和利用、防止微量元素形成不溶性物质、改善机体免疫功能的作用，对提高鹅生产性能和抗应激能力等具有重要作用，是一种新型的、高效的饲料添加剂。与无机盐添加剂相比，不仅有很好的化学稳定性，而且能提高微量元素的生物利用率，具有易消化吸收、增重明显等特点，是理想的新型高效微量元素饲料添加剂。

四、饲料添加剂

饲料添加剂指的是除了满足鹅对主要养分（能量、蛋白质、矿物质）的需要之外，还必须在日粮中添加的其他多种营养性和非营养性成分，如氨基酸、维生素、促进生长剂、饲料保存剂等。按照目前的分类方法，饲料添加剂分为营养性添加剂、非营养性添加剂和绿色饲料添加剂三大类。

（一）营养性添加剂

1. 氨基酸添加剂　目前，用于饲料添加剂的氨基酸有赖氨酸、蛋氨酸、色氨酸、苏氨酸、精氨酸、甘氨酸、丙氨酸和谷氨酸，共 8 种，其中在鹅日粮中常添加的为赖氨酸和蛋氨酸。赖氨酸是限制性氨基酸之一，饲料中缺乏赖氨酸会导致鹅的食欲减退，体重下降，生长停滞，产蛋率降低。蛋氨酸也是限制性氨基酸，适量添加可提高产蛋率，降低饲料消耗，提高饲料转化率，尤其是在饲料中蛋白质含量较低的条件下，效果更明显。氨基酸及其类似物的种类有以下几种：

（1）蛋氨酸添加剂　蛋氨酸是有旋光性的化合物，分为 D 型和 L 型。在鹅体内，L 型易被肠壁吸收。D 型要经酶转化成 L 型后才能参与蛋白质的合成。工业合成的产品是 L 型和 D 型混合的外消旋化合物，是白色片状或粉末状晶体，具有微弱的含硫化合物的特殊气味，易溶于水，纯度为 98%。在雏鹅和产蛋鹅日粮中较易缺乏，应给予添加。

（2）羟基蛋氨酸　羟基蛋氨酸是深褐色黏液，含水量约为 12%。有硫化物特殊气味。它是以单体、二聚体和三聚体组成的平衡混合物，其含量分别为 65%、20% 和 3%。主要通过羟基和羟基间酶化作用而聚合。这些多聚体能在鹅肠道水解成单体。羟基蛋氨酸是液态，在使用时喷入饲料后混合均匀。

（3）羟基蛋氨酸钙　羟基蛋氨酸钙盐由液体的羟基蛋氨酸与氢氧化钙或氧化钙中和，经干燥、粉碎和分筛后制得。这种产品相对于羟基蛋氨酸储运更方便。

（4）赖氨酸盐　常用的是 L-赖氨酸盐，是白色结晶性粉末，易溶于水。L-赖氨酸盐的纯度为 98%。通常在基础日粮中的有效赖氨酸只有计算值的 80% 左右。因此，在鹅日粮中添加赖氨酸时应注意相互间的效价换算。在赖氨酸的营养上存在与精氨酸之间的颉颃作用。肉用仔鹅的饲料中常添加赖氨酸以使之有较高的含量，这易造成精氨酸的利用率降低，故要同时补足精氨酸。

（5）色氨酸　工业生产的色氨酸是白色或类白色结晶。色氨酸是鹅营养必需的氨基酸，对机体的大脑神经传递物质（5-羟色胺）的合成、维生素 B_5 的合成和繁殖系统功能的维持均有很重要的作用。

2. 维生素添加剂　国际饲料分类把维生素饲料划分为第七大类，指由工业合成或提纯的维生素制剂，不包括天然的青绿饲料，习惯上称为维生素添加剂，在国外已列入饲料添加剂的维生素约有 15 种。维生素制剂种类很多，同一制剂其组成及物理特性也不一样，维生素有效含量也就不一样。因此，在配制维生素预混料时，应了解所用维生素制剂的规格。

在放牧条件下，青绿、多汁饲料能满足鹅对维生素的需要。舍饲时则必须补充维生素，其方法是补充维生素饲料添加剂，或饲喂富含维生素的饲料。如不使用专门的维生素饲料添加剂，则青绿饲料、块根块茎类饲料和干草粉可作为主要的维生素来源。青嫩时期刈割的牧草、曲麻菜和树叶等维生素的含量也很丰富，用量可占精料的 30%～50%。某些干草粉、松针粉、槐树叶粉等也可作为鹅的良好的维生素饲料。水草喂量可占精料的 50% 以上，适于喂青年鹅和种鹅，以去根、打浆后的水葫芦饲喂效果较好。水花生、水浮莲也可喂鹅。青贮饲料则可于每年秋季大量贮制，适口性好，为冬季良好的维生素饲料。

鹅的维生素需要量在饲养标准中规定的"最低需要量"，是指能防止维生素缺乏症所需的日粮含量。鹅对维生素的需要量受多种因素的影响，环境条件、饲料加工工艺、储存时间、饲料组成、生产水平与健康状况等因素都会增大维生素的需要量。因此，维生素的实际添加量远高于饲养标准中列出的最低需要量。

(二) 非营养性添加剂

1. 饲料保存剂

（1）抗氧化剂　饲料中养分因氧化而失效造成饲料品质降低，饲料营养价值下降，甚至影响鹅对饲料的采食量。在饲料中添加抗氧化剂可阻止或减少养分的氧化。抗氧化剂是一类自身易氧化的化合物。我国批准在饲料中使用的有二叔丁基羟基甲苯（BHT）、丁基羟基茴香醚（BHA）与乙氧基喹啉（EMQ）。此外，还有天然抗氧化剂，如维生素 E、维生素 C、没食子酸-异戊酯等。

① BHT。外观为白色结晶或结晶粉末，无味，无臭。在肉鹅体内残留量少，停留两昼夜排出 90% 以上。我国规定 BHT 作饲料添加剂，最大用量为每吨饲料 150 g。

② BHA。为白色或微黄色蜡样结晶性粉末，带有特殊的酚类的臭气及刺激性味。BHA 具有抗氧化作用和抗菌作用。2×10^{-4} g/kg 的 BHA 可抑制饲

料青霉、黑霉孢子的生长，2.5×10^{-4} g/kg 可抑制黄曲霉的生长及黄曲霉毒素的产生。在饲料中添加量为每吨饲料 150 g。由于 BHA 价格高，目前主要用在食品添加剂中。

③ EQM。是一种黏滞的、呈橘黄色至褐色的液体。它能保护维生素 A、维生素 D、鱼肝油、各类脂肪、肉粉、鱼粉、骨粉、胡萝卜素等饲料中易氧化的成分，防止其变质。其抗氧化能力比 BHT 和 BHA 高得多。用量一般为 $60 \sim 120$ mg/kg。

(2) 防霉剂　作为饲料防霉剂必须既有抑制真菌作用，又对鹅无毒，所以联合国粮食及农业组织/世界卫生组织（FAO/WHO）只允许有限的药物种类作为食品及饲料的防霉剂。

① 有机酸。如丙酸、山梨酸、苯甲酸、乙酸、脱氢乙酸和富马酸等。它们主要以未电离分子的形式破坏微生物细胞及细胞膜或细胞内的酶，使酶蛋白失活而不能参与催化。其中，丙酸应用最广，因为它抑菌效果好、价格低廉，但因其具有腐蚀性和刺激性，其应用受到一定局限。

② 有机酸盐和酯。如丙酸钙、山梨酸钠、苯甲酸钠、富马酸二甲酯等，它们的腐蚀性小，使用安全，尤以其中的丙酸钙被广泛应用。它们的防霉效果比相应的有机酸差。

③ 复合防霉剂。它们是由一种或多种有机酸与某种载体结合而成，既保持甚至增进了有机酸原有的抑霉菌功能，又免除或降低了有机酸的腐蚀性与刺激性。建议用量：苯甲酸及其硝盐，0.1%；山梨酸及其盐类，0.15%；丙酸及丙酸钙，0.15%。

2. 调味诱食剂和着色剂

(1) 调味诱食剂　又称食欲增进剂。可改善饲料的口味，增进鹅的食欲，提高鹅的采食量，增强消化器官的功能，促进消化液的分泌，从而提高饲料转化率，提高饲料的经济效益。鹅在炎热季节时食欲不振，或使用口味不好的药物时，在饲料中添加调味诱食剂后就可得到改善。调味诱食剂主要有香草醛、肉桂醛、丁香醛、果醛等，常与甜味剂（糖精、糖蜜）和香味剂（乳酸乙酯、乳酸丁酯）等一起合用，效果较好。

(2) 着色剂　为了提高鹅产品的美观性和商品价值，使其更受消费者欢迎，有些饲料中添加着色剂。如蛋鹅和肉鹅饲料中加入黄、红色着色剂后，可使蛋黄及鹅皮颜色加深。天然植物中含有较多的胡萝卜素和叶黄素等成分，如苜苜叶粉（含叶黄素 400～500 mg/kg）、玉米面筋粉（含叶黄素 90～185 mg/kg）、干红辣椒（含叶黄素 185 mg/kg）等。合成类着色剂主要是胡萝卜素衍生物，如 β-胡萝卜素、柠檬黄、胭脂红、栀子黄色素等。

（三）绿色饲料添加剂

1. 益生素　又称益生菌或微生态制剂等。是指由许多有益微生物及其代谢产物构成的，可以直接饲喂动物的活菌制剂。在鹅养殖中的作用主要是提高生长速度和防治疾病，减少死亡。目前，已确认适宜做益生素的菌种主要有乳酸杆菌、链球菌、枯草芽孢杆菌、双歧杆菌以及酵母菌等。在养鹅生产上使用的益生素多为复合菌种。

2. 酶制剂　酶是活细胞所产生的一类具有特殊催化能力的蛋白质，是促进生化反应的高效物质。酶制剂是一种以酶为主要功能因子的饲料添加剂。根据饲用酶制剂中所含酶种类的多少可分为饲用单一酶制剂（只含一种酶）和饲用复合酶制剂（含有多种功效酶）等，常用的是复合酶制剂。

3. 寡糖类（oligosaccharides）　又称寡糖、低聚糖，是相对于单糖和多糖而言的，是指少量的单糖通过几种糖苷键连接而成的糖类。寡糖的基本功能有二：一是促进鹅的后肠有益菌的增殖，提高鹅的健康水平，起微生态调节剂功能；二是通过促进有害菌的排泄、免疫佐剂和激活鹅的特异性免疫等途径，增强其整体免疫力，防止疾病发生，起免疫增强剂功能。

4. 生物活性肽（biological active peptide）　近几年，许多具有生物活性的肽类从各种动植物和微生物中被分离出来，这些肽类可以是小到只有 2 个氨基酸的二肽，也可以是复杂的长链或环状多肽，且多半是经过糖苷化、磷酸化衍生的。它们具有调节免疫、抗菌、抗病毒及调节风味、增进食欲等功能，可替代部分抗生素，促进机体生长。生物活性肽是比合成氨基酸更好的低蛋白质饲料补充剂。

5. 糖萜素（saccharicterpenin）　它是由糖类、苷和有机酸组成的天然活性物质，是以山茶科植物中糖类和三萜皂苷类为主体研制而成的生物活性物质，化学性质稳定，水溶性强，耐高温。具有提高机体免疫功能和抗病促生长作用。

6. 酸化剂（acidifier）　酸化剂可补充胃酸不足，改善饲料消化率，阻止和降低病原微生物的侵入及繁殖，防止雏鹅腹泻，改进生产性能，降低死亡率。目前，生产上常用的是复合有机酸，含有柠檬酸、延胡索酸等。

第三节　常用饲料营养价值评定

目前，我国肉鹅规模化生产饲料营养研究领域中还缺乏鹅谷物饲料、饼粕类饲料、动物蛋白质饲料、油脂类饲料、牧草、农副产品等营养价值评定参数和高效利用综合技术。家禽饲料营养评定领域中，鸡代谢能和常规营养成分利用率的评定方法已经成熟，在鸭上也有了一定研究，而鹅的研究却很少。因此，建立一套快速简便的饲料营养生物学评定方法和鹅饲料营养价值数据库，对完善我国饲料科学配制技术具有重要作用。另外，我国是一个严重缺粮的国家，按照饲料营养价值表配制饲料可以降低粮食消耗量，大大降低企业生产成本，具有重要的社会和经济意义。

一、常用植物性饲料营养价值评定

为了探索鹅常用植物性饲料的营养价值和不同方法、不同品种对其真代谢能、常规养分利用率的差异，张乐乐（2011）对鹅饲料营养价值评定方法进行以下研究，并取得了一定成果。

1. 饼粕类饲料营养评价结果

（1）评定蛋白质含量较低的饼粕类饲料营养价值，采用强饲并添加玉米淀粉、维生素、微量元素的方法较好。

（2）评定蛋白质含量较高的饼粕类饲料营养价值，采用强饲并添加玉米淀粉、维生素、微量元素的方法较好。

（3）鹅对饼粕类饲料营养利用率，花生粕最高，其次是豆粕，棉籽粕、菜籽粕较低。

（4）大型鹅种对玉米胚芽粕、DDGS、棕榈粕、豆粕、芝麻粕、高粱粕、棉籽粕、菜籽粕、花生粕中真代谢能（TME），粗蛋白质（CP）、粗脂肪（EE）、氨基酸（AA）的利用率高于豁眼鹅；而豁眼鹅对 NDF、ADF、粗纤维（CF）的利用率高于大型鹅。该研究表明，不同品种鹅对饼粕类饲料的利用率具有一定差异性。

2. 谷实类饲料营养评价结果

（1）评定谷实类饲料营养价值，采用定量采食并添加维生素、微量元素的方法较好。

（2）鹅对谷实类饲料的营养利用率，玉米最高，高粱、水稻较低。

（3）大型鹅种对小麦、玉米、高粱、大麦、燕麦、水稻的 TME，CP、EE、AA 的利用率高于豁眼鹅，而豁眼鹅对 NDF、ADF、CF、Ca、P 的利用率高于大型鹅。该研究表明，不同品种鹅对谷实类饲料的利用率具有一定差异性。

3. 干草类饲料营养评价结果

（1）评定干草类饲料营养价值，采用强饲并添加维生素、微量元素的方法较好，采用强饲并添加玉米淀粉的方法会降低其测定值。

（2）鹅对苜蓿、籽粒苋、皇竹草、花生蔓中钙磷的利用率，4 个处理组间差异无规律性。

（3）鹅对干草类饲料营养利用率，苜蓿最高，其次为皇竹草、籽粒苋，花生蔓最低。

（4）大型鹅种对花生蔓、苜蓿、皇竹草、籽粒苋的 TME，AA、EE 的利用率高于豁眼鹅，而豁眼鹅对 CP、NDF、ADF、CF 的利用率高于大型鹅。该研究表明，评定干草类饲料营养价值，品种之间具有一定差异。

4. 糠麸类饲料营养评价结果

（1）评定米糠和小麦麸的营养价值，采用强饲并添加维生素、微量元素的方法较好。

（2）大型鹅对米糠、小麦麸 TME，CP、EE、AA 的利用率高于豁眼鹅；而豁眼鹅对 CF 的利用率，高于大型鹅。该研究表明，评定米糠和小麦麸的营养价值，存在着品种差异。

研究表明，鹅对常用植物性饲料 TME，AA、CF 利用率与鸡、鸭存在一定差异性；鹅不同品种间营养物质利用率也不同。评定鹅常用植物性饲料营养价值时，采用添加维生素、微量元素的方法数据稳定性较好；评定蛋白质含量较高的饼粕类饲料营养价值，采用添加玉米淀粉方法更为适宜。

二、动物蛋白质饲料和油脂的营养价值评定

为了探索鹅饲用动物蛋白质饲料和油脂的营养价值以及不同方法、不同品种对饲料原料的真代谢能、常规养分利用率的差异，青岛农业大学优质水禽研究所王晓晓等（2012）对动物蛋白饲料和油脂的研究取得了以下研究成果。

1. 差量法评定动物蛋白类饲料营养价值

（1）在评定鱼粉、肉骨粉、血粉、羽毛粉、蚕蛹粉的营养价值时，添加淀粉的比例分别为：70%、75%、80%、80%、75%时的 TME 和营养成分利用率最高。该研究表明，在评定动物蛋白质饲料时，不能采用直接法进行饲喂，需要添加一定比例的淀粉。

（2）豁眼鹅和大型鹅两个品种间比较表明，5 种动物蛋白质的 TME，CP、EE、AA 的利用率，大型鹅高于豁眼鹅；NDF、ADF、CF 利用率，豁眼鹅高于大型鹅；血粉、羽毛粉、蚕蛹粉的钙磷利用率大型鹅高于豁眼鹅。

2. 不同方法评定动物蛋白质类饲料营养价值

（1）在对鱼粉、肉骨粉、血粉、羽毛粉、蚕蛹粉进行营养评定时，添加淀粉强饲并添加维生素、微量元素对测定数据的稳定性具有一定作用。

（2）鹅的鱼粉 TME 和营养成分利用率最高，其次是蚕蛹粉，血粉、羽毛粉较低。这可能与饲料本身的性质有关。

（3）两个品种之间比较表明，5 种动物蛋白质类原料中 TME，CP、EE、AA、钙磷的利用率，大型鹅高于豁眼鹅；NDF、ADF、CF 的利用率，豁眼鹅高于大型鹅。

3. 套算法评定油脂营养价值

（1）在对油脂代谢能值进行营养评定时，采用定量饲喂并添加维生素、微量元素对测定数据的稳定性具有一定作用。

（2）鹅的玉米油的 TME 最高，其次是大豆油、猪油，棕榈油较低。

（3）品种之间比较表明，大豆油、玉米油、花生油、菜籽油、棕榈油、棉籽油、鸭油、猪油 8 种油脂类饲料中 TME，CP、EE、AA、钙磷的利用率，大型鹅高于豁眼鹅；NDF、ADF、CF 的利用率，豁眼鹅高于大型鹅。

研究表明，评定鹅的动物蛋白质饲料营养价值时，采用强饲的方法并添加淀粉、微量元素和维生素方法测定的 TME 值稳定性较好，营养成分利用率最高。评定鹅油脂营养价值时，采用定量饲喂油脂日粮并添加维生素、微量元素的套算法测定的 TME 值稳定性较好，营养成分利用率最高。不同品种鹅的动物蛋白质饲料和油脂 TME 值及营养物质利用率存在着差异。

三、鹅常用饲料成分及营养价值表

青岛农业大学优质水禽研究所研究团队利用改良的差量法、套算法等动物代谢试验方法，优化确定了适合鹅不同种类型饲料营养的代谢方法，系统评定了鹅常用植物性、动物性、油脂性饲料和非常规饲料的营养价值，并比较了不同品种对其真代谢能、常规养分利用率的差异性。首次开展了饼粕类、谷实类、干草类、糠麸类、动物蛋白质类和油脂类鹅常用饲料营养价值评定方法研究，优化确定了5种类型鹅常用饲料的评定方法，为水禽饲料营养价值的评定奠定了良好基础。首次系统评定了39种鹅常用植物性、动物蛋白质和油脂饲料原料；首次建立了鹅常用饲料营养价值评定方法，制定了"鹅饲料营养价值评定规范"和"鹅常用饲料成分及营养价值表"，完成了我国鹅常用饲料营养数据库建设，为我国饲料产业科学制作配方提供了重要依据。另外，对鹅不同品种的真代谢能、常规养分利用率的差异性进行了系统研究，确定了鹅在TME、AA、CF营养利用率方面与鸡、鸭存在着种间差异性。开展了非常规饲料配方利用技术研究，优化了5套肉鹅低成本饲料配方，为我国鹅的饲料科学利用奠定了坚实基础。

第四节 肉鹅营养需要量研究

针对我国肉鹅饲养标准缺乏的关键问题，青岛农业大学优质水禽研究所从1998年就开展了肉鹅营养需要量研究工作。系统研究了营养素对肉鹅生长性能、屠宰性能、营养利用率、肉品质、骨骼发育、激素分泌、生化代谢、肠道微生物菌群、肠道组织结构和功能等方面的影响；研究提出了不同生长阶段肉鹅代谢能、蛋白质、赖氨酸、蛋氨酸、钙、磷、维生素、微量元素和亚油酸等营养素需要量参数；利用分子生物学方法，研究了营养对脂肪代谢、蛋白质合成等17个相关基因的调控关系。取得以下成果：

一、维生素需要量

1. 脂溶性维生素需要量

（1）孙淑洁等（2012）研究表明，在常规饲料条件下，适宜维生素A水平显著提高肉鹅生长性能、饲料养分利用率和屠宰性能，增强机体免疫性能；显著提高抗氧化能力，改善血液生化指标。肝维生素A含量与日粮维生素A水平呈正相关。建议肉鹅饲料中维生素A添加量，1~4周龄为7 000 IU/kg，5周龄至上市为6 000 IU/kg。

（2）王迪等 2013 年研究表明，适宜维生素 D$_3$ 水平显著提高肉鹅的平均日采食量、平均日增重、体重、屠宰率；显著提高钙磷利用率、胫骨的密度和胫骨。显著提高血钙、血磷、血清碱性磷酸酶、维生素 D、总蛋白含量；显著降低血清甲状旁腺激素含量；适宜的维生素 D$_3$ 水平能够改善肉色。建议肉鹅饲料中维生素 D$_3$ 添加量，1～4 周龄为 470 IU/kg，5 周龄至上市为 550 IU/kg。

（3）周小乔等（2012）研究表明，适宜维生素 E 水平显著提高肉鹅日增重、日采食量；显著提高半净膛率和胸肌率；显著增加鹅胸肌硬度和系水力，改善肌肉品质，增强肌肉保水能力；显著提高血清新城疫抗体效价和外周血 T 淋巴细胞转化率，促进胸腺、法氏囊发育，刺激淋巴细胞增殖，增强机体免疫和抗氧化能力；能够提高母鹅的血清中雌二醇含量和公鹅血清中睾酮含量，降低鹅血清中促卵泡素的含量。建议肉鹅饲料中维生素 E 添加量，1～4 周龄为 45 IU/kg，5 周龄至上市为 40 IU/kg。

（4）吕梅等（2016）研究表明，维生素 K$_3$ 能显著或极显著提高日增重、屠宰率、半净膛率、全净膛率和腿肌率，显著提高钙的表观利用率，显著提高干物质、粗蛋白质、粗脂肪、中性洗涤纤维、酸性洗涤纤维和磷的表观利用率，显著增强凝血酶活性，改善凝血功能。建议肉鹅饲料中维生素 K$_3$ 添加量，1～4 周龄为 4 mg/kg，5 周龄至上市为 8 mg/kg。

2. 水溶性维生素需要量

（1）王姣（2013）研究表明，适宜维生素 B$_1$ 水平显著提高肉鹅日增重、日采食量，降低料重比；显著提高胸肌率和腿肌率，降低腹脂率；显著提高饲料养分利用率。影响血清乙酰胆碱酯酶活力，从而调节神经系统活动。显著提高胃蛋白酶、胰蛋白酶活力，促进肠道发育，增强空肠绒毛吸收能力，增加盲肠微生物有益菌群的数量，降低有害菌群的数量。影响胸腺指数和法氏囊指数。建议肉鹅饲料中维生素 B$_1$ 添加量：1～4 周龄为 6 mg/kg，5 周龄至上市为 5 mg/kg。

（2）王鑫等（2014）研究表明，适宜维生素 B$_2$ 水平显著提高肉鹅日增重、屠宰率、胸肌率、腿肌率，降低料重比和腹脂率，改善胴体品质；显著提高血清中生长激素、游离三碘甲腺原氨酸、游离甲状腺素、胰岛素含量；降低总胆固醇、甘油三酯和高密度脂蛋白胆固醇，促进脂肪代谢；显著提高回肠绒毛高度和绒腺比，降低隐窝深度；显著提高机体免疫力和抗氧化能力。建议肉鹅饲料中维生素 B$_2$ 添加量，1～4 周龄为 8.5 mg/kg，5 周龄至上市为 5.5 mg/kg。

（3）王超等（2014）研究表明，适宜维生素 B$_6$ 水平显著提高鹅体重、日增重和平均日采食量；显著提高屠宰率，降低腹脂率；显著提高饲料养分利用率，提高肉鹅蛋白质代谢水平；显著提高胃蛋白酶、肠道和胰蛋白酶活力；显著增加小肠绒毛高度和绒腺比；增强机体免疫力。适宜维生素 B_6 水平显著提高肉鹅体重、日增重，降低料重比和腹脂率；显著提高肉鹅肉品质和营养物质利用率，降低粪氮排泄量；显著降低胆固醇、甘油三酯含量，显著提高高密度脂蛋白胆固醇 HDL - C 含量；显著提高机体抗氧化能力。甘油三酯脂肪酶（ATGL）和长链脂肪酸辅酶链接酶 1（ACSL1）基因在鹅的不同组织中表达具有明显差异，该基因表达对鹅机体生长速度、屠宰性能和脂类代谢呈同步反向调控机制。建议肉鹅饲料中维生素 B_6 添加量，1～4 周龄为 6 mg/kg，5 周龄至上市为 5.0 mg/kg。

（4）龙建华等（2018）研究表明，不同维生素 B_{12} 水平饲料能够显著提高鹅生产性能、屠宰率及肉品质；能够显著提高鹅体内总蛋白、甘油三酯和碱性磷酸酯酶的含量，提高鹅机体超氧化物歧化酶与谷胱甘肽过氧化物酶活性，降低丙二醛含量，提高鹅的抗氧化能力；显著提高饲料养分利用率，降低粪便氮含量；对鹅空肠绒毛高度和隐窝深度有极显著影响；能够改变鹅盲肠优势菌群纲、科、属水平丰度；能够提高鹅肝中胆汁酸结合蛋白（L - BABP）基因的表达量。从生产性能考虑，建议鹅饲料中维生素 B_{12} 添加量，1～4 周龄为 $10.8～10.9\ \mu g/kg$；5～15 周龄为 $12.6～13.4\ \mu g/kg$。

（5）孟苓凤等（2013）研究表明，适宜叶酸水平显著提高鹅体重、平均日增重和料重比，降低死淘率；显著提高胸肌率和腿肌率，降低腹脂率；显著提高饲料养分利用率和免疫抗氧化能力。对于血液中糖类、脂肪和蛋白质代谢及叶酸酶代谢具有重要的调控作用。建议肉鹅饲料中叶酸添加量，1～4 周龄为 3 mg/kg，5 周龄至上市为 2.5 mg/kg。

（6）段晨磊等（2014）研究表明，适宜烟酸水平显著提高日增重、降低料重比；提高屠宰率、全净膛率、半净膛率；提高饲料养分表观利用率；提高抗氧化酶活性，增强免疫抗氧化能力；改善血清葡萄糖、总蛋白、尿素氮指标；对胫长发育有显著促进作用；显著降低皮脂厚，增加肌内脂肪和肌间脂带宽，极显著降低腹脂率；显著降低胸肌亮度、剪切力，显著提高胸肌 pH；显著提高肝脂蛋白脂肪酶（LPL）基因 mRNA 表达量。建议肉鹅饲料中烟酸添加量，1～4 周龄为 60 mg/kg，5 周龄至上市为 40 mg/kg。

（7）张文旭等（2013）研究表明，适宜胆碱水平显著提高肉鹅生长性能、屠宰性能及饲料养分利用率；显著提高肉鹅免疫性能；有效减少肝脂肪沉积，有效改善肝和血液生化及激素指标，影响肝脂肪酸合成酶（FAS）基因表达量。建议肉鹅饲料中胆碱添加量，1～4周龄为 1 300 mg/kg，5周龄至上市为 1 200 mg/kg。

（8）张肖等（2015）研究表明，饲料中添加适量泛酸能提高肉鹅生长性能、屠宰性能及肉品质；显著提高鹅抗氧化性能，能够促进鹅脂肪代谢；显著提高鹅对 CP、EE、Ca、P、N 的利用率，显著降低粪氮排泄量，泛酸可调控鹅肝中长链脂酰 COA 合成酶（ACSL5）基因表达量。建议肉鹅饲料中泛酸添加量，1～4周龄为 15 mg/kg，5周龄至上市为 10 mg/kg。

二、微量元素需要量

（1）徐晨晨等（2014）研究表明，饲料中适宜铜水平显著提高鹅生产性能、屠宰性能和铜的组织沉积量；可以调节体内脂类代谢、提高血清中激素水平和蛋白质代谢能力、提高营养物质利用率、增强机体免疫抗氧化能力；可调控 TGF-β2mRNA 的表达，$TGF-\beta2$ 基因的相对表达与铜的添加量、脂类代谢、免疫功能以及抗氧化能力密切相关。建议肉鹅饲料中铜添加量，1～4周龄为18 mg/kg，5周龄至上市为 15 mg/kg。

（2）张雪君等（2014）研究表明，饲料中适宜锰水平显著提高鹅屠宰性能，降低腹脂率，能够调整机体组织构成，改善产品品质；极显著提高各组织器官中锰的沉积量；显著提高饲料养分利用率；对机体脂类代谢有显著影响；显著提高胫骨强度、骨强度、胫骨重和总抗氧化能力；能够影响含锰超氧化物歧化酶基因表达量，并与代谢酶活性有着密切关系。建议肉鹅饲料中锰添加量1～4周龄为90 mg/kg，5周龄至上市为 80 mg/kg。

（3）陈苗璐等（2013）研究表明，饲料中适宜锌水平显著改善鹅的生产性能、屠宰性能、养分利用率、组织沉积量；显著提高血液激素水平；增强机体内抗氧化酶的活性，提高鹅的抗氧化能力。饲料中锌能够干预肝 MT-ImRNA 表达量，从而调节机体抗氧化能力。建议肉鹅饲料中锌添加量，1～4周龄为 85 mg/kg，5周龄至上市为 80 mg/kg。

（4）马传兴等（2015）研究表明，饲料中适宜铁添加水平，显著提高肉鹅体重和日增重，降低料重比；显著提高屠宰率；对鹅肉色度有明显影响；显著提高肉鹅的造血功能和鹅抗氧化能力。铁添加水平过高，生产性能下降。建议

1～4 周龄和 5～16 周龄饲料中铁添加量分别为 70 mg/kg 和 60 mg/kg。

（5）李星晨等（2016）研究表明，饲料中适宜碘水平能显著提高鹅体重、日增重，降低料重比；显著提高屠宰率、半净膛率、全净膛率、胸肌率和腿肌率；显著提高饲料养分利用率；显著提高血清三碘甲状原氨酸（T_3）、甲状腺素（T_4）、促甲状腺激素（TSH）的含量；碘对甲状腺质量和组织形态有显著影响。建议肉鹅饲料中碘添加量，1～4 周龄为 0.4 mg/kg，5 周龄至上市为 0.3 mg/kg。

（6）王巧莉 2009 年研究表明，酵母硒显著优于无机硒源。饲料中适宜硒水平能够显著提高鹅体重，降低料重比；提高半净膛率、全净膛率以及胸肌率；降低肌肉失水率、滴水损失；显著提高机体免疫抗氧化能力。建议肉鹅饲料中硒添加量为 0.3 mg/kg。

三、钙磷需要量

李文立等（2004）研究表明，不同钙水平显著影响鹅体增重及料重比；钙磷间的交互作用对体增重、饲料消耗及料重比影响显著；钙磷水平均显著影响血浆 AKP 活性、胫骨粗灰分及钙磷含量，对胫骨及肝锌、锰、铜含量影响均不显著。建议肉鹅饲料中钙水平 1～4 周龄为 0.65％，5 周龄至上市为 0.6％；磷水平 1～4 周龄为 0.35％，5 周龄至上市为 0.3％。

四、蛋白质能量需要量

王宝维等 1995 年研究表明，饲料中能量和蛋白质对肉鹅增重、饲料转化率和营养利用率有显著影响。采用代谢能、蛋白质水平分别为 12.12 MJ/kg 和 19％的饲料，母鹅增重速度最快；采用代谢能、蛋白质水平分别为 11.29 MJ/kg 和 19％的饲料，公鹅增重速度最快。这表明，母鹅对能量利用率高。建议肉鹅饲料代谢能水平 1～4 周龄为 11.6 MJ/kg，5 周龄至上市为 12 MJ/kg；粗蛋白质水平 1～4 周龄为 19％，5 周龄至上市为 17.5％。

五、必需氨基酸需要量

李文立等（2004）研究表明，不同蛋氨酸水平对鹅的增重和料重比影响显著；不同赖氨酸水平对鹅的增重和料重比影响不显著；蛋氨酸与赖氨酸之间的交互作用对增重和料重比影响显著。建议肉鹅饲料中蛋氨酸水平 1～4 周龄为 0.57％，5 周龄至上市为 0.33％；赖氨酸水平 1～4 周龄为 1.1％，5 周龄至上市为 0.7%。

六、亚油酸需要量

张洋洋等（2016）研究表明，小麦-豆粕型饲料中添加适量亚油酸能显著提高五龙鹅生长性能、屠宰性能、抗氧化能力和免疫性能；能够改善肝酶活、脂类代谢、饲料营养利用率、肉品质和肌肉脂肪酸组成，抑制 *ACC1* 基因表达。建议在小麦-豆粕型饲料中，1～4 周龄五龙鹅亚油酸适宜添加量为 1.12%，5～16 周龄亚油酸适宜添加量为 0.92%～1.12%。

七、纤维素需要量

张名爱等（2017）研究表明，纤维素含量不同对五龙鹅肠道中正常菌群有重大影响，日粮中 CF 含量为 9% 时，优势菌群数量较多，说明鹅能够较快地适应日粮 CF 含量的变化，以维持鹅肠道菌群平衡。各肠段食糜 pH，CF 9% 组低于 CF 5% 组，说明在日粮中增加羊草粉含量能够降低肠道 pH，形成的酸性环境有利于肠道微生物发酵。五龙鹅肠道中的优势菌群为双歧杆菌、梭菌和乳酸杆菌。葡萄球菌和拟杆菌的分离率最低。盲肠内细菌数显著高于其他肠段。各肠段内细菌总数，CF 9% 组高于 CF 5% 组，公鹅高于母鹅。本试验条件下，鹅肠道内容物中细菌总数为 $10^6 \sim 10^8$ 个/g，与猪、鸡肠道内细菌总数 10^{11} 个/g 有较大差别，而与兔盲肠内细菌总数 $10^7 \sim 10^8$ 个/g 相似。在鹅的肠道中，真菌（草酸青霉）分解纤维素的能力最强，放线菌次之，细菌最差。而且鹅肠道中纤维素分解菌的数量，CF 9% 组高于 CF 5% 组，说明高纤维日粮可以促进鹅肠道中微生物的发酵。

张亚俊等（2008）选择 3 周龄体重基本一致的健康扬州鹅 120 只，分为 4 组，每组 30 只，公母各半。采用单因素 4 水平设计，设置 4 个纤维素添加量（1.50%、4.50%、7.50%、10.50%），在 12 周龄时进行屠宰试验，研究不同纤维素添加量对扬州鹅生长性能和屠宰性能的影响。研究结果表明，扬州鹅的日采食量随日粮中纤维素添加量的增加而降低。添加 4.50% 纤维素的处理组中，扬州鹅的饲料转化率最高。不同纤维素添加量对 12 周龄扬州鹅屠宰率、半净膛率、全净膛率、胸肌率、腿肌率的影响无显著差异。扬州鹅屠宰率和半净膛率在粗纤维水平为 4.50% 时出现拐点。建议扬州鹅日粮中纤维素的适宜添加量为 4.50%。

八、微量元素减量化使用技术

随着集约化、规模化养殖业的快速发展，一些重金属元素如铜、锌、锰、铁等被广泛应用于饲料添加剂，加之微量元素在动物体内生物效价很低，大部分都随畜禽粪便排放到环境中，给生态环境造成巨大的压力。当这种含有大量重金属的畜禽粪便长期施用于农田时，可造成土壤的重金属污染，其中的重金属元素在土壤-水-植物系统中积累和转化，并最终通过食物链对人体健康造成威胁。研究表明，低铜、锰、锌、铁饲料中添加枯草芽孢杆菌等制剂能够显著提高日增重和饲料营养利用率，降低料重比；能够使铜、锰、锌、铁元素添加量降低30%～50%，排泄率减少25%～50%，组织残留量减少10%以上。

张泽楠等（2016）研究表明，饲料中添加枯草芽孢杆菌与适宜的铜协同能够有效提高鹅生产性能，对屠宰率及肉品质有一定的影响；能显著提高饲料营养利用率；显著降低粪便氮；降低组织铜沉积量；有效促进胫骨及肠道的发育，对改善菌群结构有显著影响。能显著提高4周龄生长激素（GH）、胰岛素（INS）、碱性磷酸酶（AKP）含量；显著提高16周龄鹅血清中INS、AKP含量；显著提高机体的免疫能力。饲料中的铜水平可以调控鹅肝中Cox17 mRNA表达量，且Cox17mRNA表达量与鹅生产性能、组织铜沉积量及血清抗氧化性均表现出相关性。饲料中添加枯草芽孢杆菌能够提高铜利用率，减少饲料中铜添加量及粪便中的排放量。建议鹅饲料在添加枯草芽孢杆菌 $5×10^9$ CFU/kg的情况下，1～4周龄铜添加水平为10 mg/kg，5～16周龄为8 mg/kg。

任民等（2016）研究表明，不同锰水平添加枯草芽孢杆菌能够有效提高鹅生产性能、对屠宰率及肉品质有一定的影响；能够显著提高饲料营养利用率，显著降低粪便氮，降低组织锰沉积量；有效促进胫骨及肠道的发育，对改善菌群结构有显著影响；能够显著提高鹅血清中总抗氧能力（T-AOC）和谷胱甘肽过氧化物酶（GSH-Px）活性，降低丙二醛（MDA）含量，提高机体抗氧化能力。饲料中锰的水平可以调控鹅心肌中锰超氧化物歧化酶（MnSOD）mRNA表达量，且MnSOD mRNA表达量与鹅生产性能、组织锰沉积量及血清抗氧化性均表现出相关性。饲料中添加枯草芽孢杆菌能够提高锰利用率，减少饲料中锰添加量及粪便中的排放量。建议肉鹅饲料在添加枯草芽孢杆菌 $5×10^9$ CFU/kg的条件下，锰的添加水平为70 mg/kg。

柯昌娇（2019）研究表明，低锌饲料添加枯草芽孢杆菌能提高肉鹅生长性能、屠宰性能和肉品质，提高肉鹅血清激素活性、免疫器官指数和抗氧化能力；显著提高肉鹅对 CP、EE、CF 的利用率，显著提高锌的表观利用率，提高氮利用率，促进肉鹅胫骨生长发育，显著提高血清 GH 水平和 AKP 酶活性；显著促进肉鹅体型外貌的良好发育，提高主翼羽羽毛品质；增加 5～15 周龄肉鹅空肠绒毛高度和隐窝深度；能够改善鹅盲肠优势菌群纲、种水平物种丰度以及物种多样性和相似性。低锌饲料添加枯草芽孢杆菌在纲水平丰度中拟杆菌纲、梭子芽孢杆菌纲和变形菌纲变化明显；在种水平丰度中杆菌在鹅盲肠种水平上有绝对优势；低锌饲料条件下，添加枯草芽孢杆菌能提高锌的生物学效价，减少锌在饲料中的添加量，提高锌的表观利用率。建议饲料中添加 5×10^9 CFU/kg 枯草芽孢杆菌时，1～4 周龄肉鹅锌的最适添加量为 34.99～40.00 mg/kg，5～15 周龄肉鹅锌的最适添加量为 35.00～47.50 mg/kg。

刁翠萍（2018）研究表明，饲料中添加适宜水平的铁和枯草芽孢杆菌，能够提高鹅的生长性能、屠宰性能、肉品质、造血功能、肾功能以及免疫和抗氧化能力；改善铁代谢；能够促进鹅肠道发育和胫骨发育；能够改变鹅盲肠微生物的纲水平、科水平和属水平物种丰度以及物种多样性和相似性；能够提高鹅肝中琥珀酸脱氢酶（SDH）基因的表达水平；能够降低肉鹅组织器官铁沉积量，促进养分吸收利用。显著提高铁利用率，降低饲料中铁添加量，铁和枯草芽孢杆菌两者间具有协同作用。鹅机体铁营养需要量具有一定阈值，过高或过低都不利于机体的生长发育、抗氧化能力和对养分的利用率。建议 1～4 周龄和 5～15 周龄肉鹅饲料中添加 5×10^9 CFU/kg 枯草芽孢杆菌的条件下，铁的添加量分别为 60.34～80.5 mg/kg 和 30～45 mg/kg。

郑惠文等（2017）研究表明，低锌饲料添加植酸酶能提高五龙鹅生长性能、屠宰性能和肉品质；显著提高五龙鹅血清和肝的抗氧化性能，还可以提高五龙鹅的免疫能力及新城疫抗体效价；显著提高五龙鹅对 CP、EE、CF、NDF、ADF 的利用率，显著提高锌和氮的利用率；能够促进五龙鹅的胫骨生长发育，显著提高血清 GH 水平和 AKP 酶活性；显著增强五龙鹅十二指肠消化酶活力，有效减少盲肠大肠杆菌和梭状芽孢杆菌的数量，增加乳酸杆菌和双歧杆菌的数量。锌水平能影响五龙鹅血清 MT-mRNA 的表达量，且 MT-mRNA 的表达与血清抗氧化力和血清抗体水平均有显著相关性。添加植酸酶能提高锌的生物学效价，减少锌在饲料中的添加量，提高锌的表观利用率，降

低排泄率。建议饲料中添加 1 200 U/kg 植酸酶时，1～4 周龄五龙鹅锌的最适添加量为 32～48 mg/kg，5～16 周龄五龙鹅锌的最适添加量为 30～45 mg/kg。

第五节　种鹅营养需要量研究

一、铜需要量

代国滔等（2019）研究表明，种鹅饲料中适宜铜水平显著提高种鹅生产繁殖性能、磷及氮的利用率；可降低产蛋期种鹅尿素氮水平，提高种鹅促黄体素和铜蓝蛋白的含量。不同水平的铜和枯草芽孢杆菌协同可提高种鹅生产繁殖性能和蛋品质；改善种鹅血清碱性磷酸酶、尿酸、铜蓝蛋白总抗氧化能力；改善种鹅肠道形态及盲肠微生物菌群结构，提高种鹅的免疫能力；提高 CF、EE 的表观消化率和 P、Cu 的表观存留率，提高种鹅能量与氮利用率，减少 Cu 的排放。建议在常规条件下，种鹅饲料中铜添加量为 5.75～7.17 mg/kg；在饲料中枯草芽孢杆菌添加量为 $5×10^9$ CFU/kg 条件下，种鹅饲料中铜添加量为 2～4 mg/kg。

二、锰需要量

王贺飞等（2019）研究表明，产蛋期种鹅基础饲料中添加锰 24～40 mg/kg 可显著或极显著提高产蛋期种鹅的生产性能、繁殖性能和饲料营养利用率，提高机体抗氧化能力和生殖激素含量，改善种鹅的氮代谢。产蛋期种鹅饲料添加锰 20 mg/kg 或 30 mg/kg，枯草芽孢杆菌添加量为 $5×10^9$ CFU/kg 可显著或极显著提高种鹅的生产性能、繁殖性能和饲料营养利用率、提高机体抗氧化能力和生殖激素含量，改善种鹅的氮代谢；可以提高种鹅肠道绒毛高度，改善种鹅盲肠的菌群结构。锰和枯草芽孢杆菌具有互作效应。添加枯草芽孢杆菌能减少产蛋期种鹅对锰的营养需要量。建议在饲料不添加枯草芽孢杆菌时，产蛋期种鹅饲料中锰添加量为 24～40 mg/kg。在产蛋期种鹅饲料中添加枯草芽孢杆菌 $5×10^9$ CFU/kg 条件下，产蛋期种鹅饲料中锰添加量为 20～30 mg/kg。

三、锌需要量

石静等（2019）研究表明，种鹅饲料中添加适宜水平的锌可改善产蛋期种鹅血清激素含量；能提高种鹅抗氧化能力，提高血清激素含量；能改善种鹅肠道形态及盲肠微生物菌群结构，保护种鹅肠道不受或少受 DSS 干预的影响。常规条件下，种鹅饲料中锌添加量为 65～70 mg/kg 繁殖性能最高、养分利用率最好。种鹅饲料中枯草芽孢杆菌添加水平为 $5×10^9$ CFU/kg，锌添加 45 mg/kg，繁殖性能最高，养分利用率及对肠道保护作用最好；枯草芽孢杆菌的添加可以降低日粮中锌的添加水平，在饲料中加入 $5×10^9$ CFU/kg 枯草芽孢杆菌可以减少锌 38.46% 的添加量，从而达到减量化目的，减少环境污染。建议在常规条件下，种鹅饲料中锌添加量为 65～70 mg/kg。在种鹅饲料中添加 $5×10^9$ CFU/kg 枯草芽孢杆菌时，种鹅饲料中锌添加量为 45 mg/kg。

四、铁需要量

隋福良等（2019）研究表明，种鹅产蛋期饲料铁添加量为 80～85 mg/kg 时，能显著提高种鹅生产性能、繁殖性能和 CP 的消化利用率及氮代谢水平；提高 YC、FSH 含量、抗氧化能力和造血功能。种鹅产蛋期饲料中铁添加量为 60 mg/kg 和枯草芽孢杆菌的添加量为 $5×10^9$ CFU/kg 时，能改善产蛋期种鹅的生产性能、繁殖性能和蛋品质，提高产蛋期种鹅机体 FSH 含量和抗氧化能力；提高产蛋期种鹅的造血功能、钙和磷的消化利用率及氮代谢；能加速产蛋期种鹅肠道的发育，促进鹅体内微生物的生长活动，改善其肠道菌群结构。铁和枯草芽孢杆菌之间具有互作效应，饲料中添加枯草芽孢杆菌能够降低铁添加量。建议在饲料不添加枯草芽孢杆菌时，产蛋期种鹅饲料中铁添加量为 80～85 mg/kg，在饲料中添加 $5×10^9$ CFU/kg 时，产蛋期种鹅饲料中铁添加量为 60 mg/kg。

五、维生素 D 需要量

邢月 2020 年研究表明，饲料中维生素 D_3 添加水平在 477 IU/kg 时，种蛋合格率较高。维生素 D_3 添加水平为 400 IU/kg 时，种鹅的料蛋比、产蛋率、孵化率及健雏率最佳，此时种鹅的繁殖性能良好。随饲料中维生素 D_3 添加水平的增加，血清孕酮、睾酮、雌二醇均呈先增加后降低趋势，饲料中维生素 D_3 添加水平为 400 IU/kg 时，种鹅血清孕酮和睾酮含量均能达到最高。饲料中维生素 D_3 添加水平为 400 IU/kg 时，总超氧化物歧化酶活力（T-SOD）及谷胱甘肽过氧化物酶活力（GSH-Px）均可达到最大值。产蛋率、合格率、孵化率与血清孕酮、睾酮、雌二醇均呈正相关。建议种鹅产蛋期饲料中维生素 D_3 添加水平为 400 IU/kg。

六、泛酸需要量

刘晨龙 2020 年研究表明，饲料中泛酸添加水平为 15～20 mg/kg 时种蛋受精率较高，饲料中泛酸添加水平过高或过低对种鹅繁殖性能都有显著影响。饲料中泛酸添加水平对蛋重、蛋形指数、蛋比重、蛋壳厚度、蛋黄比率、蛋白高度影响不显著。饲料中泛酸添加水平在 15 mg/kg 时蛋黄颜色最深，饲料中泛酸添加水平为 20 mg/kg 时哈氏单位最高。饲料中泛酸添加水平为 15～20 mg/kg 时，血清碱性磷酸酶活性和总抗氧化能力指标最高。建议种鹅产蛋期饲料中泛酸添加水平为 15～20 mg/kg。

七、烟酸需要量

王焕森 2020 年研究表明，饲料中添加适宜水平的烟酸可显著提高产蛋期种鹅料蛋比，烟酸添加水平为 40 mg/kg 时，平均日采食量、产蛋率、平均蛋重均达到最大值。饲料中添加适宜水平烟酸可显著提高蛋壳厚度和蛋壳强度。饲料中添加适宜水平烟酸可显著降低血清甘油三酯、胆固醇和低密度脂蛋白胆固醇，显著提高高密度脂蛋白胆固醇。建议产蛋期种鹅饲料中烟酸添加水平为 40 mg/kg。

第六节　饲养标准及日粮配制

一、饲养标准

（一）饲养标准概念

鹅的饲养标准是一个科学的准则，是经过长期的饲养试验，探索鹅在不同生长发育阶段、不同饲养水平下，对各种营养物质，以及常用饲料的营养成分和营养价值的需要量，在此基础上制定的科学的饲养标准。再依据饲养标准设计科学的饲料配方，经过适当的加工处理后进行饲喂。饲养标准是现代科学养鹅的主要措施之一。

饲养标准主要包括能量（代谢能）、蛋白质、必需氨基酸、矿物质和维生素指标。一般都应以鹅的饲养标准为基准，同时结合本身生产实践经验，并考虑鹅的品种、品系、生长发育阶段、生产阶段、饲养制度、饲养方式、健康水平、饲料组成、环境条件、用途等因素，在适宜需要量的基础上，再加上一定的安全系数，特别是氨基酸和维生素。

（二）饲养标准应用注意事项

因国家、地区、生产水平等的差异，在参考使用某一标准时应灵活掌握。使用饲养标准时应注意以下几点：

（1）应根据本地区生产水平、经济条件，因地制宜，灵活运用。

（2）必须观察实际饲养效果，鹅群生长状况，不断总结经验，适当调整日粮，使饲养标准更接近实际。

（3）饲养标准不是永恒不变的，它是鹅对营养物质需要量的近似值，随着科学的进步和生产水平的提高，对现行标准应进行不断地修订、充实和完善。

（三）饲养标准制定

目前，使用的鹅饲养标准有美国 NRC 鹅饲养标准、苏联的饲养标准、法国的饲养标准等，我国还没有鹅的饲养标准。2016 年，青岛农业大学王宝维等在多年豁眼鹅常用饲料营养价值评定与营养需要量研究积累的数据库基础上，制定了《商品肉鹅饲养标准》（DB 37/2784—2016），详见附表 10。

二、日粮配方设计

饲料成本占养鹅成本的 70％左右，饲料原料的质量、价格直接影响到配合饲料的品质和成本。在饲料加工生产中，能否配制出既满足鹅营养需要和生理特点，又具有较低成本或最低成本的配合饲料产品，这不仅影响养鹅业的生产效率和经济效益的高低，也直接影响饲料厂本身的经济效益和发展的好坏，而且也关系到能否经济合理地充分利用当地的各种饲料资源，是否能取得较好的经济效益。因此，饲料配制是一项理论性、技术性和实践性很强的工作。要做好这项工作，不仅要有丰富的动物生理学、动物营养学和饲料学知识，而且要对饲料加工工艺比较熟悉，同时还应有一定的养殖生产实践经验，才能设计出既满足鹅营养需要，又经济合理科学的配方。

（一）饲养标准的选用

实践证明，根据饲养标准所规定的营养物质供给量饲喂鹅，有利于提高饲料转化率及生产的经济效益。值得注意的是，根据试验研究测定与生产实践所总结制定的饲养标准虽有一定的代表性，但由于试验条件的限制等情况，饲养标准也只是相对合理，实际生产中不应照搬。因此，设计饲料配方，应根据所掌握的有关饲料资源及鹅的具体情况等，对饲养标准所列数值可做相应变动，以充分满足鹅的营养需要，更好地发挥其生产性能和提高饲料转化率。有关营养需要量标准可见附录或其他有关标准。

（二）饲料成分的查询及选择

1. 饲料成分及营养价值　饲料成分及营养价值表是通过对各种饲料的常规成分等进行分析化验，经过计算、统计，并在鹅饲喂试验的基础上，对饲料进行营养价值评定之后而综合制定的。它客观地反映了各种饲料的营养成分和营养价值，对饲料资源的合理利用、鹅生产效率的提高、生产成本的降低有重要作用。鹅常见饲料成分与营养价值详见附表 11 至附表 14。

设计饲料配方是根据饲养标准所规定的各种营养物质需要量选用适当的饲养标准中各种营养物质规定量。具备分析饲料成分条件的单位，应对购进的每批原料做饲料常规成分分析及其微量成分的测定，作为饲料成分实测的依据。暂无分析条件的可查阅本地区或与本地区自然条件相似的饲料成分及营养价值表。

2. 饲料种类的确定　在设计饲料配方时，应列出适用于鹅的饲料种类。在许多情况下，当地质优价廉饲料的种类是有限的，所以应根据鹅的营养需要，从实际情况出发，合理选用各种饲料。离开饲料资源的现状而设计的饲料配方是没有实用价值的。同时，还需选用适宜类型的添加剂或预混料。

3. 饲料的价格与加工方式　在满足鹅营养需要的前提下，应选择质优价廉的饲料以降低成本。就特定的使用目的而言，从饲料的价格考虑，选择更为适宜的饲料。此外，还应考虑是否需要加工，以及加工后对于饲料营养物质的利用有无不良影响等，如需加工，应以成本较低的加工方式为宜。

（三）日粮类型和采食量

1. 确定日粮类型　日粮类型在很大程度上与其饲料组成和养分的含量有关。即所设计的饲料配方是全价饲料，还是为了补充蛋白质、矿物质和维生素等的平衡用的预混合料。

2. 预计饲料采食量　设计饲料配方时，应使鹅能够食入所需的数量，这是因为日粮中各种养分所需浓度取决于此种日粮的采食量。日粮的能量浓度对饲料采食量有极大的影响。鹅的采食特点是"为能而食"，若日粮能量浓度相对于其他养分偏高，则即使采食的总能量够了，但由于进食量较低，其他的养分还是不足，这样对发挥鹅的生产潜能是不利的。

另外，对各种饲料在不同生长阶段配合饲料中的大致配比应有所了解。

三、设计日粮配方应遵循的原则

在生产实践中，日粮配合时首先应了解饲料配合的基本原则，否则不能配制出营养全面、饲料原料搭配合理、成本低、充分发挥出鹅的最大生产潜力的日粮。日粮配合是根据饲养标准，结合具体的饲养条件、品种、年龄等进行饲料的科学配合，是鹅生产实践中的一个重要环节。日粮配合是否合理，直接影响鹅生产性能的发挥以及生产的经济效益。配合过程中应注意以下基本原则：

（一）营养性原则

营养需要是对鹅进行科学饲养的根据，因此经济合理的饲料配方必须根据营养需要进行设计。饲料配方的养分含量应满足鹅营养需要，这是生产配合饲料和保证产品质量的第一位要求。必须按相应的营养需要，首先保证能量、蛋白质及限制性氨基酸、钙、有效磷、地区性缺乏的微量元素与重要维生素的供给量，根据当地饲养水平的高低、鹅品种的优劣和季节等条件的变化，对选用的饲养标准做 5%～10% 的增减调整，最后确定实用的营养需要指标。

1. 能量优先满足原则　在营养需要中最重要的指标是能量需要量，只有在优先满足能量需要的基础上，才能考虑蛋白质、氨基酸、矿物质和维生素等养分的需要。在设计饲料配方时如果首先考虑的不是能量而是其他营养成分，一旦能量不能满足鹅的需要，则必须重新调整各类饲料的组成比例。反之，如果首先满足了能量需要，而氨基酸、矿物质及维生素的量不足，可采用各类添加剂加以补充。

2. 多养分平衡原则　能量与其他养分之间和各种营养成分之间的比例应符合营养需要，如果饲料中营养物质之间的比例失调，营养不平衡，必然导致不良后果。饲料中蛋白质与能量的比例关系用蛋白能量比表示，即每千克饲料中蛋白质克数与能量（MJ）之比。日粮中能量低时，蛋白质的含量需相应降低。日粮能量高时，蛋白质的含量也相应提高。使用高能量低蛋白质或低能量高蛋白质日粮饲喂鹅必然浪费饲料。此外，还应考虑氨基酸、矿物质和维生素等养分之间的比例平衡。

3. 精饲料、粗饲料比例适当原则　鹅是以食草为主的家禽，对粗纤维有一定的利用能力。一般认为，鹅消化粗纤维能力较强，消化率可达 45%～50%，可供给鹅体内所需的一部分能量。最近资料表明，鹅对粗纤维组分中的半纤维素消化能力强。一般情况下，鹅的日粮中纤维素含量以 5%～8% 为宜，不宜高于 10%。如果日粮中纤维素含量过低，不仅会影响鹅的胃肠蠕动，妨碍饲料中各种营养成分的消化吸收，而且还会引起鹅的啄癖。

4. 饲料配方多样化原则　一是适应某地区的典型饲料配方，以利用饲料资源为主，突出经济效益，不盲目追求高营养指标；二是优质高效专用饲料配方，主要是面对国外同类产品竞争以及适应饲养水平不断提高的市场要求。

(二) 控制配合饲料品质原则

饲料的品质包括营养浓度、适口性、容重和有无霉变、酸败、污染等方面。控制配合饲料原料的品质是生产优质饲料的重要环节。

1. 增强饲料适口性　饲料适口性直接影响采食量。如果饲料养分丰富齐全，但鹅不喜欢吃，那也不是优质饲料。因为鹅进食少，总养分就不足，就会降低饲养效果。通常影响混合饲料适口性的因素有：味道（如甜味、某些芳香物质、谷氨酸钠等可提高饲料的适口性）、粒度（过细不好）、矿物质或粗纤维的多少。某些成分过多或有异味，就会降低适口性。对适口性差的饲料也可适当搭配适口性好的饲料或加入诱食剂或不同香型的香味剂以提高配合饲料的适口性。通过饲料多样化搭配，常可提高适口性。对于适口性差的饲料，如菜籽粕（饼）、棉仁粕（饼）、芝麻粕（饼）、向日葵仁粕（饼）等饲料要限量使用，一般不超过 5%。

2. 饲料容积要适当　通常情况下，饲料容积过大，则能量浓度降低，不仅会导致消化道负担过重进而影响鹅对饲料的消化，而且会稀释养分，使养分浓度不足。反之，饲料容积过小，即使能满足养分的需要，但鹅达不到饱感而处于不安状态，影响鹅生产性能或饲料转化率。一种好的混合料，应该既保证养分充足，又能保证吃饱而不过分浪费饲料。而且，饲料容积和饲料单位质量中养分含量应该与其消化生理相适应。例如，雏鹅消化能力差，就应配成易消化、养分含量高、饲料容积较小的混合料。

（三）原料搭配合理、适度多样化原则

在可能的条件下，选用的饲料种类应尽量多样化，使不同饲料间互相搭配补充，提高整个日粮的营养价值和利用率。饲料品种多还可改善饲料的适口性，增加鹅的采食量。但也不能认为饲料种类越多就越好，而应根据鹅对各种养分的需要，以及在不同饲料中各种养分的平衡进行合理搭配。如果盲目地追求种类多，但搭配后养分并不平衡，反而不好。例如，在氨基酸互补上，玉米、高粱、棉仁粕（饼）、花生仁粕（饼）和芝麻粕（饼）不管怎么搭配，饲养效果都不理想。因为它们都缺少赖氨酸，不能很好地起到互补作用。试验证明，玉米配芝麻粕（饼）的日粮和高粱配花生仁粕（饼）的日粮，其饲养效果都远远不如玉米配豆粕（饼）的日粮，即使其蛋白质水平比配豆粕（饼）的日粮高1倍，效果也不如配豆粕（饼）的日粮好。这是因为，由于日粮中蛋白质增加，赖氨酸含量虽然够了，但其他氨基酸都相对过剩了，以至整个日粮中氨基酸不平衡，从而降低了饲料转化率。

（四）经济效益合理原则

在设计饲料配方时，一般要求饲料成本以不超过生产总成本的70%为宜。应尽量就地取材，减少储运，降低生产成本。

（1）配合饲料是商品，因此制作饲料配方时必须考虑具有合理的经济效益。确定适宜的配合饲料的能量水平，是获得单位鹅产品最低饲料成本的关键。

（2）不用伪品、劣品，不以次充好，不盲目追求饲料生产的高效益，往往饲料厂的高效益会导致养殖业的低效益，因此饲料厂应有合理的经济效益。

（3）饲料原料应注意因地制宜和因时制宜，充分利用当地的饲料资源，尽量少从外地购买原料，既避免了远途运输的麻烦，又可降低配合饲料的生产成本。

（4）设计饲料配方时应尽量选用营养价值较高而价格低廉的饲料。多种原料的搭配可使各种饲料之间的营养物质相互补充，以提高饲料的全价性、平衡性和饲料转化率。因此，可利用几种价格便宜的原料进行合理搭配，以代替价格高的原料。生产实践中常用禾本科籽实与饼粕类饲料搭配，以及饼粕类饲料与动物性蛋白质饲料搭配等，均能收到较好的效果。

（5）饲料配方是饲料厂的技术核心，饲料配方应由通晓有关专业的技术人

员制作并对其负责。饲料配方正式确定后，执行配方的人员不得随意更改和调换饲料原料。

（6）减少不必要的花费。例如，合理地安排饲料加工工艺程序和节省动力的消耗等，均可降低生产成本。

（7）日粮要保持相对稳定，如确需改变时，应逐渐更换，最好有1周的过渡期，以免因饲料突然更换而引起应激反应，影响鹅的食欲，降低生产性能。

（五）安全性原则

1. 注意原料安全性　饲料的安全性主要是指生产配合饲料时所用的原料是否有霉变、酸败或污染。因此，必须对原料的养分进行检测，以所得平均数据作为判断原料优劣程度的依据。在饲料原料中，如玉米、大豆、花生仁粕（饼）、棉仁粕（饼）等，容易被霉菌寄生而发霉。即使轻微发霉，也会产生毒性强的黄曲霉毒素，损害肝，甚至导致癌症。鹅如果较长时间吃发霉饲料，轻则食欲不振、生长不良、贫血、衰弱；重则发生肝炎、黄疸、出血、水肿，很快死亡。雏鹅对黄曲霉毒素最为敏感。此外，在制作饲料配方时，必须遵守某些药物和保健剂等添加剂的停药规定和禁止使用的法令，减少药物在鹅产品中的残留。应适当控制含有害物质的饲料〔如菜籽粕（饼）、棉仁粕（饼）等〕的用量，使有毒有害物质在配合饲料中的含量限制在国家标准的允许量以下。

2. 良好的储存与管理条件　饲料从生产地运送到鹅场的任何一环节都有受污染的可能。具体表现在以下几个方面：

（1）有毒矿物元素　如钒、钼、锡、铅等有毒元素或其他放射性元素的污染。

（2）掺杂在饲料原料中的有毒植物或野草　如麦仙翁、麦角菌等。

（3）有害或有毒化学物质的污染　如农药、氯化碳氢化合物等。

（4）饲料原料或配合饲料污染　由于管理或储存不当而发生酸败作用，或发霉而产生霉菌毒素。

（5）一些动物性饲料污染　如鱼粉、肉粉及曾遭鼠害的饲料易受沙门氏菌的污染。

四、日粮配方实例

日粮配方见表7-2、表7-3。

表7-2　种鹅日粮配方与营养水平

饲料种类	0～21 d	22～56 d	57～210 d	产蛋期	休产期
玉米（%）	55.4	51.8	50	53.7	49
豆粕（蛋白含量45%）（%）	21.5	12.5	9	12.45	7.5
花生粕（%）	4	6	6	5	5
米糠（小米糠、大米糠、牧草）（%）	8	17	24	10	27.2
麸皮（%）	6	8	6	5.9	6
食盐（%）	0.4	0.4	0.5	0.5	0.4
石粉（%）	1.6	1.5	1.8	6	2.1
磷酸氢钙（%）	1.3	1.5	1.3	1.35	1.8
豆油（%）	0.8	0.3	0	1.1	0
鱼粉（蛋白含量61%）（%）	0	0	0	3	0
维生素预混剂（%）	0.5	0.5	0.5	0.5	0.5
微量元素预混剂（%）	0.5	0.5	0.5	0.5	0.5
合计	100	100	100	100	100
蛋氨酸（每100 kg外加，g）	290	250	172	189	183
赖氨酸（每100 kg外加，g）	120	100	40	0	0
主要营养成分					
代谢能（kcal/kg）*	2 784	2 742	2 741	2 709	2 722
（MJ/kg）	11.64	11.47	11.46	11.33	11.38
粗蛋白质（%）	18.1	16.13	15.09	16.43	14.21
粗纤维（%）	3.11	4	4.5	4	5.2
钙（%）	1.05	1.04	1.1	3	1.3
有效磷（%）	0.4	0.41	0.36	0.48	0.44
氨基酸含量					
蛋氨酸（%）	0.559	0.491	0.406	0.459	0.409
赖氨酸（%）	0.949	0.783	0.686	0.764	0.621
苏氨酸（%）	0.689	0.574	0.53	0.603	0.501
胱氨酸（%）	0.289	0.256	0.24	0.236	0.23
颉氨酸（%）	0.817	0.723	0.692	0.645	0.666
异亮氨酸（%）	0.683	0.586	0.552	0.523	0.526
亮氨酸（%）	1.494	1.295	1.216	1.199	1.159
酪氨酸（%）	0.643	0.56	0.546	0.511	0.503
苯丙氨酸（%）	0.897	0.771	0.741	0.702	0.677
组氨酸（%）	0.469	0.409	0.396	0.368	0.366
精氨酸（%）	1.333	1.263	1.271	1.088	1.18
蛋氨酸＋胱氨酸（%）	0.848	0.746	0.646	0.696	0.639

---

* cal 为非法定计量单位。1 cal＝4.182 0 J。——编者注。

表7-3 商品肉鹅日粮配方与营养水平

饲料原料成分	0～21 d	22～49 d	50 d 以后
玉米（%）	60.05	59.15	61.1
豆粕（蛋白含量43%）（%）	23	20	14.5
花生粕（%）	2.8	5	4
草粉或稻壳粉（%）	4.8	8.25	12.8
麸皮（%）	2	3	3
食盐（%）	0.4	0.5	0.5
石粉（%）	1.35	1	0.7
磷酸氢钙（%）（脱氟）	0.8	1.3	1.1
豆油（%）	0.8	0.8	1.3
鱼粉（蛋白含量60%）（%）	3	0	0
1%预混料	1	1	1
合计	100	100	100
蛋氨酸（每100 kg 外加，g）	133	133	70
营养成分			
代谢能（MJ/kg）	11.73	11.43	11.30
代谢能（kcal/kg）	2 802	2 732	2 701
粗蛋白质（%）	18.19	17.04	15.61
粗纤维（%）	3.63	4.57	5.73
钙（%）	1.07	0.87	0.76
有效磷（%）	0.41	0.40	0.35
氨基酸含量			
蛋氨酸（%）	0.450	0.310	0.311
赖氨酸（%）	0.968	0.822	0.705
苏氨酸（%）	0.766	0.681	0.603
胱氨酸（%）	0.282	0.279	0.253
缬氨酸（%）	0.791	0.792	0.712

（续）

饲料原料成分	0～21 d	22～49 d	50 d 以后
异亮氨酸（%）	0.663	0.659	0.577
亮氨酸（%）	1.486	1.476	1.331
酪氨酸（%）	0.634	0.636	0.565
苯丙氨酸（%）	0.884	0.887	0.785
组氨酸（%）	0.450	0.446	0.390
精氨酸（%）	1.196	1.235	1.043
蛋氨酸＋胱氨酸（%）	0.732	0.589	0.565
氨基酸总和（%）	9.3	8.811	7.840

注：1%预混料包括0.5%维生素预混添加剂＋0.5%微量元素预混添加剂。

第八章

豁眼鹅饲养管理技术

搞好饲养管理是豁眼鹅生产的关键环节，也是获得健康、稳产、优质、低耗、高效益的重要技术。只有根据豁眼鹅各阶段生理特点采取必要的技术措施，才能培育出体型发育良好、健康无病的鹅群，并获得较高的经济效益。

第一节　育雏期饲养管理

一、雏鹅生理特点

雏鹅是指孵化出壳后到 4 周龄内的鹅，又称小鹅或鹅苗。雏鹅的培育是整个饲养管理的基础。雏鹅饲养管理的好坏，直接影响雏鹅的生长发育和成活率，继而影响到育成鹅的生长发育和生产性能。因此，在养鹅生产中，要高度重视雏鹅的培育工作，以培育出生长发育快、体质健壮、成活率高的雏鹅，为养鹅生产打下良好的基础。雏鹅的培育，首先必须了解雏鹅的生理特点，这样才能施以相应的、合理的饲养管理措施。雏鹅的生理特点有以下几个方面：

1. 生长发育快　一般出壳重 100 g 左右，长到 20 d 时，体重比出壳时增长 6～7 倍。此时肌肉沉积也最快，肌肉率为 89.4%，脂肪为 7.1%。为保证雏鹅快速生长发育的营养需要，在培育中要及时饮水、喂食和喂青绿饲料，饲喂含有较高营养水平的日粮。

2. 体温调节能力差　雏鹅出壳后，在 7 d 内体温较成鹅低 3 ℃，保温性能差，消化吸收能力也弱。因此，对外界温度的变化缺乏自我调节能力，特别是对冷的适应性较差。随着日龄的增加，在 21 d 内，这种自我调节能力虽有所提高，但仍不完善，必须采用人工保温育雏。在培育工作中，为雏鹅创造适宜的外界温度环境，能保证雏鹅的生长发育和成活率。否则，会出现生长发育不良、成活率低甚至造成大批死亡。

3. 消化道容积小，消化能力弱　30 d 以内的雏鹅，特别是 20 d 以内的雏鹅，消化道容积小，肌胃收缩力弱，消化腺功能差，故消化能力不强，而且吃下的食物通过消化道的速度比成鹅快得多（雏鹅平均保留 1.3 h，成鹅为 4 h）。因此，在给饲时要少喂多餐，喂给易消化、全价的配合饲料，以满足其生长发育的营养需要。

4. 新陈代谢旺盛　雏鹅体温高，呼吸快，体内新陈代谢旺盛，需水较多，育雏时水槽不可断水。

5. 公母雏鹅生长速度不同　同样饲养管理条件下，公母雏鹅生长速度不同，公雏比母雏增重高 5%～25%，单位增重耗料量也少。据有关资料报道，公母雏鹅分开饲养，60 d 时的成活率要比公母雏鹅混合饲养高 1.8%，每千克增重少耗料 0.26 kg。所以，在条件许可的情况下，育雏时应尽可能做到公母雏鹅分群饲养，以便获得更高的经济效益。

二、育雏前准备工作

1. 育雏季节的选择　育雏季节要根据种蛋的来源，当地的气候状况与饲料条件，人员的技术水平，市场的需要等因素综合确定。其中，市场需要尤为重要。一般来说，都是春季捉鹅苗，即"清明捉鹅"。这时，正是种鹅产蛋的旺季，可以大量孵化；气候由冷转暖，育雏较为有利，百草萌发，菠菜、苦荬菜和莴苣等已经上市，可做雏鹅开食的青绿饲料。当雏鹅长到 20 d 左右时，青绿饲料已普遍生长，质地幼嫩，能全天放牧。到 50 d 左右，仔鹅进入育肥期，刚好水稻收割，接着是小麦收割，可以放麦茬育肥，到育肥结束时，恰好赶上我国传统节日——端午节上市。然而，随着产业化技术发展和市场需求，一年四季养鹅在我国较为普遍，鹅苗全年均衡供应、全价饲料的使用和标准化鹅舍的建造成为产业发展的重要基础。

2. 育雏室和育雏设备的准备与检修　接雏前要对育雏室进行全面检查，对有破损的墙壁和地板要及时修补，保证室内无"贼风"入侵，鼠洞要堵好；照明用线路、灯泡必须完好，灯泡个数及分布按每平方米 3 W 的照度安排；安装好取暖设备。鹅舍要求干燥、清洁，通风良好和有充足的采光面积。地面最好为水泥地面，以便于冲洗消毒。如为了节约成本，采用土质地面时，则要求地面土质吸水性能必须良好，同时采用厚垫料式饲养。按雏鹅所需备好料盆、水盆。育雏室布局与设备见图8-1。

图8-1 育雏室布局与设备

3. 育雏室和育雏用具的消毒 育雏室内外在接雏前2～3 d应进行彻底的清扫消毒。墙壁可用20%的石灰浆刷新，阴沟用20%的漂白粉溶液消毒；地面、天棚用2%氢氧化钠溶液喷洒消毒，每平方米面积使用0.5～1 L消毒液。喷洒后，关闭门窗1 h，然后敞开门窗，让空气流动，吹干室内。

育雏用具，如圈栏板、巢穴、食槽、水槽等皆可用5%的热氢氧化钠溶液洗涤，然后再用清水冲洗干净。圈栏或巢穴应用干燥、松软、清洁、无霉烂的稻壳或其他切断秸秆作垫料。育雏室出入处应设有消毒池，进入育雏舍人员随时进行消毒，严防病毒进入使雏鹅遭受病害侵袭。值得注意的是，育雏室的地面不宜铺生石灰，更不宜用石灰粉消毒，其原因是随人员的走动，易扬起石灰粉末，落入雏鹅眼内引起结膜炎或易使空气混浊，导致气管炎。另外，鹅粪中含有大量生石灰，影响农田种植使用。

4. 饲料与药品的准备 要保持雏鹅一进入育雏舍就能吃到易消化、营养全面的饲料，且要保证整个育雏期稳定的饲料水平。农户的雏鹅饲料，一般多为小米和碎米，经过浸泡或稍蒸煮后喂给。为使爽口、不黏嘴，最好将蒸煮过的饲料用水淘过以后再喂。这种饲料较单一，最好是从一开始就喂给混合饲料。1～21 d的雏鹅，日粮中粗蛋白质水平为20%～22%，代谢能为11.30～11.72 MJ/kg；28 d起，粗蛋白质水平为18%，代谢能约为11.72 MJ/kg。实践证明，采用颗粒饲料饲喂，可比喂粉料节约 15%～30% 的饲料，效果更好。应满足雏鹅对青绿饲料的需要，应占饲料的 60%～70%。缺乏青绿饲料时，要在精料中补充 0.01% 的复合维生素。一般每只雏鹅 4 周龄育雏期需备精料 3 kg 左右，优质青绿饲料 8～10 kg。同时，要准备雏鹅常用的药品，如土霉素等。

5. 预温　雏鹅舍的温度应达到 28～30 ℃才能进鹅苗。地面或炕上育雏的，应铺上一层 10 cm 厚的清洁干燥的垫草。然后开始供暖，温度表应悬挂在高于雏鹅生活的地方 5～8 cm 处，并观测昼夜温度变化。

三、育雏环境条件

雏鹅的生长发育要求良好的环境条件，除具有健康的雏鹅外，适宜的温度、湿度、密度、通风换气及光照等都是育雏期间必须具备的条件。

1. 温度　刚出壳的雏鹅，绒毛稀少，本身调节体温能力弱。为了防止它们之间打堆压伤或受热"出汗"而成僵鹅，必须人为地调整育雏温度，此阶段为 2～3 周的时间，否则将影响雏鹅的生长发育和成活率。育雏期所需温度，可按日龄、季节及雏鹅体质情况进行调整。温度控制方法是：1～3 d，31～33 ℃；4～7 d，29～30 ℃；以后每周降低 2～3 ℃，至室温 20 ℃左右恒定。

2. 湿度　鹅虽然属于水禽，但怕圈舍潮湿，30 d 以内的雏鹅更怕潮湿。潮湿对雏鹅健康和生长影响很大，若湿度高温度低，雏鹅因体热散发而感寒冷，易引起感冒和下痢。若湿度高温度也高，则体热散发受抑制，体热积累造成雏鹅代谢与食欲下降，抵抗力减弱，发病率增加。因此，育雏室应选择地势较高，排水良好的沙质土壤。育雏室门窗不宜密封，要注意通风透光。室内相对湿度的具体要求是：0～10 d 时，相对湿度为 60%～65%；11～21 d 时，相对湿度为 65%～70%。室内不宜放置湿物，喂水时切勿外溢，要注意保持地面干燥。

3. 通风换气　由于雏鹅生长发育较快，新陈代谢非常旺盛，排出大量二氧化碳和水蒸气，加之粪便中分解出的氨，使室内的空气受到污染，影响雏鹅的生长发育。因此，育雏室必须有通风设备，经常进行通风换气，保持室内空气新鲜，但不能有贼风。通风换气时，不能让进入室内的风直接吹到雏鹅身上，防止受凉而引起感冒。同时，自温育雏的覆盖物要留有气孔，不能盖严。

4. 密度　在正常的饲养管理下，雏鹅生长发育较快，要随日龄的增加对密度进行不断调整，保持适宜的密度，既能保证雏鹅正常生长发育，又能提高育雏室的利用率。如果密度过大，鹅群拥挤，则雏鹅生长发育缓慢，并出现相互啄羽、啄趾、啄肛等现象。密度过小，当然也不经济。不同日龄雏鹅饲养密度见表8-1。

表8-1　不同日龄雏鹅饲养密度

日龄（d）	1~10	11~20	21~30	31~60	60以上
密度（只/m²）	15~20	10~15	5~10	4~5	2~3

5. 合理的光照　雏鹅的光照要按照光照制度严格执行。光照不仅对雏鹅生长速度有影响，对雏鹅培育期性成熟也有影响。若光照过度，种鹅性成熟提前，开产早，蛋小，产蛋持续性差。育雏期第1天可采用24 h光照，以后每2 d减少1 h，至4周龄时采用自然光照。

四、雏鹅饲养管理

1. 早开水　当雏鹅从孵化场运来后，应立即转入育雏室（图8-2）（育雏保温设备在雏鹅到达前先消毒并预热升温），稍事休息后，立即喂水，这是雏鹅饲养的关键。传统饲养称为"潮口"或"点水"，主要是补充水分，以防休克，同时促进食欲。如果是远距离运输，则宜首先喂给5%~10%的葡萄糖水，其后可改用普通清洁饮水，但不可中断饮水供应，在集约化饲养规程中，几乎省去了传统饲养中雏鹅嬉水过程。

图8-2　地面育雏室内景

饮水训练是将雏鹅的嘴在饮水器里轻轻按 1～2 次，使之与水接触，如果批量较大，就训练一部分雏鹅先学会饮水，然后通过模仿行为使其他雏鹅相互学习。但是饮水器放置位置要固定，切忌随便移动。一经开水，绝不能停止，保证雏鹅随时都可喝到水，天气寒冷时宜用温水。初次饮水要在开料 3 h 之前进行。之所以重要，是由于雏鹅从出壳运到育雏室直到喂料这一段时间里的生命活动全靠体内卵黄供应能量和营养，而卵黄在吸收过程中需消耗较多的水分，所以进入育雏室的第一件事就是饮水。如果雏鹅较长时间缺水，为防止因骤然供水引起暴饮造成的损失，宜在饮水中按 0.9% 的比例加入些食盐，调制成生理浓度，这样的饮水即使暴饮也不会影响血液中正负离子的浓度。故无须担心暴饮造成的"水中毒"。

2. 适时开食　雏鹅刚出壳时，其腹内卵黄虽能满足 3～4 d 的营养需要，但不能等到第 4 天才开始喂食，因为雏鹅从利用卵黄转为利用饲料需要一个过程。一般从第 4 天体内卵黄已基本被吸收利用完毕，体重较原来变轻，俗称"收身"，这时雏鹅食欲增强，消化能力也较强。如果不适时开食，能量和养分供应就会发生脱节现象，对雏鹅生长发育不利。适时开食还能促进胎粪排出，刺激食欲。

开食必须在第 1 次饮水后，当雏鹅开始"起身"站起来活动并表现有啄食行为时进行。一般是在出壳后 24～36 h 开食。开食的精饲料多为细小的谷实类，常用的是碎米和小米，经清水浸泡 2 h 左右，喂前沥干水；也可以直接饲喂碎裂料。开食的青绿饲料要求新鲜、易消化，常用的是苦荬菜、莴苣叶、青菜等，以幼嫩、多汁的为好。青绿饲料喂前要剔除黄叶、烂叶和泥土，去除粗硬的叶脉茎秆，并切成 1～2 mm 宽的细丝状。饲喂时把加工好的青绿饲料放在手上晃动，并均匀地撒在开食盘或塑料布上，引诱雏鹅采食。个别反应迟钝、不会采食的雏鹅，可将青绿饲料送到其嘴边，或将其头轻轻拉入饲料盆中。开食可以先青后精，也可以先精后青，还可以青精混合。

3. 饲喂砂粒　鹅没有牙齿，对食物的机械消化主要依靠肌胃的挤压、磨切，除肫皮可磨碎食物外，还必须有砂粒协助，以提高消化率，防止消化不良症。雏鹅 3 d 后饲料中就可掺些砂石，以能吞食又不致随粪便排出的颗粒大小为度。添加量应在 1% 左右，10 d 前砂粒直径为 1～1.5 mm，10 d 后改为 2.5～3 mm，每周喂量 4～5 g；也可设砂粒槽，内置粗砂粒，雏鹅可根据自己的需要觅食。放牧鹅可不喂砂粒。

4. 适时分群　由于同期出壳的雏鹅强弱差异不同，以后又会因多种因素的影响造成强弱不均，必须定期按强弱、大小分群，将病雏及时挑出隔离饲养，并对弱群加强各方面管理。否则，强鹅欺负弱鹅，会引起挤死、压死、饿死弱雏的现象，生长发育的均匀度将越来越差。在自温育雏时，尤其要控制鹅群密度，一般第 1 周，在直径为 35～40 cm 的笼养栏圈中养 15 只左右，以后逐渐减为养 10 只左右。

在整个育雏过程中，不论何种育雏方式，都要防止鹅群"打堆"，即相互拥挤在一起。雏鹅怕冷，休息时常相互挤在一起，严重时可能堆积 3 层或 4 层，压在下面的鹅常常发生死伤。自开食以后，夜间和气温较低时，育雏员应经常检查。用手拨动，拨散挤在一起的雏鹅，使之活动，以调节温度、蒸发水汽。随着日龄的增长，检查次数相应减少，同时通过合理分群、控制饲养密度来避免扎堆及伤害。防止"打堆"，这是提高育雏成活率的重要一环。

5. 适时脱温　一般雏鹅的保温期为 20～30 d，适时脱温可以增强雏鹅体质。过早脱温时，雏鹅容易受凉，而影响发育；保温太长，则雏鹅体弱，抗病力差，容易得病。雏鹅在 4～5 d 时，体温调节能力逐渐增强。因此，当外界气温高时，雏鹅在 3～7 d 可以结合放牧与放水的活动，逐步外出放牧，就可以开始逐步脱温。但在夜间，尤其在 2:00～3:00，气温较低，应注意适时加温，以免雏鹅受凉。外界气温低时，雏鹅在 10～20 d 可外出放牧。一般到 20 d 左右时可以完全脱温。冬季育雏可在 30 d 脱温。完全脱温时，要注意气温的变化，在脱温前 2～3 d，若外界气温突然下降，也要适当保温，待气温回升后再完全脱温。如果采用红外线灯泡作保温源时，悬挂高度必须离垫料至少 30 cm，以防发生火灾。

6. 合理的密度　密度合理，既有利于雏鹅生长发育，又能提高育雏室的利用率，还可以防止压伤、压死雏鹅。雏鹅怕冷，休息时常挤在一起，严重时可能堆挤数层以上，压在下面的雏鹅常常发生死伤。自开食以后，应每隔 1 h 驱赶 1 次，夜间和气温较低时，尤其要注意经常检查。每平方米养雏鹅数为：1～5 d 为 25 只，6～10 d 为 15～20 只，11～15 d 为 12～15 只，15 d 后为 8～10 只。

7. 饲料与饲喂方法　雏鹅的饲料包括精饲料、青绿饲料、矿物质、维生素和添加剂等，刚出壳的雏鹅消化功能较差，应喂给易消化的富含能量、蛋白质和维生素的饲料。在集约化养鹅中多喂以全价配合饲料。3 周龄内的雏鹅，日粮中营养水平应按饲养标准配制。1～21 d 的雏鹅，日粮中粗蛋白质水平为 20%～19%，代谢能为 11.30～11.72 MJ/kg；28 d 起，粗蛋白质水平为 18%～17%，代谢能约为 11.72 MJ/kg。饲喂颗粒饲料较粉料好，因其适口性好，不易黏嘴，浪费少。喂颗粒饲料比喂粉料节约 15%～30% 的饲料。在培育雏鹅时要充分发挥其生物学特性，补充日粮中维生素时，最好将幼嫩菜叶切成细丝喂给。应满足雏鹅对青绿饲料的需要，缺乏青绿饲料时，要在精饲料中补充 0.01% 的复合维生素。育雏期饲喂全价配合饲料时，一般都采用全天供料，自由采食的方法。

8. 雏鹅的放牧和游水　雏鹅要适时开始放牧游水，通过放牧，可以促进雏鹅新陈代谢，增强体质，提高适应性和抗病力。放牧游水的时间随季节不同而定，春末至秋初气温较高时，雏鹅出壳后 1 周就可开始放牧游水，冬季要 10～20 d 开始初次放牧。第 1 次放牧要选择风和日暖的晴天进行，先放牧，后游水。

放牧初期每天不要超过 1 h，分上、下午两次进行。上午第 1 次放鹅的时间要晚一些，以草上的露水干了以后放牧为好，下午收鹅的时间要早一些。如果露水未干就放牧，雏鹅的绒毛会被露水沾湿，尤其是腿部和腹下部的绒毛湿后不易干燥，早晨气温又偏低，易使鹅受凉，引起腹泻或感冒。

雏鹅放牧地，应选择地势平坦、青草幼嫩、靠近水源、距育雏室较近的地点；放牧地的水草要洁净，没有疫情和农药、废水、废渣、废气或其他有害物质污染；最好不要在公路两旁和噪声较大的地方放牧，以免鹅群受惊吓。

阴雨天和大风天不要放牧，雨后要等泥地干到不黏脚时才能出牧；病、弱雏暂时不要放牧。放牧时赶鹅不要太急，禁止大声吆喝和紧追猛赶，以防止惊鹅和跑场。

放牧前饲喂少量饲料后，将雏鹅缓慢赶到附近的草地上活动，让其采食青草约 30 min，然后赶到清洁的浅水池塘中，任其自由下水几分钟。游水后，将雏鹅赶回向阳避风的草地上，让其梳理羽毛，待毛干后赶回育雏室，对于没吃饱的雏鹅，要及时补饲。放牧时要观察鹅群动态，待大部分雏鹅吃饱后才让鹅群休息，并定时驱赶鹅群以免雏鹅睡熟着凉。初次放牧以后，只要天气好，就要坚持每天放牧，并随日龄的增加逐渐延长放牧时间，加大放牧距离，相应减少喂青绿饲料的次数，到 20 d 后，雏鹅已开始长大毛的毛管，即可全天放牧，只需夜晚补饲 1 次。夏季放牧要避免雨淋和烈日暴晒，冬季要避免大风和下雪等恶劣的天气。

　　放牧鹅群的大小和组织结构直接影响着鹅群的生长发育和群体整齐度，放牧的雏鹅群以300～500只为宜，最多不要超过600只，由两个放牧员负责，前领后赶。同一鹅群的雏鹅，日龄应该相同，否则大鹅跑得快，小鹅走得慢，难以合群。鹅群太大不易控制，放牧时常造成前面的鹅吃得饱，后面的鹅吃不饱的现象，影响鹅群的整齐度。

　　9. 清洁卫生和防鼠灭蚊蝇　必须按操作规程进行清洁工作，打扫场地、清除粪便，垫料应经常更换翻晒，以保持清洁干燥，料槽与水槽要经常消毒。应消灭鼠害，减少其对雏鹅的侵害与疫病传播。同样，也要搞好环境卫生，减少蚊蝇的叮咬骚扰与疫病传播。除了装置钢板网门窗外，还需配置金属纱窗。晚间要有照明灯，每20 m²一盏20 W灯泡即可。

　　10. 防止应激　5日龄内的雏鹅，每次喂料后，除给予10～15 min的活动时间外，其余时间都应让其休息。所以，育雏室内环境应安静，严禁粗暴操作、大声喧哗引起惊群，光线不宜太强。夜晚要亮灯以驱避老鼠、黄鼠狼等。30 d后逐渐减少照明时间，直到停止照明、使用自然光照为止。在放牧过程中，不要让犬及其他兽类突然接近鹅群，注意避开火车、汽车的鸣笛。

　　11. 疾病防治　注意做好小鹅瘟、禽流感、霉菌、鹅口疮等疾病的防疫工作。要以防为主，发现疾病立即隔离治疗，保证雏鹅健康生长（详见第九章）。

　　12. 育雏效果的检测　检测育雏效果的标准，主要是育雏率、雏鹅的生长发育（活重、羽毛）。要求雏鹅在育雏期末成活率在95％以上，要求均匀度也能在80％以上。各周体重符合标准体重。全身胎毛由黄翻白，两肩和尾部脱换了胎毛。

　　13. 转群及大雏的选择　通常雏鹅30 d脱温后要转群，转群时结合进行大雏的选留。按照各品种（品系或配套系）的育种指标，进行个体的选择、称重、戴上肩号。淘汰不合格者，作为商品鹅所用。留种者转入仔鹅（中鹅）群继续培育。

　　大雏选择重点是在出壳雏鹅选择群体的基础上进行，主要是看发育速度、体型外貌和品种特征。具体要求是生长发育快，脱温体重大。大雏的脱温体重应在同龄、同群平均体重以上，高出1～2个标准差，并符合品种发育的要求，体型结构良好。羽毛着生情况正常，符合品种或选育标准要求；体质健康、无疾病史的个体。淘汰那些脱温体重小、生长发育迟缓、羽毛生长慢以及体型结构不良的个体。

第二节　仔鹅饲养管理

仔鹅，俗称中鹅，又称生长鹅、青年鹅或育成鹅，是指从 29 d 起到选入种用或转入育肥群时为止的鹅。一般指 30 d 以上至 60 d 左右的鹅（与饲料营养水平有关）。其后，留作种用的仔鹅称为后备种鹅，不能作种用的转入育肥群，经短期育肥供食用，即所谓肉用仔鹅。仔鹅阶段生长发育的好坏，与上市肉用仔鹅的体重、未来种鹅的质量有密切关系。这个时期采用以青绿饲料为主、精饲料为辅的饲养方式。加强锻炼，以培育出适应性强、耐粗饲、增重快的鹅群，为选留种鹅或转入育肥群打下良好基础。

一、仔鹅生理特点

雏鹅经过舍饲育雏和放牧锻炼，进入了仔鹅阶段。这个阶段的特点是，鹅的消化道容积增大，消化力和对外界环境的适应性及抵抗力增强。该阶段也是鹅的骨髓、肌肉和羽毛生长最快的时期，并能大量利用青绿饲料。这时以多喂青绿饲料或进行放牧饲养最为适合，也最为经济。仔鹅饲养管理的重点是以放牧为主，补饲为辅，充分利用放牧条件，加强锻炼，以培育出适应性强，耐粗饲，增重快的鹅群，为选留种鹅或转入育肥群打下良好基础。

二、仔鹅饲养管理

仔鹅的饲养，主要有 3 种形式，即放牧饲养、舍饲以及放牧与舍饲相结合。我国大多数采用放牧饲养，因为这种形式所用饲料与工时最少，经济效益好。如果牧地不够或牧草数量与质量达不到要求，就采取放牧与舍饲相结合的形式。舍内饲养主要在集约化饲养时采用，另外在冬季养鹅时，如因天气冷，没有青绿饲料，也可采用舍内饲养。如果采取舍饲，即全舍饲，则应用全价配合饲料，日粮代谢能为 11.30 MJ/kg，粗蛋白质含量为 15%～17%，粗纤维含量为 5%，钙含量为 0.6%，磷含量为 0.9%，赖氨酸含量为 1%，蛋氨酸＋胱氨酸含量为 0.77%，食盐含量为 0.4%。最好还要搭配一定比例的青绿饲料。

1. 放牧场地选择与利用　仔鹅的放牧场地要有足够数量的青绿饲料，对草质要求可比雏鹅的低些。一般来说，300 只规模的鹅群需自然草地约 7 hm^2

或有人工草地约 3.5 hm²。农区耕地内的野草、杂草以及田边草地，每亩*可养鹅 1~2 只。有条件的可实行分区轮牧制，每天放牧一块草地，放牧间隔在 15 d 以上，把草地的利用和保护结合起来。放牧场地中要包括一部分茬口田或有野草种子的草地，使鹅在放牧中能吃到一定数量的谷物类精饲料，防止能量不足。群众的经验是"夏放麦场，秋放稻场，冬放湖塘，春放草塘"。

2. 仔鹅放牧管理

(1) 放牧时间　放牧初期要控制时间，每天上下午各放 1 次，每次活动时间不要太长，如在放牧中发现仔鹅有怕冷的现象，应停止放牧。以后随日龄增大，逐渐延长放牧时间，直至整个上下午都在放牧，但中午要回棚休息 2 h。一般每天放牧 9 h 左右，有条件的则尽量长一些。鹅的采食高峰是在早晨和傍晚，早晨露水多，除雏鹅时期不宜早放外，待腹部羽毛长成后，早晨尽量早放，傍晚天黑前，是又一个采食高峰，所以应尽可能将茂盛的草地留在傍晚时放牧用。

(2) 适时放水　放牧要与放水相结合，放牧一段时间，仔鹅吃到八九成饱后（此时有相当多仔鹅停止采食），就应及时放水，把鹅群赶到清洁的池塘中充分饮水和洗澡，每次约 30 min，然后赶鹅上岸，抖水、理毛、休息。天气较热时，如发现仔鹅烦躁不安，呼吸急促，应及时放水，也可每隔 30 min 放水 1 次。正如禽谚所说，"要鹅长得壮，一天要换 3 个塘""养鹅无巧，清水青草"。放水的池塘或河流的水质必须干净、无工业污染；塘边、河边要有一片空旷地。

(3) 鹅群调教　鹅的合群性比鸭差，放牧前应进行调教，尤其要注意培训和调教"头鹅"。先将各个小群的仔鹅合并在一起吃食，让它们互相认识、互相亲近，几天后再继续扩大群体，加强合群性。当群鹅在遇到意外情况时也不会惊叫走散后，开始在周围环境不复杂的地方放牧，让鹅群慢慢熟悉放牧路线。然后进行放牧速度的训练，按照空腹快、饱腹慢、草少快、草多慢的原则进行调教。

(4) 放牧鹅群大小　根据管理人员的经验与放牧场地而定，一般 100~200 只一群，由一人放牧；200~500 只为一群的，可由两人放牧；若放牧场地开阔，水面较大，每群也可扩大到 500~1 000 只，需要 2~3 人管理。如果管

---

　*　亩为非法定计量单位。1 亩≈667 m²。——编者注

理人员经验丰富，群体还可以扩大。

（5）放牧与点数方法　放牧方法有领牧与赶牧两种。小群放牧，一人管理时用赶牧的方法；两人放牧时可采取一领一赶的方法；较大群体需三人放牧时，可采用两前一后或两后一前的方法，但前后要互相照应。遇到复杂的路段或横穿公路时，应一人在前面将鹅群稳住，待后面的鹅跟上后，循序快速通过。出牧与归牧要清点鹅数，通常利用牧鹅竿配合，每3只一数，很快就数清，这也是群众的实际经验。

（6）采食观察与补饲　如放牧能吃饱喝足，可以不补饲；如吃得不饱，或者当天最后一个"饱"未达到十成，或者肩、腿、背、腹正在脱落旧毛、长出新毛时，应该补饲。补饲量应视草情、鹅情而定，以满足需要为佳。补饲时间通常安排在中午或傍晚。刚由雏鹅转为仔鹅时，可继续适当补饲，但应随时间的延长，逐步减少补饲量。白天补饲可在牧地上进行，这可减少鹅群往返而避免劳累。为使鹅群在牧地上多吃青草，白天补饲时不喂青绿饲料，只给精饲料。喂料时，要认真观察仔鹅的采食动作和食管的充盈度，这能及时发现病鹅。凡健康、食欲旺盛者，表现为动作敏捷，抢着吃，不挑剔，一边采食，一边摆脖子下咽，食管迅速膨大增粗，并往右移，喙不停地往下点，民间称之为"压食"。凡食欲不振者，表现为采食时抬头，东张西望，喙含着料，不愿下咽。

（7）放牧注意事项

① 防惊群。仔鹅胆小、敏感，途中遇有意外情况，易受惊吓，如汽车路过时高音喇叭的突然刺激常会引起惊群逃跑，管理人员服装、工具的改变，以及平常放牧时手持竹竿随鹅行动，倘遇雨天时若打起雨伞，均会使鹅群不敢接近，甚至离散逃跑。这些意外的刺激，都要预防。

② 防跑伤。放牧要逐步锻炼，路线由近渐远，慢慢增加，途中要有走有歇，不可蛮赶。每天放牧距离要大致相等，以免累伤鹅群。高低不平的路尽量不走，通过狭窄的路面时，速度尽量放慢，避免鹅挤压致伤。特别在上下水时，坡度太大，或通道太窄，或有树桩乱石，鹅由于飞跃冲撞，极易受伤。已经受伤的鹅必须将其圈起来养伤，伤愈前绝对不能再放牧。此外，还应注意防丢失和防兽害。

③ 防中暑。暑天放牧，应在早晚多放，中午多休息，将鹅群赶到树荫下纳凉，不可在烈日下暴晒。无论白天或晚上，当鹅群有鸣叫不安的表现时，应

及时放水，防止闷热引起中暑。

④ 防中毒和传染病。对于放牧路线，管理人员要早几天进行勘察，凡发生过传染病的疫区、凡用过农药的牧地，绝不可放牧鹅。要尽量避开堆积垃圾、粪便之处，严防鹅吃到死鱼、死鼠及其他腐败变质食物。

3. 做好卫生与防疫　仔鹅初期，机体抗病力还较弱，又面临着由舍饲为主向放牧为主的转变，环境应激较大。因此，在这一转折时期，最好在饲料中添加一些抗生素和多维等抗应激及保健药品。放牧的鹅群，易受到野外病原的感染，放牧前应接种小鹅瘟血清、禽流感疫苗、鸭瘟疫苗、禽霍乱疫苗。在放牧中，如发现邻区或上游放牧的鹅群或分散养鹅户发生传染病时，应立即将鹅群转移到安全地点放牧，以防传染疫病。不要到受到工农业有害污染物污染的沟渠放水，对喷洒过农药、施过化肥的草地、果园、农田，应经过 10 d 或 15 d 后再放牧（具体应根据使用农药毒性和衰减期确定），以防中毒。每天要清洗饲料槽、饮水盆，随时搞好舍内外、场区的清洁卫生。定期更换垫草，并对鹅舍及周边环境进行消毒。由于仔鹅还缺乏自卫能力，鹅棚舍要配有防鼠、防兽害的设施。

4. 做好转群和出栏　仔鹅阶段认真地放牧和饲养管理，充分利用放牧草地和田间遗谷穗粒，在较好的补饲条件下，仔鹅生长发育比较好，一般长至70～80 d 时，就可以达到选留后备种鹅的体重要求。此时，应及时进行后备种鹅的选留工作，选留的合格后备种鹅可转入后备种鹅群，继续进行培育；不符合种用条件的仔鹅和体质瘦弱的仔鹅，可及时转入育肥群，进行肉用仔鹅育肥。达到出栏标准体重的仔鹅可及时上市出售，在仔鹅出栏前 6～8 h 停喂饲料，自由饮水。

此期的仔鹅羽毛生长已丰满，主翼羽在背部要交翅，在开始脱羽毛时进行选种工作。种鹅场一般是在大雏选留群体的基础上结合称重选留后备公、母种鹅。一般是把品种特征典型、体质结实、生长发育快、羽绒发育好的个体留作种用。后备公、母种鹅的基本要求是：后备种公鹅要求体型大，体质结实，各部结构发育均匀，肥度适中，头大适中，两眼有神，喙正常无畸形，颈粗而稍长（作为生产肥肝的品种，颈应粗而短），胸深而宽，背宽长，腹部平整，脚粗壮有力、长短适中、距离宽，行动灵活，叫声响亮。选留公鹅数要比按配种的公母比例要求多留 20％～30％作为后备用。后备种母鹅要求体重大，头大小适中，眼睛灵活，颈细长，体型长而圆，前躯浅窄，后躯宽深，臀部宽广。

5. 做好生产记录　建立生产记录档案，包括进雏日期、进雏数量、雏鹅来源、饲养员。每天的生产记录包括日期、日龄、死亡数、死亡原因、存栏数、温度、湿度、免疫记录、消毒记录、治疗用药记录、喂料量、主要添加剂使用记录、药物性添加剂使用记录、鹅群健康状况、出售日期、数量和购买单位。记录应在鹅出售后保存两年以上。

第三节　肉用仔鹅育肥

一般以放牧为主的肉用仔鹅，在放牧草场良好、充分采食田地遗粒的条件下，70～80 d 时，也能达到上市标准体重。60 d 前的仔鹅，主要是长骨骼，虽然体重已达标，但胸肌不厚，屠宰率低，可食部分少，体重也仍有一定的增长潜力。而且放牧草地的仔鹅，体型较瘦，肉质粗糙，有青草味，适口性差，这些都影响了肉用仔鹅的市场销售和价格，此时直接上市经济效益较差。肉用仔鹅采用高能量日粮，经过 15～30 d 的短期育肥，可以迅速增膘长肉，沉积脂肪，增加体重，改善肉品质。经过育肥的仔鹅膘肥肉嫩，味道鲜美，屠宰率高，可食部分比例高，而且经济效益也高。因此，将不能作种用的仔鹅，经过短期育肥之后投入市场是很有必要的。

一、育肥原理和膘度等级标准

1. 育肥期的特点　仔鹅的主翼羽长出后，就可以转入育肥饲养。此时，仔鹅全身羽毛基本长齐，耐寒性增强，体格进一步增大，对环境的适应性增强，消化系统逐渐发达，如放牧则行动能力增强，采食量增加，若圈养则食量加大，育肥程度加快。

根据育肥期的特点，育肥时应掌握以下原则：育肥期一般为 10～14 d；以舍饲、自由采食为主；日喂 3 次，夜间 1 次；喂以富含能量的谷类，加一些蛋白质饲料，也可使用配合饲料与青草混喂，育肥后期改为先喂精饲料、后喂青草；限制鹅的活动，不限制采食量，饮水充足，促进体内脂肪的沉积（图 8-3）。

2. 育肥的原理　对育肥的仔鹅，必须采取特殊的饲养管理措施。饲喂富含碳水化合物的高能饲料，并限制鹅的活动以减少体内养分的损耗，这样过多的能量和其他养分便大量转化为脂肪，在体内储存起来，使鹅增重。鹅舍应保持安静，光线要暗些，有利于鹅的休息。当然，在大量供应碳水化合物的同时，也要供应适量的蛋白质。蛋白质在体内充裕，可使肌肉细胞（肌纤维）大量分裂繁殖，使鹅体内各部位的肌肉，特别是胸肌充盈丰满起来，鹅变得肥大而结实。

图 8-3　豁眼鹅网床育肥

3. 育肥鹅膘肥度的等级标准　经育肥的仔鹅，体躯呈方形，羽毛整齐光亮，后腹下垂，胸肌丰满，颈粗圆形，粪便发黑，细而结实。根据翼下体躯两侧的皮下脂肪，可把育肥膘情分为 3 个等级：

上等肥度鹅：皮下摸到较大、结实、富有弹性的脂肪块；遍体皮下脂肪增厚，摸不到肋骨；尾椎部丰满；胸肌饱满，突出胸骨崤，从胸部到尾部上下几乎一样粗；羽根呈透明状。

中等肥度鹅：皮下摸到板栗大小的稀松小团块。

下等肥度鹅：皮下摸不到脂肪团，皮肤可以滑动，需继续育肥几天。

育肥鹅达到上等肥度即可上市出售。肥度都达中等以上，体重和肥度整齐均匀，说明育肥成绩优秀。

二、育肥前准备工作

1. 育肥鹅选择及分群饲养　仔鹅饲养期过后，首先从鹅群中选留种鹅，定为种鹅群定向培育。剩下的鹅为育肥鹅群。选择作育肥用的鹅不分性别，要选精神活泼、羽毛光亮、两眼有神、叫声洪亮、机警敏捷、善于觅食、挣扎有力、肛门清洁、健壮无病、60 d 以上的仔鹅。新从市场买回的肉鹅，还需在清洁水源放养，观察 2～3 d，并投喂一些抗生素和接种必要的疫苗进行疾病的预防，确认其健康无病后再育肥。为了使育肥鹅群生长齐整、同步增膘，须将大群分为若干小群。分群原则，将体型大小相近和采食能力相似的混群，分成强群、中等群和弱群 3 个等级，在饲养管理中根据各群实际情况，采取相应的技术措施，缩小群体之间的差异，使全群达到最高生产性能，一次性出栏。

2. 驱虫　鹅体内外的寄生虫较多，如蛔虫、绦虫、吸虫、羽虱等，应先确诊。育肥前要进行一次彻底驱虫，对提高饲料转化率和育肥效果极有好处。驱虫药应选择广谱、高效、低毒的药物。

三、育肥方法

肉用仔鹅的育肥方法主要有放牧加补饲育肥法和圈养限制运动育肥法两种。育肥期通常为 15～20 d。采用什么方法育肥，要根据饲料、牧草、鹅的品种、季节和市场价格来确定。

1. 放牧加补饲育肥法　实验证明，放牧加补饲是最经济的育肥方法。放牧育肥俗称"骟茬子"，根据育肥季节的不同，进行骟野草籽、麦茬地、稻田地，采食收割时遗留在田里的粒穗，边放牧边休息，定时饮水。放牧骟茬育肥是我国民间广泛采用的一种最经济的育肥方法。如果白天吃籽粒吃得很饱，晚上或夜间可不必补饲精饲料。如果育肥季节赶到秋前（籽粒没成熟）或秋后（"骟茬子"季节已过），放牧时鹅只能吃青草或秋黄的野草，那么晚上和夜间必须补饲精饲料，能吃多少喂多少，吃饱的鹅颈的右侧又出现一假颈（嗉囊膨起），吃饱的鹅有厌食动作，摆脖子下咽，嘴、头不停地往下点。补饲必须用全价配合饲料，或压制成颗粒饲料，可减少饲料浪费。补饲的鹅必须饮足水，尤其是夜间不能停水。放牧育肥必须充分掌握当地农作物的收割季节，事先联系好放牧的茬地，预先育雏，制订好放牧育肥计划。

2. 圈养限制运动育肥法　将鹅群用围栏圈起来，每平方米 5～6 只（图 8-4），要求栏舍干燥，通风良好，光线暗，环境安静，每天进食 3～5 次，从 5:00～10:00。育肥期 20 d 左右，鹅体重迅速增加，增重 30%～40%。这种育肥方法不如放牧加补饲育肥广泛，饲养成本较放牧加补饲育肥高，但适合于大规模饲养。这种方法生产效率较高，育肥均匀度比较好，适用于放牧条件较差的地区或季节，最适于集约化批量饲养。目前，我国多采用圈养自由采食育肥法。

自由采食育肥法有网床育肥和地上平面加垫料育肥两种方式，均用竹竿或木条隔成小区，食槽和水槽设在围栏外，鹅伸出头来自由采食和饮水。这种育肥方法不如放牧加补饲育肥广泛，饲养成本较放牧加补饲育肥高，但这种方法

图 8-4　肉鹅大棚育肥

生产效率较高,育肥均匀度比较好,适用于放牧条件较差的地区或季节,最适于集约化批量饲养。这种育肥方法有以下两个特点:一是主要依靠配合饲料达到育肥的目的,也可喂给高能量的日粮,适当补充一部分蛋白质饲料。二是限制鹅的活动,在光线较暗的房舍内进行,减少外界环境因素对鹅的干扰,让鹅尽量多休息。每平方米可放养 4～6 只,每天喂料 3～4 次,使体内脂肪迅速沉积,同时供给充足的饮水,增进食欲,帮助消化,经过 15 d 左右即可宰杀。

采用自由采食育肥法,生产中一般是实行"先青后精"的原则。开始时可先喂青绿饲料 50%,后喂精饲料 50%,也可精饲料、青绿饲料混合饲喂。在饲养过程中要注意鹅粪的变化,酌情调整精饲料、青绿饲料的比例,当粪便逐渐变黑,粪条变细而结实,说明肠管和肠系膜开始沉积脂肪,应改为先喂精饲料 80%,后喂青绿饲料 20%,逐渐减少青绿饲料和粗饲料的添加量,促进其增膘,缩短育肥时间,提高育肥效益。

3. 仔鹅育肥程度　肉用仔鹅育肥的程度,主要取决于下列因素:

(1) 饲料状况　在放牧育肥条件下,如果作物茬地面积较大,可放牧场地多,脱落的麦粒、谷粒较多时,育肥时间可适当延长。如果没有足够的放牧茬地,或未赶上作物的收割季节,可适当缩短育肥时间,抓紧出售,否则会出现放牧不足而掉膘的情况。在舍饲育肥条件下,要有饲料供应,主要应根据养鹅户的资金、饲料供给情况等来确定育肥时间。

(2) 增重速度　育肥期间仔鹅的体重增长速度反映生长发育的快慢,同时反映出育肥期内饲养管理的水平。一般而言,在育肥期内,放牧育肥增重 0.5 kg 以上。当然,增重速度与所饲养的品种、季节、饲料等因素有密切的关系。

(3) 膘度　膘肥的鹅全身皮下脂肪增厚,尾部丰满,胸肌厚实饱满,富含脂肪。膘肥的标准主要根据鹅翼下两侧体躯皮肤及皮下组织的脂肪沉积来鉴定。摸到皮下脂肪增厚，有板栗大小、结实、富有弹性的脂肪团者为上等肥度；脂肪团疏松为中等肥度；摸不到脂肪团，而且皮肤可以滑动的为下等肥度。商品肉鹅参考体重与喂料量见表8-2。商品肉鹅饲粮营养需要推荐量附表10。

表8-2　商品肉鹅参考体重与喂料量（公母混养，以88%干物质计）（g）

周龄	周增重	累计增重	体重	日耗料量	周耗料量	周累计耗料量
1	105	105	184	35	245	245
2	240	345	424	90	630	875
3	295	640	719	140	980	1 855
4	320	960	1 039	150	1 050	2 905
5	330	1 290	1 369	165	1 155	4 060
6	325	1 615	1 694	180	1 260	5 320
7	300	1 915	1 994	190	1 330	6 650
8	280	2 195	2 274	190	1 330	7 980
9	250	2 445	2 524	200	1 400	9 380
10	220	2 665	2 744	185	1 295	10 675
11	185	2 850	2 929	170	1 190	11 865
12	160	3 010	3 089	170	1 190	13 055

第四节　鹅网床平养技术

目前，随着我国环保要求水平的不断提高，传统散养模式逐渐受到限制，许多鹅养殖场借鉴肉鸡、肉鸭养殖的经验，积极改变养殖模式，大力发展网床养殖，取得了较好效果。关于肉鹅和种鹅育雏、育成期鹅网床平养技术基本成熟，而种鹅产蛋期采用网床平养和多层立体平养成功的案例较少，该技术还需要继续研究。

一、网床平养优点

传统地面平养的养殖模式或是采用垫料饲养，或是每天冲洗鹅圈。这两种

养殖方式，会产生大量垫料废弃物，或是产生大量废水，而且因鹅易于与鹅粪接触而感染寄生虫病及其他易感疾病，增加养鹅的用药量和食品安全风险。因此，可采用鹅网床养殖模式，避免鹅与粪便直接接触，降低寄生虫病及相关疾病的发病率，减少甚至不用水冲洗鹅圈；鹅饲养在网床上，具有运动量少、饲料转化率高和成活率高等特点。

二、网床设计

目前，鹅网床平养的网床，一是可采用专用塑料易拆卸网架，该网床采用高强度塑料材料制造，网架可在短时间内拆卸安装，高度可调；粪便堆积于架之下，等鹅上市后将网架拆除，用铲车一次性清除积粪，大大提高清粪效率；该网床易于清洗消毒，降低不同养殖批次间的疾病传染。二是借鉴白羽肉鸡网床设计方法，先固定床架和床腿，然后使用涂塑钢丝绳纵向拉紧固定在床架上，再在钢丝绳上放垫网，并尽量将垫网拉紧以避免凹凸不平；或者用松木或竹板制作的网床直接镶嵌在床架上。网床的床架要求强度大，不易变形。网床的床腿支撑力强，不变形，无弹性。网床的架构可以是涂塑钢丝绳、角钢、木条、竹竿等，要求有较强的承受力。

网床上面可以铺设塑料垫网。网孔大小：雏鹅，一般长宽或直径为 1～1.5 cm；仔鹅，长宽或直径为 2～2.5 cm，确保鹅的粪便能正常掉至网下。网床高度 100 cm 左右为宜。网床周围安装围栏，围栏具有一定的硬度，网孔要小一些，以避免鹅头伸进网孔。围栏的高度为 60～70 cm，避免鹅飞跃过网摔到地面。可根据房舍宽度设计成两列一走道或三列两走道等模式，走道宽度为80～100 cm。每栏群体适宜大小为 150～300 只。网床下可设计自动刮粪板装置进行清粪，或采用网床下设发酵床，将粪便直接进行发酵处理。

三、饲养管理技术要点

采用网床平养，鹅生长速度较快，但常出现啄羽、痛风和瘸腿等现象，有时屠宰胴体残次品较高。因此，应做好以下工作：

1. 适宜纤维素水平饲料配置　鹅属于草食家禽，消化道含有大量消化纤维素的微生物，能够消化一定比例含纤维饲料，饲料中纤维素含量较低，就会出现啄羽现象。因此，应按照营养需要量标准做好饲料配方设计，尤其是注意饲料中纤维素含量不能过低，一般育雏期纤维素不低于 3%，育肥期和后备种鹅纤维素不低于 5%。饲料中可添加一定比例的米糠、秸秆粉、羊草等牧草粉，或者每天补充添加一些青绿饲料。网床上可设置专用料槽，供补充饲喂青贮玉米颗粒、砂粒或青绿饲料颗粒专用，任鹅自由采食。

2. 适宜蛋白质水平饲料配置　饲料中应注意设计合理的蛋白质水平，一般育雏期蛋白质不高于 18%，育肥期和后备种鹅纤维素不高于 16%；含有草粉或米糠的饲料，赖氨酸和蛋氨酸很容易缺乏，应注意按照饲养标准进行补充。

3. 适宜发酵饲料配置　饲料发酵可有效降解或消除原料中存在的抗营养因子，有效地将饲料分解、转化为机体容易消化吸收的葡萄糖、氨基酸等小分子物质，从而提高饲料的营养价值和饲料转化率，同时在发酵过程中，有效地抑制饲料上附着的有害杂菌和病原微生物，提高饲料品质。另外，乳酸菌通过降解碳水化合物而产生的乳酸及其他有机酸，降低肠 pH，改善消化系统的内环境，从而抑制了碱性细菌有害菌的生长和繁殖。发酵饲料中的有益微生物在机体内和发酵饲料过程中，产生大量动物生长发育、生理活动所必需的消化酶、有机酸、维生素及促生长因子，帮助机体对所采食物质进行消化吸收。因此，在鹅饲料中添加一定比例的发酵饲料或添加剂，对促进鹅生长、提高饲料转化率和成活率等都有较好的效果，尤其是网床平养鹅饲喂发酵饲料可以有效防止啄癖等现象发生。

4. 做好饮水槽设计与管理　网床平养鹅喜欢戏水，水槽漏水较多，溢出的水造成水槽周围地面潮湿，引起粪便发酵，进而产生大量氨气和硫化氢，严重影响鹅舍空气质量，导致鹅群发病。因此，除了应选择质量好的设备之外，还应注意做好水槽设计，水槽可增设防漏水装置。另外，还应做好限水管理，在正常温度范围内，当鹅采食结束后，应适当关闭水阀。

第五节　后备种鹅饲养管理

留作种用的育成鹅称为后备种鹅。种鹅达到性成熟时间较长（210 d 左右），鹅体各部位，各器官，仍处于发育完善阶段。在种鹅的后备饲养阶段，要以放牧为主、补饲为辅，并适当限制营养。饲养管理的重点是对种鹅进行限制饲养，其目的在于控制体重，防止种鹅体重过大、鹅体过肥，使其具有适合产蛋的体况；机体各方面完全发育成熟，适时开产；训练其耐粗饲的能力，育

成有较强的体质和良好的生产性能的种鹅；延长种鹅的有效利用期，节省饲料，降低成本，达到提高饲养种鹅经济效益的目的。

一、后备种鹅特点

在后备种鹅培育的前期，鹅的生长发育仍比较快，如果补饲日粮的蛋白质含量较高，会加速鹅的发育，导致鹅体重过大、鹅体过肥，并促其早熟；而鹅的髓骨尚未得到充分发育，致使种鹅髓骨发育纤细，体型较小，提早产蛋，往往产几个蛋后又停产换羽。这说明鹅体各部分生理功能不协调，生殖器官虽发育成熟，但不完全，开产以后由于体内营养物质的消耗，出现停产换羽。后备种鹅羽毛已经丰满，抗寒抗雨能力均较强，对外界环境已有较强的适应、抵抗能力，对青绿饲料有很强的消化能力。因此，种鹅的后备期应逐渐减少补饲日粮的饲喂量和补饲次数，锻炼其适应以放牧食草为主的粗放饲养，保持较低的补饲日粮的蛋白质水平，有利于骨髓、羽毛和生殖器官的充分发育。由于减少了补饲日粮的饲喂量，既节约饲料，又不致使鹅体过肥、体重太大，保持健壮结实的体格。

二、种鹅雌雄鉴别

在种鹅生产中，通过雌雄鉴别可以实现公母鹅分开饲养，充分发挥和提高鹅的生产性能。鹅的雌雄鉴别技术在种鹅生产中更为重要，按照公、母鹅的生理特点实现计划生产，大大降低饲养管理成本，节约人力和设备投入，提高效益。

1. 肛门鉴别法　到 3～4 月龄时，公鹅的阴茎已逐渐发育成熟。成熟的阴茎长为 6～8 cm，粗约 1 cm，由一对左右纤维淋巴体组成，分基部和游离部（但有的鹅因饲养管理欠佳或营养不良时，阴茎未发育成形，甚至有的与育成期相近）。鉴别时，操作同育成期，手指微用力，阴茎即可伸出。正常的阴茎弹性良好，比较容易伸出或回缩。如其中部或根部有结节，则可能是患大肠杆菌病或其他疾病，可依据具体情况进行淘汰处理或治疗后继续留用。如翻开泄殖腔，见有皱襞，则为母鹅。若为经产母鹅，则较为松弛，很容易翻开。

2. 外形鉴别法　随着日龄的增长，公、母鹅外形的差异日渐显著，公鹅的雄相日益突出，至成鹅期已相当明显，表现在体型较大，喙长而钝，颈粗长，胸深而宽，背宽而长，腹部平整，胫较长。有肉瘤的品种，肉瘤突起，明显大于母鹅的。相对公鹅而言，母鹅的体型较为轻秀，身长而圆，颈细长，前躯较浅窄，后躯深而宽（产蛋期腹部下垂尤为明显），臀部宽广，腿结实，距离宽。

3. 动作鉴别法　至成鹅期，公、母鹅在动作行为上表现出很大的差异，可依此来判断雌雄。一般来说，鹅群中，头鹅多为公鹅，表现为凶悍、威猛，能起到看家护院的作用。群体饲养时，个别公鹅可能出现独霸某一只或几只母鹅的现象，或不让其他公鹅进入其领地的行为。相比较而言，母鹅则比较温驯。

4. 鸣声鉴别法　公、母鹅的鸣声有一定区别，尤其是成鹅，更易于区分。公鹅的鸣声高、尖、清晰、洪亮；母鹅的鸣声低、粗，较为沉浊。

三、后备种鹅分段限制饲养

依据后备种鹅生长发育的特点，将后备期分为生长阶段、公母分饲及控料阶段和恢复饲养阶段。应根据每个阶段的特点，采取相应的饲养管理措施，进行限制饲养，以提高鹅的种用价值。

1. 生长阶段　此阶段为 70～100 d。这个阶段的后备种鹅仍处于较快的生长发育时期，而且还要经过幼羽更换成青年羽的第 2 次换羽时期。该阶段需要较多的营养物质，如太湖鹅每天仍需补饲 150 g 左右精饲料，不宜过早进行粗放饲养，应根据放牧场地草质的好坏，逐渐减少补饲次数，并逐步降低补饲日粮的营养水平，使青年鹅机体得到充分发育，以便顺利进入公母分饲及控料饲养阶段。此阶段若采取全舍饲并饲喂全价配合饲料，日粮营养水平为：代谢能 10.5～11.0 MJ/kg，粗蛋白质 14％～15％。

2. 公母分饲及控料阶段　此阶段一般从 100～120 d 开始至开产前50～60 d 结束。一般来说，从 100 d 左右起，公母鹅就应该分开饲养管理，这样既可适应各自的不同饲养管理要求，还可防止早熟的鹅滥交乱配。因为后备种鹅经二次换羽后，假如不实行限制饲养，性成熟较早的少数个体，经 50～60 d 便可开始产蛋。但此时由于种鹅的生长发育尚不完全，个体间生长发育不整齐，开产时间参差不齐，导致饲养管理十分不方便。加上早产的蛋较小，达不到种用标准，种蛋的受精率也较低，母鹅产小蛋的时间较长，会严重影响种鹅的饲养效益。换句话说，限制饲养的目的，就是要做到控制母鹅在换羽结束以后开始产蛋，并能在一个生产周期里表现出较好的生产成绩。

后备种鹅的控制饲养方法主要有两种：一种是减少补饲日粮的饲喂量，实行定量饲喂；另一种是控制饲料的质量，降低日粮的营养水平。鹅以放牧为主，故大多数采用后者，但一定要根据放牧条件、季节以及鹅的体质，灵活掌握精饲料、青绿饲料配比和喂料量，既能维持鹅的正常体质，又能降低种鹅的饲养费用。

在控料阶段应逐步降低日粮的营养水平，必须限制精饲料的饲喂量，强化放牧。精饲料由喂 3 次改为 2 次，当地牧草茂盛时则补喂 1 次，甚至逐渐停止补饲，使母鹅体重增加缓慢，消化系统得到充分发育，同时换生新羽，生殖系统也逐步完全发育成熟。精饲料用量可比生长阶段减少 50%～60%。饲料中可添加较多的填充粗饲料（如米糠、曲酒糟、青贮玉米等），目的是锻炼鹅的消化能力，扩大食管容量。后备种鹅经控料阶段前期的饲养锻炼，放牧采食青草的能力强，在草质良好的牧地，可不喂或少喂精饲料。在放牧条件较差的情况下每天喂料 2 次，喂料时间在中午和 21:00 左右。

控制饲养阶段，无论给食次数多少，补料时间均应在放牧前 2 h 左右，以防止鹅因放牧前饱食而不采食青草；或在放牧后 2 h 补饲，以免养成收牧后有精饲料采食，便急于回巢而不大量采食青草的坏习惯。

若因条件限制而采用舍饲方式时，最好给后备种鹅饲喂配合饲料。日粮营养水平为：代谢能 10.0～10.5 MJ/kg，粗蛋白质 12%～14%。豁眼鹅种鹅建议营养标准见附表1。

3. 恢复饲养阶段　经控制饲养的种鹅，应在开产前 60 d 左右进入恢复饲养阶段。同时，因为此时种鹅的体质较弱，在饲养上要逐步放食，由粗变精，逐步提高补饲日粮的营养水平，并增加喂料量和饲喂次数。日粮代谢能为 11.0～11.5 MJ/kg，蛋白质水平控制在 15%～17% 为宜。舍饲的鹅群还应注意日粮中营养物质的平衡。这时的补饲，只定时，但不定料、不定量，做到饲料多样化，青绿饲料充足，增加日粮中钙的含量，经 20 d 左右的饲养，使种鹅的体质得以迅速恢复，种鹅的体重可恢复到控制饲养前期的水平，促进生殖器官完全发育成熟，并为产蛋积累营养物质。

此阶段种鹅开始陆续换羽，为了使种鹅换羽整齐和缩短换羽时间，节约饲料，可在种鹅体重恢复后进行人工诱导换羽，即人为地拔除主翼羽和副主翼羽。拔羽后应加强饲养管理，适当增加喂料量。后备公鹅的精饲料补饲应提早进行，公鹅人工拔羽可比母鹅早 2 周左右开始，促进其提早换羽，以便在母鹅开产前已有充沛的体力、旺盛的食欲。开产前人工诱导换羽，可使后备种鹅能整齐一致地进入产蛋期。

在后备期一般只利用自然光照，如在下半年，由于日照短，恢复生长阶段要开始人工补充光照时间。通过 6 周左右的时间，逐渐增加光照总时数，使之在开产时达到每天 12～13 h。

后备种鹅饲养后期时，如果养的是种鹅而非一般蛋鹅，此时应将公鹅放入母鹅群中，使之相互熟识亲近，以提高受精率。放牧鹅群仍要加强放牧，但鹅群即将进入产蛋期，体大且行动迟缓，故放牧时不可急赶久赶；放牧距离应渐渐缩短。

四、后备种鹅管理要点

1. 放牧管理　在南方河流丰富地区和东北草原养殖场，后备种鹅多数以放牧为主，舍饲为辅。放牧管理工作的成败，对后备种鹅培育至关重要，主要做好以下工作。

（1）牧地选择与利用　牧地应选择水草丰盛的草滩、湖畔、河滩、丘陵，以及收割后的稻田、麦地等。牧地附近有湖泊、溪河或池塘，供鹅饮水或游泳。人工栽培草地附近同样必须有供饮水和游泳的水源。放牧前，先调查牧地附近是否喷洒过有毒药物，如果喷洒过，则必须经 1 周以后，或下大雨后才能放牧。为保护草源，保证牧地的载畜量与牧草正常再生，必须推行有计划的轮放。一般要求每天转移草场，实行 7 d 一循环的轮牧制度。

后备种鹅对饥饿极为敏感。后备种鹅放牧期间补饲量很少，有时夜间已停止补饲，为防止饥饿，除延长放牧时间外，可将最好的牧草地和苕子田留在傍晚时采食。

（2）放牧方法　后备种鹅羽毛已丰满，有较强的耐雨抗寒能力，可实行全天放牧。一般每天放牧 9 h。采取"两头黑"，要早出晚归。5:00 出牧，10:00 回棚休息，15:00 出牧，19:00 归牧休息，力争吃到 4～5 个饱（上午 2 个，下午 3 个）。应在下午就找好翌日的牧地，每天最好不走回头路，使鹅群吃饱吃好。

（3）注意防暑　在炎夏天气，鹅群在棚内烦躁不安，应及时放水，必要时可使鹅群在河畔过夜，日间要提供清凉饮水，以防过热或中暑。放牧时宜早出晚归，避开中午酷暑。早上天微亮就应出牧，10：00左右将鹅群赶回圈舍，或赶到阴凉的树林下让鹅休息，到15：00左右再继续放牧，待日落后收牧。休息的场地最好有水源，以便于饮水、戏水、洗浴。

（4）鹅群管理 一般以250～300只后备种鹅为一群，由两人管理。如牧地开阔，草源丰盛，水源良好而充足，可组成1 000只一群，由4人协同管理。放牧前与收牧时都应及时清点，如有丢失应及时追寻。如遇混群，可按编群标记追回。

后备种鹅是从仔鹅群中挑选出来的优良个体，有的甚至是从上市的肉用仔鹅当中选留下来的，往往不是来自同一鹅群，把它们合并成后备种鹅的新群后，由于彼此不熟悉，常常不合群，甚至有"欺生"现象，必须先通过调教让它们合群。这是后备种鹅生产初期管理上的一个重点。

在牧地小，草料丰盛处，应聚拢鹅群，使鹅充分采食。如牧地较大，草又欠丰盛处，可驱散鹅群，使之充分自由采食。后备种鹅胆小，要防其他畜禽接近鹅群。阴雨天放牧时饲养员宜穿雨衣或雨披，因为雨伞易使鹅群骚动，驱赶时动作要缓和并发出平时的调教声音，过马路时要防止汽车喇叭声的惊扰而引起惊群。

随时观察鹅群的精神状态、采食情况等，发现弱鹅、伤残鹅等要及时剔除，进行单独饲喂和护理。病鹅往往表现为行动呆滞，两翅下垂，食草没劲，两脚无力，体重轻，放牧时落在鹅群后面，严重者卧地不起。对于个别弱鹅应停止放牧，进行特别管理，可喂以质量较好且容易消化的饲料，到完全恢复后再放牧。

（5）注意放水 每吃1个饱后，鹅群便会停止采食，此时应进行放水。水塘应经常更换水，防止过度污染。每次放水约30 min，上岸理毛休息30～60 min，再继续放牧。天热时应每隔30 min放水1次，否则影响采食和健康。严格注意水源的水质。

2. 补料 育成鹅的主要饲养方式是放牧，既节省饲料，又可防止过肥和早熟，但在牧草地草质差，数量少时，或天气恶劣不宜放牧时，为确保鹅群健康，必须及时补料，一般多于夜间进行。传统饲喂法多补饲瘪谷，有的补充米糠或草粉颗粒饲料，现在多数是根据体重情况补饲配合饲料或颗粒饲料，后备种鹅喂料量的确定以种鹅的体重为基础。不同类型的鹅体重和喂料量存在很大差异，后备期营养需要也不同，生产者应该根据每个品种的喂料量和体重标准进行管理，豁眼鹅蛋用系建议体重与喂料标准（公鹅）见附表 2，豁眼鹅蛋用系建议体重与喂料标准（母鹅）见附表 3。

3. 清洁与防疫卫生　注意鹅舍的清洁卫生和饲料新鲜度，及时更换垫料，保持垫草和舍内干燥。喂食及饮水用具及时清洗消毒。在恢复生长阶段应及时接种有关疫苗，主要有小鹅瘟、鸭瘟、禽流感、禽出败、大肠杆菌疫苗；并注意在整个后备阶段做好传染病和肠胃病的防治，定期进行防虫驱虫工作。

4. 临产母鹅的鉴别　可从鹅的体态、食欲、配种表现和羽毛变化情况进行识别。临产母鹅，全身羽毛紧贴，光泽鲜明，尤其颈羽显得光滑紧凑，尾羽与背羽平伸，腹下及肛门附近羽毛平整，体态丰满，行动迟缓，两眼微凸，头部额瘤发黄，尾部平伸舒展，后腹下垂，腹部饱满松软而有弹性，耻骨间距已开张 3～4 指宽，鸣声急促、低沉。肛门平整呈菊花状，临产前 7 d，其肛门附近异常脏污。临产母鹅食欲旺盛，喜采食青绿饲料和贝壳类矿物质饲料。从配种方面观察，临产母鹅主动接近公鹅，下水时频频上下点头，要求交配，母鹅间有时也会相互爬踏，并有衔草做窝现象，说明临近产蛋期。

五、种鹅体型发育模式与修饰

1. 鹅群整齐度的概念　鹅群的整齐度，就是鹅群的一致性。包括体重大小一致性（均匀度）、开产日龄一致性、蛋重大小一致性等。体重一致性最为重要，也是其他指标一致性的基础。

2. 体重整齐度评价方法　体重整齐度严格讲是指称重过程中落入标准体重允许范围内的鹅的只数，占称重鹅只数的百分比。一般整齐度要求达到 85％以上（标准体重±10％范围）。若偏离标准体重范围来谈整齐度，不能达到应有的生产效果。有些鹅群虽然平均体重符合标准，但是个体之间差异很大（变异系数＞10％），大的过肥，小的体弱，两者产蛋都少。整齐度越高产蛋量越高，反之整齐度越差，产蛋量越低。

3. 提高整齐度的措施　一是控制适当的密度。成年鹅 2 只/m² 为宜，最多 2.4 只/m²，每群 150～300 只为宜。二是经常调整鹅群。育成期鹅群分为大、中、小 3 种体重；对体重小的鹅群增加精饲料量，并减少粗饲料、青绿饲料喂料量；对体重大的鹅群增加粗饲料、青绿饲料喂料量，减少精绿料喂料量。三是安置足够的料水槽。四是分料要快、要均匀。

4. 种鹅体重发育建议模式　详见表 8-3。

表 8-3　种鹅体重发育建议模式

饲养周龄	饲喂方式	体重要求
0~4（公鹅 5 周龄）	自由采食（以精饲料为主）	维持体重上限
5~12	限制饲喂（逐渐增加粗饲料和青绿饲料）	逐渐达到平均体重中限
13~22	限制饲喂（以粗饲料和青绿饲料为主）	逐渐达到平均体重下限
23~29	限制饲喂（逐渐增加精饲料）	逐渐达到平均体重中限
30~45	自由采食（以精饲料为主）	维持平均体重中限
45 周龄以后	限量采食（以精饲料为主）	维持平均体重中限

5. 种鹅参考饲料精饲料、粗饲料配合比例与营养水平　详见表 8-4。

表 8-4　种鹅参考饲料精饲料、粗饲料配合比例与营养水平

周龄	饲料类型	饲喂方式	精饲料能量水平 (cal/kg)	饲料蛋白质水平（%）
0~4	育雏料	自由采食	2 800	18
5~12	育成料	70%精饲料+30%青绿饲料	2 750	15
13~28	育成料	50%精饲料+50%青绿饲料	2 700	14
29~31	产前料（50%产蛋料+50%育成料）	70%精饲料+30%青绿饲料	2 750	14
32 周龄以后	产蛋料	80%精饲料+20%青绿饲料	2 750	16
休产期	休产料	30%精饲料+70%青绿饲料	2 700	14

6. 种鹅体型发育控制　种鹅要高产，除品种和疾病控制外，重点解决的是育成鹅培育问题。育成鹅培育重点是标准体型的培育。体重、胫长及其均匀度是衡量培育效果科学而实用的指标，其中体重与胫长是体型发育的重要表观性状。

（1）种鹅体型培育的一般原则　试验表明，体重与半潜水长、喙宽、自然胸围、胫围（胫长）均具有非常显著的正相关关系（$r_{体重/半潜水长}=0.456$，$r_{体重/喙宽}=0.446$，$r_{体重/自然胸围}=0.427$，$r_{体重/胫围(胫长)}=0.403$），胫围（长）与骨架发育密切相关，且各个性状在发育期生长速度不一样。因此，建议 0~12 周龄以胫长（腿长）作为衡量体型的限制指标，体重次之，以保证此阶段胫长发育达到成年的 75%～80%，兼顾体重占成年约 27%的增长量。13～25 周龄：以体重作为限制指标，胫长次之；以保证体重发育占成年 50%增长量，胫长达到成年的 20%～25%。

（2）种鹅 0～12 周龄体型调控方法　一是要保证 0～12 周龄体型指标达到最优。实践表明，育雏期体型指标的超标，对鹅产蛋性状没有不良影响。可能是由于超标的鹅群骨骼、肌肉发育更健壮，内脏及其功能更强化，不会存在脂肪过量沉积问题。实践证明，这种超标鹅饲养效果是良好的。此阶段鹅体型指标往往不达标，其负效应较严重。二是要按体型指标的发育程度更换饲料类型。许多养殖场仍然以日龄大小作为更换饲料的依据，对体型指标不达标，特别是胫长不达标的群体过早地由雏鹅料更换为育成料，由于胫长在育成中后期的补偿发育不足，此法对鹅危害是终生的。应提倡育雏期末（4 周龄）继续饲喂高营养雏鹅料至 5～6 周龄。增加的这部分投入对每只鹅而言仅相当于增加了 1 枚蛋左右的成本。

胫长发育主要限制因素是日粮中除能量外的其他营养素，胫长不达标在育成后期不能补偿，胫长达标再用高营养全价鹅料是一种浪费。体重发育主要限制因素是日粮能量，体重不达标在育成后期可以通过增加日粮能量补偿。

（3）种鹅 26 周龄体重均匀度控制　26 周龄体重均匀度对产蛋量的决定程度最大。主要做好以下工作：一是要保证育成前期体型的良好发育；二是育成后期调整饲料能量与限光措施有效配合。日粮能量是影响育成后期体重最敏感的因素。种鹅体重、胫长只要有一项达开产标准，即具备了产蛋条件。只有配合合理的光照措施，才能使两者同步。

（4）鹅体重与胫长衡量标准　衡量体型优劣分别用体重均匀度和胫长均匀度来表示。体重均匀度应大于 80%，胫长均匀度应大于 90%。体重均匀度指鹅实测体重值占平均标准体重±10%范围内所占的百分比。胫长均匀度指胫长的实测值占平均值±5%范围内所占的百分比。种鹅建议体重、喂料量和产蛋性能标准参见附表 2～附表 9。

7. 种鹅体重修饰方法　种鹅在生长过程中，体重稳步增长并达到标准体重对繁殖性能有重要影响。由于各种环境和饲料等因素变化，体重有时高于标准有时低于标准，因此需要不断修饰，使之达到标准体重。

（1）鹅群 4 周龄体重过轻修正方法　4 周龄分群，对体重过轻的鹅，不要过分加料使其快速恢复标准体重，可画出 19 周龄前与标准曲线平行的修正曲线；

19周后，逐渐回向24周龄的指标体重，之后按标准体重指标喂料（图8-5）。

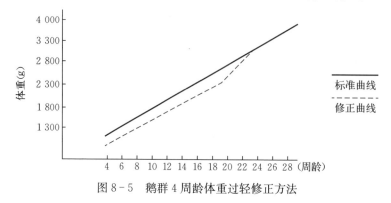

图8-5　鹅群4周龄体重过轻修正方法

（2）鹅群19周龄体重超重修正方法　鹅群19周龄超重100 g以上，在14～16周龄时符合标准，不能快速达到标准指标体重，否则将会造成产蛋推迟，并使产蛋性能降低。校正方法：重画指标曲线，使鹅群在标准周龄（29周）体重达到4 000 g；如果此期超重150 g重画指标曲线，比标准周龄提前1周达到4 000 g（图8-6）。

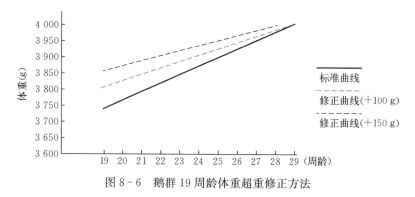

图8-6　鹅群19周龄体重超重修正方法

（3）鹅群19周龄体重过轻修正方法　鹅群在19周龄时的体重过轻，低于标准体重100 g，在14～16周龄符合标准体重指标；不能使鹅群很快恢复至标准体重，否则会产生过肥的鹅，严重影响产蛋性能。校正方法：重画指标曲线，使鹅群在标准周龄（29周）体重达到4 000 g；如果过轻，低于标准体重150 g，重画指标曲线使其推迟1周达到标准体重（图8-7）。

（4）鹅群22～26周龄体重过重修正方法　22～26周龄鹅群过重150 g，但在此之前符合指标。校正方法：计算实际体重比标准体重快多少天，为在新周龄达到4 000 g，从29周中减去这些天数，重新画体重曲线。例如，22周龄

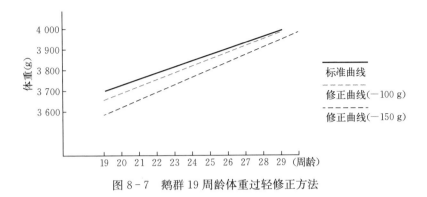

图 8-7　鹅群 19 周龄体重过轻修正方法

达 3 950 g，比标准高 150 g，已经相当于 26 周的体重，所以实际达到 4 000 g，而修正的周龄应是 29－1＝28 周（图 8-8）。

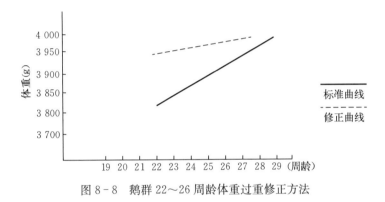

图 8-8　鹅群 22～26 周龄体重过重修正方法

（5）鹅群 22～26 周龄体重过轻修正方法　22～26 周龄鹅群过轻，低于标准体重 150 g，在此之前符合指标体重。校正方法：计算出实际体重较指标体重落后多少天，为在新的周龄达到体重指标（4 000 g）在 29 周龄上加上此天数，重新画线（图 8-9）。

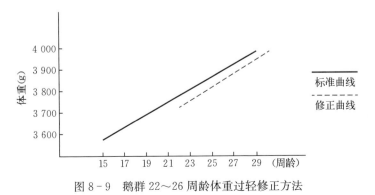

图 8-9　鹅群 22～26 周龄体重过轻修正方法

第六节　种鹅产蛋期饲养管理

种鹅的特点是，生长发育已经基本完成，对各种饲料的消化能力也很强，第 2 次换羽也已完成，生殖系统发育成熟并有正常的繁殖行为，这一阶段，能量和养分的消耗主要是用于繁殖方面，饲养管理重点应围绕产蛋和配种工作。产蛋期种鹅应结束限制饲养，在接近正常性成熟时，即应加料催蛋，使种鹅及时产蛋与配种。种鹅在产蛋期的饲养目标是体质健壮、高产、稳产，种蛋有较高的受精率和孵化率，以完成育种任务，有较好的技术指标与经济效益。产蛋期种鹅的饲养管理一般分为产蛋准备期、产蛋期和休产期 3 个阶段。产蛋准备期实际上就是后备种鹅饲养后期的恢复生长阶段，上文已有详述。因此，下面主要介绍产蛋期及休产期母鹅的饲养管理和种公鹅的饲养管理。

一、种鹅产蛋期饲养管理要点

种鹅产蛋期的饲养方式有放牧加补饲，或半舍饲。前者虽较粗放，但饲养成本较低，种鹅专业户大多采用此法，且可因地制宜，充分利用自然条件；半舍饲多为孵坊自设种鹅场，由于缺少放牧条件，多在依靠湖泊、河流处搭建鹅棚、陆上运动场和水上运动场，进行人工全程控制饲养工艺，集约化程度较高，饲养效率和生产水平也高，多采用较科学规范的饲养技术。

1. 种鹅产蛋期饲养管理要点

（1）产蛋母鹅的识别　母鹅经过产蛋前期的饲养，换羽完毕，体重逐渐恢复，陆续转入产蛋期。临产前母鹅表现为羽毛紧凑有光泽，尾羽平直，肛门呈菊花状，腹部饱满，松软而有弹性，耻骨间距离变宽，采食量增大，喜食矿物质饲料，母鹅有经常点头寻求配种的姿势，母鹅之间互相爬踏。开产母鹅有衔草做窝现象，说明即将开始产蛋。

（2）产蛋母鹅的饲养方式　以舍饲为主放牧为辅，实行科学饲养，提高母鹅的产蛋率。南方饲养的鹅种，一般每只母鹅每年产蛋 30～40 个，高产者达 50～80 个；而北方饲养的鹅种，一般每只母鹅每年产蛋 70～80 个，高产者达 100 个以上。为发挥母鹅的产蛋潜力，必须实行科学饲养，满足产蛋母鹅的营养需要。

（3）产蛋母鹅的营养需要　母鹅要在产蛋配种前 20 d 左右开始喂给产蛋饲料。产蛋饲料要求代谢能为 11.191 MJ/kg 左右，粗蛋白质含量为 15％、赖氨酸含量为 0.6%、蛋氨酸+胱氨酸含量为 0.5%、钙含量为 2.55%、有效磷含量为 0.3%。维生素对鹅的繁殖有非常重要的影响，必须满足其对维生素 E、维生素 A、维生素 D_3、维生素 B_1、维生素 B_2 及维生素 B_6 的需要。使用分装维生素时，应考虑到效价等问题，需按说明书给量的 3~4 倍进行添加。

种鹅精饲料多以稻谷为主，营养单一，致使产蛋量减少，种蛋受精率低。由于配合饲料营养较全，含有较高的蛋白质、钙、磷及微量元素，能够满足种鹅产蛋对营养的需要，所以产蛋量多，种蛋受精率高。

产蛋母鹅要饲喂适量的青绿多汁饲料。国内外的养鹅生产实践和试验都证明，母鹅饲喂青绿多汁饲料对提高母鹅的繁殖性能有良好作用。另外，产蛋母鹅日粮中搭配适量的优质干草粉，也可以提高母鹅的繁殖性能。产蛋鹅舍应单独设置一个矿物质饲料盘，任其自由采食，以补充钙质。

种鹅产蛋和代谢需要大量水分，所以应给足产蛋鹅饮水，经常保持舍内有清洁的饮水。

2. 放牧种鹅的饲养管理

（1）组织鹅群　一般以 500 只左右为一群，要配备好饲养人员和有关用具、饲料、药物等。

（2）放牧场地选择　放牧人员必须熟悉当地的草地、水源和农作物安排，以及农药、化肥施用情况。以放牧为主时，夏秋可在麦茬田、稻茬田放牧，充分利用落谷和草籽；冬季在湖泊河滩放牧，觅食野生饲草；春季觅食各种青草（或人工栽培牧草）和水草。牧地周围应有清洁的池塘或流动水面，水深 1 m 左右，便于鹅饮水、交配和洗浴（图 8-10）。

图 8-10　产蛋鹅放牧饲养

（3）放牧管理　开产后的母鹅行动迟缓，在出入鹅棚和下水时，应发出规定的呼号或用竹竿稍加阻拦，使其有序出入或下水。因此，棚舍大门应宽2 m，并应同时开启。放牧时应选择路近而平坦的草地，路上应缓慢驱赶，上下坡时不可让鹅拥挤，以防受伤。

种鹅放牧时应防止产窝外蛋，减少种蛋损失。母鹅产蛋时间大多集中在下半夜至8:00左右，个别母鹅甚至延长至下午产蛋。放牧应在产蛋基本结束后进行，在上午7:00～8:00出牧，这时大部分鹅已产完蛋。放牧前要检查鹅群，如发现个别母鹅鸣叫不安，腹部饱满，尾羽平伸，泄殖腔膨大，行动迟缓，有觅窝的表现，可用手指伸入母鹅泄殖腔内，触摸腹中是否有蛋，如有蛋应将母鹅放入产蛋箱内，不要随大群放牧。放牧时如果发现母鹅出现神态不安，有急欲跑回鹅舍、寻窝产蛋的表现，或向草丛等隐蔽处走去时，应及时将鹅捉住检查，如果腹中有蛋，则将该鹅送到产蛋箱内产蛋，待产完蛋就近放牧。上午放牧场地应尽量靠近产蛋棚，以便少数迟产的母鹅回棚产蛋，上午应在11:00左右回牧，下午16:00左右出牧，晚上20:00左右回牧，力争每天让鹅能吃4～5个饱。放牧时要防阳光暴晒、中暑，如遇大风雪和暴风雨时要及时将鹅赶进舍内。

放牧与放水要有机结合。因为鹅有一个习惯，每吃1个饱后，鹅群会自动停止采食，此时需放水，使鹅游泳和休息。另外，公母鹅交配习惯在水上进行，一般7:00～9:00是鹅配种的最好时机，这时鹅刚一出牧，就先进入水中游泳交配，交配后才上岸采食。采食一段时间，又进入水中，有的还要进行交配。在这段时间内，一只较好的公鹅能交配6～9次。17:00～18:00也是公母鹅交配时间，这时一只公鹅能交配2～4次。

（4）补料　放牧必须结合补料，以满足产蛋鹅群的营养需要。每天补饲产蛋配合饲料总量为150～200 g。具体应根据放牧时天然饲料的采食量、产蛋率、蛋重、蛋形和粪便状态等情况，酌情补饲，以确保鹅群健康、膘情与产蛋量。

3. 半舍饲种鹅的饲养管理　应在靠湖泊或河流旁搭建鹅棚，围设陆上运动场和水上运动场，特别要搭建好产蛋棚，使产蛋母鹅能定点产蛋。一般产蛋棚规格为长2.7 m，宽12 m。产蛋棚地基要稍高于地面，并应加固，还要铺上垫草（稻壳为好），以防鹅蛋受潮。半舍饲的产蛋母鹅饲喂，通常采用定时不定量的自由采食喂饲法。要求饲料多样化，每天晚上要多加些精饲料。每只每天喂精饲料150～200 g，青绿饲料、粗饲料一般不限量。饲喂时应按照先青后精的原则，先喂青绿饲料，后喂精饲料，然后休息。第1次在5:00～7:00，由于夜间产蛋体能消耗较大，故开始先喂混合饲料，然后喂青绿饲料；其他时间都是先喂青绿饲料。第2次在10:00～11:00；第3次在17:00～18:00。在产蛋高峰时，要保证鹅吃好吃饱，供给充足、清洁的饮水。在产蛋后期，更要精心饲养，保证产蛋的营养需要，稍有疏忽，易造成产蛋停止而开始换羽。因此，要增加喂饲次数，加喂1～2次夜食或任产蛋母鹅自由采食。

4. 产蛋鹅环境管理　为产蛋鹅群创造一个良好的生活环境，是保证鹅群高产、稳产的基本条件。应尽可能减少对鹅群的刺激，给产蛋鹅一个安静的环境，千万不能大声喧闹，惊吓鹅群（图8-11）。

图8-11　产蛋鹅舍内饲养内景

（1）产蛋鹅适宜的环境温度　鹅的羽绒丰满，绒羽含量较多；皮下有脂肪而无皮脂腺，只有发达的尾脂腺，散热困难，所以耐寒而不耐热，对高温反应敏感。夏季气温高，鹅常停产，公鹅精子无活力，春节过后天气虽比较寒冷，但鹅只仍可陆续开产，公鹅精子活力较强，受精率也较高。母鹅产蛋的适宜温度是8～25 ℃，公鹅产壮精的适宜温度是10～25 ℃。在管理产蛋鹅的过程中，应特别注意做好夏季的防暑降温工作。

（2）产蛋鹅适宜的光照　光照延长能促进母鹅开始产蛋，光通过视觉刺激脑垂体前叶分泌促性腺激素，促使母鹅卵巢卵泡发育增大，卵巢分泌雌性激素促使输卵管发育；同时使耻骨开张，泄殖腔扩大；光照引起公鹅促性腺激素分泌，刺激睾丸精细管发育，促使公鹅达到性成熟。因此，光照时间的长短及强弱，以不同的生理途径影响家禽的生长和繁殖，对种鹅的繁殖力有较大的影响。在适宜的环境温度条件下，给鹅增加光照可提高产蛋量。

采用自然光照加人工光照，通常每天 12～13 h，一直维持到产蛋结束。但光照时间不能过长，因为较长的光照加上气温过高，均会影响产蛋率和受精率，光照时间超过 17 h 会使产蛋停止和出现就巢现象。补充光照应在开产前 1 个月开始较好，由少到多，直至达到适宜光照时间，增加人工光照的时间分别在早上和晚上。应当根据季节、地区、品种、自然光照和产蛋周龄制订光照计划，按计划执行，不得随意调整。

舍饲的产蛋鹅在日光不足时可补充电灯光源，光源强度 2～3 W/m² 较为适宜，每 20 m² 面积安装 1 个 40～60 W 灯泡较好，灯与地面距离 1.75 m 左右为宜。

（3）鹅舍的通风换气　产蛋期种鹅由于放牧减少，在鹅舍内生活时间较长，摄食和排泄量也很多，因此很容易造成舍内空气污染，既影响鹅体健康，又使产蛋量下降。为保持鹅舍内空气新鲜，除控制饲养密度（舍饲 1.3～1.6 只/m²，放牧条件下 2 只/m²）外，还要加强鹅舍通风换气，及时清除粪便、垫草，要经常打开门窗换气。冬季为了保温取暖，鹅舍门窗多关闭，但舍内要有换气孔，经常打开换气孔换气，始终保持舍内空气新鲜。

（4）供给充足洁净的饮水　鹅蛋含有大量水分，鹅机体新陈代谢也需水分，所以对产蛋鹅应给足饮水，经常保持舍内有清洁的饮水。产蛋鹅夜间饮水与白天一样多，所以夜间也要给足饮水。产蛋鹅饮用冰水对产蛋有影响，应给予 12 ℃的温水，并在夜间换一次温水，防止饮水结冰。

（5）搞好舍内外卫生，防止病害　舍内垫草须勤换，使饮水器与垫草隔开，以保持垫草有良好的卫生状况。垫草一定要洁净，不霉不烂，以防发生曲霉病。舍内要定期消毒，特别是春、秋两季结合预防接种，将饲槽、饮水器和积粪场围栏、墙壁等鹅经常接触的场内环境进行一次大消毒，以防疾病的发生。

5. 防止产窝外蛋　母鹅有择窝产蛋的习惯，第 1 次产蛋的地方往往成为其固定产蛋的场所。因此，在产蛋鹅舍内应设置产蛋箱，以便让母鹅在固定的地方产蛋。产蛋箱的规格是宽 40 cm、长 60 cm、高 50 cm，门槛高 8 cm，箱底铺垫柔软的垫草。每 2～3 只母鹅设 1 个产蛋箱。开产时可有意训练母鹅在产蛋箱内产蛋。可以先在箱内放一个"引蛋"（在产蛋箱内人为放进的蛋），吸引母鹅在产蛋箱内产蛋，发现有母鹅在箱外产蛋时，要及时将其抱回产蛋箱中，让母鹅养成在箱内产蛋的习惯。有些种鹅场不少母鹅习惯于在运动场产蛋，种蛋日晒、雨淋甚至受冻，种蛋外壳被泥粪污染，严重地影响了种蛋的孵化率。舍饲鹅群每天至少集蛋 3 次，上午采集 2 次，下午采集 1 次。

母鹅产蛋大多在后半夜至翌日 8:00 左右。有的品种在 9:00～17:00 仍有 20%～30% 的母鹅在产蛋。因此，从 2:00 以后，可隔 1 h 用蓝色灯光（因鹅的眼睛看不清蓝光）照明收集种蛋 1 次。这样既可防止种蛋被弄脏，而且在冬季还可防止种蛋受冻而降低孵化率。种鹅产蛋性能标准参见附表 6～附表 9。

二、休产期饲养管理要点

鹅的产蛋期（包括就巢期）在一年之中不足 2/3，一般为 7～8 个月，还有 4～5 个月都是休产期。母鹅每年的产蛋期，除品种差异外，还受到各地区地理气候的影响。我国南方地区多在冬、春两季，北方则在 2—6 月。当母鹅产蛋量逐渐减少，每天产蛋时间推迟，小蛋、畸形蛋增多，大部分母鹅的羽毛干枯，公鹅配种能力差，种蛋受精率低，种鹅便进入持续时间较长的休产期。在此期间几乎全群停产，鹅只消耗饲料，没有经济收入，管理上应以放牧为主，停喂精饲料，任其自由采食野草。为了在下一个产蛋季能提前产蛋和开产时间较一致，在休产期对选留种鹅应进行人工诱导换羽。

1. **整群与分群** 整群，就是重新整理群体；分群，就是整群后把公母鹅分开饲养。鹅群产蛋率下降到 5% 以下时，标志着种鹅将进入较长的休产期。种鹅一般利用 3～4 年才淘汰，但每年休产时，都要将伤残、患病、产蛋量低的母鹅淘汰，同时按比例淘汰公鹅。为了使公母鹅能顺利地在休产期后达到最佳的体况，保证较高的受精率，以及保证活拔羽绒和以后方便管理，要在种鹅整群后将公母鹅分群饲养。

2. **休产期种鹅的饲养管理** 进入休产期的种鹅应以放牧为主，日粮由精改粗，促其消耗体内脂肪，促使羽毛干枯和脱落。饲喂次数逐渐减少到每天 1 次或隔天 1 次，然后改为 3～4 d 喂 1 次，但不能断水。经过 12～13 d，鹅体重大幅度下降，当主翼羽和主尾羽出现干枯现象时，可恢复正常喂料。待体重逐渐回升，放养 1 个月后，即可进行人工诱导换羽。公鹅应比母鹅早 20～30 d 诱导换羽，务必使其在配种前羽毛全部脱换好，可保证种公鹅配种能力。人工诱导换羽可使母鹅比自然换羽提前 20～30 d 开产。

拔羽后应加强放牧，同时酌情补料。如公鹅羽毛生长缓慢，而母鹅已开产，公鹅未能配种，就应对公鹅增喂精饲料；如母鹅到时仍未开产，同样应增喂精饲料。在主、副翼羽换齐后，即进入产蛋前的饲养管理。

3. 休产期种鹅的选留　要使鹅群保持旺盛的生产能力，应在种鹅休产期进行种鹅的选择和淘汰工作，淘汰老弱病残者，同时每年按比例补充新的后备种鹅，新组配的鹅群必须按公母比例同时更换公鹅。一般停产母鹅耻骨间距变窄，腹部不再柔软。若用左手捉住母鹅两翼基部，手臂夹住头颈部，再用右手掌在其腹部顺着羽毛生长方向，用力向前摩擦数次，如有毛片脱落者，即为停产母鹅。产蛋结束后，可根据母鹅的开产期、产蛋性能、蛋重、受精率和就巢情况选留。有个体记录的还可以根据后代生产性能和成活率、生长速度、毛色分离等情况进行鉴定选留。

4. 人工诱导换羽　为了缩短换羽的时间，换羽后产蛋比较整齐，可采用人工诱导换羽。详见第四章第五节。

三、种公鹅饲养管理

种公鹅的营养水平和身体健康状况，种公鹅的争斗、换羽，部分种公鹅中存在的选择性配种习性，都会影响种蛋的受精率。因此，加强种公鹅的饲养管理对提高种鹅的繁殖力有至关重要的作用。

1. 种公鹅的营养与饲喂　在种公鹅饲养过程中，始终应注意种公鹅的日粮营养水平和种公鹅的体重与健康情况。在鹅群繁殖期，种公鹅由于多次与种母鹅交配，排出大量精液，体力消耗很大，体重有时明显下降，从而影响种蛋的受精率和孵化率。为了保持种公鹅有良好的配种体况，种公鹅的饲养，除了和母鹅群一起采食外，从组群开始后，对种公鹅应进行补饲配合饲料。配合饲料中应含有动物性蛋白质饲料，有利于提高种公鹅的精液品质。补喂的方法，一般是在一个固定时间，将种母鹅赶到运动场，把种公鹅留在舍内，补喂饲料任其自由采食。这样，经过一定时间（1 d 左右），种公鹅就习惯于自行留在舍内，等候补喂饲料。开始补喂饲料时，为便于区分公母鹅，对种公鹅可做标记，以便管理和分群。种公鹅的补饲可持续到种母鹅配种结束。

采用人工授精的鹅场，在种用期开始前 1.5 个月左右，对种公鹅就要按种用期饲养标准进行饲养。种公鹅的日粮标准，每千克饲料中应含有粗蛋白质 140 g、代谢能 11.72 MJ、粗纤维 100 g、钙 16 g、磷 8 g、食盐 4 g、蛋氨酸

3.5 g、胱氨酸 2 g、赖氨酸 6.3 g、色氨酸 1.6 g。每吨饲料中添加维生素 A
1 000 万 IU、维生素 D$_3$ 50 万 IU、维生素 E 5 g、维生素 B$_2$ 3 g、维生素 B$_5$（烟酸）20 g、维生素 B$_3$（泛酸）10 g、维生素 B$_{12}$ 25 mg。每吨饲料的微量元素添加量为：锰 50 g/t、锌 50 g/t、铜 2.5 g/t、铁 25 g/t、钴 0.25 g/t、碘 1 g/t。每只种公鹅平均每天补喂配合饲料 300～330 g。为提高种蛋受精率，公、母鹅在产蛋期内，每只每天可喂谷物发芽饲料 100 g，胡萝卜、甜菜 250～300 g，优质青干草粉 35～50 g。有条件的地方应于繁殖季节多喂些青绿饲料。

2. 定期检查种公鹅生殖器官和精液质量　在种公鹅中存在一些性机能缺陷的个体，在某些品种的种公鹅较常见，主要表现为生殖器萎缩，阴茎短小，甚至出现阳痿，交配困难，精液品质差。这些有性机能缺陷的种公鹅，有些在外观上并不能分辨，甚至还表现得很凶悍，解决的方法只能是在产蛋前，公母鹅组群时，对选留种公鹅进行精液品质鉴定，并检查种公鹅的阴茎，淘汰有缺陷的种公鹅。在配种过程中部分个体也会出现生殖器官的伤残和感染；种公鹅换羽时，也会出现阴茎缩小，配种困难的情形。因此，还需要定期对种公鹅的生殖器官和精液质量进行检查，保证留种公鹅的品质，提高种蛋的受精率。

3. 克服种公鹅择偶性的措施　有些种公鹅还保留有较强的择偶性，这样将减少与其他母鹅配种的机会，从而影响种蛋的受精率。在这种情况下，公、母鹅要提早进行组群，如果发现某只种公鹅与某只种母鹅或是某几只种母鹅固定配种时，应将该种公鹅隔离，经过 1 个月左右，才能使种公鹅忘记与之配种的种母鹅，而与其他种母鹅交配，从而提高受精率。

第七节　种鹅旱养技术

我国鹅传统饲养采用水域放牧或水塘半放养的方式，随着养殖规模的不断扩大，环境污染和疫病传播的问题日趋严重。开放式旱养或密闭式旱养饲养模式是鹅业未来发展的必然趋势。生产实践和研究证明，种鹅采取旱养饲养模式基本是可行的，但必须要有相应的配套技术措施作支撑，此项技术在我国北方缺水地区具有重要的推广价值。种鹅旱养饲养模式不仅能有效地降低饲料消耗、降低发病率，而且可减少蛋的污染及药残程度，有效保障鹅产品质量安全；同时可以实现粪便的统一收集，无害化处理。既克服了水域污染，又避免了疾病传播，是一种生态高效的饲养模式。

一、种鹅旱养饲养模式

目前，我国种鹅旱养技术已在生产中开始应用，主要采取以下两种方法：

1. 开放式鹅舍饲养法　采用全开放鹅舍，舍外采用旱地运动场，用砖块铺设成具有一定坡度的地面，并建有排水沟，上铺设漏水棚架，有利于排水，不积水。夏季运动场搭遮阴网。喂料和饮水槽设置在室外，在运动场地面中间直接安放或在地面两侧上方 0.8～1 m 安装 PVC 管或其他塑料管，作为喷淋水管，水管每 30 cm 左右打一小孔，并配置高压水泵和总水阀开关，每天定时喷淋 2 次左右。喷淋水通过排水沟流入污水处理池或沼气池。雨天不喷淋。鹅舍面积与运动场比例为 1∶(2～3)。采用旱养喷淋模式能显著降低鹅的发病率与死亡率，减少用药，饲料转化率提高 6%～11%，肉鹅增重提高 6% 以上，经济效益提高 8%～20%。

2. 遮黑式鹅舍饲养法　遮黑式鹅舍采用卷帘按照要求将鹅舍进行封闭和避光，设置料水线、通风换气、湿帘降温和控光系统，可对鹅舍温度、NH_3、CO_2、固体颗粒物（PM）和光照进行控制。遮黑式鹅舍内中间安装料线，在舍一侧安装水线，下面建有排水沟，上铺设漏水棚架，防止积水和潮湿。窗户下可设置多个小门，每天按规定将鹅赶出进行运动。舍外运动场一侧用 PVC 白色管道制成自动流水的大水槽，供鹅戏水和洗头专用；水槽下面也要建有排水沟，上铺设漏水棚架。鹅舍面积与运动场比例为 1∶(2～3)。夏季运动场搭遮阴网。

现代肉种鹅基本都是中大型品种，生长速度快，容易超重，料量控制要求更精确，对环境要求较高。采用遮黑式鹅舍饲养能够有效控制体型发育，减少啄肛、啄羽等现象，提高育成期种鹅的成活率和均匀度，控制种鹅准时开产，产蛋上升速度快，产蛋高峰突出，持续时间长且能够获得较理想的种蛋蛋重，降低育成期耗料量，从而降低生产成本。采用遮黑式鹅舍有利于控制光照（时间和强度）和环境，有利于实施鹅反季节繁殖。

该鹅舍使用效果表明：夏季遮黑式鹅舍内空气质量较冬季更好，鹅的活动会引起 PM 浓度上升，鹅舍内风速显著影响 NH_3 和 CO_2 浓度。与有水塘养殖模式比较，种鹅产蛋量提高 10% 左右，成活率提高 5% 左右，受精率降低 3% 左右，耗料量降低 15% 左右。

二、种鹅旱养优点

1. 节约用水，减少污水排放　水资源浪费和水污染是影响养殖业可持续发展的大难题。例如，一个 1 万只规模的种鹅场，平均每周需排泄 20 多 m³ 污水，每年排放污水 1 040 万 m³，不仅造成大量的水的浪费，而且也造成严重的环境污染。如果按照每立方米水电费 0.1 元计算，1 万只规模种鹅场还可以节约电费 104 万元。

2. 节省饲料　由于没有洗浴，降低了鹅能量消耗，维持需要减少，有利于提高饲料转化率，节省单位产品的生产成本。尤其是冬春季节，鹅水浴耗掉了大量体能，采食量剧增。采用旱养，可大大减少饲料的投入量，降低饲料消耗。试验结果表明，旱养鹅的采食量比有水养殖下降 7%～10%，饲料转化率提高 5%～7%。如果每只种鹅每天可节约 20～30 g 饲料，每月可节约 0.6～0.9 kg/只；每年按 8 个生产月计算，每千克饲料 2.5 元，每只种鹅一年减少开支 12～18 元。一个 1 万只规模的种鹅场，每年可节约饲料费 12 万～18 万元。

3. 减少病原微生物在水中的传播　污染的水域是鹅传染病传播的主要途径，在饲养鹅的池塘中，病毒和细菌能以较高浓度从粪便中排出污染环境。刘容珍等 2009 年研究了鹅洗浴池水体总细菌密度、大肠杆菌密度和鹅产蛋数、受精率、活胚率间的关系。结果发现，水体总细菌密度高的鹅场，其水体大肠杆菌密度也较高，两者成正相关，并且受精率和活胚率偏低。因此，鹅采用旱养饲养模式对提高鹅健康水平是十分必要的。

4. 种蛋卫生　鹅有水塘养殖时，如果不及时捡蛋，则可能产生大量脏蛋及裂缝蛋，鹅蛋易受粪便污染导致表面脏污（多雨季节尤为突出），在鹅蛋孵化和加工过程中，增加了选蛋与洗蛋的工作量。鹅蛋产品干净卫生，延长保鲜时间，提高鹅蛋外观质量，减少蛋制品加工过程的洗蛋工艺，节省生产成本。旱养鹅刚产下的鹅蛋，由于鹅蛋直接接触面比较干净，降低了鹅蛋污染程度，较完整地保存蛋壳外膜，有利于延长鹅蛋的保鲜期和保质期，改善鹅蛋外观，增强鹅蛋销售的市场竞争力。

三、种鹅旱养存在的问题

种鹅如果采用旱养，没有水浴的条件下，若配套技术措施跟不上，生产中会出现以下问题：

（1）种蛋受精率低，平均比有水浴条件时的受精率低 3% 左右。

（2）眼病发生率相对较多，如果水槽过浅，饮水的水位低于眼部，鹅不能用水洗眼，时间长了就会发生眼病，甚至导致瞎眼。所以，水槽设计必须科学合理。

（3）水面饲养的鹅羽毛洁白而整齐，而旱养的鹅羽毛凌乱而脏污。长时间不洗浴，羽毛不清洁，不美观。鹅饲养密度越大，羽毛脏乱的现象越明显。其主要原因是：一是旱养的鹅没有水梳理羽毛；二是旱养的鹅容易沾染脏物而弄脏羽毛；三是旱养的鹅粪便也容易拉在其他鹅的身上，特别在密度大的情况下更容易发生；四是由于鹅没有放牧条件，缺乏足够的日晒，鹅羽毛湿了不容易干，也容易脏乱。

四、种鹅旱养关键技术

对于种鹅探索的关键技术问题是如何保证较高的繁殖性能。目前，种鹅多数是采用水塘养殖，鹅游泳可增加运动量和体力，以免种鹅脂肪沉积过多，使体型发育良好，体重均匀一致。旱养的种鹅没有水塘游泳运动，因此需要考虑的问题是如何防止体重过大，如何增加运动量、防止脂肪沉积过多，如何保证体型发育良好等问题。通过多年的生产实践和研究发现，种用鹅旱养应做好以下几方面工作。

1. 增加运动量　种鹅旱养由于没有水浴条件，运动较少，公鹅易肥胖，体力下降，受精能力降低。因此，增加旱养运动场地面积至关重要。一般鹅运动场的宽度为鹅舍跨度的 3 倍以上。运动场的地面要有 15°左右的坡度，防止积水，以保证地面干燥。

2. 重视营养调控　种鹅旱养运动量相对于有水塘的饲养方式，运动量减少，消化能力降低，采食量下降，对繁殖性能有一定影响。因此，精饲料能量水平应适当降低，纤维素水平适当提高。维生素和微量元素的添加量要相对增加。0～4 周龄，雏鹅应尽量满足采食量的需要，以保证体况发育健康良好；5～26 周龄，育成鹅要加大粗饲料或青绿饲料饲喂比例，减少精饲料饲喂量，以促进消化系统的发育，并控制生殖系统发育过快；26 周龄以后，鹅开始进入预产期，逐渐加大精饲料饲喂量，直到 29 周龄达到高峰喂料量。产蛋期间适当补充粗饲料或青绿饲料。休产换羽期精饲料的快速减少有利于促进换羽，换羽后期逐渐增加精饲料有利于促进新的羽毛生长。换羽期粗饲料或青绿饲料饲喂比例必须增加，以防止饥饿引起的死亡或啄癖。

3. 加强品种适应性锻炼　旱养鹅最好从小到大一直采用无水塘养殖模式。必须经过长期适应性锻炼，使鹅能够较好地适应圈养环境。采用遮黑式鹅舍饲养法，育雏期、育成期和产蛋期严格执行遮黑、控光、放风运动等管理措施。在我国南方许多鹅养殖场，采用开放式养殖方式，育雏期、育成期和产蛋期一直处于露天放牧或敞棚散养状态，受自然光照周期影响很大。由于鹅缺乏系统圈养训练，生产中执行技术方案不够严格或方案不正确，夏季降温措施也不到位，导致旱养生产成绩低下。因此，旱养采用遮黑式鹅舍结合环境控制比较适宜。

4. 保持适宜的性别比例　一般旱养运动量减少，公鹅比例要适当增加。豁眼鹅旱养公母适宜比例为1∶（4～5）时受精率最高。

5. 加强对种公鹅生殖器的选择　饲养种鹅不但要使母鹅多产蛋，而且还要使种蛋受精率较高，因此种公鹅的选择更加重要。种公鹅的选择比种母鹅难度大，种母鹅可根据体型外貌进行选择，但种公鹅仅根据体型外貌来选择，生殖能力就不一定理想，如有的种公鹅体型虽然健壮，外貌也好，但生殖器却存在着发育不良、畸形或者精液品质不好等问题，养这种公鹅，既消耗饲料，又干扰其他种公鹅的正常配种行为。因此，选择种公鹅时必须进行生殖器的检查。种公鹅选择方案：一般在4～6周龄根据种公鹅体重和体型外貌进行初选；在18～24周龄，除了根据体重和体型外貌选种外，重点通过翻肛观察生殖器进行选种；以后种鹅每个产蛋期结束进入下一个产蛋期前，均需对种公鹅进行翻肛观察生殖器，以确定是否留种。

6. 做好防暑降温　旱养条件下，由于没有水洗浴降温，天气热时，鹅一般蹲在饮水槽周围，其余的鹅大部分蹲在阴凉通风处，可以看出鹅尽量使自己凉快舒适些。炎热的夏天热应激会导致鹅的生产性能迅速下降或停产。因此，采取有效的降温措施十分必要。在运动场上植树、加设遮阳网，鹅舍安装湿帘、增加通风量等措施都是旱养防暑降温较好的措施。

7. 改进饮水和喂料设施　鹅养到4周龄以后，对水的需求量很大，饮水频率很高，夏季旱养鹅需水量更大。采用人工饮水器供水不仅费时费力，而且鹅易将粪排到水中造成污染，所以可安装自动饮水槽，不仅可连续地提供清洁饮水，且不易被污染。为了防止饮水器下部潮湿，一般在饮水区设计棚架，让水流向地下排污沟，也可以设计漏水槽防止漏水。另外，放在地面或网床上的

料槽也容易被污染，因此鹅料槽的设计与摆放十分重要，也要防止排粪污染饲料，要注意料槽的深度，并随日龄的增长适当调整料槽的高度。

8. 搞好限制饲喂　搞好旱养育成期和产蛋期限制饲喂，对提高繁殖性能有着重要的作用。制订合理的种鹅限制饲喂方案是旱养成功的重要基础。各个饲养阶段应按照生产计划制订综合限制饲喂方案进行管理。根据种鹅生长发育体重标准精准控制饲料采食量。育雏期、育成期公母鹅采用分栏饲养，有条件的鹅场可研发产蛋期公母分饲料槽，公鹅和母鹅饲喂不同饲料，喂料量也不相同。

第九章
豁眼鹅疾病诊断与防治

鹅病一直是困扰鹅业健康发展的关键问题，特别是随着养鹅业规模化和产业化的发展，该问题也越来越突出。目前，新病不断出现，老的传染病没有消灭，改变了以往鹅病少、鹅好养的局面，鹅病已成为危害鹅业健康发展的瓶颈。

第一节　病毒性传染病

一、小鹅瘟

小鹅瘟（gosling plague）是由小鹅瘟病毒（GPV）引起的雏鹅急性或亚急性败血性传染病，主要侵害出壳后 4～20 d 的雏鹅，具有传播快，发病率和致死率高达 90%～100% 的特点。随着雏鹅日龄的增长，其发病率和致死率下降。患病雏鹅以精神委顿，食欲废绝和严重腹泻为特征性临床症状；渗出性肠炎，小肠黏膜表层大片坏死脱落，与渗出物凝成假膜状，形成栓子状物堵塞于小肠最后段的狭窄处肠腔。在自然条件下成年鹅的感染常没有临床症状，但病毒经排泄物及卵传播疾病。

（一）病原

小鹅瘟病毒属于细小病毒科，细小病毒属，鹅细小病毒。病毒粒子为球形、无囊膜、20 面体对称、单股 DNA 病毒，直径为 20～22 nm。有完整病毒形态和缺少核酸的病毒空壳形态两种，空心内直径为 12 nm，衣壳厚为 4 nm；有 3 条结构多肽（VP1、VP2 和 VP3），VP1 为 85 ku，VP2 为 61 ku，VP3 为

57.5 ku，其中 VP3 为主要结构多肽，占总含量的 79.9%。不同地区和年份分离的小鹅瘟病毒株均具有相同抗原性。

小鹅瘟病毒对雏鹅有特异性致病作用，而对鸭（番鸭除外）、鸡、鸽、鹌鹑等禽类及哺乳动物无致病性。病毒存在于病雏鹅的肝、脾、肾、胰、脑、血液、肠道、心肌等各脏器及组织中。病毒初次分离时，将病料制成悬液接种于 12～14 日龄易感鹅胚的绒尿腔或绒尿膜，鹅胚一般在接种后 5～8 d 死亡。鹅胚分离毒连续传多代后，对胚胎致死时间可以稳定在 3～5 d。初次分离时也可用 14 日龄易感番鸭胚。初次分离的病毒株和鹅胚适应毒株及鸭胚适应毒株均不能在鸡胚内复制。鹅胚适应毒株仅能在生长旺盛的鹅胚和番鸭成纤维细胞中复制，并逐渐引起规律性细胞病变。

本病毒对不良环境的抵抗力强，能抵抗氯仿、乙醚、胰蛋白酶、pH 3.0 和 pH 11.0 的高酸碱环境等，56 ℃ 3 h 作用仍保持其感染性。病毒不能凝集禽类、哺乳动物和人类 O 型红细胞，Malkinson 和 Peleg 资料显示，本病毒能凝集黄牛精子。肝病料和鹅胚绒尿液中的该病毒在 -8 ℃ 冰箱内至少能存活 10 年，-65 ℃ 超低温冰箱内存活 15 年。

（二）流行病学

在自然情况下，小鹅瘟病毒能感染各种鹅，包括白鹅、灰鹅、狮头鹅和雁鹅。其他动物，除番鸭外，均无易感性，人工接种也不发病。雏鹅患病的日龄为 3～30 日龄，1 月龄以上发病的极少，以 5～15 日龄发病的最多，病死率高达 75%～95%。近年来，小鹅瘟发病和死亡日龄已有增大趋势，有报道 GPV 引起 60 日龄雏鹅发病，人工感染 60 日龄雏鹅能引起 100% 发病死亡，这可能是由于病毒毒力增强所致。

带毒鹅群和病鹅是本病重要传染来源。本病毒仅侵害雏鹅，而青年鹅、成年鹅感染病毒之后不表现临床症状，但病毒能在体内繁殖和排毒。鹅感染小鹅瘟强毒后 24 h 即可从十二指肠及肠内容物中检测到病毒，表明已开始排毒。感染后 48 h 从十二指肠、肠内容物和肝、脾中均检测到病毒。感染后第 15 天从肠内容物中可检测到病毒，表明鹅感染小鹅瘟病毒后，其带毒期达 15 d。在易感青年、成年鹅群内一旦有小鹅瘟强毒传入，先从少数感染鹅开始，通过消化道排泄物排毒，引起其他易感鹅感染，如此不断传递，使整个鹅群带毒期大为延长，并能从一鹅群传递给另一鹅群。鹅群的带毒期长短与鹅群数量多少、饲养环境及鹅群易感性等有密切关系。尤其是在临产蛋期或产蛋期的鹅群一旦发生感染后，可出现带毒蛋。带毒蛋在孵化时，无论是孵出外表正常的带毒雏鹅，还是在孵化中的死胚，都能散播病毒，污染环境，使出壳雏鹅在 3～5 d 大批发病死亡。

小鹅瘟发病及死亡率的高低，与免疫状况有关。病愈的雏鹅、隐性感染的成年鹅均可获得较强的免疫力，成年鹅的这种免疫力通过蛋黄将抗体传给后代，使雏鹅获得被动免疫。在饲养肉鹅的地区，由于每年都在成批更新鹅群，所以病常呈周期性流行。本病大流行后 1～2 年出现大规模流行，对大流行翌年的雏鹅人工接种强毒，有 75％ 的雏鹅有抵抗力，每年不大批更新鹅群的地区，发病率和死亡率均较低，一般在 20％～50％。

（三）诊断要点

1. 发病特点　本病一般发生于 4～20 日龄以内的雏鹅和雏番鸭，30 日龄以上的鹅和番鸭很少发病。发病日龄越小，发病率和死亡率越高。最高的发病率和死亡率出现在 10 日龄以内的雏鹅和雏番鸭，可达 95％～100％。15 日龄以上的雏鹅和雏番鸭比较缓和，有少数患病雏鹅和雏番鸭可自愈。本病的流行常有一定的周期性，就是大流行之后的一年或数年内往往不见发病，或仅零星发生。在四季常青或每年更换部分种鹅群和番鸭群饲养方式的区域，一般不可能发生大流行，但每年会有不同程度的流行发生，死亡率一般在 20％～30％，高的可达 50％ 左右。

2. 症状　以消化道和中枢神经系统紊乱为特征，但其症状与感染发病时雏鹅的日龄有密切关系。根据病程的长短，可分为最急性型、急性型和亚急性型 3 种类型。

（1）最急性型　常发生于 1 周龄以内的雏鹅。病雏鹅突然发病死亡。当发现精神呆滞后数小时内即衰弱，或倒地两腿乱划，很快死亡。病雏鹅鼻孔有少量浆性分泌物，喙端发绀和蹼色泽变暗。数日内很快扩散至全群。

（2）急性型　常发生于 1 周龄的雏鹅。病雏鹅症状明显，食欲减少或丧失，虽随群做采食动作，但所采得的草料并不吞下，随采随甩弃。大约半天后行动迟缓，无力，站立不稳，喜蹲卧，落后于群体，打瞌睡、拒食，但多饮水。排出黄白色或黄绿色稀粪，稀粪中杂有气泡，或有纤维碎片，或有未消化的饲料，肛门周围绒毛湿润，有稀粪沾污。泄殖腔扩张，挤压时流出黄白色或黄绿色稀薄粪便。张口呼吸，显得用力，鼻孔有棕褐色或绿褐色浆液性分泌物流出，使鼻孔周围污秽不洁。口腔中有棕褐色或绿褐色稀薄液体流出，喙端发绀，蹼色变暗。嗉囊松软，含有气体和液体。眼结膜干燥，全身有脱水征象。病程一般为 2 d 左右。在临死前出现两腿麻痹或抽搐。有些病鹅临死前可出现神经症状。

（3）亚急性型　多发生于流行后期。2 周龄以上的病雏鹅，病程稍长，一部分病雏鹅转为亚急性型，尤其是 3～4 周龄的病雏鹅多呈亚急性型。病鹅精神委顿，消瘦，行动迟缓，站立不稳，喜蹲卧，腹泻，稀粪中杂有许多未消化的饲料及纤维碎片和气泡。肛门周围绒毛污秽严重。少食或拒食。鼻孔周围沾污大量分泌物和饲料碎片。病程一般为 3～7 d，或更长，少数病雏鹅可自愈。

青年鹅经人工接种大剂量强毒，4～6 d 部分鹅发病。患病鹅食欲大减，体重迅速减轻，精神委顿，排出黏性的稀粪，两腿麻痹，站立不稳，喜伏地，头颈部有不自主的动作，3～4 d 后死亡，部分鹅能自愈。

3. 剖检特征　大体病理变化以消化道炎症为主，全身皮下组织明显充血，呈弥漫红色或紫红色，血管分支明显。

（1）最急性型　由于雏鹅日龄小，多为 1 周龄以内雏鹅，病程短，病变不明显，仅见小肠前段黏膜肿胀充血，覆盖有大量黏稠淡黄色黏液。有些病例可见少量出血点或出血斑，表现急性卡他性炎的变化。胆囊肿大，充满稀薄胆汁。

（2）急性型　病雏鹅一般在 1～2 周龄，病程 2 d 左右，有比较明显的肉眼病理变化，尤其是肠道有特征性的病理变化。多数病雏鹅死于此型。

病雏鹅食管扩张，腔内含有数量不等的绿色稀薄液体，混有黄绿色食物碎屑，腺胃黏膜表面均有大量淡灰色黏稠液附着，肌胃的角质膜黏腻，容易剥落。肠道有明显的病变，尤其是小肠部分的病变最显著。十二指肠，特别是其起始部分的黏膜呈弥漫红色，肿胀有光泽。少数病例黏膜有散在性出血斑。空肠和回肠的回盲部的肠段外观变得极度膨大，呈淡灰白色，体积比正常肠段增大 2～3 倍，形如香肠状，手触肠段质地很坚实。从膨大部与不肿胀的肠段连接处可以很明显地看到肠道被阻塞的现象。膨大的肠段有的病例仅有 1 处，有的病例有 2～3 处。每段膨大部长短不一，最长达 10 cm 以上，短者仅 2 cm。膨大部的肠腔内充塞着淡灰白色或淡黄色的栓子状物，将肠腔完全阻塞，很像肠腔内形成的管型。栓子头两端较细，栓子物很干燥，切面上可见中心为深褐色的干燥肠内容物，外面包裹着厚层的纤维素性渗出物和坏死物凝固而形成的假膜。有的病例栓子扁平带色，外形很像绦虫样。阻塞的肠段由于极度扩张，使肠壁变薄，黏膜平滑，干燥无光泽，呈淡红色或苍白色，或微黄色。无栓子的其他肠段，肠内容物呈棕褐色或棕黄色，很黏稠。有些部分肠段见有纤维素性凝块或碎屑附着在黏膜表面，但不形成片状的假膜。肠结膜呈淡红色至弥漫性红色，偶见出血斑点。结肠黏膜表面有大量黄色或棕黄色黏稠液附着，黏膜肿胀发红，靠近回盲部更加明显，盲肠黏膜变化与结肠相同。直肠无明显变化。泄殖腔显著扩张，充满灰黄绿色稀薄内容物。法氏囊无明显病理变化。

（3）亚急性型　病雏鹅肠道栓子病变更加典型。

4. 实验室诊断　结合流行病学、临床症状和病理变化特征进行诊断。1～3周龄的雏鹅群大批发病死亡，发病率和死亡率极高，病雏鹅以排黄白色或黄绿色水样稀粪为主要特征，肠管内有条状的脱落假膜或在小肠末端发生特有的栓子阻塞于肠管。但要做出明确的诊断结论，需要进行实验室病毒分离鉴定以及血清学诊断。

（1）病原分离　无菌取病雏鹅或死雏鹅的肝、胰、脾、肾、脑等内脏器官病料放置于灭菌的玻璃瓶冻结保存，分离时将病料组织剪碎、磨细，用灭菌生理盐水或灭菌 PBS 液作 1∶（5～10）稀释，经 3 000 r/min 离心 30 min，取上清液加入青霉素、链霉素各 1 000 U，于 37 ℃温箱中作用 30 min，也可将离心后的上清液经 0.22 μL 滤膜过滤除菌；或用分析纯氯仿（4∶1）处理后再加入抗生素，经细菌检验为阴性者作病毒分离材料。

将上述病毒分离材料接种 6 枚 12 日龄易感鹅胚或番鸭胚，每胚绒尿腔接种 0.2 mL，置 37～38 ℃孵化箱内继续孵化，每天照胚 2～4 次，观察 9 d，一般经 5～9 d 大部分胚胎死亡。在 72 h 之前死亡的胚胎废弃，72 h 之后死亡的鹅胚取出放置在 4～8 ℃冰箱内冷却收缩血管。无菌吸取绒尿液保存和做无菌检验，并观察胚胎病变。无菌的绒尿液冻结保存做传代和检验用。由本病毒致死的鹅胚或番鸭胚可见绒尿膜增厚，全身皮肤充血，翅尖、趾、胸部毛孔、颈、喙旁均有较严重出血点，胚胎充血及边缘出血，心脏和后脑出血，头部皮下及两肋皮下水肿。接种后 7 d 以上死亡的鹅胚或番鸭胚胚体发育停滞，胚体小。

（2）病毒鉴定　用鹅胚绒尿液分离毒与已知抗小鹅瘟病毒标准血清，或抗小鹅瘟病毒单克隆抗体在易感鹅胚或易感雏鹅上做中和试验；或用已知抗小鹅瘟病毒标准血清在易感雏鹅上做保护试验；也可应用琼脂扩散试验、酶联免疫吸附试验（ELISA）、荧光抗体等方法鉴定病毒。

5. 鉴别诊断　小鹅瘟在流行病学、临床症状以及某些组织器官的病理变化方面可能与鹅流感、鹅副黏病毒病、禽沙门氏菌病、水禽巴氏杆菌病等相似，需进行区别诊断。

禽流感是家禽的一种传染性疾病综合征。近年来，欧洲、美洲和亚洲的一些国家，从鸡、鸭、鹅、火鸡、鸽及鹌鹑等都分离到 A 型流感病毒。各种年龄鹅均可感染发生，发病率高达 100%，雏鹅、仔鹅的致死率高达 90%～100%，种鹅的致死率为 40%～80%，而小鹅瘟仅发生于 1 月龄以内的雏鹅。其次，鹅流感以头颈部肿胀，眼出血，头颈部皮下出血或胶样浸润，内脏器官黏膜和法氏囊出血为特征，而小鹅瘟无上述病变。将肝、脾、脑等鹅流感病料处理后分别接种 5～10 枚 11 日龄鸡胚和 5 枚 12 日龄易感鹅胚，观察 5～7 d，如两种胚胎均在 96 h 内死亡，绒尿液具有血凝性并被相应的特异性抗血清所抑制，即可判定为鹅流感，而鸡胚不死亡，鹅胚部分或全部死亡，胚体病变典型，无血凝性，可诊断为小鹅瘟。

鹅副黏病毒病是由禽副黏病毒Ⅰ型病毒（鸡新城疫病毒）感染鹅所致。根据该病毒基因组中 F 基因 47～436 bp 的核酸序列与其他禽副黏病毒Ⅰ型毒株比较后绘制进化树图，属于基因Ⅶ型。各不同品种和日龄鹅均具有高度易感性，特别是 15 日龄以内雏鹅发病率和死亡率均为 100%，而小鹅瘟仅发生于 1 月龄以内的雏鹅。此外，病鹅脾和胰腺肿大，有灰白色坏死灶点。肠道黏膜有散在性和弥漫性，大小不一，淡黄色或灰白色的纤维素性的结痂等特征性病变。部分病鹅腺胃和肌胃充血、出血，而小鹅瘟不具备上述病变。再者，用脑、脾、胰或肠道病料处理后接种鸡胚，一般于 36～72 h 死亡，绒尿液具有血凝性，并能被禽副黏病毒Ⅰ型抗血清所抑制，即可判定为鹅副黏病毒病。

禽沙门氏菌病是由沙门氏菌属种的一种沙门氏菌所引起的禽类的急性或慢性疾病的总称。多发生于 1～3 周龄的雏鹅，常呈败血症突然死亡，可造成大批死亡。病鹅泻痢，肝肿大呈古铜色，并有条纹或针头状出血和灰白色的小坏死灶等病变特征，但肠道不见有栓子，可作为重要区别点之一。将病鹅肝做触片，用美蓝或拉埃氏染色，见有卵圆形小杆菌，即可疑为沙门氏菌，而小鹅瘟肝病料未见有卵圆形小杆菌，可做区别点之二。将肝病料接种于麦康凯培养基，经 24 h 培养见有光滑、圆形、半透明的菌落，涂片革兰氏染色镜检为革兰氏阴性小杆菌，经生化和血清学鉴定，即可确诊。而小鹅瘟肝病料细菌培养为阴性，为重要区别点之三。

水禽巴氏杆菌病是由禽多杀巴氏杆菌引起的急性败血性传染病，发病率和死亡率很高。青年鹅、成年鹅比雏鹅更易感染。病鹅张口呼吸、摇头、瘫痪、剧烈下痢，排绿色或白色稀粪。肝肿大，表面见有许多灰白色、针头大的坏死灶，心外膜特别是心冠脂肪组织有出血点或出血斑，心包积液，十二指肠黏膜严重出血等特征性病变即为重要区别点之一。用肝、脾做触片，用美蓝染色镜检见有两极浓染的卵圆形小杆菌，即为鹅巴氏杆菌病。而小鹅瘟肝病料染色镜检未见有细菌，为区别点之二。将肝病料接种于鲜血琼脂平皿，经 37 ℃ 24 h 培养，有露珠状小菌落，涂片革兰氏染色镜检为革兰氏阴性小杆菌，经生化和血清学鉴定后可确诊。而小鹅瘟肝病料细菌培养为阴性，为重要区别点之三。

（四）防治措施

1. 防止雏鹅带毒　小鹅瘟主要是由种蛋带毒感染和孵化室的污染传播，所以种蛋孵化前应进行表面浸渍消毒。

种蛋的消毒时间，最好是在蛋产出后立刻消毒，生产上是每次捡蛋完毕消毒，但因为种蛋在入孵前会受到二次污染，所以种蛋入孵前还应进行第 2 次消毒。新洁尔灭浸泡消毒法，用新洁尔灭加水配成 1∶1 000 的水溶液，种蛋浸泡 3 min，同时用软抹布轻轻擦洗蛋壳表面的污染物后晾干；高锰酸钾-甲醛熏蒸消毒法，将种蛋置于密闭的消毒箱内，箱内 25～27 ℃，相对湿度 70% 左右，密闭熏蒸 30 min 后，打开消毒箱（每立方米空间用高锰酸钾 15 g，甲醛溶液 30 mL），将残余气体放出，即消毒完毕。

孵化器、孵化室在上蛋前也应进行彻底消毒。如果雏鹅出壳后 5～6 d 出现大批发病死亡，表明孵化器、孵化室已受到严重污染，应停止继续孵化，进行全面彻底消毒。孵化器、孵化室的消毒，目前因考虑环境污染问题，不再主张用高锰酸钾-甲醛熏蒸消毒法，而采用一种烟水两用型高效广谱含氯消毒剂。它可以取代传统的高锰酸钾-甲醛熏蒸消毒，且成本可以下降 50%。具体方法是：烟水两用型癸甲溴氨溶液（百毒杀），有大袋（主剂）和小袋（助燃剂）两包。用时将两包放在一起，搅拌均匀后，按 2 g/m³ 以器皿盛装均匀放于孵化器、孵化室内不同部位，点燃冒烟后迅速离开。密闭 24 h 后再开窗通风 1 h 以上方可进入。

2. 种鹅免疫接种　　应用疫苗免疫接种种鹅是预防本病有效而又妥善的方法。同时，也要重视综合防治的各项措施，提高免疫率。

（1）活苗一次免疫接种法　　种鹅在产蛋前 15 d 左右用 1∶100 稀鹅胚化种鹅弱毒苗 1 mL 进行皮下注射或肌内注射。免疫接种 12～100 d，鹅群所产蛋孵化的雏鹅群能抵抗人工及自然的感染，种鹅免疫接种 4 个月以后，雏鹅的保护率有所下降，种鹅必须再次进行免疫接种，或雏鹅出炕后免疫接种雏鹅弱毒苗或注射高免血清，以达到高保护率。

（2）活苗二次免疫法　　种母禽在产蛋前 1 个月，用 1∶100 稀释种鹅苗 1 mL 进行免疫接种，15 d 后再用 1∶10 稀释种鹅苗 1 mL 进行二次免疫接种，雏鹅的保护率可延至免疫接种后 5 个月之久。

（3）灭活单苗免疫接种法　　种禽产蛋前 15～30 d 用小鹅瘟油乳灭活苗进行免疫接种，每只肌内注射 1 mL，免疫后 15 d 至 5 个月内雏鹅均具有较高的保护率。

（4）二联灭活苗免疫法　　用小鹅瘟病毒和鹅副黏病毒制备的二联灭活苗，种鹅产蛋前 15～30 d 进行免疫接种，每只肌内注射 1 mL，免疫接种后 3 个月左右用鹅副黏病毒病灭活疫苗再免疫接种 1 次，雏鹅和种鹅均具有较高的保护率。

未经免疫接种的种禽群，或种禽群免疫接种 100 d 以上的所产蛋孵化的雏禽群，在出炕 48 h 内应用 1∶（50～100）稀释的鹅胚化雏鹅弱毒疫苗进行免疫接种，每只皮下注射 0.1 mL，免疫接种后 7 d 内严格隔离饲养，防止强毒感染，保护率达 95% 左右。对已被污染的雏禽群做紧急预防免疫接种，保护率达 70%～80%。已被感染发病的雏禽进行免疫接种无明显预防效果。

经二联灭活苗免疫接种的种鹅群产出的雏鹅，在 15～20 d 应进行鹅副黏病毒病灭活苗免疫接种，每只雏鹅肌内注射或皮下注射 0.5 mL，免疫期达 2 个月。

二、鹅副黏病毒病

鹅副黏病毒病（goose paramyxovirus infection）是由禽副黏病毒 I 型病毒（鸡新城疫病毒）感染引起的鹅的一种高发病率、高死亡率的烈性传染病。该病初期，病鹅排白色、灰白色稀粪，病情加重后排暗红色或绿色水样稀粪，部分病鹅后期伴有不同程度的神经症状，病理变化为脾、胰腺肿大，其表面和切面有灰白色的坏死灶。本病最早于 1997 年被王永坤等人发现，明确了病原、病毒分离地位，并确定了病毒的特性和快速诊断方法，有效地控制和扑灭了该病。1997 年在江苏省江都市、邗江县，仪征市和苏州市等苏北、苏南一些市县饲养的种鹅群、商品鹅群以及雏鹅群发生此病。在短短几年内，已传染全国许多省份的鹅群，不但南方和中部许多省份有此病，东北和西北许多省份的鹅群也暴发该病。其危害程度已超过小鹅瘟。

（一）病原

鹅副黏病毒属副黏病毒科，腮腺炎病毒属，禽副黏病毒Ⅰ型。病毒粒子为球形、有囊膜、单股负链 RNA 病毒，大小为 100～250 nm，平均 120 nm。核衣壳卷曲在囊膜内，呈螺旋对称，囊膜上有纤突，核酸含有 6 组基因，用于编码 6 种蛋白，核衣壳蛋白（NP）、磷蛋白（P）、基质蛋白（M）、融合蛋白（F）、血凝素-神经氨酸酶（HN）和大分子质量聚合酶蛋白（L）。HN 糖蛋白和 F 糖蛋白有重要生物学功能，其中 F 糖蛋白是决定该病毒毒力的主要因素，也是毒株的重要分类依据。病鹅的脾、脑、肝、肺、气管分泌物、卵泡膜以及肠管和排泄物中都含有大量病毒。本病毒对鹅和鹅胚、鸡和鸡胚均具强毒力。

病毒的抵抗力不强，容易被干燥、日光及腐败所杀死。常用的消毒药物，如 2％苛性钠溶液、3％石炭酸溶液、1％臭药水和 11％来苏儿均可在 3 min 内将病毒杀死。在阴暗、潮湿、寒冷的环境中，病毒能够生存很久。例如，存在于组织和绒尿液中的病毒在 0 ℃环境中至少可以存活 1 年以上；在掩埋病鹅尸体的土壤中，病毒能够存活 1 个月；而在室温或较高的温度下，病毒的存活期较短。

（二）流行病学

病鹅是本病的主要传染源，感染后的鹅在出现症状前 24 h，其口、鼻分泌物和粪便中已有病毒排出。流行后期的耐过鹅以及流行期间的带毒鹅，往往是造成继续流行的原因。病鹅在咳嗽和打喷嚏时的飞沫内含有很多病毒，散布于空气中，易感鹅吸入之后，就能发生感染，并从一个鹅群传到另一个鹅群。病死鹅的尸体、未经处理的羽毛及其他带毒物都可引起鹅与鸡的感染与发病。本病主要经呼吸道和消化道传染，创伤及交配也可引起传染。冻存的鹅肉、污染的笼箱、衣物等都可传播本病。鹅副黏病毒也能通过鹅蛋垂直传播。许多野生飞禽和哺乳动物也都能携带病毒。

（三）诊断要点

1. 发病特点　不同日龄的鹅均有易感性。日龄越小发病率和死亡率越高。随着日龄增长，发病率和死亡率均有所下降。但 2 周龄以内的雏鹅其发病率和死亡率均可达 100%。不同日龄自然感染的鹅潜伏期一般为 3～5 d，日龄小的鹅为 1～2 d，日龄大的鹅为 2～3 d。病程一般为 2～5 d，日龄小的雏鹅为 2～3 d，日龄大的鹅为 4～10 d，人工感染的雏鹅和青年鹅均在感染后 2～3 d 发病，病程 1～4 d。

2. 症状　不同日龄的自然感染病例，潜伏期一般为 2～5 d，病程一般为 1～6 d，人工感染一般的雏鹅 2～4 d 发病，病程 1～3 d。病鹅精神不振，羽毛蓬松，常蹲地，食欲减退或废绝，腹泻，体重迅速减轻，种鹅产蛋量下降或停产，但饮欲增加，多数病鹅初期排白色稀粪，之后粪便呈水样，暗红色，黄色或墨绿色。出现症状 1～2 d 后出现瘫痪，有些病鹅从呼吸道发出"咕咕"声，10 日龄左右病鹅有张口呼吸、甩头、咳嗽等呼吸症状。发病后期，有扭头、转圈、劈叉等神经症状，部分鹅头肿大，眼流泪，多数在发病后 3～5 d 死亡，也有少数急性发病鹅无明显症状而在 1～2 d 死亡。甚至有的健康鹅在吃食时突然死亡。耐过的病鹅一般于发病后 6～7 d 开始好转，9～10 d 康复。

3. 剖检特征　病鹅脾肿大、瘀血，表面和切面布满大小不一的灰白色坏死灶，粟粒至芝麻大，有的融合成绿豆大小的坏死斑；膜腺肿胀，表面有灰白色坏死斑或融合成大片，色泽比正常苍白，表面光滑，切面均匀；肠道黏膜有出血、坏死、溃疡、结痂等病变。从十二指肠开始，往后肠段病变更加明显和严重，十二指肠、空肠、回肠黏膜有散在性或弥漫性大小不一的出血斑点、坏死灶和溃疡灶，粟粒大以至融合成大的圆形出血斑和溃疡灶，表面覆盖淡黄色或灰白色，或红褐色纤维素性结痂，突出于肠壁表面。结肠病变更加严重，黏膜有弥漫性、大小不一的溃疡灶，小的如芝麻，大的如蚕豆，表面覆盖着纤维性结痂。盲肠黏膜有出血斑和纤维素性结痂溃疡病灶。直肠和泄殖腔黏膜弥漫性结痂病灶更加严重，剥离结痂后呈现出血面或溃疡面。盲肠扁桃体肿大出血或结痂溃疡病灶。

有些病例在食管下段黏膜见有散在性芝麻大小灰白色或灰白色纤维性结痂。部分病例腺胃及肌胃黏膜充血、出血。部分病例肝肿大、瘀血、质地较硬。胆囊扩张，充满胆汁。病程较长的病例胆囊黏膜有坏死灶，心肌变性。部分病例心包有淡黄色积液，肾稍肿大且色淡。有神经症状的病例，脑充血、出血、水肿，皮肤瘀血。部分病例皮下有胶样浸润。

4. 病理组织学变化　病死鹅肝细胞、肾小管上皮细胞、心肌细胞等表现一般性颗粒变性或水疱变性，气管黏膜上皮细胞坏死脱落，纤毛消失。腺胃、肠道、胰腺、胸腺、脾、法氏囊、脑的组织学变化具有特征性。

肝：肝细胞发生颗粒变性、水疱变性或脂肪变性，严重者大量坏死、溶解，组织结构破坏，肝窦轻度瘀血，小叶间质中血管显著充血，多数病例在血管周围可见程度不等的炎性细胞浸润。

腺胃：黏膜上皮坏死脱落，固有层水肿，并有炎性细胞浸润。黏膜下浅层和深层复管腺上皮变性坏死，浅层复管腺的坏死尤为严重，结构大部分破坏，甚至完全消失。复管腺之间结缔组织内血管扩张充血，并有炎性细胞浸润。

肠道：整个肠道黏膜上皮严重变性、坏死、脱落，有的肠腺结构大部分破坏，肠内容物中含有大量坏死脱落的上皮细胞，急性病例在变性坏死的基础上，还伴有黏膜固有层的严重充血和出血。大部分病例，病变深入到肌层，平滑肌发生实质变性，肌纤维肿胀断裂，浆膜层水肿充血，肠道淋巴组织内淋巴细胞变性坏死，数量显著减少，在盲肠扁桃体，淋巴组织只剩下稀疏的网状轮廓。

胰腺：腺泡上皮大部分变性坏死，腺泡结构破坏，有些部位许多腺泡形成局灶性坏死。

胸腺、脾、法氏囊：淋巴器官均见实质细胞明显变性坏死。胸腺淋巴细胞数量减少；网状内皮细胞变性、坏死，间质内小血管扩张充血，并可见均匀红染的血浆渗出物。脾淋巴细胞严重变性坏死，数量极度减少。白髓结构大部分消失，中央动脉管壁增生增厚，有的管腔完全闭塞，周围几乎没有淋巴细胞；网状内皮细胞严重水疱变性，胞核狭长并偏于一侧；红髓有程度不等的瘀血、出血；在许多病例的网状结构中，可以见到块状的均匀红染的血浆渗出物。法氏囊滤泡髓质区淋巴细胞大量坏死溶解，仅剩下网状结构，皮质区淋巴细胞数量也有所减少，滤泡间小血管显著扩张、充血。

气管、肺：气管黏膜上皮细胞坏死脱落，残存部分纤毛消失，杯状细胞数量增多，固有层轻度充血；肺小血管及毛细血管瘀血，严重者呼吸性毛细管内见有红染水肿液，支气管内见有淋巴细胞及巨噬细胞。

脑：部分病例大脑、小脑呈现轻微非化脓性脑炎变化，脑膜和实质血管扩张充血，实质内有些部位可见小的出血灶，部分血管的内皮细胞因变性肿胀而向管腔内突起，并与基膜分离，血管周围淋巴间隙显著扩张；神经细胞变性，严重者胞核发生水疱变性；有些病例可见神经胶质细胞呈弥漫性或局灶性增生。

肾：肾小管上皮细胞颗粒变性，管腔变小或闭塞，许多上皮细胞坏死、崩解，细胞质流入管腔；肾小囊毛细血管及间质小血管扩张充血；输尿管内含有大量蓝染的尿酸盐结晶。

心脏：心肌实质变性，肌纤维肿胀、断裂、坏死，肌间小血管内充满红细胞。

5. 实验室诊断　鹅副黏病毒病的诊断可以从流行病学、临床症状和病理变化3个方面综合诊断。确诊时须用鸡胚进行病毒分离，用血凝和血凝抑制试验、中和试验、保护试验等血清学方法进行鉴定。

6. 区别诊断　鸭瘟病毒感染的病鹅与鹅副黏病毒病在病理变化上有较大的差别。鸭瘟感染病鹅在下眼睑、食管和泄殖腔黏膜有出血溃疡和假膜特征性病变，而鹅副黏病毒病无此病变。两种病毒均能在鸭胚和鸡胚上繁殖，并引起胚胎死亡，鸭瘟病毒致死的胚胎绒尿液无血凝性，而鹅副黏病毒致死的胚胎绒尿液能凝集鸡红细胞并被特异抗血清所抑制，不被抗鸭瘟病毒血清抑制。

鹅副黏病毒和鹅流感病毒对各种品种和年龄鹅均具有高度致病性，鹅副黏病毒感染的病鹅脾肿大，有灰白色、大小不一的坏死灶，同时肠道黏膜有散在性或弥漫性大小不一、淡黄色或灰白色的纤维素性结痂病灶，而鹅流感是以全身器官出血为特征的。两种病毒均具有凝集红细胞的特性，但鹅副黏病毒血凝性能被特异抗血清所抑制，不被禽流感抗血清所抑制；而鹅流感病毒的血凝性正与其相反。

鹅巴氏杆菌病是由禽多杀性巴氏杆菌所致，多发生于青年鹅、成年鹅。广谱抗生素和磺胺类药对鹅巴氏杆菌病有防治作用，而对鹅副黏病毒病无任何作用。鹅巴氏杆菌感染的病鹅肝有散在性或弥漫性针头大小坏死病灶，肝触片用美蓝染色镜检可见两极染色的卵圆形小杆菌，肝接种鲜血培养基可见露珠状小菌落，涂片革兰氏染色镜检为阴性卵圆形小杆菌，而鹅副黏病毒感染病鹅的肝接种鸡胚能引起鸡胚死亡且绒尿液能凝集鸡红细胞并被特异抗血清抑制。

(四) 防治措施

本病传播快，死亡率高，无有效的治疗方法，往往给鹅群造成毁灭性打击，对集约化养鹅业的危害更大，其主要防疫措施是：

防止本病原传入鹅群，制订严格的卫生防疫制度，注意搞好环境卫生，经常消毒鹅舍及用具，平时应加强鹅群的饲养管理，调整鹅群的饲养密度，对4～8周龄的仔鹅可全群喂服电解多维和抗菌药物。应坚持"以防为主，养放结合，防重于治"的原则，采取综合防治措施，有计划地做好鹅群的免疫监测和疫苗接种工作，使鹅群保持有高水平的抗体；不要随便到外地引种，以防带回疫病，新引进的鹅必须严格隔离饲养，同时免疫接种鹅副黏病毒病灭活疫苗，经过2周确实证明无病时，才能与健康鹅合群饲养；鹅场要严格执行防疫卫生制度，人员进出要进行消毒；鹅群必须与鸡群严格分区饲养。

制订一个科学的免疫程序，对防治本病的发生极为重要，但它仍受诸如疫苗的质量、鹅群免疫应答基础、母源抗体水平、个体差异、干扰免疫的疾病以及饲养场的防疫卫生条件等因素的制约。因此，应做好鹅群的免疫监测工作，一旦发现鹅群的鹅副黏病毒病抗体（HI抗体）水平下降（通常以HI抗体效价1∶16为临界点），就必须进行加强免疫。

种鹅免疫：留种时应进行一次鹅副黏病毒病灭活苗免疫接种，产蛋前2周再进行一次灭活苗免疫接种，在第2次免疫接种后3个月左右进行第3次免疫接种，使鹅群在产蛋期均具有免疫力。

雏鹅免疫：免疫种鹅所产鹅蛋孵出的雏鹅群在15 d左右进行一次鹅副黏病毒病灭活苗初免，2个月后再进行1次免疫接种；无母源抗体的雏鹅（种鹅未经免疫接种），可根据本病的流行情况，在2～7日龄或10～15日龄进行一次免疫接种，在第1次免疫接种后2个月左右再免疫接种1次。

应用抗鹅副黏病毒病抗血清、卵黄抗体或用抗小鹅瘟和抗鹅副黏病毒病双抗体做鹅群紧急免疫接种，有较好的保护作用。

由于小鹅瘟仅发生于1月龄内的雏鹅，因此相比较而言鹅副黏病毒病所造成的损失要比小鹅瘟大得多，应引起养殖户的高度重视。

三、禽流感

禽流行性感冒简称禽流感（avian influenza，AI），是由A型流感病毒引起的一种高度接触性的急性或慢性传染病，会对养鹅业造成极大威胁。由于病鹅常呈头颈肿，眼睛严重潮红、充血、出血和鼻腔流血，可引起大批雏鹅发病死亡，所以该病又称为"鹅肿头病""鹅红眼病""鹅出血症""鹅疫""新鸭疫"等。

（一）病原

本病毒属于正黏病毒科（Orthomyxoviridae），流感病毒属，A型流感病毒。病毒粒子呈短杆状或球状，具囊膜，直径 80~120 nm。病毒能凝集鸡和某些哺乳动物的红细胞。能在发育鸡胚中生长，接种鸡胚尿囊腔，可引起鸡胚死亡，可见鸡胚的皮肤、肌肉充血和出血。病毒也能在鸡胚肾细胞和鸡胚成纤维细胞上生长，并引起细胞病变。

雏鹅的发病率可高达100％，死亡率也可达50％以上，其他日龄的鹅群发病率一般为80％～100％，死亡率一般为40％～80％，产蛋种鹅发病率近100％，死亡率为40％～80％。

（二）流行病学

本病一年四季均可发生，但以冬春季为主要流行季节。一般认为是通过密切接触传染，也可经蛋传染。病鹅的羽毛、尸体、排泄物、分泌物以及污染的水源、饲料、用具均为重要的传染源。本病的人工感染途径有鼻腔或鼻旁窦内静脉、腹腔、皮下、皮内以及滴眼等。

1. 传染源　病禽的排泄物（粪便、尿），分泌物（泪水、鼻汁），养殖、屠宰场相关人员，污染的饲料、饮水、运载工具、环境等均能成为直接、间接的传染源。

2. 传播途径　禽流感主要通过鸟类、水禽、运输及交叉感染传播，低温、潮湿、阴雨天气为病毒滋生、传播提供了有利条件。H5N1、H7N7亚型毒株主要通过横向传播，易感禽类与感染禽类的直接接触，病毒污染物（污染源、飞沫、水、工器具、运载工具等）的间接传播，禽群之间的传播主要靠水平传播（空气、粪、饲料、饮水等），通过呼吸、消化道进入禽体。由于蛋黄、蛋清中检出病毒，所以不排除垂直传播的可能性。哺乳动物（猪）是禽流感的中间宿主，水禽、飞禽健康带毒成为隐性传播。

（三）诊断要点

1. 发病特点　病鹅病程不一，雏鹅一般2~4 d，青年鹅、成年鹅的病程为4~9 d。母鹅在发病后2~5 d内停止产蛋。未死的鹅一般要在1~1.5个月才能恢复产蛋。

2. **症状** 病鹅常突然发病，体温升高到 42 ℃以上，精神萎靡，眼半闭，或伏地呈嗜睡状，采食量明显减少或少食，饮水量稍有增加，羽毛松乱，身体蜷缩，精神沉郁，昏睡，反应迟钝并伴有曲颈斜头、左右摇摆等神经症状，尤其是雏鹅较明显。嗉囊积液，有的病鹅流泪、流鼻涕、甩头，眼睛潮红或出血，一侧脸颊肿胀、皮下水肿，眼睛四周羽毛沾着黑褐色分泌物，严重者瞎眼，鼻孔流血；出现明显呼吸道症状，咳嗽、发出呼噜声或喘鸣声，张口或伸颈呼吸；腹泻，排白色、绿色稀粪或水样稀粪；病程稍长的病鹅出现抽搐或头颈向后扭曲等神经症状。

3. **剖检特征** 大多数病鹅皮肤毛孔充血、出血，全身皮下和脂肪出血。头部皮下有胶冻样浸润，有出血点。颈部、胸部皮下充血、出血，胸、腿部肌肉出血呈片状；眼结膜潮红，出血。鼻黏液增多，挤压鼻孔流出带血色的鼻涕。鼻腔黏膜水肿、充血、出血，腔内充满血样黏液性分泌物，喉头黏膜不同程度出血，大多数病例有绿豆至黄豆大凝血块，气管黏膜有点状出血。心外膜有出血，心肌有白色条纹状坏死，有出血斑。气管、支气管内有大量的泡沫状液体。肺有不同程度的充血、出血，呈暗红色。肝肿大，瘀血，质地变脆，呈土黄色，肝被膜下有出血点。胰腺轻度肿大，其表面可见大量白色半透明的点状坏死，有时可见有出血点。脾肿大、瘀血，有白色点状坏死。肾轻度肿大，有的有出血，有的法氏囊肿大，有出血点，有的鹅胸腺有出血点。十二指肠黏膜有充血、出血，小肠、直肠和泄殖腔黏膜有充血、出血，腺胃与肌胃交界处、腺胃有出血斑点；个别病例的腺胃呈环状出血；脑膜充血，脑壳和脑膜严重出血，脑组织充血、出血，脑实质轻度水肿，脑回变宽。产蛋母鹅卵泡破裂于腹腔中，卵巢中卵泡膜充血，有出血斑并变形，输卵管浆膜充血，部分有乳白色黏稠分泌物，出血腔内有凝固蛋白。病程较长的病母鹅卵巢中的卵泡萎缩，卵泡膜充血、出血或变形。病鹅法氏囊出血。有些病例十二指肠与肌胃处有出血块。部分病例盲肠出血。

4. **病理组织学变化**

小脑：脑血管扩张、充血，毛细血管周围有水肿，间隙增宽，有的毛细血管周围有淋巴细胞形成的围管现象。部分蒲金野氏细胞坏死、溶解，小脑组织发生液化性坏死灶，呈空泡化，小脑有软化灶，有的毛细血管有微血栓形成。

大脑：毛细血管充血，小血管周围和神经元细胞周围发生水肿，神经元变性坏死，并有小胶质细胞吞噬神经元现象，大脑组织发生液化性坏死灶，呈空泡化，同时毛细血管有微血栓形成。

心肌：心外膜下有炎性细胞浸润，肌间有少量出血，心肌纤维肿胀，胞核溶解，横纹消失，细胞质着色不均，部分细胞质变成红染、均匀无结构的物质，有的肌纤维断裂。

肺：肺泡壁毛细血管扩张、瘀血，支气管和细支气管周围淋巴细胞浸润，肺泡内充满了大量液体、红细胞和炎性细胞。

肾：肾小管上皮细胞发生颗粒性变性，局灶性坏死，肾小管管腔变狭窄或阻塞，有的肾小管上皮坏死脱落后仅存肾小管轮廓，肾小球毛细血管有微血栓形成。

脾：脾白髓边缘区出血，脾鞘动脉周围的淋巴组织以及脾小体内的淋巴细胞核发生浓缩、碎裂而坏死、崩解使脾小体缩小；脾小体和红髓有均质红色的淀粉样物。

十二指肠：肠绒毛不完整，上皮细胞变性、坏死、脱落；平滑肌断裂、不完整小肠绒毛变粗，固有层毛细血管扩张、充血，有少量淋巴细胞、单核细胞、浆细胞浸润，空肠上皮细胞和肠腺坏死。

直肠：肠绒毛断裂、不完整，肠腔内有大量脱落的已发生变性、坏死的上皮细胞。

胰腺：腺泡上皮变性、坏死，形成大量的局灶性坏死灶，胰腺崩解。

肝：呈局灶性坏死，肝细胞发生颗粒变性、脂肪变性和坏死，肝窦内网状内皮细胞增生，肝被膜下有出血。

腺胃：黏膜上皮坏死脱落，炎性细胞浸润。

5. 实验室诊断　本病确定诊断必须进行病毒分离鉴定和血清学试验。

（四）防治措施

以往认为禽流感在鹅中带毒不发病，但近年来却以一种烈性病毒传染病方式出现。由于禽流感的流行病学很多方面，特别是传染的来源比较复杂，因此给防治造成较大困难。养殖中应采用一般的预防措施，如要注意受冷、鹅群拥挤等应激因素和引进种鹅可能带来的风险。

由于禽流感病毒易变异而且免疫原性相对比较差，因此应选择在流行中占优势的毒株或根据流行区域存在的不同抗原亚型毒株，研制成多价灭活苗。免疫接种时，种鹅在仔鹅阶段应进行2～3次免疫接种，产蛋前15～30 d进行第

1 次免疫接种，3 个月左右进行再次免疫接种，经 4～5 次免疫接种的种鹅在整个产蛋期可以控制禽流感的流行发生。商品鹅，经免疫接种种鹅群后代的雏鹅，可在 15 日龄左右进行首免。未免疫种接种鹅群后代的雏鹅，可根据禽流感的流行情况在 10 日龄以内或 15～20 日龄进行首免，2 个月左右再次免疫接种。

禽流感和鹅副黏病毒病二联灭活苗能有效地控制这两种疫病的发生，免疫方法与单苗相同。

禽流感目前没有有效的治疗方法，抗生素可以控制并发或继发的细菌感染。禽流感一旦发生，应及时上报，立即将病鹅淘汰，死鹅烧毁或深埋，彻底消毒场地和用具。未发病的鹅应用抗血清或卵黄抗体做紧急免疫接种。

第二节　细菌性传染病

一、禽霍乱

禽霍乱（fowl cholera）是由多杀性巴氏杆菌引起的多种禽类的接触性传染病。该病急性者表现为败血症和炎性出血等变化，常伴有严重的下痢，又称禽巴氏杆菌病、禽出血性败血症、摇头瘟等。一般以鸡、火鸡和鸭最易感，鹅、鸽较不易感。本病流行于世界各地，无明显的季节性，一年四季均可发生。本病发生后，同种和不同种的畜禽间都可互相传染。本病传播途径广泛，可通过污染的饮水、饲料、用具等经消化道或呼吸道以及损伤的皮肤黏膜等传染，是危害养鹅业的一种严重传染病。

（一）病原学

本病的病原称多杀性巴氏杆菌，是两端钝圆、中央微凸的短杆菌，长 1～1.5 μm，宽 0.3～0.6 μm，不形成芽孢，也无运动性。普通染料都可染色，革兰氏染色为阴性，用美蓝（甲基蓝）、石炭酸品红或姬姆萨法染色后，菌体的两端着色特别深，呈明显的两极性，显微镜下比较容易识别。急性病例很容易从病鹅的血液、肝、脾等器官中分离到病原。慢性病例可取病鹅咽喉部分的黏液接种血液琼脂培养基或小鼠，进行分离培养。培养物所做的涂片，两极着色则不那么明显。用印度墨汁等染料染色时，可看到清晰的荚膜。

本菌存在于病禽全身各组织、体液、分泌物及排泄物，只有少数慢性病例仅存在于肺的小病灶。健康家禽的上呼吸道也可能带菌。

（二）诊断要点

1. 发病特点　水禽巴氏杆菌病的发生常为散发性，间或呈流行性，鹅易感。一般经由消化道和呼吸道传染。消化道传染是通过摄食和饮水。本病的主要传染来源是由于引进了带菌的家禽，它们外表上并没有什么异常，但经常或间歇性地排出病原菌，污染周围环境。同时，鹅群的饲养管理不良、体内寄生虫病、营养缺乏、长途运输、天气突变、阴雨潮湿以及鹅舍通风不良等因素，都能够促进本病的发生和流行。病鹅的排泄物和分泌物常带有病菌，污染了饲料、饮水、用具和场地等，从而散播病原菌。犬、猫、飞禽（麻雀和鸽）、苍蝇、蝉、螨和人等都能够成为传播本病的媒介。

2. 症状　由于本病的流行时期、鹅体的抵抗力以及病菌致病力的强弱等因素，使得病鹅的症状有所差异，一般可分为最急性型和急性型两种病型。最急性型常发生于刚开始暴发的最初阶段。常见的鹅突然死亡，而不表现任何症状。

一般情况下，病鹅表现精神委顿，尾翅下垂，打瞌睡，食欲废绝，体温升高至 $42 \sim 43 \ ℃$，怕下水，口渴增加，口鼻流出黏液，口频张开，呼吸困难，常常低头摇摆，排出喉部所蓄积的黏液，故本病常称为摇头瘟。同时，病鹅发生剧烈腹泻，排出绿色或白色稀粪，有时混有血液，具有恶臭，往往瘫痪，不能行走。通常都在出现症状之后 $1 \sim 2 \ d$ 死亡。

3. 剖检特征　最急性型的病鹅，死后剖检常看不到明显的病理变化。急性型死亡的病鹅，腹膜、皮下组织和腹部脂肪组织常有小出血点。肠道中以十二指肠的病变最显著，发生严重的急性卡他性肠炎或出血性肠炎，肠黏膜充血、出血，遍布小出血点，肠内容物含血。腹腔内，特别是在气囊和肠管的表面，有一种黄色的干酪样渗出物沉积。肝的变化具特征性，体积变大，色泽变淡，质地稍变坚硬，表面散布着许多灰白色、针头大的坏死点。脾一般无明显变化，或稍微肿大，质地比较柔软。心包膜有不同程度的出血，特别是在心冠部脂肪组织上面的出血点最明显。心包发炎，心包囊内积有较多淡黄色液体，偶尔还混有纤维素凝块。肺充血，表面有出血点，有时也可能发生肺炎变化。

4. 实验室诊断

（1）微生物学检验　无菌采取疑似巴氏杆菌病鹅的心血、肝、脾、肾等有病变的内脏器官作为被检病料。将被检病料做触片或涂片，美蓝染色或拉埃氏、姬姆萨染色后镜检，如见两极染色卵圆形的小杆菌，或革兰氏染色，呈阴性，镜检见大小一致、卵圆形的小杆菌，可确诊。

被检病料也可接种于绵羊鲜血琼脂培养基、马丁氏琼脂培养基或血清琼脂培养基，37 ℃培养 24 h，取细小、半透明、圆整、淡灰色、光滑的菌落接种于鲜血斜面培养基，血清肉汤培养，呈均匀混浊，后出现黏性沉淀，表面形成菌环。纯培养物在 48 h 内，可分解葡萄糖、半乳糖、甘露醇和蔗糖，产酸不产气；不发酵乳糖、鼠李糖、肌醇、菊糖；甲基红试验（MR 试验）、乙酰甲基甲醇试验（V - P 试验）、石蕊牛乳试验均为阴性；不液化明胶，H_2S 试验阳性。

（2）动物接种　无菌采取病鹅的心血、肝或脾等，磨细，用灭菌生理盐水做 1 ∶（5～10）稀释；或将 24 h 斜面纯培养物用 5～10 mL 灭菌生理盐水洗下，作为接种材料。

鹅或鸭可采取皮下注射或肌内注射 0.5～1.0 mL、静脉注射 0.5 mL 或滴鼻 0.1～0.2 mL，一般接种后 24～48 h 死亡，剖检如见有典型禽巴氏杆菌病病理变化即可确诊。小鼠皮下注射或腹部皮下注射 0.2～0.5 mL，一般接种后 24～48 h 死亡。剖检如见内脏器官呈败血症病理变化，也可确诊。

（3）抗原型鉴定　荚膜物质（K）抗原型的鉴定可将菌株接种于马丁氏琼脂斜面培养基，37 ℃培养 24 h，用 2～3 mL 灭菌生理盐水洗下，56 ℃水浴30 min，再经 6 000～8 000 r/min，离心 30～60 min，上清液即为所制备的荚膜抗原。取荚膜抗原约 0.3 mL，加入经福尔马林固定的 0.2 mL 绵羊红细胞，混匀后置 37 ℃温箱或水浴箱中作用 1～2 h。然后经 3 000 r/min，离心 30 min，沉淀血细胞再用约 10 mL 生理盐水洗 1 次，除去游离的未被血细胞吸附的荚膜抗原。离心收集致敏红细胞，加入 20 mL 生理盐水，配制成 1% 的致敏红细胞悬液。各取 1% 的致敏红细胞悬液 0.5 mL 分别加入 1 ∶ 40 稀释的各型抗血清（A、B、D、E）0.5 mL，混匀，室温中 2 h 或 37 ℃温箱作用 1 h 后观察。阳性者红细胞呈凝集现象，阴性者红细胞集中于试管底部。判定结果方法与一般红细胞凝集反应相同，通常以"＋"为阳性标准。

菌体抗原（O）型的鉴定可将菌株接种于马丁氏琼脂斜面或克氏瓶，37 ℃培养 24 h，每个斜面加入 1 mL（每个克氏瓶加入 20 mL）0.02 mol/L 磷酸缓冲液（含 8.5% 氯化钾），洗下菌苔，100 ℃水浴 1 h，然后经 6 000～8 000 r/min，离心 30 min，将沉淀物加入等量缓冲液，并加入福尔马林防腐，作为被检"O"抗原，备用。用 8.5％氯化钠盐水配制的 0.9％琼脂糖或琼脂制成平板，打孔加入被检抗原和标准血清（孔径 4 mm，孔距 6 mm），37 ℃温箱内放置 24～48 h，阳性者抗原孔与抗体孔之间会出现白色沉淀带。

（4）血清学试验　目的在于应用血清学的凝集方法对禽群进行待查诊断。用标准 A、B、D、E 四型菌株或当地分离的菌株按上述介绍方法制备成 1％的致敏绵羊红细胞作为诊断抗原。

试管法：将待检禽血清做成不同稀释度，分别加入等量诊断抗原，摇匀，室温中 2 h 或 37 ℃作用 1 h 观察。凝集价在 1∶40 以上者为阳性反应。

玻片法：取被检血清 0.1 mL 于载玻片上，随后加入等量诊断抗原，15～20 ℃下摇动载玻片使抗原与被检血清均匀混合，1～3 min 内出现絮状物，液体透明者为阳性。

5. 区别诊断　水禽巴氏杆菌病与鹅副黏病毒病及鹅流感的区别本书已叙述过，与其他禽类巴氏杆菌及鸭疫里默氏杆菌的生化试验鉴别见表 9 - 1。

表 9 - 1　禽巴氏杆菌与其他禽类巴氏杆菌及鸭疫里默氏杆菌的生化试验鉴别

生化指标	巴氏杆菌			鸭疫里默氏杆菌
	多杀性巴氏杆菌	溶血性巴氏杆菌	禽巴氏杆菌	
溶血性	+	−	V	V
麦康凯琼脂上生长	−	+U	−	−
产生吲哚	+		−	−
明胶液化				+U
产生过氧化氢酶	+	+U	+	+
尿素酶				V
葡萄糖发酵	+	+	+	−
乳糖发酵	−U	+U	−	−
蔗糖发酵	+	+	+	−
麦芽糖发酵	−U			−
鸟氨酸脱羧酶	+			

注：−为无反应；+为反应；V 为可变反应；−U 为通常无反应；+U 为通常有反应。

（三）防治措施

目前还没有简便可靠的方法检出禽群中的带菌家禽，因此只有平时加强鹅场的饲养管理工作，严格执行消毒卫生制度，尽量做到自繁自养，尤其在引进种鹅或苗鹅时应严格执行防疫制度。

1. 免疫　预防禽霍乱的疫（菌）苗分灭活菌苗和活菌苗两类。灭活菌苗大体上分为两种：一是禽霍乱氢氧化铝甲醛菌苗，3月龄以上的鹅每只肌内注射2 mL。优点是使用安全，接种后无不良反应。缺点是免疫效果不一致，因禽多杀性巴氏杆菌的血清型较多，用一株细菌制造的菌苗，对其他血清型的巴氏杆菌效果不佳，采用本场分离的菌株效果较好。另一种是禽霍乱组织灭活菌苗，是用病禽的肝组织或用禽胚制成的，接种剂量为每只肌内注射2 mL。优点是接种安全，无不良反应，免疫谱广，易保存，室温下至少可保存6个月。缺点是菌苗用量较大，成本较高，接种后7～10 d产生免疫力。灭活菌苗最大的优点是在紧急预防接种时可用药物控制。现有一种禽霍乱荚膜亚单位疫苗，它是提取禽霍乱菌体荚膜上有特殊抗原性的部分而制备的亚单位疫苗。免疫接种时应激较少，可用于产蛋高峰的鹅群，一般不会造成产蛋量下降，还可与抗菌药物同时使用，免疫效果不受影响。对病鹅群可一边用药，一边肌内注射此疫苗，几天后病控制住了，抗体水平也上升了，避免了禽霍乱单纯使用药物疗法时一停药病又复发的问题。

活菌苗为弱毒菌株的培养物经冷冻真空干燥制成。禽霍乱活菌苗接种剂量为每只肌内注射1 mL，免疫期比灭活菌苗稍长。但因活菌苗不能获得一致的致弱程度，有时在接种活菌苗后鹅群会产生较强的反应，而且活菌苗的保存期很短，10 d后即失效。此外，接种活菌苗可导致鹅群中带菌，因此在从未发生过禽霍乱的鹅场，不宜免疫接种。

免疫接种前的准备：免疫接种前3～5 d停止使用一切抗生素和其他抗菌药。因为目前国内用于饮水免疫接种的禽霍乱疫（菌）苗为弱毒活菌苗，抗生素和其他抗菌药物对禽霍乱弱毒菌有抑制和杀灭作用，所以在免疫接种前应使体内的药物全部排出体外。免疫接种当天或前1 d晚上停止饮水和食入青绿多汁饲料，使鹅群处于半饥渴状态，免疫接种时才能保证每只鹅饮入足够量的菌液。免疫接种前对鹅群进行一次检查，有症状的鹅不宜进行免疫接种。

疫（菌）苗的稀释使用：选用禽霍乱弱毒疫（菌）苗，按使用说明书的规定和鹅只的数量计算疫（菌）苗的用量，用深井水或冷开水稀释（不能用自来水，因其中的漂白粉有杀菌作用），充分搅匀后倒入饮水槽中，多设几个饮水点，保证每只鹅饮足菌量。也可以在上述菌液中加入适量的麦麸拌成稀粥状，

让鹅自由食入，最好在 2 h 内食完。第 1 次免疫接种后 4～5 d，按上述方法再进行第 2 次免疫接种，3 d 后可产生免疫力，免疫期为 8 个月。

鹅群中发生禽霍乱后，必须立即采取有效的防治措施。病鹅进行隔离治疗。病鹅中未发病的鹅，全部使用磺胺类药物或抗生素。健康鹅应免疫接种预防疫苗。

2. 药物治疗　治疗禽霍乱的药物很多，可根据相关规定选择适宜药物。另外，在使用抗菌药物时，应注意一个禽场如果长时间使用一种药物，有些菌株会对其产生抗药性，此时必须更换其他药物。最好是通过药物敏感试验（抑菌试验）选用最敏感的药物进行治疗。

3. 加强饲养管理　禽霍乱的发生多因该病原是体内条件致病菌，当遇到饲养欠佳、环境、天气突变等应激因素，即可引发本病。一旦发病，应及早隔离治疗，全面消毒，并应全群进行预防性投药。在本病严重发生地区，应加强环境卫生，鹅舍保持通风干燥，适当运动。防止家禽混养，严禁在鹅场附近宰杀病禽。坚持定期检疫，早发现早治疗，降低损失。

二、大肠杆菌病

鹅大肠杆菌病（colibacillosis）是由某些血清型的致病性大肠埃希氏菌引起的鹅的疾病的总称。鹅大肠杆菌随着鹅日龄的不同可出现多种病型，主要有败血症型、浆膜炎型、肉芽肿型、气囊破裂型、蛋子瘟型、小鹅肿头型等。其中，鹅的蛋子瘟型能导致大批种鹅发病和死亡，发病率最高达 35％以上，致死率高达 70％左右，而且致病性的大肠杆菌还可以穿过鹅蛋蛋壳引起鹅胚感染，造成死胎增多、孵化率下降和弱雏鹅增加。雏鹅及仔鹅发病率增高，鹅群一旦发病，则不易根除，其发病率达 45％～90％，死亡率可达 10％～47％。

（一）病原学

病原为大肠杆菌，为革兰氏阴性、兼性厌氧性、无芽孢、有鞭毛、能运动的中等大小的短杆菌，大小为（1～3）$\mu m \times$（0.5～0.7）μm，该菌有很多种血清型，根据抗原结构不同，已知大肠杆菌有菌体抗原（O）170 种、表面抗原（K）近 103 种、鞭毛抗原（H）60 种。大肠杆菌能在普通培养基上于 18～44 ℃或更低的温度中生长，菌落圆而隆凸，光滑、半透明、无色，直径 1～3 mm，边缘整齐或不规则。大肠杆菌在肉汤和绵羊鲜血琼脂平皿中生长良好，在麦康凯琼脂平皿上形成红色菌落。大肠杆菌能分解葡萄糖、麦芽糖、甘露醇、木糖、甘油、鼠李糖、山梨醇和阿拉伯糖，产酸和产气。多数菌株能发酵乳糖，有部分菌株发酵蔗糖，产生靛基质。不分解糊精、淀粉、肌醇和尿素。不产生硫化氢，不液化明胶、V－P试验阴性，MR试验阳性。枸橼酸钠培养基和氰化钾培养基中不能生长。

大肠杆菌是动物肠道中的常在菌，有 10％～15％ 的肠道大肠杆菌属于有致病力的血清型，它们常能通过蛋传递，造成雏禽大量死亡。禽舍中的灰尘，每克可能含有 10^5～10^6 个大肠杆菌，卫生条件较差的禽舍空气中每立方米可以多达 (3～5)×10^4 个大肠杆菌，所以禽舍环境不卫生，往往引起发病流行。大肠杆菌也是一种条件性致病菌，当由于各种应激刺激造成禽体的免疫力降低时，就会发生感染，因此在临床上常为鹅鸭疫里默氏杆菌病的并发菌。

（二）流行病学

1. 易感动物　各日龄阶段的鹅均易感。

2. 感染途径　种蛋感染后可传给鹅胚，外界的大肠杆菌可经呼吸道和消化道、生殖道感染。

（1）通过种蛋传播　第 1 种情况是成年种鹅发病时，致病性的大肠杆菌引起生殖系统的炎症，生殖道内的大肠杆菌造成蛋内感染；第 2 种情况是由于粪便等外来污染物的污染，大肠杆菌通过蛋壳屏障进入种蛋内，发生蛋外感染。不管何种情况，病菌进入蛋内，影响孵化过程中的鹅胚，或造成胚胎死亡，或造成产弱雏，或孵化出患病的雏鹅，或引起初生雏鹅大肠杆菌败血症，育雏期内雏鹅间的横向感染会造成雏鹅大批死亡，使育雏成活率大大下降。

（2）通过呼吸道感染　育雏期间雏鹅多由呼吸道感染。为了保温，育雏室的密闭性较好，通风较少，若没有采取网上育雏，而采取厚垫料保温的，粪便会污染垫料。育雏舍内致病性的大肠杆菌污染空气，经呼吸道直接附着在气囊上大量繁殖，引起气囊炎，导致气囊破裂或者大肠杆菌大量进入血液引起败血症。另外，还可引发心包炎、肝周炎等浆膜炎类型。舍内高浓度的氨、尘埃、维生素的缺乏、机体抵抗能力下降，可以促使呼吸道感染。

（3）经消化道感染　一般情况下通过污染的饲料和饮用水经口感染。

（4）经交配感染　公鹅性成熟开始交配，一旦公鹅感染就会传染给交配的母鹅，引起母鹅感染，因此公母鹅交配在本病的传播上起着重要作用。

3. 流行季节　鹅大肠杆菌病发生无季节性，以秋后到翌年春天，天气寒冷，气温变化剧烈时易发。特别是环境卫生不良，通风不好，营养物质缺乏，机体抵抗能力下降时会发病。

(三) 诊断要点

1. 症状

(1) 败血症型　在孵化器内感染的雏鹅，不出现临床症状，第 1 天死亡率可达 50% 以上，7～15 日龄死亡率可达 30% 以上，30～40 日龄死亡率为 20% 左右。雏鹅发病时，无特殊症状，食欲减退，精神沉郁，生长停滞，消瘦，排白色稀粪。雏鹅眼睑肿胀流泪，眼圈周围的羽毛被浸湿，瞳孔逐渐出现白色混浊，角膜混浊，眼球时有萎缩，坏死，失明。

(2) 气囊破裂型　通过呼吸道感染的大肠杆菌使气囊发生炎症，严重者导致气囊破裂。当前胸气囊和后腹气囊破裂时，随着雏鹅的呼吸和鸣叫，在鹅颈的嗉囊部和后腹部会出现一大一小的内部充满气体的球状物，严重者气囊破裂后气囊内气体进入鹅的全身皮下引起全身气肿。发生该病的雏鹅极难治愈，其生长停滞，淘汰率较高。

(3) 小鹅肿头型　病雏鹅精神不振，缩颈，闭目呆立，排出青白色的稀粪，整个肛门被排出的粪便所污染，吃料减少，饮水不多，羽毛松乱，干脚。头部、眼睑、下颌部水肿，尤以下颌部明显，触之有波动感，当时死亡者较多，有的 5～6 d 后死亡。

(4) 浆膜炎型　大多数是由雏鹅耐药引起的。病鹅精神不振，食欲减退，干脚，雏鹅第 1 天晚上精神食欲正常，翌日早上有部分病鹅卧地不起，严重者以背部卧地，两脚划动，不能翻身，眼周围出现黑色眼圈。一般情况下，全群不会同时发病，未及时选择有效药物控制会渐进地出现一部分病鹅，其死亡率较高，耐过者生长不良。

(5) 肉芽肿型　多发生于 40 日龄以上的鹅，群体鹅中，先有部分鹅排白色稀粪，出现精神不振。病鹅卧地不起，不食，头藏于翅下，离群孤立，体重减轻，临死病鹅头颈触地，衰竭而亡。

(6) 蛋子瘟型　发病母鹅，据病程长短可分为以下 3 种类型。

① 急性型。在流行初期，常未见明显症状而突然死亡。死亡鹅膘情较好，泄殖腔常有硬壳或软壳蛋滞留。

② 亚急性型。病初，病母鹅精神委顿，食欲减退，不愿行走，离群孤立，不合群，在水面上不动或者顺水漂流，后期母鹅停止采食，眼睛凹陷，喙和蹼干燥发绀，羽毛松乱。病鹅排泄物中混有蛋清、凝固的蛋白或卵黄小块，病鹅肛门周围黏着污秽发臭的排泄物。病鹅出现症状后 2～3 d 死亡。

③ 慢性型。少数病鹅病程可达 6 d 以上，最后因消瘦、衰弱而死亡，只有少数病鹅能够自愈康复，但不能恢复产蛋。

成年种公鹅：轻者整个阴茎严重充血、肿大，螺旋状的精沟消失，阴茎上出现芝麻状或黄豆大的黄色脓性或黄色干酪样结节。重者公鹅阴茎高度肿大，阴茎脱出，不能缩回体内，阴茎表面出现黑色结痂，剥除结痂后出现溃疡面，凡外露阴茎的病公鹅除失去交配能力外，精神、食欲和体重均无异常，不出现死亡。

2. 剖检

（1）败血症型　肠浆膜、心外膜、心内膜有明显的小出血点，腹部黏膜有大量黏液。脾极度肿大。部分病鹅大脑会出现小块黄色的坏死灶。心包腔内有大量浆液。

（2）气囊破裂型　剖检时可见气囊上有黄色的绒毛状黏性附着物，黏膜增厚，气囊破裂，皮下有大量气体及少量黄色液体。

（3）小鹅肿头型　头部、下颌部的皮下组织水肿、坏死，似胶冻状，并有大量黄色液体浸润。肝肿大。脾大，质地较脆。肺充血、出血。

（4）浆膜炎型　剖检出现纤维素性心包炎。心包腔内积有大量恶臭黄色液体，气囊混浊、增厚，肝显著肿大，出现肝周炎，即肝外膜呈灰白色混浊，被膜显著增厚，附有纤维素样物。

（5）肉芽肿型　剖检时在小肠、盲肠、肠系膜、肝、腹腔及其他地方出现米粒至鸡蛋大的黄白色或肉色的肉芽性结节。

（6）蛋子瘟型　腹腔内有少量淡黄色腥臭的混浊液体，混有破损的卵黄，腹腔内脏器官表面覆盖淡黄色凝固的纤维性渗出物，肠系膜相互粘连，卵巢变形萎缩，腹腔破裂的卵黄则凝结成大小不等的小块或碎质。公鹅的病变仅局限于阴茎，表现为阴茎肿大，表面有芝麻至黄豆大的小结节，结节内有黄色脓性渗出物或干酪样坏死物质，严重的公鹅阴茎脱出，表面有黑色结痂。

3. 实验室诊断

（1）微生物学检验　雏鹅大肠杆菌性败血症，取病雏鹅肝、脾病料组织作为被检材料。鹅大肠杆菌性生殖器官病，取病母鹅腹腔卵黄液、输卵管凝固蛋

白或变形卵泡液，取病公鹅阴茎的结节病变作为被检病料。

无菌取病料直接在麦康凯琼脂平皿或伊红-美蓝琼脂平皿划线培养，37 ℃温箱培养 24 h。大肠杆菌在麦康凯琼脂平皿上生成粉红色菌落，较大，表面光滑，边缘整齐，在伊红-美蓝琼脂平皿上大多数呈特征性的黑色金属闪光的较大菌落。从分离平皿挑选 3～5 个可疑菌落，分别接种于普通斜面供鉴定用。

将疑似大肠杆菌的纯培养物做生化反应，能够迅速分解葡萄糖和甘露醇，产酸。一般在 24 h 内分解阿拉伯糖、木胶糖、鼠李糖、麦芽糖和乳糖和蕈糖，不分解侧金盏花醇和肌醇，能产生靛基质，不产生尿素酶，不产生硫化氢。凡符合上述生化反应的，就可确定为埃希氏菌属成员。

（2）血清学检验　将被检菌株的培养物分别与分组大肠杆菌 O 因子分型诊断血清（OK）多价血清做玻板凝集或试管凝集试验，确定其血清型，再根据 OK 分组血清所组成的 OK 单因子血清做凝集反应，再将被检菌株的培养物经 120 ℃处理 2 h（加热破坏 K 抗原）后的菌体抗原与大肠杆菌 O 因子分型诊断血清做凝集反应，以确定大肠杆菌 O 因子抗原型。

4. 区别诊断　水禽大肠杆菌病与小鹅瘟和多杀性巴氏杆菌的区别及鸭疫里默氏杆菌病的区别前文已有所叙述。现着重介绍与鹅流感的区别。

鹅流感在各种年龄鹅均可发生，有很高的发病率和死亡率，产蛋鹅发生鹅流感时在数天内能引起大批鹅发病死亡，同时整个鹅群停止产蛋，这些与鹅大肠杆菌性生殖器官病在流行病学方面有很大的不同。鹅流感对卵巢破坏很严重，大卵泡破裂、变形，卵泡膜有出血斑块，病程较长的呈紫葡萄样；而鹅的大肠杆菌性生殖器官病，大卵泡破裂、变形，卵泡膜充血，但一般无出血斑块，无紫葡萄样，内脏器官也不出血，而以腹膜炎为特征。此外，如将病料接种于麦康凯琼脂培养基，鹅流感病料细菌培养为阴性，但接种鸡胚能引起死亡，绒尿液具有血凝性，并能被特异抗血清所抑制。

（四）防治

1. 预防

（1）搞好环境卫生。保持鹅舍通风良好，密度适宜，减少各种应激因素。

（2）定期消毒。可用适量白醋定期加热熏蒸鹅舍或喷雾消毒，鹅经常出入的地方也要定期消毒，饮水卫生干净，垫料定期清除和消毒。减少空气中大肠杆菌的含量。种蛋要用福尔马林熏蒸消毒，防止污染鹅胚。

（3）配种前对公鹅逐只检查，剔除外生殖器有病变的公鹅，防止传播疾病，有条件的饲养场可进行人工授精。

（4）平时加强饲养管理，改善饲养条件。避免在被污染的塘、堰中放牧，减少传播疾病的机会。

（5）大肠杆菌的预防菌苗主要采用从发病鹅群分离鉴定的菌株制造的甲醛灭活菌苗，每只鹅肌内注射或皮下注射 0.5 mL，免疫期为 3 个月。鹅群在发病前 10～15 d，接种菌苗能有效地控制大肠杆菌病的发生。此外，还可采用 4～5 株不同抗原型的大肠杆菌菌株制造的水剂或油乳剂灭活苗。2 月龄以上的鹅肌内注射 0.5 mL，15 日龄左右雏鹅肌内注射或皮下注射 0.25 mL，免疫期为 4 个月。种鹅用油乳剂灭活菌肌内注射 0.5 mL，免疫接种后所孵化的雏鹅在 15 日龄左右用油乳剂灭活苗或水剂苗，每只皮下注射 0.3～0.5 mL，未经免疫接种种鹅的后代雏鹅在数日龄内用水剂灭活苗进行免疫接种，每只雏鹅皮下注射 0.3～0.5 mL，能有效地控制此病的流行发生。有条件的养殖场可以自行制备适合本场的大肠杆菌苗进行预防注射。

2. 治疗　大肠杆菌容易产生耐药性，治疗时用药量要足，疗程要够，并应交替用药。否则，易造成耐药或者复发。已发生蛋子瘟型大肠杆菌病的母鹅治疗价值不大，应及时淘汰。可以依据分离的大肠杆菌做药敏试验。饲养商品鹅要根据农业农村部有关兽药使用规定选择适宜的药物进行预防，防止药物残留。

三、沙门氏菌病

沙门氏菌病（salmonellosis）是由沙门氏菌所引起的一种水禽细菌性传染病。各种家禽都能感染，主要发生在雏鸭、雏鹅及雏鸡等幼小家禽，可以造成大批死亡。这一类细菌常引起人的食物中毒，是一种重要的人兽共患病，在公共卫生上有重要意义。

（一）病原

引起水禽发生疾病的病原是沙门氏菌属的细菌，种类很多，主要的是鼠伤寒沙门氏菌。此外，还有如鸭沙门氏菌、肠炎沙门氏菌埃森变种、汤卡逊沙门氏菌及纽温顿沙门氏菌等。沙门氏菌为小杆菌，革兰氏染色阴性，大小为 $(0.4～0.6)$ $\mu m \times (1～3)$ μm，具有鞭毛，无芽孢，能运动。在抗原性上彼此之间互有关系。在普通琼脂培养基上生长良好，能发酵多种糖类，产酸或同时产气。

本菌的抵抗力不很强，60 ℃下 15 min 即死亡，一般消毒药物能很快将其杀死。病菌在土壤、粪便和水中的生存时间很长，鹅粪中的沙门氏菌能够存活28 周，土壤中的鼠伤寒沙门氏菌至少可以生存 280 d，池塘中的鼠伤寒沙门氏菌能存活 119 d，沙门氏菌在饮水中也能够生存数周以至 3 个月之久。存在于蛋壳表面、壳膜和蛋内容物的某些沙门氏菌在室温下可以生存 8 周。

（二）诊断要点

本病除了鸭和鹅等水禽发生外，鸣禽类、不同科属的野禽、兽、家畜和人均可感染，并能互相传染。

1. 发病特点　鼠类和苍蝇等都是病菌的重要带菌者，在传播上有重要作用。被病菌污染的家禽和动物加工副产品是重要传染来源。本病传染主要是通过消化道，粪便中排出的病原菌污染了周围环境而传播。也可以通过种蛋传染，沾染在蛋壳表面的病菌能够钻入蛋内，侵入卵黄部分，在孵化时也能污染孵化器和出雏器，在雏群中传播疾病。雏鹅感染大多由带菌的鹅蛋引起，1～3周龄雏鹅的易感性最高。

2. 症状　病雏鹅食欲废绝，颤抖，喘气，眼睑水肿，眼和鼻中流出清水样分泌物，身体衰弱，动作迟钝和不协调。肛门常有粪便糊着，口渴。病雏鹅步态不稳，常常突然跌倒死亡，所以过去把它称作"猝倒病"。倒地做划船动作，死亡前后呈角弓反张。

3. 剖检特征　剖检病死雏鹅，可见肝肿大，呈古铜色，常有灰白色或灰黄色坏死灶；胆囊肿胀，充满黏稠的胆汁，脾肿大、色暗淡；心包发炎或心肌有坏死结节，发生心包炎和心肌炎，心包内有积液；肺瘀血、出血；气囊膜混浊不透明，常附着黄色纤维素性渗出物；脑膜增厚、充血、出血；盲肠肿胀，内有干酪样团块，小肠后段和直肠肿胀，充满秘结的内容物；有的病死雏鹅气囊混浊，常附有黄色纤维素的团块；肾色淡，肾小管内有尿酸盐沉积，输尿管扩张，管内也有尿酸盐；个别病例腿部关节炎性肿胀。

4. 实验室诊断

（1）微生物学检验　无菌采集急性病雏禽的肝、心血、心包液、胆汁、脑组织等病料，直接在 SS 琼脂平皿或麦康凯琼脂平皿上划线分离培养；无菌取肠道内容物接种于亚硝酸盐增菌培养基，或接种于四硫黄酸钠肉汤增菌培养基，37 ℃温箱培养 18～24 h，再在沙门氏菌和志贺氏菌（SS）琼脂平皿或亚硫酸钠琼脂平皿上分离培养；也可将肠道内容物直接在麦康凯琼脂平皿上分离培养。

上述琼脂平皿培养基于 37 ℃温箱培养 24～48 h。在麦康凯琼脂平皿培养基上，水禽沙门氏菌均为无色、透明或半透明、圆形、光滑、较扁平的菌落。在 SS 琼脂平皿或亚硫酸钠琼脂平皿上，水禽沙门氏菌均能产生硫化氢而形成黑色或墨绿色的菌落。挑选疑似菌落分别接种于三糖铁琼脂斜面和尿素培养基，37 ℃培养 24 h，如果在三糖铁琼脂培养基上，斜面仍呈粉红色，底层培养基变为黄色，并可能有气体产生，硫化氢阳性，琼脂培养基呈阴性，即可初步疑为沙门氏菌，并移植于普通斜面培养基做进一步鉴定。

（2）血清型鉴定　将初步疑为沙门氏菌的纯培养物制成浓菌液，用沙门氏菌 A-F 群多价 O 因子分型诊断血清做玻板凝集试验。血清阳性菌株需做生化鉴定。凡血清试验阳性且生化反应又相符的菌株可判定为沙门氏菌。进一步用 O 因子分型诊断血清和 H 因子分型诊断血清做凝集试验，并确定菌名。

5. 区别诊断　水禽沙门氏菌病与小鹅瘟区别前文已有叙述。

（三）防治措施

1. 预防

（1）选择适宜鹅种　选择性情温驯，耐粗饲，生产速度快的鹅种，应防止种蛋被污染，种鹅舍要干燥，要放置足够的产蛋箱，产蛋箱内勤垫干草，以保证蛋的清洁。若购苗，需到健康的种鹅场购苗。

（2）建好鹅舍　鹅舍应建在河塘边，且离草场近的向阳的地方。养殖 1 000 只鹅需建鹅舍 150 m²。其中，100 m² 养雏鹅，50 m² 作为饲料间和休息室，另围 100 m² 的空地和 20 m² 以上的水面供鹅活动。若自养种鹅和孵化鹅苗，一定要严格按照免疫程序做好种鹅的免疫接种工作，并要定期进行检疫和淘汰不合格种鹅，以保证种鹅的健康。种蛋储存库内温度应保持在 12 ℃左右，相对湿度为 75%。孵化器的消毒应在出雏后或入孵前（全进全出）进行。每立方米容积用 15 g 高锰酸钾，30 mL 甲醛熏蒸消毒 20 min 后，开门进行通风换气。

（3）接运雏鹅过程防感染　接运雏鹅用的木箱、纸箱、运雏盘，于使用前后进行消毒，防止污染。接雏后应尽早让其饮水，在饮水中添加适量的抗菌药物，其用量、用法是每升水中加入氟苯尼考 10 mg，并加电解多维 0.125 g，连用 7 d；每千克饲料添加强力霉素 20 g，连用 7～10 d。这是防止雏鹅感染的有效措施。若在育雏的 21 d 内饲料中添加微生态制剂效果更佳。

(4) 育雏舍要坚持灭鼠，消灭传染源。

(5) 育雏时有条件的尽量网上育雏。该种育雏模式雏鹅不与粪便接触，可预防细菌性疾病发生。若必须地面平养，一定备足新鲜、干燥、不发霉的垫料，并经常更换，保持清洁。

(6) 平时每隔 5 d 要带鹅消毒 1 次，发病时每天消毒 1 次。并要对饲槽、饮水器、用具彻底消毒。

(7) 净化此病的有效方法是定期进行检疫，及时挑出并淘汰病鹅，坚持彻底、全面的消毒制度。

(8) 虽然国外有多价菌苗供母鹅主动免疫和多价免疫血清供雏鹅紧急预防，但是由于沙门氏菌的种类太多，所以效果不确实。可靠的方法是就地取材，取用当地常见的沙门氏菌制成菌苗或血清，供预防免疫接种之用。

2. 治疗　水禽沙门氏菌病的药物治疗可以减少雏鹅的损失。有条件的地方应将分离到的病菌先做药敏试验，选择确定有效的药物。

四、鸭疫里默氏杆菌病

鸭疫里默氏杆菌病（riemerella anatipestifer）又称鸭疫巴氏杆菌病、鸭传染性浆膜炎，于 1904 年首次报道，20 世纪 70 年代后已逐渐传播到全球许多集约化养鸭生产的国家和地区，亚洲许多国家均报道本病的存在。1975 年，邝荣禄教授曾提出我国存在本病。1982 年，郭玉璞教授首次报道了北京郊区的 3 个商品鸭场发生鸭疫里默氏杆菌病。目前，本病在我国的广东、广西、湖南、湖北、上海、福建、浙江、江西、江苏、山东、黑龙江、内蒙古、辽宁、四川、海南等省份的鸭群中都有发生。

鸭疫里默氏杆菌感染主要发生于家鸭，也是家养火鸡的一种潜在病原。从雉鸡、鸡、珍珠鸡、鹌鹑和其他水禽也曾分离到本菌。Riemer 曾报道过鹅的一种类似的疾病——鹅渗出性败血症。也有记载 2 周龄白色小鹅接种 4×10^6 个本菌，其症状和病变与北京雏鸭相同。1987 年，捷克 Rachac 报道，鸭、鹅发生本病时，鹅死亡率为 21%，高于鸭（7.5%～12%）。1996 年，匈牙利学者报道，鹅发病时的浆膜纤维素性渗出物比鸭少。也有报道鸡、鹅、鸽、兔和小鼠对鸭疫里默氏杆菌有抵抗力。

本病多发于 2～7 周龄的雏鸭和雏鹅，呈急性或慢性败血症。病禽常出现眼和鼻分泌物增多、腹泻、共济失调、头颈震颤等症状。剖检以纤维素性心包炎、肝周炎、气囊炎和脑膜炎等为特征，部分病例出现干酪性输卵管炎、结膜炎和关节炎等。

（一）病原

鸭疫里默氏杆菌病的病原是小杆菌，革兰氏染色阴性，无鞭毛，不运动，不形成芽孢。呈单个、成双或短链状排列，部分呈椭圆形，偶见长丝状。细菌大小为 0.2～0.5 nm，丝状菌体可长达 11～24 nm。瑞氏染色可见大多数菌体呈两极着色，用印度墨汁和姬姆萨染色可见荚膜。

本菌可在血液琼脂、巧克力琼脂、胰酶大豆琼脂以及马丁肉汤琼脂等固体培养基和胰酶大豆肉汤、马丁肉汤、胰蛋白肉汤以及胰蛋白葡萄糖硫胺素肉汤等液体培养基上生长，不能在普通琼脂和麦康凯琼脂上生长。在血液琼脂或巧克力琼脂上呈线性生长，菌苔黏稠。在血清琼脂培养基上也可生长，菌落半透明。在含血清的肉汤培养基中，37 ℃培养 48 h，培养基呈轻度混浊，管底有少量灰白色沉淀物。在血液琼脂平皿上 37 ℃培养 48 h，细菌不生长或生长较差，菌落细小，呈露珠状。

本菌在 5%～10%的 CO_2 环境中生长旺盛，初次分离时对 CO_2 的依赖性更强，因此通常在二氧化碳培养箱或蜡烛缸内培养。最适培养温度为 37 ℃。大多数菌株能在 45 ℃下生长，但在 4 ℃时不生长。

（二）诊断要点

由于不同血清型的菌株毒力不同，以及与其他病原微生物的并发感染、环境条件的改变等应激因素的不同，本病所造成的发病率和死亡率相差也比较大。新疫区的发病率和死亡率明显高于老疫区，日龄较小的鹅群发病率及死亡率明显高于日龄较大的鹅群。

1. 发病特点　本病常发生于低温、阴雨、潮湿的季节，冬季和春季较为多见，其他季节也偶有发生。本病可通过污染的饲料、饮水、飞沫和尘土经呼吸道、消化道、足部皮肤伤口和蚊子叮咬等多种途径传播。

本病的发生、流行以及造成危害的严重程度与应激因素关系密切。感染而未受应激的鹅通常不表现临床症状或症状轻微。卫生及饲养管理条件较好的鹅场常表现为散发且多为慢性。天气寒冷，阴雨，饲养密度过高，禽舍通风不良，垫料潮湿且未及时更换，场地潮湿、肮脏，从育雏室转移到育成舍饲养，从温度较高的鹅舍转移到温度较低的鹅舍，从舍内转移到舍外饲养或池塘内放养，缺乏维生素及微量元素，运输应激，先前其他病原微生物的感染或并发感染等因素均能诱导和加剧本病的发生及流行。

2. 症状　该病潜伏期的长短与菌株的毒力、感染途径以及应激等因素有关，一般为1～3 d，有时长达1周左右。病程可分为最急性型、急性型、亚急性型和慢性型。

最急性型病例出现在鹅群刚开始发病时，通常看不到任何明显症状即突然死亡。急性型病例多见于2～3周龄的雏鹅，病程一般为1～3 d。病鹅主要表现为精神沉郁，厌食，离群，不愿走动或行动迟缓，甚至伏卧不起，翅下垂，衰弱，昏睡，咳嗽，打喷嚏。眼鼻分泌物增多。眼有浆液性、黏液性或脓性分泌物，并常使眼眶周围的羽毛粘连，甚至脱落。鼻内流出浆液性或黏液性分泌物，分泌物凝结后堵塞鼻孔，使病鹅呼吸困难。少数病例可见鼻旁窦明显扩张，部分病鹅缩颈或以喙抵地，濒死期神经症状明显（如头颈震颤、摇头或点头），呈角弓反张，尾部摇摆，抽搐而死，也有部分病鹅临死前表现阵发性痉挛。

日龄稍大的幼鹅（4～7周龄）多呈亚急性型或慢性型经过，病程可达7 d以上。主要表现为精神沉郁，厌食，腿软弱无力，不愿走动，伏卧或呈犬坐姿势，共济失调，痉挛性点头或头左右摇摆，难以维持躯体平衡。部分病例头颈歪斜，当遇到惊扰时，呈转圈运动或倒退。有些病鹅跛行。病程稍长或发病未死的鹅往往发育不良，生长迟缓。

3. 剖检特征　主要表现为浆膜出现广泛性的多少不等的纤维素性渗出物，可发生于全身的浆膜面，心包膜、气囊、肝表面以及脑膜最为常见。急性型病例的心包液明显增多，其中可见数量不等的白色絮状的纤维素性渗出物，心包膜增厚，心包膜及其表面常可见一层灰白色或灰黄色的纤维素性渗出物。

病程稍长的病例，皮下充血、出血，有胶样浸润。心包液相对减少，而纤维素性渗出物凝结增多，使心外膜与心包膜粘连，难以剥离。气囊混浊增厚，上有纤维素性渗出物附着，呈絮状或斑块状，颈、胸气囊最为明显，可见胸壁和腹部气囊含有黄白色干酪样渗出物。肝表面覆盖着一层灰白色或灰黄色的纤维素性膜，厚薄不均，易剥离。肝肿大，质脆，呈土黄色或棕红色，有散在性、针头大小的灰白色坏死点。胆囊往往肿大，充盈着浓厚的胆汁。有神经症状的病例，可见脑膜充血、水肿、增厚，可见有纤维素性渗出物附着。有些慢性病例常出现单侧或两侧跗关节肿大，关节液增多，也可发生于胫跗关节。关节炎的发病率有时可达病鹅的 $40\%\sim50\%$，少数病鹅可见有干酪性输卵管炎，输卵管明显膨大增粗，充满大量干酪样物质。脾肿大，脾表面可见有纤维素性渗出物附着，但数量比肝表面少。肠黏膜出血，主要见于十二指肠、空肠或直肠，也有不少病例肠黏膜未见异常。如将鼻旁窦肿大病鹅的鼻旁窦刺破并挤压，可见大量恶臭的干酪样物质。

4. 实验室诊断

（1）微生物学检验　取脑、肝、脾组织做触片或心血、心包液涂片，通过革兰氏或瑞氏染色，观察细菌形态。同时，取病料进行病原的分离培养，观察培养特性。急性期且未使用过抗生素的病例或死亡病例较适宜于进行镜检和分离培养。脑和心血中最易分离出病原菌，约 80% 甚至 90% 的病例脑组织中可分离到鸭疫里默氏杆菌，约 60% 的病例心血中可分离到病原菌，约 10% 的病例肝、脾组织可分离到病原菌。此外，还可从气囊、骨髓、肺、呼吸道以及病变的渗出物中分离到细菌，急性期的鼻腔分泌物中也可分离到病原菌。

应用血液琼脂或巧克力琼脂进行分离培养，在 $5\%\sim10\%$ 的 CO_2 条件下，$37\ ℃$ 培养 $48\ h$，可见有直径 $1\sim2\ cm$、圆形、光滑、突起的奶油状菌落。本菌在麦康凯琼脂培养基上不生长。可选择纯培养物进行生化试验，鉴定其主要生化特性是否与鸭疫里默氏杆菌相符合。

（2）动物接种　将分离培养物经肌肉、静脉或腹腔等途径免疫接种鸭、鹅、鸡等易感动物，用于免疫接种的动物来源于未发生过鸭疫里默氏杆菌病的饲养场，并且适龄、健康且未使用过各类鸭疫里默氏杆菌疫苗，观察是否出现特征性的临床症状及病理变化。同时免疫接种豚鼠、家兔和小鼠，本菌能致死豚鼠，但不致死家兔和小鼠。

（3）血清学检验　应用标准的分型抗血清，可进行常规的玻板凝集试验、试管凝集试验、琼脂扩散试验和间接血凝试验来鉴定血清型。由于鸭疫里默氏杆菌的血清型较多，且不同血清型之间缺乏抗原交叉反应，这给本病的血清学检测带来了困难。因此，为防漏检，在检测抗原时应拥有各型标准抗血清，检测抗体时又应拥有各型标准菌株作为抗原。

5. 区别诊断　水禽大肠杆菌病以肝肿大、出血，脑壳出血，脑组织充血及坏死灶为病变特征，而不呈现心包炎、肝周炎和气囊炎，而这些恰是鸭疫里默氏杆菌病的特征性病变。如将病料接种于鲜血琼脂培养基和麦康凯琼脂培养基，$37\ ℃$ 培养 $24\sim72\ h$，可见大肠杆菌能在这两种培养基上生长并呈大肠杆菌菌落特征，而鸭疫里默氏杆菌仅能在鲜血琼脂培养基上生长并出现特征性菌落。如将病料涂片或触片染色镜检，可见大肠杆菌菌体较大，而鸭疫里默氏杆菌菌体呈卵圆形且大小比较一致。必要时进行小鼠接种，大肠杆菌能致死小鼠，而小鼠接种鸭疫里默氏杆菌后不死。

水禽巴氏杆菌能引起各种日龄鹅发病，尤其是青年鹅、成年鹅的发病率比雏鹅高，而鸭疫里默氏杆菌仅引起 7 周龄以内的鹅发病。肝呈灰白色坏死病灶、心冠脂肪出血等是水禽巴氏杆菌病的特征性病变，不出现心包炎、肝周炎和气囊炎，而这些又是鸭疫里默氏杆菌病的特征性病变。小鼠接种水禽巴氏杆菌能致死，而鸭疫里默氏杆菌则不能（表9-2）。

表9-2　鸭疫里默氏杆菌病与大肠杆菌病和多杀性巴氏杆菌病的鉴别要点

病名	鸭疫里默氏杆菌病	大肠杆菌病	多杀性巴氏杆菌病
病原	鸭疫里默氏杆菌	大肠埃希氏杆菌	多杀性巴氏杆菌
病原特性	形态较一致的小杆菌，无鞭毛，不运动，不产生硫化氢和吲哚，不利用碳水化合物，不能在麦康凯琼脂培养基和普通琼脂培养基上生长；脑、心血中易分离到细菌	周身具鞭毛，能运动，不产生硫化氢，能产生吲哚，能分解葡萄糖和甘露醇，产酸产气，在麦康凯琼脂培养基和普通琼脂培养基上均能生长；各病变组织、器官易分离到细菌	无鞭毛，不运动，能产生硫化氢和吲哚，能分解葡萄糖和甘露醇，产酸不产气，能在普通琼脂培养基上生长，不能在麦康凯琼脂培养基上生长；肝、血液和心脏易分离到细菌
流行病学	发生与应激因素关系密切，主要侵害2～7周龄幼鹅，日龄越小，发病率和死亡率越高	各种日龄的鹅均可发生，有较高的发病率和死亡率	成年鹅及种鹅发病率高
症状	常有头颈震颤、歪颈等神经症状，耐过鹅生长迟缓	有神经症状	病程较短，多为急性型，常未表现明显症状即突然死亡，慢性型病例可表现歪颈
肉眼病变	浆膜发生纤维素性炎症，少数病例出现干酪样输卵管炎，慢性型病例常出现关节炎	肝肿大、出血，脑充血、出血、坏死，蛋鹅常出现卵黄性腹膜炎	心冠脂肪出血，肝表面可见灰白色坏死点
动物接种	不致死家兔和小鼠	致死家兔和小鼠	致死家兔和小鼠

（三）防治措施

由于本病的发生和流行与应激因素密切相关，因此在将雏鹅转舍、舍内迁至舍外以及下塘饲养时，应特别注意天气和温度的变化，减少运输和驱赶等应激因素对鹅群的影响。平时应注意环境卫生，及时清除粪便，饲养密度不能过高，注意鹅舍的通风及温湿度。对于发病的鹅场，应对鹅舍、场地及各种用具进行彻底、严格的清洗和消毒。老疫区的鹅场，在饲养管理时更应注意，如果天气突变或有其他较强烈的应激因素存在，可在饲料或饮水中适量添加抗菌药物。尽量不从本病流行的鹅场引进种蛋和雏鹅。

疫苗的预防接种是防治鸭疫里默氏杆菌病较为有效的措施。目前，市售疫苗有油乳剂灭活苗、铝胶灭活苗和弱毒活菌苗3种。由于鸭疫里默氏杆菌不同血清型毒株的免疫原性不同，菌苗诱导的免疫力具有血清型特异性，而且本病可出现多种血清型混合感染以及血清型的变异。因此，在应用疫苗时，要经常分离鉴定本场流行菌株的血清型，选用同型菌株的疫苗，或多价抗原组成的多价灭活苗，以确保免疫效果。

本菌除多血清型的特点外，培养条件要求高且免疫性较差，因此要求在10日龄左右首次免疫接种，在首免后2～3周进行第2次免疫接种。建议首免选用水剂灭活苗，二免选用水剂灭活苗或油乳剂灭活苗。

药物治疗时，由于不同血清型以及同型的不同菌株对抗菌药物的敏感性差异较大，必须进行药敏试验。同时，还应注意有不少药物在药敏试验时虽表现为高度敏感，而在实际应用时疗效却并不明显。应用敏感药物进行治疗，虽然可以明显地降低发病率和死亡率，但由于禽舍、场地、池塘以及用具受污染，当下一批雏鹅进入易感日龄后，本病又会暴发。如果每批鹅都采用药物进行治疗或预防，一方面会增加生产成本，另一方面又会导致菌株产生耐药性。对于最急性型和急性型病例、在治疗之前已出现一定程度的死亡的病例或症状和病变严重的病例，敏感药物的疗效也不理想。因此，有效地控制本病的流行关键在于预防。

五、金黄色葡萄球菌病（鹅脚垫肿）

本病是由金黄色葡萄球菌（staphylococcus）引起的一种急性传染病，主要发生于鸭和鹅，其次是鸡和火鸡。本病的临床症状多种多样，鸭与鹅的临床

症状表现很相似，雏鹅感染后多呈急性败血症，有很高的发病率和死亡率，青年鹅感染后，多引起关节炎，且病程较长，因此也称为鹅脚垫肿。

（一）病原

本病的病原是一种金黄色葡萄球菌，革兰氏染色阳性，圆形或卵圆形，直径 $0.7\sim1.0~\mu m$。本菌是需氧菌，兼性厌氧，β 溶血，凝固酶阳性，能发酵葡萄糖和甘露醇，并能液化明胶。葡萄球菌在 5％ 的血液培养基上容易生长，$18\sim24~h$ 生长旺盛，细菌在固体培养基上排列成葡萄状。在普通培养基上细菌生长良好，产生光滑、隆起的圆形菌落，直径 $1\sim2~mm$；幼龄菌落呈灰黄白色，之后变成金黄色。禽型金黄色葡萄球菌能产生溶血素和血浆凝固酶，能够凝固兔血浆并在血液琼脂平板上产生溶血环。

细菌的致病力与其产生的多种毒素有关。本菌的抗原性复杂，有些种的荚膜是由氨基葡萄糖醛酸、氨基甘露糖醛酸、溶菌素、谷氨酸、甘氨酸、丙氨酸等组成；有些菌株含葡糖胺，有的菌种由线状的核酸醇磷壁酸、N-乙酰葡糖胺和 D-丙氨酸组成的多糖-A 等组成；细胞壁中含有一种能与免疫球蛋白的 Fc 片段发生非特异性反应的蛋白-A（可能与毒力有关）。其他与致病力和毒力有关的因子包括透明质酸酶（扩散因子）、脱氧核糖核酸酶、溶纤维蛋白酶、酯酶、蛋白酶、溶血素、杀白细胞素、皮肤坏死素、表皮脱落素以及肠毒素等。

葡萄球菌对外界的抵抗力较强，需在 $60~℃$ 下 $30~min$ 才能杀死。在干燥溶液或血液中的病菌能生存 $2\sim3$ 个月。用 3％～5％ 石炭酸的杀菌效果最好。本菌广泛存在于鹅群周围环境中，鹅舍内的空气、地面以及鹅的体表、鹅蛋表面、鹅粪中都能分离到病菌。

（二）诊断要点

1. 发病特点　本病一年四季均能发生，通过创伤（笼的铁丝刺伤、啄食癖、刺种疫苗、安装翅号、吸血昆虫刺伤等均可引起创伤）感染是本病主要传染途径，也可以通过直接接触和空气传播感染；雏鹅还可以通过脐孔感染，引起脐炎。种蛋和孵化器被污染，会造成胚胎早期死亡，即使孵出雏鹅也容易死亡并易患脐炎。此外，鹅群密度过大、拥挤、营养不良（缺硒或贫血等）、鹅舍内通风不良等因素都会促进本病的发生。

2. 症状　金黄色葡萄球菌病依典型症状可分为脐炎型、皮肤型和关节炎型 3 种类型。

（1）脐炎型　常发生于出壳后 1 周内的雏鹅，病雏鹅体弱，精神委顿，食欲废绝，腹围膨大，脐带发炎。

（2）皮肤型　多发生于 2～10 周龄的仔鹅，病鹅局部皮肤发生坏死性炎症或腹部皮肤和皮下炎性肿胀，皮肤呈蓝紫色；病程较长的病例，皮下化脓，并引起全身感染，食欲废绝，衰竭而死。

（3）关节炎型　多发生于青年鹅、成年鹅，病鹅趾关节和跗关节肿胀，跛行。

3. 剖检特征

（1）脐炎型　主要病变为脐孔周围皮下有暗红色液体，皮肤红染，时间稍长变为脓样干固坏死物；卵黄吸收不良，呈黄色或暗灰色液体；心包扩张，心包腔内积黄红色半透明液体；肝肿大出血，脾肿大，十二指肠出血，腺胃内壁轻度水肿，腺胃黏膜潮红，个别乳头出血；有的肺出血；病雏鹅脐部坏死，卵黄吸收不良，稀薄如水。

（2）皮肤型　病鹅皮下有出血性胶样浸润，胶液呈黄棕色或棕褐色，有的病例也有坏死性病变。

（3）关节炎型　病鹅跗关节、趾关节及其邻近腱鞘肿胀，关节囊内或滑液囊内有浆液性或纤维素性渗出物，病程较长的病例可见有干酪样物蓄积，心外膜有出血点，肝肿大、质硬，脾稍肿，泄殖腔黏膜见溃疡。

4. 实验室诊断

（1）微生物学检验

① 病毒分离。无菌采取刚病死的鹅肝、脾、肾和脑组织，按常规病毒分离方法，制成病料组织悬液，经 0.45 nm 滤膜过滤除菌，经尿囊腔途径接种 10 日龄鸡胚 4 枚，每枚 0.2 mL，另设 2 枚接种生理盐水做对照，36.5 ℃培养 8 d，每天观察 2 次。

② 细菌形态学观察。无菌采取病死鹅肝、脾和关节炎渗出液直接涂片，经革兰氏染色后镜检。

③ 细菌分离培养。将上述病料接种于鲜血平板，37 ℃培养 24 h 后观察，观察菌落形态，并挑取可疑菌落涂片镜检。

④ 细菌鉴别培养。将镜检后的可疑菌落转种于 Baird - Parker 琼脂平板，

37 ℃培养 24 h 后观察菌落的生长特征。

细菌的纯培养：挑取可疑菌落转种于营养肉汤，37 ℃培养 24 h。

细菌培养：无菌采取病死雏鹅肝和心血病料，分别接种于普通琼脂培养基和肉汤培养基上，经 18～24 h 培养后，在普通培养基上可见圆形、湿润、表面隆起、边缘整齐、不透明的光滑菌落；呈黄色、白色肉汤培养基中，培养后肉汤变混浊，形成沉淀。2～3 d 后在管壁形成菌环，取培养基上的单个菌落和肉汤培养物涂片，经革兰氏染色后镜检，可见清晰的革兰氏阳性、单个、成对或呈葡萄状排列的球菌。

革兰氏阳性菌生化鉴定卡鉴定：取鲜血平板上培养 18 h 的纯菌落，按梅里埃微生物自动分析仪操作要求对分离菌做鉴定试验。生化试验：取培养基上单个菌落分别接种于蔗糖、乳糖、麦芽糖、葡萄糖、甘露醇、硝酸盐、靛基质和 VP‐MR 生化管，30 h 后分解发酵蔗糖、乳糖、麦芽糖和甘露醇，产酸不产气，还原硝酸盐，靛基质试验阳性，VP‐MR 阳性。

⑤ 血浆凝固酶试验。致病性葡萄球菌能产生一种凝血浆酶，具有凝固兔和人的血浆的特性，可用于鉴别本菌。具体方法：用 3.8% 灭菌枸橼酸钠液 1 mL 混合 9 mL 新鲜家兔血离心，取上层血浆。采用玻片法将待测的 24 h 细菌纯培养物分别混于血浆和生理盐水中，1～2 min 后观察。如血浆凝固成颗粒状，而生理盐水无凝固现象，即为阳性反应；如两者均不凝固，即为阴性。也可采用试管法用 1：(4～8) 血浆 0.5 mL 分别与待检 24 h 肉汤培养物或细菌悬液 0.1 mL 和无菌肉汤 0.1 mL（对照）混合，摇匀，37 ℃培养 1～6 h，每小时观察 1 次。当发现加入肉汤培养物或细菌悬液的试管中的血浆失去流动性，部分或全部血浆呈胶冻状，即为血浆凝固酶阳性。致病性葡萄球菌一般在 2～4 h 即可使血浆凝固，最迟不超过 6 h。

（2）药敏试验　按常规纸片法进行药敏试验。

（3）动物试验

① 小鼠感染试验。8 只小鼠分成试验组和对照组，每组 4 只，分别腹腔途径接种，0.2 mL/只。试验组接种培养 18 h 的分离菌株肉汤培养物 0.2 mL，对照组接种灭菌营养肉汤。两组分别隔离观察，发病或死亡者再进行病原菌分离鉴定。

② 动物回归试验。20 日龄健康雏鹅，随机分成两组，试验组 4 只，腹腔途径接种 18 h 分离菌株肉汤培养液，0.5 mL/只；对照组 2 只，接种营养肉汤

作为对照。每天观察发病和死亡情况并进行病原菌分离鉴定。

（4）区别诊断　应注意本病与表皮葡萄球菌病的鉴别。

（三）防治措施

挑选病雏鹅隔离单独饲养，仔细观察，及时用药物治疗，脐孔部可涂甲紫溶液。彻底清除舍内的垫料，用甲醛熏蒸消毒，换上经消毒的新垫料。平时应加强鹅舍、孵化室、用具、笼、运动场等的清洁卫生消毒工作，清除污物和一切锐利的物品，尤其是笼底板不能有尖刺物，从而减少或防止皮肤、黏膜和鹅掌的外伤。饲槽、饮水器用2%氢氧化钠溶液冲洗，用清水冲洗后再用。使用0.3%过氧乙酸带鹅消毒，每天上下午各1次，连用7 d。保持种蛋的清洁，减少粪便污染，做好育雏保温工作。免疫接种疫苗时，要做好局部消毒工作。防止吸血昆虫叮咬，消灭蚊蝇和体表寄生虫。

在种鹅饮水中添加氟苯尼考100 mg/L，每天2次。采用口渴法，临用前停水1 h，连用3～5 d。同时，可在饮水中加入电解多维和维生素C，可提高雏鹅的机体免疫力，对康复有利；对病重者需用滴管每次口内滴入2～3 mL/只。

第三节　真菌性传染病

一、鹅口疮

鹅口疮（thrush）又称霉菌性口炎，是家禽（鸡、鸽、鹅、火鸡、野鸡等）上消化道的一种霉菌病，主要发生于鸡和火鸡，鹅也易感，特征是上部消化道（口腔、咽、食管和嗉囊）的黏膜生成白色的假膜和溃疡。人及家畜也能感染。幼禽对鹅口疮的易感性比成年禽高。

（一）病原

本病的病原是一种酵母状真菌，称为白色念珠菌（*Candida albicans*），菌体小而椭圆，长2～4 μm，能够发芽、伸长而形成假菌丝。革兰氏染色为阳性，但着色不很均匀。培养基上的菌落有白色金属光泽。病禽的粪便中含有大量病菌，嗉囊、腺胃、肌胃、胆囊以及肠内都能分离出病菌。

白色念珠菌在自然界广泛存在，可在健康畜禽及人的口腔、上呼吸道和肠道等处寄居。各地不同禽类分离的菌株其生化特性有较大差别。该菌对外界环境及消毒药有很强的抵抗力。

（二）诊断要点

1. 发病特点　本病的传染是由于鹅食入了病原菌污染的饲料及饮水，而消化道黏膜的损伤则有利于病菌侵入。禽间不直接传染。本病也可以通过蛋壳传染。病鹅的粪便中含有较大量病菌，在病鹅的腺胃、肌胃、胆囊以及肠内，都能分离出病菌。

2. 症状　无特征性的临床症状，病鹅表现生长不良，精神委顿，羽毛粗而乱，食欲大减，消化障碍。雏鹅的主要症状是呼吸困难，喘气，肺部出血，气囊混浊。发病率和死亡率都很高。

3. 剖检特征　口腔和食管黏膜增厚，表面有灰白色、稍稍隆起的圆形溃疡，黏膜表面常见有假膜性的斑块和容易刮落的坏死物质。口腔、咽、气管和食管上段也可能形成溃疡状的斑块。口腔黏膜上的病变常呈黄色，为干酪样的典型鹅口疮。偶尔也能蔓延到腺胃，黏膜肿胀、出血，表面覆盖着一种黏液性或坏死性渗出物。肌胃的角质层发生糜烂。

4. 实验室诊断　病鹅上消化道黏膜特殊性增生和溃疡病灶，常可以作为本病的诊断依据。确诊必须采取病变器官的渗出物做涂片检查，观察酵母状的菌体和菌丝，或是进行霉菌的分离培养和鉴定。

（三）防治措施

消化道的霉菌病常与环境卫生不良有关，因此首先要改善卫生条件，鹅群不能拥挤。鹅蛋表面的病菌常会传染给雏鹅，因此种蛋孵化前要用消毒液浸洗消毒。鹅群中如发现病鹅，应立即隔离。

病鹅口腔黏膜上的病灶，可涂敷 2.0％碘甘油，接着还可再用中药"冰硼散"吹入口腔。饮水中可添加 0.05％硫酸铜（即 2 000 mL 饮水中加硫酸铜 1 g），每天饮 2 次。可在病鹅群的饲料中每千克添加 100 mg 制霉菌素，连喂 1～3 周，可减少本病的发生和控制病情的发展。

二、曲霉菌病

曲霉菌病（aspergillosis）见于多种禽类和哺乳动物（包括人）。家禽曲霉菌病是一种常见的霉菌病，几乎所有禽类都能感染。急性暴发主要发生于幼禽，呼吸道（尤其是肺和气囊）发生炎症，所以也称为曲霉菌性肺炎。发病率很高，可造成大批死亡。

（一）病原

一般认为在曲霉菌属中，烟曲霉菌是主要的病原菌。此外，黄曲霉菌及黑曲霉菌等也有不同程度的致病力。这些霉菌及其产生的孢子，在自然界中分布很广，广泛存在于稻草、谷物、木屑、发霉的饲料乃至墙壁、地面、用具和空气中。从烟曲霉菌和其子孢子中可以抽提出一种对家兔、犬、豚鼠、小鼠和禽类的血液、神经和组织有毒害作用的毒素。

曲霉菌的形态特征是分生孢子呈串珠状，在孢子柄膨大形成烧瓶形的顶囊，囊呈放射状排列。烟曲霉的菌丝呈圆柱状，色泽呈绿色、暗绿色至熏烟色，在沙堡氏葡萄糖琼脂培养基上，菌落直径 3～4 cm，扁平，最初为白色绒毛状结构，逐渐扩延，迅速变成浅灰色、灰绿色、熏烟色以及黑色。

霉菌在常温下能存活很长时间，在温暖、潮湿的适宜条件下 24～30 h 即产生孢子。孢子对外界环境理化因素的抵抗力很强，干热 120 ℃ 1 h，煮沸 5 min 才能将其杀死。对化学药品也有较强的抵抗力。在一般消毒药物中，如 2.5％福尔马林、3％氢氧化钠、水杨酸、碘酊等，需经 1～3 h 才能灭活。

（二）流行病学

曲霉菌可引起多种禽类发病，鸡、鸭、鹅、鸽、火鸡及多种鸟类（水禽、野鸟、动物园的观赏禽等）均有易感性，以幼禽易感性最高，特别是 20 日龄以内的雏禽呈急性暴发和群发，而成年家禽常常散发。

（三）诊断要点

1. 发病特点　雏鹅最容易感染烟曲霉菌，常见急性暴发，而青年鹅、成年鹅常为个别散发。出壳后的雏鹅进入被烟曲霉菌污染的育雏室后，48 h 即开始发病死亡，4～12 日龄是本病流行的最高峰，以后逐渐减少，至 1 月龄基本停止死亡。如果饲养管理条件不好，流行和死亡可一直延续到 2 月龄。

污染的木屑垫料、空气和发霉的饲料中含有大量烟曲霉菌孢子，是主要传染源。家禽在污染的环境里带菌率很高，但迁出污染环境后，带菌率即逐渐下降，至 40 d 霉菌在体内基本消失。病菌主要通过呼吸道和消化道传染。育雏阶段饲养管理、卫生条件不良是本病暴发的主要诱因。育雏室内日夜温差大、通风换气不良、过分拥挤、阴暗潮湿以及营养不良等因素都能促使本病发生和流行。

2. 症状　病鹅可见呼吸困难，表现为张口呼吸，喘气，呼吸次数增加，胸腹明显扇动，精神委顿，常缩头闭眼，流鼻液，食欲减退，口渴，迅速消瘦，体温升高，后期腹泻。某些食管黏膜病变的病例，表现吞咽困难。病程一般在 1 周左右。鹅群发病后如不及时采取措施，死亡率可达 50% 以上。放牧的鹅群对曲霉菌病的抵抗力很强，几乎能避免传染。

3. 剖检特征　呼吸系统和浆膜的病理变化最突出，肺的病变最为常见，肺充血，切面上流出灰红色泡沫液。肺、气囊和胸腹膜上有一种针头至米粒大小的坏死肉芽肿结节，有时可以相互融合成大的团块，最大的直径可达 3～4 mm，结节呈灰白色或淡黄色，柔软有弹性，内容物呈干酪样。有时通过肉眼在肺、气囊、气管或腹腔即可见到成团的霉菌斑。在肺的组织切片中，可见到多发性的支气管肺炎病灶和肉芽肿，病灶中可见分节清晰的霉菌菌丝、孢子囊及孢子。

4. 实验室诊断　临床上主要依据因呼吸困难所引起的各种症状做出诊断，但应注意与其他呼吸道疾病相区别，此外还要依靠流行病学调查。本病的确诊，可以采取病鹅肺或气囊上的结节病灶，涂片后镜检，看是否有曲霉菌的菌丝和孢子。有时直接涂片可能看不到霉菌，必须取结节病灶的内容物做霉菌分离培养。

（四）防治措施

不使用发霉的垫料和饲料是预防曲霉菌病的主要措施。选用外观干净无霉斑的麦秸、稻草或谷壳做垫料，或选用干净的中粒沙子，用水反复洗去沙中尘土，晒干后铺 5～10 cm 厚于雏床上做垫料（适用于火炕育雏）。垫料要经常翻晒，以防止霉菌生长繁殖。如垫料被霉菌污染，可用福尔马林熏蒸消毒后再用。必须使用新鲜无霉的全价饲料。长期被烟曲霉菌污染的育雏室必须彻底清扫和消毒，消毒可用 5% 石炭酸或臭药水，然后再铺上垫料。雏鹅进入育雏室后，日夜温差不要过大，逐步合理降温，设置合理的通风换气设备。在梅雨季节育雏时要特别注意防止垫料和饲料发霉。

本病目前尚无特效的治疗方法。制霉菌素有一定效果，剂量为每 100 只雏鹅一次用 50 万 U，每天 2 次，连用 2 d。此外，也可用克霉唑，剂量为每 100 只雏鹅用 1 g，混饲。饮水中添加硫酸铜（1∶2 000 倍稀释），连喂 3～5 d；或在饮水中加入 0.5％碘化钾，每天 2 次，也有一定效果。

第四节　寄生虫病

寄生虫病（parasitic diseases）是一类导致体质虚弱、消瘦的慢性消耗性疾病，也是常见病。鹅场驱虫防治是预防寄生虫病的重要措施之一，每年秋末和春初两季来临前一个月均要安排一次，商品鹅最好每月一次。驱虫后最好采用庆大霉素、恩诺沙星等药物饮水内服，连饮 3～7 d，能够起到抗菌消炎、保护肠道和促进康复的目的，尤其对于肠道寄生虫引起的疾病，更要注意这一点。使用驱虫药时，一定要按使用说明操作。种鹅开始产蛋前半个月要安排一次鹅舍的清洁卫生消毒工作，同时统筹计划好疫苗的使用。

一、鹅球虫病

近年来，鹅球虫病在我国的发病和流行情况日趋严重，雏鹅的发病率高达 90％～100％，死亡率为 10％～80％，对养鹅业尤其是大群集约化养鹅业造成极大威胁。

（一）病原

寄生于鹅体的球虫共有 16 种，绝大多数是艾美耳球虫。其中，致病力较强的有 5 种，分别是截形艾美耳球虫、科特兰艾美耳球虫、鹅艾美耳球虫、有毒艾美耳球虫及多斑艾美耳球虫。除截形艾美耳球虫寄生在肾之外，其余都侵害肠道，特别是空肠以下有严重的出血性炎症病变。国内流行的主要是肠道球虫病，通常都为混合感染。

（二）诊断要点

1. 发病特点　各种年龄的鹅都可感染球虫病，雏鹅易感性最高，发病率和死亡率也最高。1 周龄雏鹅感染发病的死亡率可达 80％以上。2 月龄鹅的发病率也很高，但其死亡率要低得多，为 10％左右。本病主要发生在阴雨潮湿

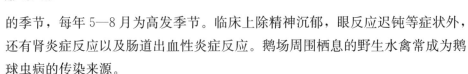

的季节，每年 5—8 月为高发季节。临床上除精神沉郁，眼反应迟钝等症状外，还有肾炎症反应以及肠道出血性炎症反应。鹅场周围栖息的野生水禽常成为鹅球虫病的传染来源。

2. 症状　病鹅精神沉郁，摇头，口流白沫，颈下垂，继而伏地不起。截形艾美耳球虫侵害雏鹅的肾，会出现腹泻，粪便中所带白色尿酸盐增多；出血水样稀粪，甚至为褐色的凝血，就是多种球虫混合感染引起的出血性肠炎，病鹅肛门松弛，周围羽毛被污染。急性发病的多在 1～2 d 死亡。病程稍长的病鹅食欲减退，继而废绝，精神萎靡，缩颈，翅膀下垂，排稀粪或混有红色黏液的粪便，最后衰竭死亡。耐过的病鹅生长和增重均迟缓。

3. 剖检特征　剖检可见肾肿大，呈淡黄色和红色，表面有血斑和针点大灰白色病灶或条纹，主要为截形艾美耳球虫侵害引起。侵害肠道的球虫感染，则病鹅发生急性出血性肠炎，肠道呈严重的卡他性出血性炎症，肠黏膜增厚、出血、糜烂。小肠中、下段，自卵黄蒂后泄殖腔呈严重出血性肠炎，黏膜上有白色结节或糠麸样的假膜覆盖。严重病例可见到肠黏膜脱落形成"腊肠样"肠芯，此时可见肠管膨大充实，切开肠管见表面白色，类似小鹅瘟"腊肠样"栓子，掀起肠芯，见肠黏膜上面有淡黄色黏液性分泌物。这种肠芯，主要发生在回肠和直肠，有的伸延到卵黄囊柄附近。回肠淋巴滤泡肿大，个别病鹅肠内可见大量浓血样的腥臭黏液。泄殖腔黏膜出现炎症和出血病变。十二指肠和空肠的病变较轻，呈轻度卡他性炎症。

4. 实验室诊断　用无菌探针挑取新鲜粪便一小粒，置于载玻片上，加注射用水搅拌均匀，盖上盖玻片，置于显微镜下观察。在视野里可见到椭圆形浅黄色的卵囊，外有一层壳膜，周围是透明区，中间结构均匀。刮取肠道病变部分黏膜涂片镜检，可见到大量裂殖体或香蕉形的裂殖子。

由于成年鹅的带虫现象很普遍，所以粪便中存在球虫卵囊不能作为诊断依据，必须根据临床症状、病理变化和存在球虫卵囊进行综合诊断。

（三）防治措施

平时搞好鹅的饲养管理和鹅舍的环境卫生是预防本病的可靠方法。保持鹅舍清洁、干燥，粪便应每天都要清除，防止饲料和饮水被粪便污染。粪便运往远离鹅场的下风头，约 500 m 以外，堆积进行生物发酵，不让其中的卵囊有充分的时间发育成孢子。

防治球虫病必须严格执行消毒卫生制度，如果场地已被严重污染，应将鹅移至未污染的场地饲养。雏鹅、育成鹅和成年鹅应分开饲养。在球虫病流行季节即将开始前或流行季节，可定期在饲料中添加抗球虫药混饲，但屠宰前1周应停药。

二、鹅绦虫病

鹅体内寄生有多种绦虫（teniasis），包括片形皱缘绦虫、某些膜壳绦虫（如冠状膜壳绦虫、巨头膜壳绦虫、缩短膜壳绦虫等）和矛形剑带绦虫等，其中以矛形剑带绦虫危害最严重，以下做重点介绍。

（一）病原

矛形剑带绦虫的成虫，呈白色矛形带状，虫体长达11～13 cm，分头、颈和体三部分。头节小顶上有8个小钩，颈短，体节长，链体有31个节片。前端窄，往后逐渐加宽，最后的节片宽14 mm，睾丸为椭圆形横列于卵巢内生殖孔一侧，卵巢和卵黄腺在睾丸的另一侧，生殖孔位于节上角的侧缘。

成虫寄生在鹅的小肠内。孕卵节片随禽粪排到外界。孕卵节片崩解后，虫卵散出。虫卵如果落入水中，被剑水蚤吞食后，虫卵内的幼虫就会在其体内逐渐发育成为似囊尾蚴。当鹅吃到了这种体内含有似囊尾蚴的剑水蚤，就发生感染。在鹅的消化道中，似囊尾蚴能吸在小肠黏膜上并发育为成虫。

（二）诊断要点

1. 发病特点　矛形剑带绦虫病主要危害数周到5月龄的鹅，感染严重时会表现出明显的全身性症状。青年鹅、成年鹅也可感染，但症状一般较轻。多发生在秋季，病鹅发育受阻，雏鹅死亡率很高，带黏液性的粪便很臭，可见虫体节片。

2. 症状　病鹅首先出现消化机能障碍的症状，排出灰白色或淡绿色稀薄粪便，污染肛门四周羽毛，粪便中混有白色的绦虫节片，食欲减退。病程后期病鹅拒食，口渴，生长停滞，消瘦，精神萎靡，不喜活动，常离群独居，翅膀下垂，羽毛松乱。有时显现神经症状，运动失调，走路摇晃，两腿无力，向后面坐倒或突然向一侧跌倒，不能起立。发病后一般1～5 d死亡。有时由于其他不良环境因素（如气候、温度等）的影响而使大批幼年病鹅突然死亡。

3. 剖检特征　病鹅消瘦，血液稀薄如水，剖检可见肠黏膜肥厚，呈卡他

性炎症，有出血点和米粒大、结节状溃疡，十二指肠和空肠内可见扁平、分节的虫体，有的肠段变粗、变硬，呈现阻塞状态。心外膜有明显出血点或斑纹。

可根据粪便中观察到的虫体节片以及小肠前段的肠内虫做出诊断。

（三）防治措施

由于剑水蚤多生活于不流动的水里，因此鹅群应尽可能放养在流动且最好是水流较急的水面，避开剑水蚤繁衍生活较多的死水塘（池）等处。雏鹅与成年鹅要分开饲养、放养。对感染绦虫的鹅群应进行有计划的药物驱虫。

药物治疗最好采用直接填喂法，可以用以下药物进行治疗：硫双二氯酚（别丁），使用剂量每千克体重为 150～200 mg，一次喂服；也可按 1∶30 的比例与饲料混合，揉成条状或豆大丸状剂型填喂。吡喹酮，使用剂量每千克体重为 10 mg，一次喂服；还可原粉饮用水或拌料混饲，服药数小时即可见到排出虫体。氯硝柳胺（血防-67），使用剂量每千克体重为 50～60 mg，一次喂服，可以杀死绦虫头节，促使虫体排出，利于排除隐患。槟榔与南瓜子按 1∶10 制成合剂，南瓜子炒熟与槟榔一起研成条状或颗粒状填饲，剂量每千克体重为 1 g。此外，还可选用丙硫咪唑进行治疗，混饲方便，但用药时间长且需要 3～5 d 才能排出虫体。

三、羽虱

羽虱（bird lice）是禽类体表永久性外寄生虫，是虱、螨、蜱 3 种外寄生虫中的主角，这 3 种外寄生虫的防治措施一致，现以羽虱为例重点介绍外寄生虫的部分知识。羽虱的种类很多，已发现的就有 40 多种。羽虱有严格的宿主特异性，鹅的羽虱以羽绒和皮屑为食，有时也吞食皮肤损伤部位的血液。

（一）病原

鹅的羽虱全部发育均在鹅体上进行，呈不完全变态，所产的卵常结合成块，黏在羽绒基部，经 5～8 d 孵化为幼虱，外形与成虫相似，在 2～3 周经 3～5 次蜕变成成虱。

（二）诊断要点

本病传染途径主要是直接接触感染，一年四季均可发生，但冬季较为严重。羽虱寄生数量多时，可见病鹅瘦弱，羽绒脱落，生长发育受阻，生产力降低，严重影响羽绒质量。

（三）防治措施

应注意搞好鹅的生活环境和个体卫生。生活环境要定期消毒，保持清洁和干燥。让鹅多下水洗澡，清洗体表的污染物和皮屑等。

药物治疗可用以下方法：喷粉法，用1‰马拉硫磷粉喷撒在鹅身上或鹅舍中；也可用氟化钠5份、滑石粉95份，混匀后喷撒在鹅的羽毛上。喷雾法，可用25%的敌虫菊酯油剂，用水稀释成1∶2000、1∶4000、1∶8000等浓度进行喷雾或药浴，效果很好。

第五节　中　毒　症

一、亚硝酸盐中毒

亚硝酸盐中毒是指家禽采食富含亚硝酸盐或硝酸盐的饲料，造成高铁血红蛋白血症，导致组织缺氧的一种急性中毒病，以鹅、鸭多发。

（一）病因

由于采食储藏或加工调制方法不当的叶菜类饲料或作物秧苗等引起家禽中毒，如青菜、小白菜、菠菜、卷心菜、萝卜叶、油菜、甘薯藤和南瓜藤等。这些植物富含硝酸盐，但受土壤、环境和气候的影响较大。若土壤中重施化肥、除草剂或植物生长调节剂，可促进植物中硝酸盐的蓄积；若日光不足、干旱或土壤中缺钼、硫和磷，阻碍植物体内蛋白质的同化过程，使硝酸盐在植物中蓄积。在自然界广泛存在的硝酸盐还原菌是导致家禽亚硝酸盐中毒的必备条件，在适宜的条件下，如温度在20~40 ℃、pH 6.3~7.0、潮湿等，该菌可将硝酸盐还原为亚硝酸盐。例如，将上述青绿饲料堆放发热、温水浸泡或文火焖煮，都可导致大量亚硝酸盐产生，这种不良饲料一旦被家禽采食，即可发生中毒，以鹅、鸭多发。

（二）毒理

亚硝酸盐迅速使氧合血红蛋白氧化成高铁血红蛋白，血红蛋白失去了载氧能力，从而引起机体缺氧。亚硝酸盐具有扩张血管的作用，导致外周循环衰竭，更加重组织尤其是脑组织缺氧，导致呼吸困难，神经紊乱。

（三）临床症状

起病急、病程短，一般在食入后 0.5～2 h 发病，呼吸困难，口腔黏膜和冠髯发紫，抽搐，四肢麻痹，卧地不起，严重者很快窒息死亡。

（四）病理变化

剖检可见血液不凝固，呈酱油色，遇空气不变成鲜红色。肺内充满泡沫样液体，肝、脾、肾瘀血，消化道黏膜充血。心包、腹腔积水。心冠脂肪出血。

（五）诊断

（1）有饲喂储藏、加工和调制方法不当的青绿饲料的病史。
（2）有典型缺氧症状。
（3）血液呈酱油色，遇空气不变成鲜红色。

（六）预防

（1）不喂堆积、闷热、变质的青绿饲料。储存青绿饲料应在阴凉处，松散摊放。
（2）不饲喂文火蒸煮的青绿饲料。蒸煮过的青绿饲料不宜久放。

（七）治疗

（1）本病可用 1％美蓝水溶液每千克体重肌内注射 0.1 mL；或用美蓝 2 g，95％乙醇 10 mL，生理盐水 90 mL，溶解后每千克体重肌内注射 1 mL。同时饮服或腹腔注射 25％葡萄糖溶液、5％维生素 C 溶液。
（2）用盐类泻剂加速胃肠内容物的排出。
（3）更换饲料，禁止饲喂含亚硝酸盐的饲料。

二、黄曲霉毒素中毒

（一）病因

由于采食被黄曲霉菌或寄生曲霉等污染的含有毒素的玉米、花生仁粕

（饼）、豆粕（饼）、棉仁粕（饼）、麸皮、混合饲料和配合饲料等而引起。黄曲霉菌广泛存在于自然界，在温暖潮湿的环境中最易生长繁殖，产生黄曲霉毒素。黄曲霉毒素及其衍生物有 20 余种，在长波紫外线下产生荧光，根据荧光颜色、射频（RF）值及结构等的不同分别命名为：B_1、B_2、G_1、G_2、M_1、M_2、P_1、R_1、GM 和毒醇。引起鹅中毒的主要毒素有 B_1、B_2、G_1、G_2、M_1、M_2，以 B_1 的毒性最强。以雏鹅最为敏感。

（二）临床症状

雏鹅一般表现急性中毒，常无明显症状而突然死亡。病程稍缓者表现食欲减退或消失，脱毛，步态不稳，严重跛行，腿和脚由于皮下出血而呈紫红色，死前角弓反张，死亡率为 100%。成年鹅的急性症状与雏鹅相似，并常见渴欲增加和腹泻。慢性中毒时，则症状不明显，可见食欲减退、消瘦、衰弱、贫血，病程较长的可发生肝癌。特征性病变在肝。急性病例可见肝肿大，色淡，质地软，有出血点；胆囊扩张；肾色淡稍肿大；胰腺有出血点；胸部皮下和肌肉常见出血。亚急性和慢性病例，肝发生硬化，色泽变黄，变硬，见有白色小点状或结节状的增生病灶，严重者发生癌变。心包和腹腔常有积液。小腿和蹼的皮下可能有出血。

（三）病理变化

1. 急性中毒　　肝充血、肿大、出血及坏死，色淡呈黄白色，胆囊充盈。肾苍白肿大。胸部皮下、肌肉有时出血。肠道出血。

2. 慢性中毒　　常见肝硬变，体积缩小，颜色发黄，并呈白色点状或结节状病灶，个别可见肝癌结节，伴有腹水，心包积水。胃和嗉囊有溃疡，肠道充血、出血。

（四）诊断

主要进行以下方面诊断：

（1）是否有食入霉败变质饲料的病史。

（2）是否有出血、贫血和衰弱为特征的临床症状。

（3）是否有肝变性、出血、坏死等病变为特征的剖检变化。

（4）实验室检查　　取饲料样品 5 kg 分别放在几只大盘内，摊成薄层，在

365 nm 波长的紫外线灯下观察，若有发出蓝色或黄绿色荧光，则确定饲料中含有黄曲霉毒素。若看不到，将被检物品敲碎后，再检，若仍然看不到，则为阴性样品。

（5）鉴别诊断　注意与磺胺类药物中毒等区别。

（五）预防

1. 饲料防霉　严格控制温度、湿度，注意通风，防止雨淋。为防止饲料发霉，可用福尔马林对饲料进行熏蒸消毒；可在饲料中加入防霉剂，如在饲料中加入 0.3% 丙酸钠或丙酸钙。也可用制霉菌素或诗华抗霉素等。

2. 染毒饲料去毒　可采用水洗法，用 0.1% 的漂白粉水溶液浸泡 4～6 h，再用清水浸洗多次，直至浸泡水无色为宜。

（六）治疗

（1）立即停喂霉变饲料，更换新料，减少饲料中脂肪含量。
（2）饮服 5% 葡萄糖溶液、水溶性电解多维或水溶性多种维生素。

三、有机磷农药中毒

有机磷农药中毒是指家禽误食、吸入或皮肤接触有机磷农药，而引起胆碱酯酶失活的中毒病。常见的有机磷农药如敌百虫等，家禽对其特别敏感。

（一）病因

由于对农药管理或使用不当，致使鹅中毒。如用上述药物在禽舍杀灭蚊、蝇或投放毒鼠药饵，被家禽吸入；鹅采食喷洒过农药不久的蔬菜、农作物或牧草；饮水或饲料被农药污染；防治鹅寄生虫时药物使用不当；其他意外事故等。

（二）毒理

有机磷进入体内，与胆碱酯酶结合，形成稳定的磷酰化胆碱酯酶，导致乙酰胆碱大量蓄积，而呈现典型的毒蕈碱样作用和烟碱样作用。

（三）临床症状

最急性型病例往往无明显症状，突然死亡。典型病例表现为流涎、流泪、瞳孔缩小、肌肉震颤、无力，共济失调，呼吸困难，冠髯发绀，下痢，最后呈昏迷状态，体温下降，卧地不起，窒息死亡。

（四）病理变化

由消化道食入者常呈急性经过，消化道内容物有一种特殊的蒜臭味，胃肠黏膜充血、肿胀，易脱落。肺充血水肿，肝、脾肿大，肾肿胀，被膜易剥离。心脏点状出血。皮下、肌肉有出血点。病程长者有坏死性肠炎。

（五）诊断

1. 病史调查　病鹅有与有机磷农药接触史。
2. 临床特征　毒蕈碱样症状，流涎，流泪，瞳孔缩小，呼吸困难，下痢。烟碱样症状，肌肉震颤，共济失调。
3. 病理变化　消化道内容物有特殊的蒜臭味。
4. 实验室检验　血液胆碱酯酶活性降低。

（六）预防

要科学地管理使用农药，严禁饲喂被有机磷农药污染的牧草或饲料。

（七）治疗

1. 一般急救措施　清除毒源。经皮肤接触染毒的，可用肥皂水或 2% 碳酸氢钠溶液冲洗（敌百虫中毒不可用碱性药液冲洗）。经消化道染毒的，可使用 1% 硫酸铜内服催吐或切开嗉囊排出含毒内容物。
2. 特效药物解毒　常用的有双复磷或双解磷，成年鹅肌内注射 40～60 mg/kg，同时配合 1% 硫酸阿托品，每只肌内注射 0.1～0.2 mL。
3. 支持疗法　电解多维和 5% 葡萄糖溶液饮水。

四、有机氯中毒

有机氯中毒是指家禽摄入有机氯农药引起的以中枢神经机能紊乱为特征的中毒病。有机氯农药包括六六六、滴滴涕（DDT）、氯丹、碳氯灵等。

（一）病因

用有机氯农药杀灭体表寄生虫时，用量过大或体表接触药物的面积过大，经皮肤吸收而中毒；采食被该类农药污染的饲料、植物、牧草或拌过农药的种子而引起中毒；饮服了被有机氯农药污染的水而中毒。因这类农药对环境污染大、对人类的危害大，我国已停止生产，但还有相当数量的有机氯农药流散在社会上，由于管理使用不当，引起家鹅中毒。

（二）临床症状

急性中毒时，病鹅先兴奋后抑制，表现不断鸣叫，两翅扇动，角弓反张，很快死亡。短时间内不死者，则很快转为精神沉郁，肌肉震颤，共济失调，卧地不起，呼吸加快，口、鼻分泌物增多，最后昏迷、衰竭死亡。慢性中毒时，常见肌肉震颤，消瘦，多从颈部开始震颤，再扩散到四肢。预后不良。

（三）剖检变化

腺胃、肌胃和肠道出血、溃疡或坏死。肝肿大、变硬，肾肿大、出血，肺出血。

（四）诊断

1. 病史调查　家鹅有接触有机氯农药的发病史。
2. 临床特征　典型的神经症状。
3. 剖检变化　消化道及实质器官出血。
4. 鉴别诊断　注意与呋喃类药物中毒、禽脑脊髓炎等疾病区别。

（五）预防

禁止使用有机氯农药。

（六）治疗

（1）立即查出中毒原因，消除毒源。

（2）一般解毒，每只病鹅肌内注射阿托品 0.2～0.5 mL。

（3）清除毒物，若毒物由消化道食入，则用 1% 石灰水灌服，每只鹅 10～20 mL。若经皮肤接触而引起中毒，则用肥皂水刷洗羽毛和皮肤。每只鹅灌服硫酸钠 1～2 d，有利于消化道毒物排出。

（4）支持疗法，饮服 5% 葡萄糖溶液和电解多维。

五、砷及砷化物中毒

（一）病因

家鹅误食含砷农药处理过的种子，采食喷洒过含砷农药的作物、牧草和蔬菜，饮用被砷化物污染的水而引起中毒。也可因使用3-硝基-4-羟基苯胂酸或对氨基苯胂酸不当而引起中毒。

（二）临床症状

食欲不振，双翅下垂，羽毛蓬乱，颈部肌肉震颤，头偏向一侧，口流黏液，冠髯发绀，体温下降，排带血稀便。

（三）剖检变化

消化道黏膜充血、出血、肿胀。肝、肾、心脏脂肪变性，有出血斑点。

（四）诊断

1. 病史调查　有接触砷及砷化物的病史。
2. 临床特征　神经症状、流涎、腹泻。
3. 剖检变化　消化道黏膜充血、出血、肿胀。实质器官变性、出血。

（五）预防

（1）加强对砷及砷化物的使用管理，禁止家禽摄入。
（2）使用有机砷制剂作为促生长剂时，不宜与维生素C配伍。

（六）治疗

（1）查找原因，清除毒源。
（2）配制硫酸亚铁10 g、常水250 mL，氧化镁15 g、常水250 mL两种溶液，临用时将两药混合成粥样，灌服5～10 mL，每天3次。砷化物已经被吸收的，肌内注射二巯基丙醇，0.1 mL/kg，连用6 d，第1天每隔4 h用药1次，以后每天注射1次。也可用硫代硫酸钠，5 mg/(只·次)，腿部肌内注射，每天3次，连注10 d。

（3）采用5％葡萄糖溶液和电解多维饮水。

六、喹乙醇中毒

（一）病因

由于用药量过大，或大剂量连续应用所致。喹乙醇作为家鹅生长促进剂，一般在饲料中加入25～30 mg/kg（25～30 g/t）。预防细菌性传染病，一般在饲料中添加喹乙醇100 mg/kg，连用7 d，停药7～10 d。治疗量一般在饲料中添加喹乙醇200 mg/kg，连用3～5 d，停药7～10 d。据报道，饲料中添加喹乙醇300 mg/kg，饲喂6 d，鸡就呈现中毒症状。饲料中添加喹乙醇1 000 mg/kg饲喂240日龄蛋鸡，第3天即出现中毒症状。喹乙醇在鹅体内有较强的蓄积作用，小剂量连续应用，也会蓄积中毒。

（二）临床症状

病鹅不动，很快死亡。轻度中毒时，发病较迟缓；大剂量中毒时，可在数小时内发病。产蛋鹅产蛋急剧下降，甚至绝产。

（三）病理变化

皮肤、肌肉发黑。消化道出血尤以十二指肠、泄殖腔严重，腺胃乳头或/和乳头间出血，肌胃角质层下有出血斑、点，腺胃与肌胃交界处有黑色的坏死区。心冠状脂肪和心肌表面有散在出血点，心肌柔软。肝肿大有出血斑，色暗红，质脆，切面糜烂多汁，脾、肾肿大，质脆。成年母鹅卵泡萎缩、变形、出血，输卵管变细。

（四）诊断

（1）无菌取病死鹅肝、脾触片，革兰氏染色镜检，未发现有可疑细菌。

（2）如果饲料中已混有喹乙醇100 mg/kg，并已连用多天，根据用料、用药情况，结合病变及实验室诊断，诊为雏鹅喹乙醇中毒。

（五）治疗

改用不含抗菌药的饲料，取生雷公根3 000 g，白糖1 000 g，肾肿解毒药

100 g，取生雷公根汁，后加白糖、肾肿解毒药充分溶解，再加适量水（1 d饮水量），让鹅自由饮用，重症者则人工灌服。

第六节　其他疾病

一、鹅硬嗉病

鹅硬嗉病又称食管膨大部秘结，是由于鹅吃入过多的粗硬纤维饲料或过大的块根饲料，或吞下鹅毛、麻绳、塑料等异物，造成食管膨大部膨大、积食阻塞引起的。

（一）症状

食管膨大部明显膨大，手触坚硬，里面充满硬固食物，停滞1~2 d不消，病鹅精神萎靡，呆立不动，翅膀下垂，微有食欲或食欲废绝。

（二）防治

当秘结不严重时，可服用植物油，每只鹅0.5~1.0 mL；或用注射器将植物油直接注入食管膨大部内，然后轻轻向食管方向揉压食管膨大部内食物；也可用注射器将温生理盐水或清水直接注入食管膨大部内，然后将鹅头向下挂起，用手按摩食管膨大部，把其中的积食和水一起从口腔挤出。一次不能排完，可反复多次水洗，直到内容物排空为止。

如食管膨大部阻塞物过大过硬，上述方法不能奏效时，应采用手术疗法，取出秘结块。

预防本病主要是加强饲养管理，饲喂要定时、定量，防止饥饱不均。喂块根块茎类饲料时，一定要切碎，并保证饮水以及加强运动。

二、脚趾脓肿

脚趾脓肿又称趾瘤病，是因脚趾底部及周围组织外伤破损后感染细菌所致。本病多发生于大型鹅。运动场或禽舍内地面粗糙坚硬，放牧时道路有较多石块、尖锐物等都可引起脚趾皮肤损伤，从而引发本病。

（一）症状

病鹅脚底皮肤发炎，化脓肿胀，可见黄豆粒大至鸽蛋大脓肿。严重时，炎

症可扩展至脚趾间组织、关节和腱鞘。在肿胀组织中，蓄积大量炎性渗出物及坏死组织。炎性渗出物可逐渐干燥，变成干酪样，或破溃后形成溃疡面。病鹅行走困难，食欲减少，产蛋率下降。

（二）防治

主要预防措施是铺平运动场地面，放牧时选择平坦的牧道。对病鹅，应切开脓肿，排出脓汁及清创，再用1%～2%雷佛奴耳溶液冲洗，撒入磺胺粉，停止放牧，同时内服消炎药，每天换药1次，1周可愈。

三、中暑

中暑又称日射病或热射病，是水禽在夏天炎热季节常发的一种疾病。夏季天气过热，湿度大，鹅群长时间在烈日下放牧，容易发生日射病。鹅舍闷热潮湿，通风不良，鹅群密度过大，易发生中暑。

（一）症状

中暑以神经症状为主，病鹅表现烦躁不安、痉挛、体温升高、黏膜潮红、昏迷，多数病鹅转归死亡。病鹅呼吸急促，伸颈喘气，体温升高，口渴，战栗，翅膀张开下垂，昏迷倒地。病变可见大脑和脑膜充血、出血，全身静脉充满暗红色血液，血液凝固不良。

（二）防治

主要是夏天放牧防止日晒，鹅舍内防止过热。放牧可早出晚归，中午休息。鹅舍应通风，饲养密度不应过大，运动场内可搭盖凉棚，并保证有足够的清凉洁净的饮水。

当鹅群中有发病鹅时，应将全群赶下水塘降温，或转移到阴凉处，向鹅群泼洒冷水降温。可直接将病鹅放入冷水里浸一会儿。可用人丹1～2粒口服，或十滴水1～2滴口服。

第十章
豁眼鹅卫生防疫制度

第一节 卫生隔离制度

一、卫生制度

卫生制度是环境卫生控制的理论指导和行为规范，通过良好的制度约束和卫生控制能解决环境污染的根本问题，并能从防疫的意义上解决环境的净化问题（能有效地减少和消灭病原微生物）。主要包括以下内容：

（1）借助机械和物理的方法对环境进行清理和初级净化，主要是通过彻底的铲除、清扫、高压冲刷等方法对养殖环境中的垫料、粪便、羽毛以及其他污染物和有机物进行处理，为药物消毒创造条件和奠定基础。

（2）保持生活区、生产区的环境卫生，清除一切杂草、树叶、羽毛、粪便、污染的垫料、包装物、生活垃圾等，定点放置垃圾桶并及时清理垃圾。生活区和生产区彻底分开，达到现代养殖的相关卫生标准和出口备案要求。

（3）勤洗澡，保持工作服整洁。

（4）保持餐厅、厕所卫生，定期冲刷、擦洗，做好无油污、无烟渍、无异味。养殖期间杜绝食用外来禽类产品（禽肉、禽蛋），养殖过程中禁止食用本场的病死鹅。

（5）保持道路卫生，不定期清扫，定期消毒。有条件的养殖场可以将净道和污道水泥硬化，便于交通运输、便于内部人员日常操作、便于冲刷消毒（图10-1）。

（6）保持宿舍、被褥整洁卫生，每个人至少有两套床上用品（床单、被套、枕巾），做到每批鹅出栏以后彻底换洗，必要时熏蒸消毒后在阳光下暴晒。

图 10-1　鹅场净道标示

（7）消毒池的管理，进入生活区、生产区大门的消毒池保持干净，池内无漂浮污物、死亡的小动物和生活垃圾，定期（5～7 d）更换消毒液，特殊情况可以随时更换，最常见的消毒液是 3%～5%的氢氧化钠水溶液。

（8）要求鹅场配备兽医室、剖检室、焚尸炉，能给病死鹅剖检、禽病诊断和病禽、病料的无害化处理提供条件和方便。

（9）养殖用水最好是自来水或深井水，定期检测饮水的卫生标准，确保卫生无污物，大肠杆菌污染指数符合国家规定的饮用水的卫生指标。

（10）在场区配备粪便生物发酵处理池，确保鹅场作为肥料的鹅粪和垫料没有危害性。

（11）养殖所用饲料要保持新鲜和干净，饲料场、散装料罐、养殖场、散装料仓，都要避免人为的接触和污染。在鹅群发病时期特别要注意剩料的处理。

（12）鹅舍内卫生：①确保网架干净，选用大小适中的塑料网以便粪便能漏下去。②从育雏到出栏，根据养殖的需要、季节温度的变化、空气质量的变化等，不断调节通风量，确保舍内空气质量新鲜、氧气充足、有害气体不超标。③育雏期间每天都要清理水槽中的垫料并擦洗干净。每批鹅出栏以后根据需要用相关的酸（碱）性消毒剂或特殊的除垢剂浸泡或高压冲刷自动饮水线，以便能有效去除水线中的青苔、沉积物和滋长的生物膜等。④在饲料中添加灭蝇蛆药物或采取药杀措施，避免苍蝇粪便污染顶棚、灯泡、墙壁设备等，同时也避免了大量的苍蝇滋生而加大禽病传播的风险。顶棚不能有蛛网也是起码的卫生要求。⑤每批鹅出栏以后，对鹅舍内的所有设施设备、控制仪表等都要仔细的除尘、擦洗，避免留有卫生死角。⑥接触过病死鹅以后要及时用消毒药清洗双手，避免人为扩大传染。

二、隔离制度

隔离制度是维护养殖环境安全和约束外来疫病入侵的有效保障，在养殖过程中，有很多因素和可能性会由于隔离不力而让外来的疫病侵害和感染到鹅群。尽管我们讲全进全出制度很多年了，但是真正意义上的全进全出制度还没有多少鹅场能做到。

（1）在思想上一定要有养殖全进全出的概念，隔离从开始到结束，不能有半点马虎。

（2）对外来人员、动物的隔离，在养殖场周围除了必要的净道和污道的门口之外，要有能够阻挡人员和大的野生动物出入的篱笆等作为防护屏障。

（3）减少养殖过程中的一切对外交往，每一次外出购物、处理残鹅、拉鹅粪、垫辅料等都是有风险的。

（4）必要的散装料车进入鹅场要经过严格的冲刷消毒，尤其是轮胎和底盘的消毒，司机原则上不允许随便下车。

（5）在养殖过程中遇有特殊情况需要外出的，如采购药物、疫苗、生活用品等，回来后要经过严格的更衣、沐浴消毒才能允许再次进入生产区，正常情况下可联系供应商送货上门。

（6）在养殖区内定期灭鼠、灭蝇，在鹅舍通风窗上安装防止野鸟进入的铁丝网，必要的警卫用的家犬要拴养或圈养，不能到处乱跑，更不能喂食病死鹅。

（7）饲养人员不能相互串舍，鹅舍门口设消毒盆以供进入鹅舍的必要消毒之用。

（8）鹅舍内日常所用的工具和用具要严格管理、配套使用，不能相互转借。

（9）在养殖过程中应谢绝同行业组织的参观、考察和访问。一切观摩活动可安排在出栏过程中或出栏后进行，有条件的养殖场也可以设置并安装鹅舍内的监控系统。

三、消毒制度

1. 消毒制度

（1）育雏前的喷雾消毒和熏蒸消毒。

（2）饲养过程中的带鹅消毒。

（3）生活区每两周进行一次消毒，生产区每周进行一次消毒，鹅舍每周进行两次消毒。

（4）个人卫生和宿舍卫生，每批进雏前对所有服装、被褥等进行一次彻底消毒。

2. 消毒方法

（1）鹅舍　物理消毒（铲除、清扫、冲刷）-干燥-化学消毒（消毒剂喷雾、浸泡等）-干燥-熏蒸消毒（常用的是福尔马林和高锰酸钾，当然也可以选择一些其他类型的烟熏剂）-通风-使用。

（2）环境和道路　喷雾消毒、消毒池浸泡消毒、泼洒消毒等。

（3）衣服和被褥等　在清洗干净的前提下暴晒、熏蒸或紫外线照射消毒。

（4）粪便和污染的废弃物　主要是通过堆积、密封进行生物热发酵消毒或深埋、焚烧。

3. 消毒效果的检测　在消毒前后对环境进行局部或空气取样，培养后进行简单的细菌数的检查，对消毒效果做到心中有数。对养殖和以后的消毒都是一个有价值的参考。

四、消毒技术规程

1. 消毒剂选择

（1）带鹅消毒一般选择安全、无刺激、广谱、杀毒迅速、耐有机物的消毒剂，可交替使用碘制剂、季铵盐等。各种消毒剂单独使用，一般不混合使用。

（2）环境消毒一般选择广谱、杀毒迅速、耐有机物的消毒剂。消毒剂可交替使用。

（3）可选择紫外线消毒设备等对饮水进行消毒。

2. 消毒剂配液　根据各种消毒剂的使用要求，配制并充分搅拌均匀，有条件的可用 25～45 ℃的温水稀释。

3. 消毒时间及次数

（1）带鹅消毒通常在中午进行，夏季除起到消毒的作用外，还可以增加湿度，降低温度。冬季在保证消毒液效果的同时降低对种鹅的刺激。气温适宜的春秋季节可以根据情况灵活选择消毒时间。育雏阶段每周 3 次，育成、产蛋阶段每周 2 次，周围有疫情或鹅群健康情况不佳或鹅舍环境不良时每天 1 次。

（2）外环境消毒每天 1 次。

（3）饮水消毒每周 2 次，选择上午饮水量大的时候进行。

4. 消毒设备

（1）舍内使用背式喷雾器消毒。

（2）运动场用机动高压喷雾器进行统一消毒。

5. 消毒剂量

（1）运动场带鹅消毒　药液不少于 40 mL/m²。

（2）舍内带鹅消毒　药液不少于 20 mL/m²。

（3）外环境消毒　药液不少于 60 mL/m²。

6. 喷雾消毒操作

（1）喷雾时关闭门窗、关掉风机，消毒完后 10 min 打开。

（2）雾粒直径大小应控制在 80～120 μm。

（3）高度距离地面 1.5～2.5 m 为宜。过高，雾滴在下降过程中蒸发而不能到达地面；过低，不能对空气充分消毒。

（4）消毒时不要将药液直接喷向鹅体，而是将喷头朝上，向上喷雾，雾滴自然下落，对鹅体消毒。

（5）要对舍内各部位及设施均匀喷洒，不留死角，但要避开舍内的灯具、电线等设备。

（6）冬季应先提高舍温 3～4 ℃。

（7）兑好的消毒液应一次用完。

7. 饮水消毒操作

（1）种鹅饮水严格按照人用饮水标准，每月两次采样检测细菌含量是否超标。

（2）每天晚上水槽内水放掉后，用 1∶1 500 的苯扎溴铵溶液消毒并清洗水槽。

（3）翌日早晨在不饮用其他药物时，在种鹅饮水中添加规定量的消毒剂，消毒剂一定要混合均匀。

（4）饮水消毒不可与其他任何药物同时进行。

8. 用具检修与冲刷

（1）喷雾器在使用前要进行检修，以保证正常使用。

（2）消毒后要用清水冲刷干净，正确保养，正确使用。

9. 消毒记录　消毒人员每天做消毒记录。

第二节　用药及防疫制度

一、用药制度

（1）根据经验，在育雏前 1～5 d 投服抗生素针对性控制雏鹅沙门氏菌感染（如果雏鹅来源于健康的种禽场，预防用药也就没有必要了）。

（2）根据以往的养殖经验，在常见多发病的危险日龄前 1～3 d 针对性投服抗生素或抗球虫药物，有助于提高防治效果。

（3）根据环境条件变化和天气变化结合养殖经验做好针对性预防用药，坚持看天气预报是养殖场的必要工作。

（4）在健康养殖阶段，大力推广酶制剂和微生态产品的应用，提高机体抵抗力和鹅抗感染能力。

二、防疫制度

1. 免疫接种制度

（1）必须进行的免疫接种，如小鹅瘟、鹅副黏病毒病等要进行合理的免疫接种。

（2）在疫区可考虑增加免疫接种的疫苗，如禽流感灭活疫苗。

（3）根据区域差异或个人经验可考虑免疫接种的疫苗，如大肠杆菌多价灭活疫苗和鹅浆膜炎疫苗等。

（4）皮下注射或肌内注射时，将要使用的注射器、针头消毒，自然晾干或烘干备用；皮下注射部位一般选在颈部，肌内注射部位一般选在胸肌或腿肌；进行皮下注射或肌内注射时注射针头插入深度约为 1 mm；每次吸取疫苗液前都要轻轻摇晃疫苗瓶，防止疫苗沉淀，使其均匀分布在稀释液中；将疫苗液推入后应慢慢拔出针头，防止疫苗液溢出体表。

例 1：种鹅参考免疫程序

1～3 日龄：抗雏鹅病毒性肠炎病毒-小鹅瘟二联高免血清 0.5 mL（或抗体 1～1.5 mL）皮下注射。

7 日龄：副黏病毒灭活苗皮下注射 0.25 mL。

29 周龄：雏鹅病毒性肠炎病毒-小鹅瘟二联弱毒疫苗，皮下注射，1 mL。

45 周龄：雏鹅病毒性肠炎病毒-小鹅瘟二联弱毒疫苗，皮下注射，1 mL。

例 2：商品肉鹅免疫程序

1～3 日龄：抗雏鹅病毒性肠炎病毒-小鹅瘟二联高免血清 0.5 mL（或抗体 1～1.5 mL）皮下注射。

7 日龄：副黏病毒灭活苗皮下注射 0.25 mL。

2. 病群封锁制度

（1）对疑似或确诊的发生疫情的病鹅群进行空间上的隔离，本着对行业负责的态度，禁止与外界交流。

（2）对可能受到病鹅群威胁的健康鹅群落实针对性的保护和防范措施（紧急免疫接种、预防性用药、强化消毒、提前出栏等）。

（3）病鹅群处理或康复后，先全面消毒再解除封锁。

3. 疫病档案管理制度

（1）对发生疫情的鹅群的日龄、表现、外观症状、剖检变化、诊断结果或疑似诊断结果、伤亡情况等进行详细记录。

（2）对治疗方案、用药情况、疗程、治疗效果等进行详细记录并进行评估，为以后的疫病防制（防治）提供经验和参考。

4. 疫情报告制度

（1）按照《中华人民共和国动物防疫法》的相关规定，对发生在养殖场内的经过确诊或存在可疑的急性、重大疫情要及时上报当地畜牧行政主管部门。

（2）疫情上报后，本着对行业负责的态度积极与相关部门进行协调和沟通。制订合理的控制和扑灭方案，尽量杜绝和减轻疫情的蔓延。

5. 疫情扑灭制度

（1）对已经发生的疫情采取科学合理的控制措施（药物治疗、疫苗紧急免疫接种、淘汰病弱残、隔离病群、有计划扑杀等）。

（2）对综合防治方案进行具体落实，对因治疗、对症治疗、辅助治疗、保健治疗等。

（3）根据疫情的发展及时对治疗方案进行调整。

第十一章
豁眼鹅养殖场废弃物处理和利用

进入 21 世纪，随着我国畜禽饲养规模不断扩大，养殖过程中产生的废弃物数量逐渐增加。迄今为止，我国部分养殖场的废弃物没有采取科学的处理措施，导致养殖场周边环境污染日趋严重，并影响了畜禽产品生物安全和产品品质。因此，探索新型养殖场的废弃物处理和利用模式具有重要意义。研究如何使这些废弃物既不对场内形成危害，也不对场外环境造成污染，同时能够得到适当的利用，这是养殖业生产目前和未来必须完成的一项重要任务。本章重点介绍了鹅场固体粪污处理和利用、污水的处理和利用、粪便综合利用模式等内容，旨在为我国鹅业健康发展提出新的思路。

第一节　鹅场固体粪污处理和利用

一、鹅场固体粪污的处理方法

鹅场粪污主要指粪便和垫料，其产量与成分因饲养管理工艺、气候、季节等情况的不同而有很大差别。例如，夏季鹅饮水量增加，鹅场粪污的含水量显著提高，水冲或水泡粪经固液分离后，污水的有机污染物浓度大大提高，而分离固形物氮、磷、钾总养分相应降低。

鹅粪中除含有大量有机质和氮、磷、钾及其他微量元素等植物必需的营养元素外，还含有各种生物酶（来自畜禽消化道、植物性饲料和肠道微生物）和微生物，对提高土壤有机质及肥力、改良土壤结构起着化肥不可替代的作用。鹅粪是较好的有机肥，但其中的养分必须经微生物降解（腐熟）才能被植物利用。同时，还有病原微生物和寄生虫，如果不加处理就施用鲜粪，方法虽然简单，但有机质被土壤微生物降解过程中产生的热量、氨和硫化氢等对植物根系不利，还有可能对环境造成恶臭和病原菌污染，故必须经过腐熟和无害化处理后施用，以防对作物不利和对土壤造成污染。鹅场粪污的处理方法主要有物理处理法和生物处理法。

（一）物理处理法

有脱水干燥处理和掩埋处理等。脱水干燥处理分机械干燥和热力脱水。机械干燥设备可用固液分离机，含水量可降至50%以下。热力脱水的方法有晾晒、烘干、热喷、膨化、微波处理等，可使含水量降到12%～13%。掩埋处理会造成土壤和地下水的污染，一般不宜采用。

（二）生物处理法

生物处理法是采用自然的或人工的方法，利用微生物降解粪中的有机物，使其腐熟和无害化。

1. 土地直接处理法　即直接向农田施用养殖场的粪便，属于自然处理法。如前所述，在一般情况下不宜施用鲜粪，但在播种前作为基肥（底肥）施用鲜粪，并使其有足够时间在土壤中自然降解和净化，此方法由于粪便没有进行生物发酵处理，外运时很容易造成疾病传播，因此此方法目前逐渐被淘汰。

2. 堆肥化处理　堆肥化处理是一种好氧发酵处理粪便的方法（图11-1、图11-2）。其原理是利用好氧微生物（主要有细菌、放线菌、霉菌及原生动物等）将复杂有机物分解为稳定的腐殖土，其中约含25%死的或活的生物体，而且还会慢慢分解，但不再产生大量的热能、臭味。在堆肥过程中，微生物在降解有机质的过程

图11-1　机器翻动槽式堆肥法

中可产生50～70℃的高温，能杀死病原微生物、寄生虫及其虫卵和草籽等。腐熟后的物料无臭，复杂有机物被降解为易被植物吸收的简单化合物，成为高

效有机肥料。堆肥化处理是国内外采用最多的粪便净化处理方法。

（1）影响堆肥效率的因素

① 含水量。堆肥物料含水量要求为 60%～70%，过高会造成厌氧腐解而产生恶臭。

② 通风供氧。以保持有氧环境和控制物料温度不致过高。

③ 适宜的碳氮比是（25～30）∶1。

④ 温度。通过通风（堆肥设备）或翻堆（自然堆肥）使堆肥温度控制在 70 ℃左右，如高于 75～80 ℃则导致"过熟"。

图 11-2　露天堆肥法

（2）堆肥化处理工艺　传统的堆肥为自然堆肥，无需设备和耗能，但占地面积大、腐熟慢、效率低，只需将经过预处理的物料堆成长、宽、高各为 10～15 m、2～4 m、1.5～2 m 的条垛，在 20 ℃、15～20 d 的腐熟期内，将垛堆翻倒 1～2 次，起供氧、散热和使粪发酵均匀的作用，此后静置堆放 3～5 个月即可完全腐熟。为加快发酵速度和免去翻垛的劳动，可在垛底设打孔的供风管，用鼓风机在堆垛后的 20 d 内经常强制通风，此后静置堆放 2～4 个月即可完全腐熟。

现代堆肥法是根据堆肥原理，利用发酵设备为微生物活动提供必要条件，可提高效率 10 倍以上，堆肥时间减少到 16～25 d。堆肥腐熟后物料含水量约为 30%，为便于储存和运输，需降低水分至 13%左右，并粉碎、过筛、装袋。鹅粪便的碳氮比较低，故在堆肥前的预处理阶段须掺入含碳量高的锯末、碎稻草、泥炭等作为调理剂，以调整物料水分和碳氮比，并使物料疏松、易通气。利用堆肥设备进行处理时，设备形式和种类很多，一般包括发酵前的预处理设备、发酵设备和腐熟后物料的干燥、粉碎、包装等，组合成成套设备。发酵设备是其关键设备，有发酵池、发酵罐或发酵塔等（图 11-3、图 11-4）。

（3）肥腐熟度的鉴定　肥腐熟度的测试方法很多，一般可用直观判断法。堆肥的颜色呈茶褐色，无恶臭味，堆内温度下降至接近常温，草茎树叶用手一拉就断，就认为腐熟了。该法较粗放，难以量化。通过大量研究已经建立了多种科学的检验测试方法，如氮素试验法、淀粉测试法、好氧速率法、发芽率试验法等。

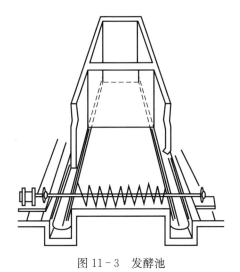

图 11-3　发酵池

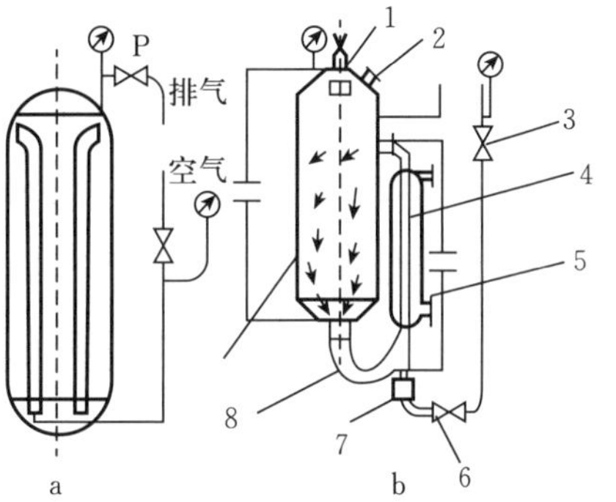

图 11-4　发酵罐或发酵塔

a. 发酵罐体结构　b. 发酵罐功能与管道连接

1. 入口　2. 视镜　3. 空气管　4. 上升管　5. 冷却夹
套　6. 单向阀门　7. 空气喷嘴　8. 带升管　9. 罐体

二、鹅场固体粪污的利用

（一）用作肥料

鹅场粪污经过生物发酵处理后用作肥料是使之资源化利用的根本出路，也是世界各国传统上最常用的方法。目前，除了传统的堆肥外，还可利用蚯蚓、蝇蛆等堆腐畜禽粪便。试验表明，畜禽粪便经蚯蚓、蝇蛆处理后再施用，能提高粪便的肥效，改良土壤结构，增加土壤透水性，防止土壤表面板结，提高土壤的保肥性。至今，国内绝大多数畜禽粪便是作为肥料进行消纳的。国外一些经济发达国家，甚至通过立法规定了养殖场的饲养量必须配置相应面积的土地、化肥施用量限额以及粪污施用卫生标准等，以迫使养殖场对粪便进行处理，并鼓励作肥料还田。

（二）用作培养料

鹅粪含有丰富的有机质和氮、磷、钾等元素，加入一定的辅料堆制发酵后，可以栽培食用菌；培养单细胞生物作为蛋白质饲料，如培植酵母等微生物和噬菌体等；培养蝇蛆、蚯蚓作饲料。

（三）生产沼气

鹅粪是生产沼气的良好原料。据估测，1 只鹅每天产的粪经过适当的发酵过程，可产生 8～14 L 沼气。设计沼气池容积时必须考虑鹅粪的每天产生量和沼气生成速度，一般将沼气池定为储存 15～25 d 鹅粪产量的容积。沼气发酵后剩下的鹅粪残渣称为沼气肥。沼气肥是矿质化和腐殖质化进行得比较充分的优质肥料。与一般有机肥相比，沼气肥中养分的吸收利用率要高得多。因此，既可作农作物的底肥，也可用来发苗、浸种，并可防止植物的土传病害。沼气池结构见图 11-5 至图 11-7。利用粪便发酵生产沼气时，由于夏秋季温度高产气量多，往往利用不了排放到大气中，造成浪费和空气污染。因此，可以配备沼气囊进行储存，以备冬春季使用。沼气囊结构见图 11-8。

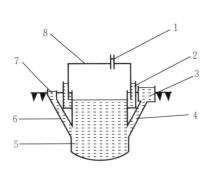

图 11-5　沼气池简图

图 11-6　在建地下沼气发酵池外观

1. 导气管　2. 水封池　3. 出料间　4. 出料管

5. 发酵间　6. 进料管　7. 进料口　8. 浮罩

图 11-7　可控式地上沼气发酵系统外观

图 11-8　沼气囊外观

（四）发电利用

将畜禽粪便以无污染方式焚烧，然后发电利用，焚烧过程中产生的灰分还可以作为优质肥料。1992 年，英国 Fibrowatt 电力公司用鹅粪做燃料建立了发电厂。我国的福建圣农集团有限公司将谷壳与鸡粪混合物进行燃烧发电，年消耗鸡粪和谷壳混合物约 25 万 t，相当于节省约 8.8 万 t 煤，既创造了经济效益，又减少了环境污染，还节约了煤炭、天然气等不可再生资源。目前，利用畜禽粪便发电成本还比较高，1 kW·h 电成本在 0.8 元左右，但是发酵的沼渣和沼液是很好的生物肥料。

第二节　鹅场污水的处理和利用

鹅场污水的水量和水质也因饲养管理工艺、气候、季节等情况的不同会有很大差别。各种情况相同的鹅场，南方比北方污水量大；同一鹅场夏季比冬季污水量大。采用水冲或水泡粪工艺比干清粪工艺的污水有机物浓度高。由此可见，在进行鹅场污水处理设计前，须对该鹅场的污水排量、出水水质进行实地考察和测定。

一、鹅场污水的处理方法

污水处理的方法可分为物理处理法、化学处理法、生物处理法三大类。其中，物理处理法和生物处理法应用较多，化学处理法由于需要使用大量化学试剂，花费较大，且存在二次污染问题，所以应用较少，在此不做详细介绍。

（一）物理处理法

鹅场污水处理常用的物理处理设备包括格栅和格网、沉沙池、沉淀池、现代固液分离工程系统，主要用于去除污水中的机械杂质，属于污水的一级处理。

1. 格栅和格网　防止羽毛等较大杂物进入污水处理系统，堵塞管道，甚至损坏水泵。格栅和格网能使 BOD_5 及 SS（悬浮固体物质）去除率达 $10\%\sim20\%$。

2. 沉沙池　又称沉井，用以沉淀污水中不溶性矿物质和杂质，主要为沙、

泥土、炉渣及骨屑等。这些物质的相对密度较大，污水流入沉沙池后，因流速骤减，沙土、杂质沉淀于池底，污水由沉沙池上部的出口流出。

3. 沉淀池　污水处理中利用静止沉淀的原理沉淀污水中固体物质的澄清池，称为沉淀池。该池设于生物反应池之前，也称初次沉淀池。使用中应注意延缓污水流经水池的速度，并使其在整个池里均匀分配流量，以利于污物的沉淀。沉淀池沉积的污泥要经常排出，以免厌氧细菌作用产生气体，使污泥上升到水面，降低沉淀效果。粪污沉淀池详见图11-9，粪污固液分离详见图11-10。

图 11-9　粪污沉淀池　　　　　　　图 11-10　粪污固液分离

4. 现代固液分离工程系统　无论畜禽养殖场废水采用什么系统或综合措施进行处理，都必须首先进行固液分离，这是一道必不可少的工艺环节。其重要性及意义在于：首先，一般养殖场排放出来的废水中固体悬浮物含量很高，最高可达 160 000 mg/L，相应的有机物含量也很高，通过固液分离可使液体部分的污染物负荷量大大降低；其次，通过固液分离可防止较大的固体物进入后续处理环节，防止设备的堵塞损坏等。

现代固液分离工程系统一般包括筛滤、离心、过滤、浮除、沉降、沉淀、絮凝等工序。目前，我国已有成熟的固液分离技术和相应的设备，其设备类型主要有筛网式、卧式离心机、压滤机以及水力旋流器、旋转锥形筛和离心盘式分离机等。污水处理系统详见图11-11，粪便沼气发酵与污水净化工程全景见图11-12。

（二）生物处理法

自然界中广泛存在着各种微生物，它们通过自身的新陈代谢，能够氧化分解环境中的有机物，并将其转化为稳定的无机物。自然水体遭受有机污染后的

图 11 - 11　污水处理系统

图 11 - 12　粪便沼气发酵与污水净化工程全景

自净过程，主要是靠微生物的降解作用。污水的人工生物处理技术，也是利用微生物的这种生理功能，通过人工技术措施，为微生物创造生长、繁殖的良好环境，加速其增殖和新陈代谢生理功能，从而提高污水中有机污染物的降解速度和去除效率。污水的生物处理法包括自然和工厂化生物处理法，主要以去除污水中呈溶解状态和胶体状态的有机污染物为目的。根据微生物嗜氧性的不同，将污水处理分为好氧处理法和厌氧处理法两类。污水好氧处理法主要有土地灌溉法、生物过滤法、生物转盘法、接触氧化法、活性污泥法及生物氧化塘法等。污水厌氧处理法主要有普通厌氧消化法、高速厌氧消化法和厌氧稳定池塘法等。

　　1. 好氧处理法　污水的好氧处理法是在有氧的条件下，借助于好氧微生物的作用对污水中的有机物进行降解的过程。在此过程中，污水中溶解的有机物质可透过细菌细胞壁为细菌所吸收，对于一些固体和胶体的有机物，则被一些微生物分泌的黏液所包围，附着于菌体外，再由细菌分泌的胞外酶分解为溶解性物质，渗入细菌细胞内。细菌通过自身的生命活动氧化、还原、合成等过程，把一部分被吸收的有机物氧化成简单的无机物（如有机物的 C 被氧化成 CO_2，H 和 O 化合成 H_2O，N 被氧化成 NO_3^-，P 被氧化成 PO_4^{3-}，S 被氧化成 SO_4^{2-}），并释放出细菌生长活动所需要的能量，而把另一部分有机物转化为本身所需的营养物质，组成新的原生质，于是细菌逐渐长大、分裂，产生更多的细菌。除了醚类物质外，几乎所有的有机物都能被相应的细菌氧化分解。

　　污水中有机物转化为无机物的氧化过程，不是有机物与水中的溶解氧直接结合，而是在辅酶黄素腺嘌呤二核苷酸（FAD）参与下，经过几个阶段的氧化、还原，最后由细胞线粒体中的细胞色素与水中溶解氧反应，才得以完成对污水中有机物的氧化过程。首先是烟酰胺腺嘌呤二核苷酸（NAD）为氢受体，有机物被氧化；其次是 FAD 为氢受体；最后是细胞色素氧化 FAD，将接受的氢与水中的氧进行反应（O_2 为氢的受体），细胞色素被氧化。这一反应过程表明，微生物以 NAD 为氢受体，有传递氢的作用，通过氢的传递，有机物被氧化。

2. 厌氧处理法　污水厌氧处理法是在无氧条件下，借助于厌氧微生物的作用将污水中可溶性或不溶性的有机废物进行生物降解。本法适用于高浓度的有机污水和污泥的处理，一般称为厌氧消化法。污水中的有机物进行厌氧分解，经历酸性发酵和碱性发酵两个阶段。分解初期，微生物活动中的分解产物是有机酸，如脂肪酸、甲酸、乙酸、丙酸、丁酸、戊酸及乳酸等，还有醇、酮、二氧化碳、氨、硫化氢等。此阶段由于有机酸大量积聚，故称酸性发酵阶段。在分解后期，由于产生的大量氨的中和作用，污水的 pH 逐渐上升，加之另一群专性厌氧的甲烷细菌分解，结果使有机酸和醇生成甲烷和 CO_2，使 pH 迅速上升，故将这一阶段称为碱性发酵阶段。

用厌氧法处理污水，由于产生硫化氢等有异臭的挥发性物质而发出臭气，加之硫化氢与铁形成硫化铁，使污水呈现黑色。这种方法净化污水需要较长的处理时间（停留约 1 个月），而且温度低时效果不显著，有机物含量仍较高。所以，目前多数厂家在进行厌氧处理后，再用好氧处理法进一步处理，才能达到净化污水的目的。

二、鹅场污水处理利用工程设计

鹅场污水处理利用工程设计步骤可分 3 个阶段：①设计前期工作。主要是进行污水的水质、水量测试，相关资料搜集，处理场地址的选择，根据水质水量和当地的自然条件结合必要的试验确定污水处理工艺、工程投资估算，及水、电、药耗的估算，人员编制的确定等；②初步设计（扩大初步设计）。包括设计说明书、主要工程数量、主要材料和设备数量、工程概算书和图纸。③施工图设计。

根据具体要求，可在二级处理之后加设三级处理（过滤、除氮、除磷工艺等）。鹅场污水处理的投资和运行费用与其收益回报相比相对较高，这是因为它的资源化利用比粪便困难。用以灌溉或养鱼常受季节性制约，制作浓缩液肥则投资较大。因此，在鹅场工艺设计时就应尽量采用干清粪方式，以减少排污量和降低污水有机物浓度。在处理工艺上，应尽量利用生物处理法；在利用上应尽量采用成本较低的土地消纳法，并结合发展生态畜牧业，采取灌溉农田、果树、蔬菜、草地及养鱼等多形式、多环节利用。在没有上述利用条件和水资源紧缺的情况下，可做深度处理（过滤等）达标后排放，或再经严格消毒后作为禽舍清洗用水（图 11-13）。

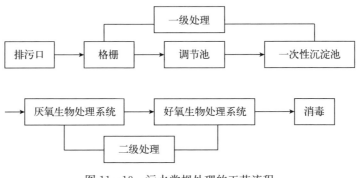

图 11-13　污水常规处理的工艺流程

第三节　鹅场粪便综合利用模式

鹅粪便综合利用技术主要有两大类，即物质生态循环利用型和健康与能源综合系统型。物质生态循环利用型是在经过简单的物理反应后产生新的物质而被利用，其能源资源的深度开发较少，此技术适合农村的养殖专业村或养殖小区的环境保护。健康与能源综合系统型是对产生的新物质进行更进一步的开发利用，此技术投资大，更适合于规模化养殖场。

一、物质生态循环利用型

1. 鹅养殖-沼气-种植业三结合循环利用模式　养鹅场排出的粪便污水进入沼气池，经厌氧发酵产生沼气，供民用炊事、照明、采暖（如温室大棚等）、发电。沼液不仅可以作为优质饵料用来喂猪、养鱼、养虾等，还可以用来浸种、浸根、浇花，并对作物、果蔬叶面、根部施肥；沼气渣可用作培养食用菌、蚯蚓，解决畜禽蛋白质饲料不足的问题；剩余的废渣还可以返田增加肥力，改良土壤，防止土地板结。此系统实际上是一个以鹅养殖为中心，沼气工程为纽带，集种、养、鱼、副、加工业为一体的生态系统，它具有与传统养殖业不同的经营模式。在这个系统中，鹅得到科学的饲养，物质和能量获得充分利用，环境得到良好的保护，因此生产成本低，产品质量优，资源利用率高，收到了经济效益与生态效益双赢的效果。

2. 鹅-水产-水生饲料模式　塘内水中牧鹅，水中养鱼虾，水中养浮萍，同时坝上还可以养鹅。这种饲养模式有以下优点：①鱼塘养鹅可为鱼增氧。鱼类生长需要足够的氧气。鹅好动，在水面不断浮游、梳洗、嬉戏，一方面能将空气直接压入水中；另一方面也可将上层饱和溶氧水搅入中下层，有利于改善鱼塘中下层水中溶氧状况。这样，可省去用活水或安装增氧机的投入。②有利于改善鱼塘内生态系统营养环境。鱼塘由于长期施肥、投饵和池鱼的不断排泄，容易形成塘底沉积物。这些沉积物大都是有机物质，鹅不断搅动塘水，可促进这些有机物质的分解，加速泥塘中有机碎屑和细菌聚凝物的扩散。为鱼类提供更多的饵料。③鹅的粪便可以成为浮游生物的营养源，促进浮游生物的繁殖，为鲢、鳙提供饵料。从而形成一个良性的生态循环。

3. 桑-蚕-鹅一体化模式　山东高唐县依托山东荣达农业发展有限公司将桑-蚕-肉鹅（鸭）养殖和桑树种植规划在一个农场，种植面积与养殖数量相匹配，最终实现畜禽养殖废弃物零排放。这个农场的每个单元都是一个小的生态圈。按照种养结合、循环发展的新思路，将肉鹅（鸭）养殖与种桑养蚕，竹柳、狼尾草种植紧密结合，原来大量无法处理的肉鹅（鸭）粪经过发酵变成肥料培育桑树苗，然后利用桑树、竹柳、狼尾草等植物吸污能力强、耐水湿的特点吸收排泄物，最终实现污染零排放，探索出了一条生态养肉鹅（鸭）的独特农业产业链条。桑叶养蚕详见图 11-14，发酵鹅（鸭）粪尿种植竹柳详见图 11-15。

图 11-14　桑叶养蚕　　　　　图 11-15　发酵鹅（鸭）粪尿种植竹柳

目前，该县姜店镇按照龙头引领、政府引导、农场经营、市场运作的模式，让养殖户以契约机制结成利益共同体，通过生态农场形式将散养农户集中，形成规模化养殖基地，重点打造南、中、北三大生态农场。每 5.3～

$6.7\ hm^2$ 为一个单元，每个单元建有鹅（鸭）棚 6 栋，一次性出栏可达 3 万只，种植桑树 $4\ hm^2$，建蚕舍 4 栋。打造出集肉鹅（鸭）养殖、种桑养蚕、缫丝加工、桑蚕文化、农业观光于一体的万亩桑蚕产业园。

二、健康与能源综合利用系统

该技术是一种按照生态系统内能量流和物质流的循环规律而设计的生态能源综合利用工程系统。其原理是：某一生产环节的产出（如废水、粪便）可作为另一生产环节的投入（如圈舍的冲洗、能源等），使系统中的物质在生产过程中得到充分循环和开发利用，从而提高资源利用率，预防废弃污物等对环境的污染。

健康与能源综合利用系统模式：将鹅粪便先进行厌氧发酵，生成气体、液体和固体 3 种不同形态的物质，然后利用气体分离装置把沼气中甲烷和二氧化碳分离出来，分离出来的甲烷可以作为燃料照明，也可进行沼气发电，获得再生能源；二氧化碳可用于培养螺旋藻等经济藻类。沼气池中的上层液体经过一系列的沼气能源加热管消毒处理后，可作为培养藻类的矿物质营养成分。沼气池下层的泥浆与其他肥料混合后，作为有机肥料可改良土壤；沼气发电产生的电能，可用来照明，还可带动藻类养殖池的搅拌设备，也可以给蓄电池充电。过滤后的螺旋藻等藻体含有丰富、齐全的营养元素，既可以直接加入鱼池中喂鱼、拌入猪饲料中喂猪，也可以经烘干、灭菌后作为廉价的蛋白质和维生素源，供人们食用，补充人体所需的氨基酸、稀有维生素等营养元素。该系统的其他重要环节还包括一整套的净水系统和植树措施。这一系统的实施、运用，可以有效地改善养鹅场周围的卫生和生态环境，提高人们的健康和营养水平。同时，养鹅场还可以从混合肥料、沼气燃料、沼气发电、鱼虾和螺旋藻体中获得经济收入。该系统的操作非常灵活，可随不同地区、不同养殖场的具体情况加以调整。

随着规模化养殖场的迅速发展，粪便污水对环境的污染和影响已成为我国以及世界各国面临的共同问题，防止粪便污水的污染，保护生态环境，已刻不容缓。因此，要加大对粪便污水处理和开发利用的研究力度。规模大的养鹅场，有较强的经济实力，有条件购置加工及处理废物的设备设施，可按照物质循环利用这种生态农业模式进行规划和改造养鹅场。针对广大农村饲养集中的区域，国家要加大投入力度，对粪便污水进行综合处理与开发利用，从而减少污染，保护生态环境，提高经济效益、社会效益和生态效益，为人类和动物提供一个良好的生存、生活环境，以保证养鹅业生产健康、可持续发展。

第十二章
豁眼鹅鹅舍建造与设备

鹅饲养场是进行生产的场所。鹅饲养场总体布局和设计，必须与计划安装的各种设备相适应，使这些设备得到最恰当的位置和空间，为建成后进行正常运转和发挥功能创造条件。建造鹅饲养场，先要，进行生产工艺设计；然后进行设计和建设。生产工艺设计主要是根据先期工作（包括立项、可行性报告、报批、调查研究、委托设计等）所确定的性质、规模、任务、要求等，具体制订生产计划方案，如鹅群的组成和周转、各项生产指标的确定、对环境的要求及控制措施、饲养方式的选定、劳动力的组织安排等。鹅饲养场的设计和建造是一项复杂的任务，需要相关人员具有广泛的知识、精湛的技术和周密而细致的思维，使各项工作科学、合理、有序的开展，使筹建时所提出的意图和要求得到全面实现。

第一节　养殖模式设计

一、育雏模式

（一）地面育雏

这是使用最久、最普遍的一种方式。一般将雏鹅饲养在 5～10 cm 厚的垫草上，雏鹅在上面自由活动，最好是在水泥地面上，或者是在地势高燥的地方。这种饲养方式适合鹅的生活习性，3～5 d 过后，应逐渐增加雏鹅在舍外的活动时间，减少雏鹅啄羽的发生。但地面饲养需要大量垫料，并且容易引起舍内潮湿。因此，一定要保持舍内通风良好，经常松动和更换垫料，把湿的、脏的垫料拿至室外晒干后再用。多采用保温伞、地下烟道或火炕保温或自温育雏。此方式投资少但占地面积大，劳动强度大。

（二）网上育雏

将雏鹅饲养在离地面 50～60 cm 或 1 m 以上的铁丝网或竹板网上［网眼
(1.1～1.25) cm×(1.1～1.25) cm］或竹栅（条距 2 cm）上。育雏的一边留
有过道，便于喂料和加水。过道可用软网围起，以防雏鹅外跑。可用保温伞或
煤炉作为热源进行育雏室保温。此种育雏方式优于地面饲养，且管理方便，劳
动强度相对小。在同等热源的情况下，网上温度可比地面温度高 6～8 ℃，而
且温度均匀，适于雏鹅生长，又可防止出现雏鹅打堆、踩伤、压死等现象，同
时减少了雏鹅与粪便接触的机会，改善了雏鹅的卫生条件，可减少白痢和球虫
病的发生，从而提高成活率；网上育雏的密度可高于地面饲养，又不用垫料，
节约劳力，降低了饲养成本。网上育雏的优点是清粪方便，上层温度高，省燃
料。缺点是一次性投资较地面育雏大。在寒冷的冬季，为防止雏鹅腹部受凉，
需要在雏鹅休息处铺纤维布或纸（图 12-1）。

图 12-1　网上育雏

（三）网上育雏与地面育雏相结合

雏鹅出壳后往往需要较高的育雏温度，网上育雏容易满足雏鹅对温度的需
要，成活率较高，但雏鹅在网上饲养到 4～5 d 后，在保证营养供给的情况下，

往往发生啄羽等现象，这是由于此时这种饲养方式不适合鹅的生活习性所致。如果雏鹅在网上饲养至4～5d时转入地面育雏，则可避免雏鹅发生啄羽等现象。

（四）立体笼式育雏

可采用育雏笼进行立体育雏，能充分利用空间，提高单位面积利用率，管理方便，劳动强度小，但投资大，成本高，普及率还不高。

二、种鹅养殖模式

（一）鹅舍＋运动场＋洗浴模式

鹅舍外面有运动场，运动场一般为水泥或砖铺地面，设有戏水池、运动场，可供种鹅洗浴，种鹅晚间在鹅舍内休息，白天则在运动场戏水、活动。

1. 优点　①种鹅的卫生健康状况好，鹅干净卫生、身体健壮；②节约管理费用，垫料使用少，设备投资少；③饲养密度大，比其他饲养模式高20%～30%。

2. 缺点　①占地面积大，土地利用率低。相对于封闭模式饲养土地利用率约低30%。②一次性投资大，房舍、运动场的建筑费用相对较高。③用水量大，受环保制约，污水处理费用高。④劳动量大，人均效率低（图12-2）。

图12-2　鹅舍＋运动场＋洗浴模式

（二）鹅舍＋运动场模式

鹅舍外面有运动场，运动场一般为水泥或砖铺地面，运动场上无戏水池，种鹅晚间在鹅舍内休息，白天则在运动场活动。

1. 优点　①节省稻壳，活动空间大；②通风性好，利于舍内有害气体的排出；③可接受阳光照射，对鹅的骨骼发育有利；④所使用的用电设备少；⑤用水量少，不使用游泳池，大大降低了用水量。

2. 缺点　①建筑成本较高，增加运动场的建设投入和饮水管理费用；②开放式鹅舍的饮水槽维修费用较高，员工工作强度偏大；③运动场地面经过冬季后会出现不同程度的破损，从而磨损或损伤种鹅脚蹼；④开放式鹅舍不利于生物安全框架的构建。

（三）带窗半开放模式

鹅舍外面无运动场，种鹅白天晚上都在鹅舍内活动，鹅舍有窗户和风机，无湿帘，主要采用自然通风或风机通风。

1. 优点　①没有运动场，节约投资，同时也节省了土地；②摆脱了水禽洗浴模式，完全实现了水禽旱养；③由于少了开放式鹅舍的运动场，减少了因运动，造成的瘫、瘸等残鹅，员工每天不用清理运动场，减少了工作量；④减轻外界环境变化给鹅群造成的应激，有利于生产指标的稳定；⑤有利于各项生物安全措施的落实。

2. 缺点　①通风复杂化，需根据气温等灵活使用窗户和风机通风；②用电量增加，使用风机通风时增加了用电量，一定程度上增加了成本；③饮水岛和饮水设施有待进一步完善；④稻壳用量明显增多。

（四）密闭鹅舍模式

鹅舍外面无运动场，种鹅白天晚上都在鹅舍内活动，鹅舍无窗户，有风机和湿帘，光照、通风等都是人为控制。全封闭鹅舍可以通过安装电子控制系统，通过对鹅舍内的温度、湿度、光照度等环境指标的监控，对光照、通风、供暖进行即时调整。

1. 优点　①没有运动场，减少场地硬化面积，节约成本；②工作强度相对开放舍较低；③光照通风等都是人为控制，降低了外界环境对鹅群的影响，尤其是冬季保温和夏季降温，减少饲料投入；④便于消毒与防疫，提高生物安全措施等级。

2. 缺点　①硬件设施要求较高；②垫料容易潮湿，增加了稻壳的用量；

267

③种鹅活动面积减小，可能对鹅群健康有一定的负面影响；④通风完全依靠风机，舍内空气质量较开放式的差。

第二节 饲养场设计与建造

一、场址选择

鹅场最好充分利用自然的地形，如树林、河川等作为场界的天然屏障。鹅场的位置应选在居民点的下风处，地势低于居民点，但要离开居民点污水排出口，更不能选在化工厂、屠宰场、制革场等容易造成环境污染企业的下风处或附近。种鹅场与居民点之间的距离应保持在 15 km，与其他畜禽场应在 1 000 m 以上，鹅场要远离居民生活区、厂矿企业、旅游点等，以保证场内有一个安静、舒适的环境。肉鹅场由于产品的运输和销售，及当地的风俗习惯，应设在对肉鹅销量或出口量较大的地方；种鹅场则应设在当地群众有养鹅习惯的地方。否则，将导致产品销售不畅或由于远道推销而影响经济效益。

（一）地势与地形

1. 地势　是指场地的高低起伏状况。地势的高低直接关系到光照、通风和排水等，因此要慎重地选择有利地势。地势的选择有以下几项要求：

地势要高、燥，有树木荫蔽，排水良好，不受洪涝影响，以减弱严寒季节冷空气的影响，并有利于疾病的防疫、粪便的处理、污水的排出等。在山区建场，应选择坡度不大的山腰处建场。不宜选择低洼潮湿的场地，因为潮湿的土壤会滋生大量病原微生物、寄生虫和蚊、蝇，会造成场内鹅群疾病不断发生。但是，也不宜把鹅场选择在山丘上。山丘上风速过大，影响鹅舍保温，特别是冬季鹅舍会十分寒冷。另外，鹅舍的选址还要求高出当地历年最高洪水线 1 m 以上。

地势宜选择南向坡地，不宜选择北向坡地，因为南向坡地可经常得到阳光照射，场区干燥，并有利于避免冬季北风的侵袭。北向坡地不仅背阳，而且冬季寒冷。鹅场地面要平坦而稍有坡度，以便排水，防止积水和泥泞。陆上运动场连同水上运动场的地面应有坡度，但不能呈陡壁，应自然倾斜深入水池。地面坡度 2%～5% 为最理想，最大不得超过 25%。

2. 地形　是指场地形状大小和地物情况。地形要开阔整齐，不宜选择过于狭长和边角多的场地，边角大又多的地形会增加防护设施的投资；同时不要选择在山口地带和山坳里，因为山口风速相当大，极不利于鹅舍冬季保温；山坳里则往往出现场区空气呆滞、空气湿度大、闷热和阴冷等现象。鹅场的地面要求平坦，或向南或稍倾斜，背风向阳，日光照射充足，有利于增强鹅体质，保持鹅场温暖干燥。

场地面积大小要适当，鹅舍用地的面积应根据饲养数量、饲养方式而定，陆地运动场的占地面积必须充足，最好留有发展余地。场地内阳光必须充足。鹅舍建筑应坐北朝南，开放的一面方向应朝南或南偏东一些。鹅场应包括一个运动场，运动场地与栏舍衔接，面积视养鹅多少而定。运动场一般可为鹅舍的1~2倍大。运动场要平而结实，且有倾斜坡度，这样雨后不致积水，有利于鹅群理羽及运动。低洼的运动场，雨后积水造成泥泞，使鹅容易得病害。运动场地下水位要低，否则运动场和鹅舍将长年潮湿，不利于鹅的健康。

(二) 土质

鹅场建设用地，以地下水位较低的沙壤土最好，因为沙壤土具有沙土和黏土的优点，透水性、透气性好，容水量及吸湿性小，毛细管作用弱，导热性小，保温良好，质地均匀、抗压性强；黏土和有机质多的土，含水量大，排水不好，易积水，多雨季节会出现潮湿和泥泞，因为抗压性低，常使建筑物的基础变得高低不平，从而缩短建筑物的使用年限；沙土类易于干燥，有利于有机物的分解，但建在沙土上的建筑物易歪斜和倒塌，且保温不良，会造成舍温昼夜相差悬殊，不利于鹅的健康。另外，凡是被污染的土壤均不能建场，包括化学性环境污染和病原微生物污染。

(三) 水源

选择场址时，对鹅的饮水、清洗卫生用水以及工作人员生活用水等用水量做出估测，特别是对旱季水量是否充足须做详细调查，以保证能长期稳定供应用水。水质必须优良、无污染，以深层地下水较为理想，其次是自来水，如果采用其他水源，应保证无污染源，有条件的应请卫生部门进行水质分析，同时要进行定期检测。大型鹅场最好能自辟深井，以保证用水的质量，因为在8~10 m深处，有机物与细菌已大为减少。污染或无机盐过量的水对鹅的健康不利，会使鹅的生产性能下降。

最好同时具有地下水和地表水。地下水用作鹅场的生活用水，要干净卫生不受污染，应符合生活饮用水卫生标准。地表水如河流、沟渠、池塘或湖泊等流动水源，可以用于鹅游泳或锻炼及放牧等。但是水质不能受到污染且便于保护，在附近或上游不应有畜禽屠宰场、畜禽产品加工厂、化工厂等污染源，否则对鹅场将很不利，会导致生产性能下降或鹅只染病、死亡。

有条件的地区应给鹅建游泳场：水场可使鹅群有充分的运动面积和配种场地。水场要建在河流、水塘、湖泊或小溪的附近，以不干涸、无急流的流动水源最为理想。其中，以沙质河底的河湾为最佳，泥质河底的河湾次之，再次是有斜坡的山塘或水库。水场水深以1～1.5 m为宜，水岸不宜陡峭，以30°以下的缓坡为好，若坡度过大，则鹅上岸下水都有困难。

（四）交通与电力

鹅场要求交通便利，要有利于饲料和产品的运输、鹅场对外宣传及工作人员外出。但为了防疫卫生及减少噪声，鹅场离主要公路至少在500 m以上，并修建专用道路与主要公路相连接。

鹅场选址时必须考虑电力供应情况。鹅场孵化、育雏等都要有照明、保温供热设备，尤其是大型鹅场，无论是照明、孵化、供温、清粪、饮水、通风换气等，无不需要用电，因此鹅场电源一定要充足而稳定。一旦供电不足，育雏、孵化等都受到影响，给鹅场生产造成损失。要配有专用电源，在经常停电的地区，还必须配备备用电源。鹅场最好应靠近输电线路，以尽量缩短新线架设距离，同时电力安装方便及电力供应稳定的地方，以降低鹅场的费用和保证生产正常运转。

（五）饲料饲草供应和放牧条件

鹅是草食家禽，如果仅靠玉米、大麦、高粱、小麦、稻谷、饼粕类等精饲料养鹅，不能充分发挥鹅的食草特点，同时还增加饲养成本，所以养鹅生产必须有大量的青绿饲料供应和有足够的放牧草地。每只种鹅一天可以消化1.5～2.5 kg青草，因此鹅场建设地点必须有较大或较多可供放牧的草地或草地资源的地方。当然，即使具有广阔的草场也应注意分区轮牧或改放牧为收割喂饲，以保护草地资源。对缺乏天然草地的养鹅场，应根据实际需要进行人工栽培牧草，同时应努力提高牧草质量和数量，以增加每公顷草地面积的养鹅量。

如有条件，鹅场应选在草场面积广阔、草质柔嫩、生长茂盛的地方，让鹅采食消化大量青草。草场的好坏与鹅场的饲养效益密切相关，草场好既可节省精饲料，又可提高母鹅产蛋量和种蛋孵化率。

（六）其他条件

选择的场址最好是未养过畜禽的新地，且与市场、屠宰场、仓库、易于传播疫病的地方尽可能离得远些。鹅场每天排出的污水量相当大，污水的处理最好能结合农田灌溉和在养殖业上的合理利用以免造成公害。要综合考虑排水方式、纳污能力、污水去向、与其他人畜饮水源距离等。

二、鹅场区划布局

养鹅对建筑与设备的要求主要有两个：一是尽可能满足鹅生物学特点的需要，使种鹅的繁殖性能和仔鹅的成活率、生长速度得到提高；二是经久耐用，便于饲养管理，能提高工作效率。为了达到上述要求，首先要选择好场址，然后进行鹅场布局和设计不同类型的鹅舍，最后选择合理的饲养设备。

（一）建场依据

1. 生物学依据　鹅群的生物学特点和行为习性是养鹅场工艺设计的生物学依据。鹅场总体规划、鹅舍建筑及设备选型等所有工程设施，都必须符合草食家禽的生物学特点和繁殖季节性习性的要求。

（1）鹅体躯较大，体高在 70 cm 左右，上下空间活动范围一般在 120 cm 以内，在进行鹅舍环境工程设计和考虑鹅群所处环境状况时，着眼点应放在鹅的活动区。

（2）鹅体温高，基础代谢旺盛，正常体温在 40.5～41.5 ℃。鹅群生产活动最适宜的环境温度为 13～23 ℃，在工厂化密集型的饲养情况下，夏季需要注意通风降温。

（3）鹅易受疾病侵害，尤以集约化饲养更易发生传染病、寄生虫病和营养缺乏症。因此，在建筑设计中应考虑与防疫措施相配套；利用地形地势、主风向以及植树绿化和行之有效的鹅舍雾化消毒措施使鹅舍时时处于净化状态，以杜绝各类传染病的传播并防止交叉感染。

（4）鹅的神经类型活跃，易受惊吓而引起骚动，突然的声音、动作变化易引起其惊恐，故在场地选择、环境规划时要注意避免应激因素。鹅对光线敏感，舍内光照不宜过强。鹅的兽害多，天敌老鼠、猫类等都是鹅的害兽。鹅还与雀、鼠有共患病，很多疫病都是通过它们传染的。

2. 环境科学依据　养鹅发展史已经证实，集约化养鹅业要取得成功，就必须有良好的环境工程措施作基础。

（1）全进全出制度的实施　全进全出是控制那些在鹅体外并不能长期存活的致病因子的最有效的方法，适用于大多数呼吸道传染性疾病，如支原体感染、传染性鼻炎、喉气管炎。大型养殖企业，有条件的应力争实行整场全进全出。起码应做到小区或一栋鹅舍全进全出，每个功能单元可以隔离封锁；工作人员、设备等都采取严格的安全措施。

（2）垂直传播的控制　垂直传播主要是蛋媒疾病和孵化过程中对雏鹅的污染。因此，种鹅生产、人工授精器械的消毒和种蛋收集应加倍重视，减少致病因子对种蛋的污染。

（3）实施隔离消毒制度　养鹅生产比较集中，尤其是肉鹅饲养，出现了规模养鹅场，更要实施有效的隔离和消毒，最好能划出专门区域进行隔离饲养。

（二）大型鹅场各区间划分

一个完整的、规模较大的养鹅场，应包括生活区、行政区、生产区、粪污处理区等部分。

1. 生活区　建有职工宿舍、食堂及其他生活服务设施和场所等。

2. 行政区　包括办公室、资料室、会议室、供电室、锅炉房、水塔、车库等。

3. 生产区　包括洗澡、消毒、更衣室，饲养员休息室，鹅舍（育雏室、育成舍、蛋鹅或肉鹅舍、种鹅舍），蛋库，饲料库，产品库，水泵房，机修室等。

4. 粪污处理区　包括兽医室、病鹅舍、厕所、粪污处理池等。

（三）小型鹅场区划布置

小型鹅场各区划与大型鹅场基本一致，只是在布局时，一般将饲养员宿舍、仓库、食堂放在最外侧的一端，将鹅舍放在最里端，以避免外来人员随便出入，同时还要方便饲料、产品等的运输和装卸。

（四）生产区的布局设计

1. 鹅舍　鹅舍是鹅群生长栖息的地方，最基本的要求是向阳干燥，通风良好，能遮阴防晒，阻风挡雨，防止兽害。鹅舍的面积不要太大。一般生产鹅舍宽度为 8~10 m，长度根据需要来定，但最好控制在 100 m 以内，以便于管理和隔离消毒。舍内地面应比舍外高 10~20 cm，以利于排水。一个大的鹅舍要分开若干小间，每个小间的形状以正方形或接近正方形为好，便于鹅群在室内转圈活动。绝不能将小间隔成长方形，因为长方形较狭长，鹅在舍内做转圈运动时，容易拥挤踩踏致伤。

2. 鹅滩　鹅滩的面积应为鹅舍面积的一半以上，其地面要平整，略向水面倾斜，不允许坑坑洼洼以免蓄积污水。鹅滩的大部分地方是泥土地面，但在连接水面的倾斜处，要用水泥砂石做成倾斜的缓坡，坡度为 25°~30°，斜坡要深入水中，且低于枯水期的最低水位。有条件和资金充足的养鹅场，最好是将鹅滩和斜坡用砂石铺底后，再抹上水泥。这样路面既坚固，又方便清洁，在鱼鹅混养的鹅场还方便向鱼池中冲洗鹅粪。由于鹅脚短，飞翔能力差，不平的地面常使其跌倒碰伤，不利于鹅群活动。砂石路面的鹅滩可将喂鹅后剩下的河蚌壳、螺蛳壳铺在鹅滩上，这样，即使下大雨后，鹅滩仍可以排水良好而不至于泥泞不堪。

3. 水围　鹅场必须有一定的水上运动场，即水围。鹅在水围内玩耍嬉戏、繁殖交尾等。水围的面积不应小于鹅滩，一般每 100 只鹅需要的水围面积为 30~40 m²，随鹅的年龄增长而增加。考虑到枯水季节水面要缩小，故有条件的地方要尽可能围大一些。

在鹅舍、鹅滩、水围三部分的连接处，均需用围栏把它们围成一体，根据鹅舍的分间和鹅分群情况，每群分隔成一个部分。陆上运动场的围栏高度为 100 cm 左右，水上运动场的围栏应超过最高水位 50 cm，深入水下 1 m 以上。用于育种或饲养试验的鹅舍，必须进行严格分群，围栏应深入水底以免串群。有的地方将围栏做成活动的，围栏高 1.5~2 m，绑在固定的桩上，视水位高低而灵活升降，经常保持水上 50 cm，水下 100~150 cm。

三、鹅舍防寒设计

（一）围护结构的保温

鹅舍的建筑防寒措施可考虑以下几点：①酌情选择有窗或无窗密闭式鹅舍。

②由于冬季太阳高度角小，故朝向宜选择南、南偏东或偏西各 15°~30°，可使南纵墙接受较多的太阳辐射热，并可使纵墙与冬季主风向（一般为西北风或北风）形成 0°~45°的角，以减少冷风渗透。③在允许情况下降低鹅舍高度，以减小外墙面积。此外，相同面积和高度的鹅舍，加大跨度也可减小外墙长度和面积，均有利于防寒保温。④北墙在冬季是迎风面，北窗冷风渗透较大，在确定了窗户所需总面积后，应减小北窗面积，南、北窗面积比可为（2~3）∶1。同时，北墙和西墙上应尽量不设门，必须设门时应加门斗。⑤在场地西、北方向设防风林。

（二）供暖方式和设备的选择

鹅场的供暖除初生雏鹅采用红外线灯、远红外加热板等设备进行局部采暖外，鹅舍的供暖方式有烟气采暖、热水采暖、热风炉采暖等。烟气采暖仅适用于养殖户和小型场，通过供暖热负荷计算后，一般无需再进行设计计算，瓦工可凭经验进行炉灶和烟道砌筑。热水采暖可酌情采用各种散热器或供暖设备（光面管、翼形和柱形散热器、钢串片对流散热器、热风机、辐射板等），因热水锅炉、管道、散热器等投资较大已较少采用。近年来，热风炉结合正压管道通风的供暖方式推广应用较多，通过风管布置可将温暖、干燥、新鲜的空气送至畜禽周围，必要时还可对空气进行过滤和消毒。热风炉分立式、卧式，一般是直接加热进入炉内的空气，可根据供暖热负荷选择相应的设备；送风管道可用金属薄板、尼龙编织布、帆布、塑料布（薄膜）等制作。热水采暖、热风炉采暖均须请专业人员设计。

四、鹅舍防暑设计

（一）建筑设计防暑措施

1. 通风间层屋顶　在屋顶面层与基层之间设置空气可流动的间层，面层接受的太阳辐射热使间层空气升温、相对密度变小，由间层的排风口排出，并将传入的热量带走，相对密度较大的外界冷空气由进风口不断流入间层，如此不断流动，可大大减少通过基层传入舍内的热量；当舍外气温低于舍内（如夜间时），舍内热量通过基层外表面向间层散热，被间层空气带走，使舍内温度较快降低。实测表明，架空黏土方砖有间层和平铺黏土方砖无间层的屋顶相比，前者内表面温度平均值比后者低 6.1~11.4 ℃。通风间层的高度宜为

100～200 mm，平屋顶和夏热冬暖地区可适当高些，坡屋顶和夏热冬冷地区（须加强基层的保温性能）应适当低，寒冷地区一般不宜设间层；间层的排风口应设在高处，坡屋顶可设在屋脊，平屋顶可设排风小气楼。

2. 围护结构外表面处理 为减少围护结构外表面吸收太阳辐射热，墙和屋顶应采用吸收系数小而反射系数大的浅色、光平外表面。研究表明，同样厚度的钢筋混凝土空心板，板面加 30 mm 厚无水石膏层，屋顶内表面温度比原色表面分别低 12 ℃和 6～7 ℃。

3. 遮阳措施 鹅舍间种植树干高且树冠大的乔木，不仅大大减少进入鹅舍的辐射热，同时还因树叶面积比种植面积大 75 倍，叶面的大量蒸发吸热，可使周围气温显著低于非绿化地带；也可搭棚架种植攀缘植物，为屋顶和墙、门窗遮阳，但垂直上攀部分须不影响通风。鹅舍建筑一般不采用建筑遮阳措施，因其建筑造价较高。

（二）鹅舍的降温

1. 喷雾 采用特制的高压喷头，雾滴在降落过程中蒸发吸热。可将喷头分布于鹅栏的上方，也可设置在通风系统中，其作用主要是降低舍内气温。

2. 水帘 水帘是用特种高分子材料和木浆纤维分子空间交联而成，每层之间为点接触，以高耐水胶黏材料结成纸质波纹多孔垫，具有高湿下的坚挺度、高吸水性、较大的蒸发表面积和较小的过流阻力，一般是将其安装在负压通风的进风口，正压通风时则置于风机前或与风机结合做成湿垫冷风机。水帘蒸发表面积大、透气好，由顶部淋水一侧进风，靠水蒸发降低舍内温度，一般可降温 3～6 ℃。

3. 冲水和喷淋 上述几种降温设备的效果均受空气湿度的制约，当空气相对湿度达 90％以上时，降温效果将明显降低，而且在降温的同时会不同程度地提高舍内空气湿度。在高温情况下，鹅以蒸发散热为主，其体感温度是温湿度和气流综合作用的结果。因此，利用水蒸发降低空气温度的方法，不能只看温度降低了多少，而应以温湿度指数来评价。事实上，以水浸湿鹅体表，结合进行通风，虽然体表水蒸发对降低气温作用不大，但其吸收的主要是鹅体的热量，从而大大促进了体热的散发。同时，即使在高湿情况下（如达到饱和），由于鹅体温一般高于气温，紧靠体表空气层的湿度将不会饱和；即使达到饱和其水汽压也必定大于空气，故体表的水仍能蒸发。

五、鹅舍建筑

（一）育雏舍

育雏舍主要饲养 30 日龄以内的雏鹅。传统育雏多采用地面平养，但地面平养育雏存在湿度大、卫生条件差、育雏温度难掌握、管理耗人力等诸多缺点。现代网上育雏具有省工节料、保温、成本低、易管理、雏鹅成活率高等优点，值得在农村和集约化养鹅场中推广。

网床主体框架多采用木头结构，底层距地面 65～70 cm，每张框架上下可设 3 层硬质塑料网（多者 4～5 层），每层长 285 cm、宽 70 cm、高 55 cm，每层硬质塑料网又隔成 3 小格，周围用 20 cm 高的竹条作围栏，每层硬质塑料网的底部用木条增强硬质塑料网的承重力，同时缩小硬质塑料网的网眼，以防挤伤雏鹅的脚。除底层外，每层下面设置倾斜的承粪板，及时排掉上层排下的粪便和水。网床宜靠墙放置，中间留有过道，便于饲养人员操作。

鹅舍内育雏用的有效面积（即净面积）以每栋鹅舍可容纳 500～1 000 只鹅为宜。舍内分隔成几个圈栏，每一圈栏面积为 12～14 m²，可容纳雏鹅 100 只。鹅舍地面用沙土或干净的黏土铺平并打实；也可用方砖铺地或铺上水泥地面。舍内地面应比舍外地面高 20～30 cm，以保持舍内干燥。育雏舍应有一定的采光面积，窗户面积与舍内地面面积之比为 1∶（10～15），墙高 2 m 左右。育雏舍前是雏鹅的运动场，也是晴天无风时的喂料场，场地应平坦且向外倾斜。由于雏鹅长到一定阶段后，舍外活动时间逐渐增加，且早春季节常有阴雨，舍外场地易遭破坏，所以应注意场地的保养。一有坑洼，即应填平、夯实，否则易造成积水，鹅群踩踏后会泥泞不堪，常导致雏鹅跌倒、踩伤。运动场宽为 3～6 m，长是舍内长的 1.5～2 倍。运动场外接水浴池，池底不宜太深且应有一定坡度，便于雏鹅上下、浴后活动和休息。

（二）育肥舍

以放牧为主的育肥鹅可不必专设育肥舍，且由于育肥鹅的体温调控能力已较强，在气候较温暖的地区和季节，可利用普通旧房舍或用竹木搭成能遮风雨的简易棚舍即可。这种棚舍应朝向东南，前高后低，为敞棚单坡式，前檐高约 2 m，后檐高约 0.5 m，进深为 4～5 m，长度根据所养鹅群大小而定。用毛竹作立柱、横梁，上盖石棉瓦或水泥瓦，后檐砌砖或打泥墙，墙与后檐齐，以避北风，前檐应有0.5~0.6 m高的砖墙，4~5 m留一个宽为1.0~1.3 m的缺口，便于鹅群进出。鹅舍两侧墙可砌到屋顶，也可仅砌与前檐一样高的砖墙。砖木结构的永久性育肥舍特别要考虑夏季散热问题。由于生长鹅以后各阶段都要在地面散养，因此在设置窗户时就要考虑到夏热的问题。简单的方法是，前后墙可设置上下两排窗户，下排窗户的下缘距地面30 cm左右，每平方米可饲养7~8只70日龄的中鹅。这种鹅舍也可用来饲养后备种鹅。

运动场包括陆上和水上运动场。陆上运动场面积为鹅舍的1.5~2倍，其地面有5°~15°的坡度，排污水方便，最好用砖铺成。运动场的一端应搭有凉棚或种树形成遮阴区。为了安全，鹅舍周围可以架设旧渔网。

为减少鹅的活动及能量消耗，加快育肥速度，育肥鹅多为圈养。集中育肥舍多为竹木搭成的棚舍，上盖油毛毡、石棉瓦或水泥瓦等简易材料，高度以人在其间便于管理及打扫为度；南面可采用半开敞式即砌有半墙，也可不砌墙用全敞式。鹅舍长轴为东西走向，舍多为长方形，舍内成单列或双列式用竹条围成棚栏。这种棚栏可用竹子架高，离地70 cm，棚底竹片之间有宽为3 cm的孔隙，便于漏粪。围栏高为0.6 m，竹条间距为5~6 cm，以利于鹅头伸出采食和饮水。竹围栏外南北两面分设水槽和食槽。水槽高为15 cm，宽为20 cm。食槽高为25 cm，上宽30 cm，下宽25 cm。双列式围栏应在两列间留出通道，食槽则在通道两边。围栏内应隔成小栏，每栏面积为10~15 m²，可容纳育肥鹅70~90只。也可不用棚架，鹅群直接养在地面上，但需每天打扫，常更换垫草，并保持舍内干燥（图12-3）。

图12-3　肉鹅育肥网床

（三）种鹅舍

种鹅舍建筑视各地区气候而定，一般有固定鹅舍和简易鹅舍之分。种鹅舍每平方米可容纳中小型鹅 2.5～3.5 只，大型鹅 2 只，每栋鹅舍以养 400～500 只鹅为宜。产蛋期种鹅舍一般由舍内运动场、陆上运动场和水上运动场三部分组成。种鹅舍外设陆上运动场和水浴池（图 12-4）。运动场面积为舍内面积的 1.5～2 倍。周围要建围栏或围墙，一般高度在 1～1.5 m 即可。鹅舍周围应种树，高大树木的树荫可使鹅群免受酷暑侵扰；无树荫或虽有树荫但不大，可在水陆运动场交界处搭建凉棚，以保证鹅群正常生活和生产（图 12-5）。

图 12-4　种鹅场的陆上运动场和水浴池　　图 12-5　种鹅场的运动场和遮阴网

种鹅舍南窗面积与地面的比应尽可能大些，北方鹅舍屋檐高度为 1.8～2.0 m，以利于保暖，南方则应提高到 3 m 以上，以利于通风散热，窗户面积与舍内地面面积之比为 1:（10～20）。北窗面积为南窗面积的 1/3 以上，舍内地面为砖地、水泥地或三合土地，地面有适当坡度，舍内地面比舍外高出 15～20 cm，以利于排水，防止舍内积水。饮水器置于较低处，并在其下面设置排水沟，鹅舍的一角设产蛋间，地面最好铺木板，防凉，上面铺稻草，给鹅做窝产蛋。种鹅舍四面最好围上铁丝网，以保证无鼠害或其他小型野生动物偷蛋或惊扰鹅群。有条件的地方最好采用网上饲养种鹅。

为了提高种鹅饲养效益，可将种鹅饲养在遮光鹅舍，用帆布或其他材料阻挡自然光的照射。从冬、春季开始，利用人工光照来控制种鹅光照的时间，采用与自然光照变化相反的长-短光照程序，可控制鹅的繁殖季节，进行鹅的反季节繁殖和生产，从而改变鹅苗的上市时间。由于自然光照条件下冬季雏鹅大量上市，种苗价格较低；而夏季种苗价格可数倍于冬季，因此种鹅反季节繁殖可显著提高经济效益。

第三节　养鹅设备及用具

一、保温育雏设备

指需要消耗外界能源以达到保温目的育雏设备，这部分能源主要有电、煤炭、柴火、天然气等。常见设备有以下几种。

1. 保温伞　电热式保温伞有正方形、长方形和圆形 3 种。正方形、长方形保温伞常用金属铝皮制成，边长为 100～120 cm（长、宽也大致在此范围），高 65～70 cm，向上倾斜成 45°角，内装有电炉丝、电灯和自动调节温度装置。这种装置温度易调节，室内空气较清洁、不受污染，使用方便，一般每个保温伞可供 200～300 只雏鹅保温用，但耗电量大，无电和经常停电的地方不能使用。

现在生产的一种保温伞，其热源部分是一组燃烧煤气或液化气的燃气头，其余部件的构造与电热式保温伞相似。

2. 炕道　炕道加热育雏分地上炕道和地下炕道两种。地下炕道较地上炕道在饲养管理上方便，故生产中采用更多。此法在我国农村使用普遍，它主要由炉灶、烟道、烟囱构成。炉灶与一般家庭用相似，其大小可根据育雏室面积的大小进行调整。烟道可用金属管、瓦管或陶瓷管铺设，也可用砖砌成，烟道一端连炉灶，另一端通向烟囱。烟道安装时，应注意有一定的斜度，近炉端要比近烟囱端低 10 cm 左右。烟囱高度相当于管道长度的 1/2，并要高出屋顶，过高吸火太猛，热能浪费大；过低不利于吸火，育雏室温度难以达到规定要求。砌好后应检查管道是否通畅，传热是否良好，并要保证烟道不漏烟。使用炕道加热育雏，室内空气较好，在供电不能保障的地区大量育雏时非常方便。但炕道育雏设备造价较高，燃料消耗较大，热源要有专人管理，这些都是它的不足之处。

3. 煤炉　煤炉保温不受电力条件限制，是最经济实用的保温方法。平养育雏时一个煤炉的保温面积为 20～25 m²。煤炉式样各有不同，只要使用安全，保温性能良好都可应用。为了防止煤气中毒，可将炉底进气装置封闭。在边侧设置进气管和出气烟管，在进气管顶部进口处加一块玻璃板，通过玻璃板开启的大小来控制火力。使用煤炉保温要注意室内通风，经常开启门窗，否则易引起一氧化碳中毒（图 12-6）。

图 12-6　煤炉育雏方式

4. 暖风炉　暖风炉是由主机、水温散热器、微电脑自控箱及水暖管道等共同组成的、完整的调温系统。具有冬季加温，夏季降温的双重功效。热风炉炉膛处的风机，可以吸收室内空气，也可吸收室外的新鲜空气，室内外的混合空气通过热能交换，转换成热风后送入室内，能够有效控制鹅舍内的氨气浓度和空气湿度。而该特制风机的风量大小设计恰当，又不至于使室内温度过低，恰好满足了鹅的饲养要求。热风输送管道在整个长度上均有呈 120°下俯角设置的散风口，且每个散风口都为可开闭式，在向室内散发热量的同时，还起到了强制对流空气的作用。从跨度断面上看，从两侧到中间的温度更均匀、更一致。用调节风道散风口开、闭、大、小的方法控温，非常方便。在长度为80～120 m的鹅舍内，应使温差为 2～3 ℃；也可以使局部区域达到高温的要求；如在肉鸡育雏时，育雏区温度能达到 36 ℃（图 12-7）。

图 12-7　卧式加湿型暖风炉

二、饮水、喂料设备

应根据鹅的品种类型和日龄的不同，配以大小、高度适当的喂料器和饮水器，要求所用喂料器和饮水器适合鹅的平喙型采食、饮水特点，能使鹅头颈舒服地伸入喂料器和饮水器内采食和饮水，但最好不要使鹅任意进入喂料器、饮水器内，以免弄脏。喂料器、饮水器要便于拆卸、清洗、消毒。其规格和形式可因地而异，既可购置专用喂料器、饮水器，也可自行制作，还可以用木盆、瓦盆、塑料盆或旧轮胎代替。用于雏鹅的料盆、水盆，必须在盆上方加盖罩子（用竹条或粗铁丝编织制成）。

1. 饮水设备　饮水设备主要包括水泵、水塔、过滤器、限制阀、饮水器以及管道设施等。雏鹅饮水器也常用塔形真空饮水器，其由一个上部呈馒头形或尖顶的圆桶与下面一个圆盘组成。

圆桶顶部和侧壁不漏气，在基部离底盘高 2.5 cm 处开 1～2 个小圆孔，圆桶盛满水后，当底盘内水位低于小圆孔时，空气由小圆孔进入桶内，水就会自动流到底盘；当底盘内水位高出小圆孔时，空气进不去，水就流不出来。这种饮水器结构简单，使用方便，便于清洗消毒，可用镀锌铁皮、塑料等制成。农村专业户则就地取材，用大口玻璃瓶或陶钵制造的简易饮水器也很好；大、中型养鹅场育肥鹅、育成鹅和种鹅常用的饮水器类型有：

长形水槽　其优点是结构简单，成本低，便于饮水免疫。缺点是耗水量大，易受污染，刷洗工作量大。

真空饮水器　其优点是供水均衡，使用方便。缺点是清洗工作量大，饮水量大时无法使用。

乳头式饮水器　其优点是既节约用水，又有利于防疫，且不需经常清洗和更换。缺点是设置减压水箱，不利于饮水免疫，材料和制造精度要求也较高（图 12 - 8、图 12 - 9）。

杯式饮水器　其优点是可根据需要量供水，节约用水。缺点是水杯需经常清洗，且需配备过滤器和水压调整装置。

吊盘式饮水器　其优点是节约用水，清洗方便。缺点是需根据鹅群不同生长阶段调整饮水器高度。

2. 喂料设备　养鹅场喂料设备主要包括储料塔、输料机、喂料机和饲槽 4个部分。储料塔一般位于鹅舍的一端或侧面，饲料由输料机送到饲槽。

图 12-8　自动饮水杯

图 12-9　自动饮水控制系统

链板式喂饲机　普遍应用于地面平养和网床饲养鹅舍。

螺旋弹簧式喂料机　广泛应用于地面平养和网床饲养鹅舍。

塞盘式喂料机　一台喂料机可同时为 2～3 栋鹅舍供料。但塞盘或钢索折断时，修复麻烦且安装技术水平要求高。

喂料槽　平养成年鹅应用得较多。可制成大、中、小规格的长形食槽。

喂料桶　是鹅场常用的喂料设备。

三、清粪设备

1. 牵引式刮粪机　一般由牵引机、刮粪板、框架、钢丝绳、转向滑轮、钢丝绳转动器等组成。主要用于同一平面一条或多条粪沟的清粪工作，相邻两粪沟内的刮粪板由钢丝绳相连。也可用于楼上楼下联动清粪。该机结构比较简单，维修方便，但钢丝绳易被鹅粪腐蚀而断裂（图 12-10、图 12-11）。

图 12-10　网床育雏刮粪与饮水系统

图 12-11　牵引式刮粪机与风机

2. 传送带清粪　常用于高密度重叠式笼养饲养模式的清粪，粪便经底网空隙直接落于传送带上，可省去承粪板和粪沟。采用高床式饲养的鹅舍，鹅粪直接落于深坑中，一年后清理积粪，非常方便。

四、产蛋箱

一般生产鹅场多采用开放式产蛋箱，即在鹅舍一角安装木制或塑料产蛋箱，每个箱内铺以垫料，让鹅自由进入产蛋和离开。育种场如做母鹅个体产蛋记录，可采用自动关闭产蛋箱。产蛋箱高 50～70 cm，宽 50 cm，深 70 cm。产蛋箱放在地上，箱底不必钉板，箱上面安装盖板，箱前板设一个活动自闭小门，让母鹅可进箱产蛋，母鹅进入产蛋箱后不能自由离开，需集蛋者记录后，再将母鹅提出或打开门放出鹅。

五、运输笼

用于育肥鹅的运输，铁笼或竹笼均可，每只运输笼可容纳 8～10 只，笼顶开一小盖，盖的直径为 35 cm，笼的直径为 75 cm，高 40 cm。

参　考　文　献

陈国宏，王继文，何大乾，等，2013. 中国养鹅学［M］. 北京：中国农业出版社.

陈苗璐，2013. 0～15 周龄鹅锌需要量的研究［D］. 青岛：青岛农业大学.

陈苗璐，王宝维，张名爱，等，2013. 饲粮锌水平对鹅生长性能、血清生化指标及激素含量的影响［J］. 动物营养学报，25（5）：1105-1112.

陈育新，曾凡同，1994. 中国水禽［M］. 北京：中国农业出版社.

程漫漫，2019. 叶酸和 VB$_{12}$ 对鹅免疫抗氧化及 *ELOVL7* 与 *Lpin1* 基因表达及肠道生态的影响［D］. 青岛：青岛农业大学.

程漫漫，王宝维，张廷荣，等，2019. 叶酸和维生素 B$_{12}$ 对五龙鹅肝脏中磷脂酸磷酸酯酶 1 基因表达量的影响及其与血清脂类代谢、脂肪沉积和肉品质指标的相关性分析［J］. 动物营养学报，31（2）：669-680.

程漫漫，张廷荣，王宝维，等，2018. 饲粮中添加叶酸和维生素 B$_{12}$ 对雏鹅盲肠菌群结构的影响［J］. 动物营养学报，30（8）：2987-2996.

代国滔，2019. 种鹅铜营养需要量及枯草芽孢杆菌对铜减量化应用技术［D］. 青岛：青岛农业大学.

代国滔，王宝维，葛文华，等，2019. 饲粮铜添加水平对产蛋期种鹅生产性能、繁殖性能、蛋品质和血清生化指标的影响［J］. 动物营养学报，31（5）：2136-2143.

代国滔，王宝维，葛文华，等，2019. 饲粮铜添加水平对产蛋期种鹅生产性能、繁殖性能、蛋品质和血清生化指标的影响［J］. 动物营养学报，31（5）：2136-2143.

刁翠萍，2018. 低铁饲粮添加枯草芽孢杆菌对肉鹅生物学效应的影响［D］. 青岛：青岛农业大学.

刁翠萍，王宝维，葛文华，等，2018. 不同铁添加水平饲粮中添加枯草芽孢杆菌对雏鹅生长性能、造血功能、铁代谢和肾脏功能的影响［J］. 动物营养学报，30（10）：4151-4160.

段晨磊，2015. 1～16 周龄鹅烟酸适宜添加量的研究［D］. 青岛：青岛农业大学.

段晨磊，王宝维，葛文华，等，2014. 饲粮烟酸添加水平对五龙鹅生长性能、屠宰性能及养分表观利用率的影响［J］. 动物营养学报，26（8）：2136-2144.

葛文华，刁翠萍，任民，等，2017. 枯草芽孢杆菌与锰协同对 5～11 周龄五龙鹅血清生化指标、抗氧化能力及胫骨发育的影响 [J]. 动物营养学报, 29 (8): 2762 - 2768.

葛文华, 柯昌娇, 郑惠文, 等, 2017. 低锌水平秸秆饲粮中添加植酸酶对 5~16 周龄五龙鹅生长性能、胫骨发育及抗氧化能力的影响 [J]. 动物营养学报, 29 (7): 2357 - 2365.

葛文华, 张乐乐, 胡文婷, 等, 2012. 籽粒苋对鹅营养价值的评定 [J]. 饲料工业, 33 (2): 35 - 39.

葛文华, 张乐乐, 王宝维, 等, 2011. 玉米胚芽粕对鹅营养价值的评定 [J]. 中国家禽, 33 (6): 11 - 18.

何大乾, 卢永红, 2005. 鹅高效生产技术手册 [M]. 上海: 上海科技出版社.

黄燕萍, 王宝维, 刘国栋, 等, 2018. 枯草芽孢杆菌锌对先天性缺锌大鼠生长性能、器官指数、养分利用率和器官中微量元素含量的影响 [J]. 动物营养学报, 30 (11): 4757 - 4768.

贾晓晖, 王宝维, 王雷, 等, 2006. 五龙鹅 MHC I 基因克隆及同源建模研究 [J]. 遗传, 28 (9): 1087 - 1092.

贾晓辉, 2006. 五龙鹅 MHC class I 基因克隆、组织表达及分子特性的研究 [D]. 莱阳: 莱阳农学院.

柯昌娇, 2019. 低锌饲粮添加枯草芽孢杆菌对肉鹅生物学效应的影响 [D]. 青岛: 青岛农业大学.

柯昌娇, 王宝维, 葛文华, 等, 2018. 不同锌添加水平饲粮中添加枯草芽孢杆菌对肉鹅生长性能、屠宰性能、肉品质和养分利用率的影响 [J]. 动物营养学报, 30 (10): 4161 - 4171.

孔敏, 2016. 泛酸对鹅脂肪代谢和 ATGL 与 ACSL1 调控机制 [D]. 青岛: 青岛农业大学.

孔敏, 王宝维, 葛文华, 等, 2016. 泛酸干预脂肪甘油三酯脂肪酶和长链脂酰辅酶 A 合成酶 1 基因表达对鹅生长和脂类代谢的反向调控 [J]. 动物营养学报, 28 (5): 1433 - 1441.

李昂, 2003. 实用养鹅大全 [M]. 北京: 中国农业出版社.

李文立, 王宝维, 林英庭, 等, 2003. 日粮不同蛋氨酸、赖氨酸水平对 0~6 周龄五龙鹅生长性能的影响 [J]. 中国家禽, 1: 114 - 115.

李文立, 王宝维, 林英庭, 等, 2004. 钙磷水平对五龙鹅胫骨生长及矿物质含量的影响 [J]. 饲料研究, 9: 3 - 5.

李文立, 王宝维, 林英庭, 等, 2004. 饲粮不同蛋氨酸和赖氨酸水平对五龙鹅育成期生产性能及血浆尿酸和游离氨基酸浓度的影响 [J]. 动物营养学报, 4: 33 - 38.

李文立, 王宝维, 林英庭, 等, 2004. 五龙鹅生长前期饲粮蛋氨酸和赖氨酸适宜水平的研究 [J]. 南京农业大学学报, 2: 68 - 71.

李文立, 王宝维, 刘光磊, 等, 2004. 饲粮不同钙磷水平对 0~4 周龄五龙鹅胫骨生长及矿物质含量的影响 [J]. 饲料工业, 5: 46 - 48.

李文立, 王宝维, 刘光磊, 等, 2005. 不同钙磷水平对 0~4 周龄五龙鹅生产性能及血浆和胫骨生化指标的影响 [J]. 动物营养学报, 1: 60.

李文立，王宝维，刘光磊，等，2005. 不同钙磷水平对5～8周龄五龙鹅生产性能及生化指标的影响 [J]. 中国农学通报，3：15－18.

李文立，王宝维，刘光磊，等，2005. 不同钙磷水平对五龙鹅生产性能及血浆和胫骨生化指标的影响 [J]. 安徽农业大学学报 (3)：283－288.

李星晨，2016. 鹅饲粮中碘适宜添加量的研究 [D]. 青岛：青岛农业大学.

李星晨，王宝维，王福香，等，2016. 碘对1～4周龄五龙鹅生长性能、屠宰性能和血清抗氧化指标的影响 [J]. 动物营养学报，28 (4)：1084－1089.

刘光磊，2005. 五龙鹅Ig分子特性与免疫系统早期发育规律研究 [D]. 莱阳：莱阳农学院.

龙芳羽，2008. 鹅源纤维素分解菌固态发酵秸秆工艺 [D]. 青岛：青岛农业大学.

龙芳羽，王宝维，魏笑笑，等，2009. 牧草饲粮中草酸含量对五龙鹅钙磷代谢的影响 [J]. 沈阳农业大学学报，37 (5)：735－739.

龙建华，2018. 肉鹅维生素 B_{12} 营养需要量研究 [D]. 青岛：青岛农业大学.

龙建华，王宝维，孔敏，等，2018. 饲粮中维生素 B_{12} 添加水平对5～15周龄五龙鹅生长性能、肠道发育和盲肠菌群结构的影响 [J]. 动物营养学报，30 (10)：3930－3940.

吕梅，王宝维，殷太岳，等，2016. 维生素 K_3 对五龙鹅生长性能、屠宰性能及养分表观利用率的影响 [J]. 动物营养学报，28 (9)：2733－2741.

马传兴，2016. 1～16周龄鹅铁适宜添加量的研究 [D]. 青岛：青岛农业大学.

马传兴，王宝维，葛文华，等，2015. 铁对5～16周龄五龙鹅生长性能、屠宰性能、肉品质和营养物质利用率的影响 [J]. 动物营养学报，27 (11)：3420－3428.

毛倩倩，王宝维，葛文华，等，2013. 高纤维饲粮中添加果胶酶和纤维素酶对五龙鹅生长性能、屠宰性能及肉质的影响 [J]. 动物营养学报，25 (10)：2394－2402.

孟苓凤，2013. 0～15周龄鹅叶酸需要量的研究 [D]. 青岛：青岛农业大学.

孟苓凤，王宝维，葛文华，等，2013. 饲粮叶酸对鹅生长性能、血清生化指标和酶活性及肝脏亚甲基四氢叶酸还原酶基因表达量的影响 [J]. 动物营养学报，25 (5)：985－995.

邱祥聘，1989. 中国家禽品种志 [M]. 上海：上海科学技术出版社.

任民，2017. 不同锰水平饲粮添加枯草芽孢杆菌对5～16周龄鹅生长发育及营养代谢的研究 [D]. 青岛：青岛农业大学.

任民，王宝维，葛文华，等，2016. 不同锰水平饲粮添加枯草芽孢杆菌对12～16周龄五龙鹅生长性能、屠宰性能、抗氧化能力及血清生化指标的影响 [J]. 动物营养学报，28 (11)：3549－3556.

石静，2019. 种鹅锌的营养需要量及枯草芽孢杆菌对锌减量化技术 [D]. 青岛：青岛农业大学.

石静，王宝维，葛文华，等，2019. 饲粮锌添加水平对产蛋期种鹅繁殖性能、蛋品质及血清生化、抗氧化、激素指标的影响 [J]. 动物营养学报，31 (5)：2144－2151.

隋福良，2019. 种鹅铁的需要量及铁和枯草芽孢杆菌对生产性能的影响［D］. 青岛：青岛
    农业大学．

隋福良，李文立，王贺飞，等，2019. 饲粮铁添加水平对产蛋期种鹅生产性能、繁殖性能、
    蛋品质及血液生理生化指标的影响［J］. 动物营养学报，31（6）：2634-2641.

隋丽，2015. 葡萄籽粕发酵及其产品对鹅生长发育、消化生理、免疫器官指数及抗氧化指
    标影响研究［D］. 青岛：青岛农业大学．

隋丽，王宝维，葛文华，等，2015. 发酵葡萄籽粕对 5～12 周龄五龙鹅生长性能、屠宰性
    能和营养物质利用率的影响［J］. 动物营养学报，27（7）：2157-2167.

孙玲玲，2018. 枯草芽孢杆菌和丁酸梭菌共生性及对鹅生长发育、肠道保护和养分吸收的
    干预［D］. 青岛：青岛农业大学．

孙玲玲，王宝维，龙建华，等，2018. 饲粮中添加枯草芽孢杆菌和丁酸梭菌对五龙鹅雏鹅
    生长性能、屠宰性能、血清生化指标及抗氧化能力的影响［J］. 动物营养学报，30
    （11）：4642-4649.

孙淑洁，2012. 生长前期鹅维生素 A 需要量的研究［D］. 青岛：青岛农业大学．

孙淑洁，葛文华，张名爱，等，2012. 维生素 A 对 0～12 周龄青农灰鹅抗氧化性能的影响
    ［J］. 中国兽医学报，32（10）：1581-1586.

王宝维，2002. 五龙鹅品种选育与研究进展［J］. 中国家禽，24（18）：28-32.

王宝维，陈苗璐，王秉翰，等，2015. 锌对 1～4 周龄鹅生长性能、免疫与抗氧化功能及金
    属硫蛋白-Ⅰ mRNA 表达量的影响［J］. 动物营养学报，27（4）：1076-1085.

王宝维，程漫漫，孔敏，等，2018. 饲粮中添加叶酸和维生素 B_{12} 对五龙鹅生长性能、屠宰
    性能、脂肪沉积及极长链脂肪酸延长酶 7 基因表达量的影响［J］. 动物营养学报，30
    （11）：4433-4443.

王宝维，贾晓晖，刘光磊，等，2006. 黑麦结构饲粮对五龙鹅血浆酶活性的影响［J］. 河南
    农业大学 学报，40（5）：516-519.

王宝维，荆丽珍，张倩，等，2008. 不同比例青贮玉米秸秆饲粮的鹅消化率［J］. 动物营养
    学报，20（2）：176-182.

王宝维，刘光磊，孙健，等，2003. 五龙鹅种质特性研究［J］. 中国家禽学报，7（1）：1-6.

王宝维，刘光磊，吴晓平，等，2004. 青黑麦草结构饲粮对五龙鹅 N 平衡及 Ca、P 消化规
    律的影响［J］. 福建农林大学学报（自然科学版），33（3）：373-376.

王宝维，刘光磊，吴晓平，等，2004. 五龙鹅对鲜黑麦草结构饲粮粗蛋白质和氨基酸代谢
    规律的研究［J］. 扬州大学学报（农业与生命科学版），25（3）：12-15.

王宝维，刘光磊，张名爱，等，2004. 五龙鹅对黑麦草结构日粮消化代谢规律的研究［J］.
    畜牧兽医学报，5：510-515.

王宝维，刘光磊，张名爱，等，2005. 五龙鹅快长系早期生长规律与酶活力关系［J］. 西南

农业大学学报（自然科学版），1：102 - 105.

王宝维，龙芳羽，张名爱，等，2006. 不同比例的苜蓿纤维素源对鹅氮代谢的影响 [J]. 山东农业大学学报（自然科学版），37（4）：541 - 545.

王宝维，龙芳羽，张旭晖，等，2008. 不同比例的羊草纤维素源对五龙鹅消化代谢的影响 [J]. 家畜生态学报，29（2）：45 - 50.

王宝维，龙芳羽，张旭辉，2007. 饲粮中羊草不同添加水平对五龙鹅纤维和钙磷代谢的影响 [J]. 西北农林科技大学学报，6：51 - 54.

王宝维，马传兴，葛文华，等，2016. 铁对1～4周龄五龙鹅生产性能、造血功能和铁代谢的影响 [J]. 动物营养学报，28（5）：1369 - 1376.

王宝维，孟苓凤，葛文华，等，2014. 不同水平叶酸对0～4周龄肝用型仔鹅生长性能、屠宰性能、免疫和抗氧化能力的影响 [J]. 中国畜牧杂志，50（9）：55 - 61.

王宝维，隋丽，岳斌，等，2016. 发酵葡萄籽粕对5～12周龄五龙鹅消化生理、免疫器官指数和抗氧化指标的影响 [J]. 动物营养学报，28（1）：163 - 171.

王宝维，王迪，葛文华，等，2014. 维生素D_3对1～4周龄青农灰鹅血清生化指标、免疫性能及维生素D受体mRNA表达量的影响 [J]. 动物营养学报，26（7）：1760 - 1768.

王宝维，王姣，葛文华，等，2014. 维生素B_1对5～15周龄鹅营养物质利用率、肠道形态及微生物菌群的影响 [J]. 动物营养学报，26（6）：1444 - 1452.

王宝维，王雷，贾晓晖，等，2005. 五龙鹅早期生长发育与血清酶活性的关系 [J]. 甘肃农业大学学报，3：297 - 301.

王宝维，王雷，杨志刚，2005. 抗病育种在家禽育种中的应用 [J]. 中国家禽，27（22）：53 - 54.

王宝维，王巧莉，范永存，等，2009. 青贮玉米秸秆对鹅纤维及Ca、P表观消化率的影响 [J]. 西南农业学报，22（2）：483 - 486.

王宝维，王晓晓，葛文华，等，2012. 鹅饲用鸡肉骨粉的代谢能和常规养分代谢率研究 [J]. 动物营养学报，24（6）：1052 - 1061.

王宝维，王晓晓，葛文华，等，2013. 套算法评定鹅的鸭油真代谢能值 [J]. 动物营养学报，25（4）：729 - 734.

王宝维，王鑫，葛文华，等，2014. 维生素B_2对5～16周龄五龙鹅生长性能、血清激素含量和肠道组织结构的影响 [J]. 动物营养学报，26（3）：637 - 645.

王宝维，吴晓平，2007. 饲粮中添加苜蓿粉对五龙鹅纤维消化和氮代谢的影响 [J]. 吉林农业大学学报，29（2）：191 - 195.

王宝维，吴晓平，刘光磊，等，2004. 墨西哥玉米结构饲粮对五龙鹅的氮平衡及钙磷消化率的影响 [J]. 吉林农业大学学报，26（2）：201 - 205.

王宝维，吴晓平，刘光磊，等，2004. 添加墨西哥玉米干草粉对五龙鹅饲粮消化利用及氮

代谢的影响 [J]. 中国农业科学，37（12）：1911 - 1916.

王宝维，吴晓平，张旭晖，等，2005. 黑麦青草结构饲粮对五龙鹅粗纤维消化率影响的研究 [J]. 莱阳农学院学报，22（2）：129 - 131.

王宝维，徐晨晨，葛文华，等，2014. 铜对 1～4 周龄五龙鹅脂类代谢、抗氧化能力及免疫器官指数的影响 [J]. 动物营养学报，26（8）：2093 - 2100.

王宝维，杨志刚，贾晓晖，等，2005. 苜蓿结构饲粮对鹅血浆酶活性的影响 [J]. 沈阳农业大学学报，5：585 - 589.

王宝维，于世浩，王雷，等，2007. 饲粮中添加不同水平羊草对五龙鹅氮代谢的影响 [J]. 甘肃农业大学学报，1：004.

王宝维，张乐乐，2010. 鹅饲料营养价值评定方法研究现状及建议 [J]. 中国家禽，32（20）：40 - 44.

王宝维，张乐乐，姜晓霞，等，2010. 葡萄籽粕对鹅营养价值的评定 [J]. 动物营养学报，22（2）：466 - 473.

王宝维，张名爱，李文立，等，2004. 不同钙磷水平对五龙鹅快长系早期生长发育的影响 [J]. 东北农业大学学报，6：723 - 729.

王宝维，张名爱，刘光磊，等，2004. 墨西哥玉米对五龙鹅饲粮蛋白净利用率及氨基酸消化率的影响 [J]. 西北农林科技大学学报（自然科学版），32（7）：29 - 32.

王宝维，张倩，王巧莉，等，2008. 青贮玉米秸秆对鹅氮代谢和肠道菌群的影响 [J]. 东北农业大学学报，39（10）：71 - 75.

王宝维，张旭晖，吴晓平，等，2005. 苜蓿粉含量对鹅饲粮粗纤维和钙磷消化率的影响 [J]. 西北农林科技大学学报（自然科学版），33（8）：58 - 62.

王宝维，张雪君，葛文华，等，2014. 锰对 1～4 周龄五龙鹅生长性能、屠宰性能、胫骨发育及酶活性的影响 [J]. 动物营养学报，26（4）：877 - 884.

王宝维，周小乔，葛文华，等，2013. 饲粮维生素 E 水平对鹅免疫和抗氧化功能的影响 [J]. 动物营养学报，25（1）：59 - 68.

王宝维 . 2009. 中国鹅业 [M]. 济南：山东科学出版社 .

王超，2014. 0～16 周龄鹅饲粮维生素 B_6 适宜需要量的研究 [D]. 青岛：青岛农业大学 .

王超，王宝维，葛文华，等，2014. 维生素 B_6 对 1～4 周龄五龙鹅生长性能、屠宰性能及蛋白质代谢的影响 [J]. 动物营养学报，26（7）：1814 - 1821.

王迪，2013. 0～15 周龄鹅饲粮维生素 D_3 适宜添加量研究 [D]. 青岛：青岛农业大学 .

王迪，王宝维，葛文华，等，2013. 维生素 D_3 对鹅生长性能、屠宰性能、胴体品质和胫骨发育的影响 [J]. 中国农业科学，46（7）：1470 - 1480.

王贺飞，2019. 种鹅锰的需要量及锰和枯草芽孢杆菌对生产性能的影响 [D]. 青岛：青岛农业大学 .

王贺飞，李文立，隋福良，等，2019. 饲粮锰添加水平对产蛋期种鹅繁殖性能、蛋品质、血清生殖激素和抗氧化指标的影响 [J]. 动物营养学报，31 (7)：3095-3102.

王姣，2013. 0～15周龄鹅维生素 B_1 需要量的研究 [D]. 青岛：青岛农业大学.

王晓晓，2012. 鹅对动物蛋白饲料和油脂的营养价值评定 [D]. 青岛：青岛农业大学.

王晓晓，王宝维，2010. 家禽油脂代谢能值评定方法的研究 [J]. 中国饲料，16：7-10.

王晓晓，王宝维，葛文华，等，2012. 直接法和差量法评定鱼粉对鹅的营养价值 [J]. 动物营养学报，24 (3)：497-506.

王鑫，王宝维，葛文华，等，2014. 维生素 B_2 对5～16周龄五龙鹅屠宰性能、肌肉品质及脂肪代谢的影响 [J]. 动物营养学报，26 (1)：98-105.

吴晓平，2006. 鹅热休克蛋白70的表达提纯与病毒复合物形成的研究 [D]. 莱阳：莱阳农学院.

徐晨晨，2014. 0～16周龄鹅饲粮中铜适宜需要量的研究 [D]. 青岛：青岛农业大学.

徐晨晨，王宝维，葛文华，等，2014. 饲粮中不同水平铜对5～16周龄五龙鹅脂类代谢、抗氧化能力与免疫功能的影响 [J]. 动物营养学报，26 (4)：908-917.

徐晓娜，王宝维，葛文华，等，2013. 植酸酶对鹅生长性能、营养物质表观利用率及排泄物指标的影响 [J]. 动物营养学报，25 (6)：1315-1323.

徐晓娜，王宝维，葛文华，等，2014. 植酸酶对五龙鹅肝脏和血清微量元素含量及抗氧化性能的影响 [J]. 中国畜牧杂志，50 (13)：32-37.

徐晓娜，王宝维，葛文华，等，2014. 植酸酶对五龙鹅屠宰性能及胫骨指标的影响 [J]. 中国畜牧杂志，50 (1)：30-34.

徐燕红，李星晨，王宝维，等，2018. 饲粮碘添加水平对五龙鹅生长性能、屠宰性能、养分利用率及氮代谢的影响 [J]. 动物营养学报，30 (12)：4947-4953.

徐燕红，殷太岳，王宝维，等，2019. 饲粮维生素 K_3 添加水平对五龙鹅胫骨发育、免疫器官指数及抗氧化性能的影响 [J]. 动物营养学报，31 (6)：2642-2650.

杨汉春，2003. 动物免疫学 [M]. 北京：中国农业大学出版社.

殷太岳，2016. 鹅饲粮中维生素 K_3 适宜添加量的研究 [D]. 青岛：青岛农业大学.

殷太岳，毛倩倩，王宝维，等，2015. 果胶酶和纤维素酶对五龙鹅养分表观利用率、消化酶活性及排泄物指标的影响 [J]. 动物营养学报，27 (6)：1794-1803.

岳斌，2007. 鹅源草酸青霉溶磷效果与机理研究 [D]. 青岛：青岛农业大学.

岳斌，王宝维，张名爱，等，2008. 鹅源草酸青霉溶磷效果及对鹅磷代谢的影响 [J]. 青岛农业大学学报（自然科学版）(1)：34-37.

张乐乐，2011. 鹅常用植物性饲料营养价值评定 [D]. 青岛：青岛农业大学.

张乐乐，胡文婷，王宝维，2010. 玉米酒糟粕在动物营养中的研究进展 [J]. 饲料博览，10：24-25.

张乐乐，胡文婷，王宝维，2010. 玉米胚芽粕在动物营养中的研究进展 [J]. 饲料广角，17：47-48.

张乐乐，王宝维，2010. 鹅饲料营养价值评定的研究进展 [J]. 中国饲料，18：24-26.

张乐乐，王宝维，张名爱，等，2011. 玉米干酒糟及其可溶物对鹅营养价值的评定 [J]. 动物营养学报，23（2）：219-225.

张名爱，王宝维，2008. 鹅源高活力纤维素分解菌的分离鉴定 [J]. 中国家禽，5：12-15.

张名爱，王宝维，荆丽珍，等，2013. 果胶酶对鹅净蛋白利用率和氨基酸消化率的影响 [J]. 水禽世界，4：33-37.

张名爱，王宝维，刘光磊，2007. 日粮纤维水平对鹅肠道正常菌群的影响 [J]. 福建农林大学学报，36（2）：159-162.

张名爱，杨文娇，张泽楠，等，2017. 低铜饲粮添加枯草芽孢杆菌对5～16周龄五龙鹅肠道发育、微生物菌群结构及血清酶活性的影响 [J]. 动物营养学报，29（9）：3175-3183.

张倩，王宝维，张名爱，等，2009. 鹅源草酸青霉 F67 产纤维素酶培养条件的优化 [J]. 沈阳农业大学学报，40（1）：47-52.

张廷荣，宋玉芹，王宝维，等，2003. 豁眼鹅产蛋性能的遗传趋势研究 [J]. 莱阳农学院学报，3：214-216.

张廷荣，宋玉芹，朱新产，2005. 五龙鹅肝和腹脂生长的配合力分析 [J]. 中国家禽，1：96-97.

张文旭，2013. 0～15周龄鹅胆碱适宜添加量的研究 [D]. 青岛：青岛农业大学.

张文旭，王宝维，葛文华，等，2013. 饲粮添加胆碱对鹅生长性能、屠宰性能及养分表观利用率的影响 [J]. 动物营养学报，25（4）：778-784.

张文旭，王宝维，毛珂，等，2014. 饲粮添加胆碱对鹅免疫性能和肝脏组织学的影响 [J]. 中国粮油学报，29（6）：69-73.

张肖，2016. 1～16周龄鹅泛酸适宜添加量的研究 [D]. 青岛：青岛农业大学.

张肖，王宝维，岳斌，等，2015. 泛酸对5～16周龄五龙鹅生长性能、屠宰性能、肌肉品质、营养物质利用率及血清生化指标的影响 [J]. 动物营养学报，27（11）：3411-3419.

张雪君，2014. 0～16周龄鹅饲料中锰适宜需要量的研究 [D]. 青岛：青岛农业大学.

张雪君，王宝维，葛文华，等，2014. 锰对5～16周龄五龙鹅生长性能、屠宰性能、营养物质利用率及酶活性的影响 [J]. 动物营养学报，26（1）：106-114.

张雪君，王宝维，葛文华，等，2014. 锰对5～16周龄五龙鹅血清生化指标、组织锰沉积量、抗氧化能力及胫骨发育的影响 [J]. 动物营养学报，26（5）：1287-1293.

张雪君，王宝维，葛文华，等，2017. 锰对1～4周龄五龙鹅血清脂类代谢、抗氧化指标及器官组织中锰沉积量的影响 [J]. 动物营养学报，29（10）：3792-3798.

张亚俊，杨海明，王志跃. 2008. 不同纤维素添加量对扬州鹅生长性能和屠宰性能的影响

［J］. 安徽农业科学，36（13）5453 - 5458.

张洋洋，2017.1～16 周龄五龙鹅亚油酸需要量研究［D］. 青岛：青岛农业大学.

张洋洋，王宝维，葛文华，等，2016. 亚油酸对 5～16 周龄肉鹅生长性能、屠宰性能、肌肉品质和营养物质利用率的影响［J］. 动物营养学报，28（11）：3473 - 3482.

张泽楠，2016. 不同铜水平饲粮添加枯草芽孢杆菌对 5～16 周龄鹅生长发育及营养代谢的研究［D］. 青岛：青岛农业大学.

张泽楠，王宝维，葛文华，等，2016. 枯草芽孢杆菌与铜协同作用对 5～16 周龄五龙鹅生长性能、屠宰性能、营养物质利用率及肉品质的影响［J］. 动物营养学报，28（9）：2830 - 2838.

郑惠文，2017. 低锌饲粮添加植酸酶对 1～16 周龄五龙鹅生长发育和营养代谢的干预研究［D］. 青岛：青岛农业大学.

郑惠文，王宝维，葛文华，等，2016. 低锌饲粮添加植酸酶对 1～4 周龄鹅生长性能、胫骨发育、免疫性能及抗氧化能力的影响［J］. 动物营养学报，28（11）：3557 - 3566.

周小乔，王宝维，2010. 饲用果胶酶研究的进展［J］. 饲料研究，8：14 - 18.

周小乔，王宝维，葛文华，等，2012. 饲粮不同维生素 E 水平对鹅生产性能、胴体品质、血清生化指标和生殖激素含量的影响［J］. 动物营养学报，24（3）：462 - 471.

朱峰伟，葛蔚，王宝维，等，2009. 五龙鹅豁眼性状遗传变异的 RAPD 分析［J］. 西北农业学报，18（5）：53 - 57.

朱新产，王宝维，张庭荣，2002. 营养对五龙鹅基因表达影响的研究［J］. 华北农学报，1：157 - 161.

朱新产，张廷荣，2004. 鹅卵清蛋白基因 5′端调控区的克隆和序列分析［J］. 生物技术，4：2 - 4.

附 录

一、豁眼鹅建议营养、喂料和产蛋性能标准

豁眼鹅种鹅建议营养标准见附表1。

附表 1 豁眼鹅种鹅建议营养标准

项　目	1～3 周	4～8 周	9～26 周	产蛋期	休产期
鹅代谢能（kcal/kg）	2 800	2 750	2 750	2 750	2 650
（MJ/kg）	11.71	11.50	11.50	11.50	11.08
粗蛋白质（%）	18.0	16.0	14.00	16.0	13.0
蛋白能量比（g/MJ）	15.37	13.91	12.17	13.91	11.73
粗纤维（%）	3.0	4.0	5.5	5.0	6.0
钙（%）	0.95	0.85	0.75	2.6	1.6
总磷（%）	0.75	0.70	0.60	0.65	0.60
有效磷（%）	0.45	0.40	0.35	0.35	0.35
食盐（%）	0.35	0.4	0.4	0.40	0.40
亚油酸（g）	10.0	10.0	10.0	10.0	10.0
氨基酸（%）					
蛋氨酸	0.30	0.30	0.21	0.33	0.23
蛋氨酸＋胱氨酸	0.61	0.60	0.45	0.57	0.47
赖氨酸	0.88	0.72	0.50	0.66	0.50
色氨酸	0.18	0.17	0.13	0.15	0.13
精氨酸	1.06	1.00	0.70	0.78	0.70
亮氨酸	1.06	1.00	0.75	0.78	0.75
异亮氨酸	0.63	0.60	0.47	0.52	0.47
苯丙氨酸	0.57	0.54	0.42	0.45	0.42

（续）

项　目	1～3周	4～8周	9～26周	产蛋期	休产期
苯丙氨酸＋酪氨酸	1.06	1.00	0.78	0.83	0.78
苏氨酸	0.72	0.69	0.43	0.46	0.43
缬氨酸	0.65	0.62	0.48	0.57	0.48
组氨酸	0.27	0.26	0.20	0.23	0.20
甘氨酸＋丝氨酸	0.74	0.70	0.55	0.60	0.55
维生素（每千克饲料中含量）					
维生素 A（IU）	10 000	8 000	6 000	10 000	6 000
维生素 D_3（IU）	2 000	2 000	1 500	2 000	1 500
维生素 E（IU）	10	10	5	10	5
维生素 K（IU）	2	2	2	2	2
硫胺素（mg）	1.8	1.8	1.8	1.8	1.8
核黄素（mg）	4	3.5	3.5	4.5	3.5
泛酸（mg）	10	8	8	12	8
烟酸（mg）	70	60	60	70	60
吡哆醇（mg）	3	3	3	3	3
生物素（mg）	0.2	0.15	0.15	0.2	0.15
胆碱（mg）	1 300	1 300	1 200	1 300	1 200
叶酸（mg）	0.55	0.55	0.4	0.55	0.4
维生素 B_{12}（μg）	25	25	20	25	20
微量元素（每千克饲料中含量）					
铜（mg）	7	7	5	5	7
碘（mg）	0.4	0.4	0.4	0.4	0.4
铁（mg）	85	85	65	85	65
锰（mg）	75	75	75	75	75
锌（mg）	80	80	80	85	80
硒（mg）	0.2	0.2	0.2	0.2	0.2
钴（mg）	2	2	2	2	2

豁眼鹅蛋用系建议体重与喂料标准（公鹅）见附表2。

附表2　豁眼鹅蛋用系建议体重与喂料标准（公鹅）

周龄	周增重（g）	累计增重（g）	体重（g）	日耗料量（g）	周耗料量（g）	周累计耗料量（g）	日采食能量（cal）	周采食能量（cal）	日采食蛋白（g）	累计摄入蛋白（g）	日采食青绿饲料（g）	周累计青绿饲料（g）
1	102	102	179	23	161	161	66	462	4.4	30.8	6	42
2	237	339	416	42	294	455	120	840	8.0	86.8	50	392
3	290	629	706	59	413	868	168	1 176	11.2	165.2	71	889
4	313	942	1 019	77	539	1 407	216	1 512	13.9	262.5	88	1 505
5	325	1 267	1 344	94	658	2 065	263	1 841	16.9	380.8	102	2 219
6	320	1 587	1 664	106	742	2 807	297	2 079	19.1	514.5	112	3 003
7	298	1 885	1 962	112	784	3 591	314	2 198	20.2	655.9	127	3 892
8	272	2 157	2 234	118	826	4 417	330	2 310	21.2	804.3	136	4 844
9	244	2 401	2 478	124	868	5 285	347	2 429	22.3	960.4	150	5 894
10	216	2 617	2 694	130	910	6 195	358	2 506	18.2	1 087.8	162	7 028
11	181	2 798	2 875	134	938	7 133	369	2 583	18.8	1 219.4	177	8 267
12	158	2 956	3 033	139	973	8 106	382	2 674	19.5	1 355.9	188	9 583
13	140	3 096	3 173	143	1 001	9 107	393	2 751	20.0	1 495.9	198	10 969
14	122	3 218	3 295	146	1 022	10 129	402	2 814	20.4	1 638.7	208	12 425
15	107	3 325	3 402	148	1 036	11 165	407	2 849	20.7	1 783.6	215	13 930
16	94	3 419	3 496	151	1 057	12 222	415	2 905	21.1	1 931.3	224	15 498
17	82	3 501	3 578	152	1 064	13 286	418	2 926	21.3	2 080.4	229	17 101
18	70	3 571	3 648	153	1 071	14 357	421	2 947	21.4	2 230.2	231	18 718
19	62	3 633	3 710	154	1 078	15 435	424	2 968	21.6	2 381.4	232	20 342
20	54	3 687	3 764	155	1 085	16 520	426	2 982	21.7	2 533.3	233	21 973
21	47	3 734	3 811	156	1 092	17 612	429	3 003	21.8	2 685.9	234	23 611
22	40	3 774	3 851	157	1 099	18 711	432	3 024	22.0	2 839.9	235	25 256
23	35	3 809	3 886	158	1 106	19 817	435	3 045	22.1	2 994.6	236	26 908
24	30	3 839	3 916	159	1 113	20 930	437	3 059	22.3	3 150.7	237	28 567
25	25	3 864	3 941	160	1 120	22 050	440	3 080	22.4	3 307.5	238	30 233
26	22	3 886	3 963	160	1 120	23 170	440	3 080	22.4	3 464.3	239	31 906
27	20	3 906	3 983	160	1 120	24 290	440	3 080	22.4	3 621.1	239	33 579
28	18	3 924	4 001	160	1 120	25 410	440	3 080	22.4	3 777.9	239	35 252
29	16	3 940	4 017	160	1 120	26 530	440	3 080	22.4	3 934.7	239	36 925
30	15	3 955	4 032	160	1 120	27 650	440	3 080	22.4	4 091.5	239	38 598

（续）

周龄	周增重（g）	累计增重（g）	体重（g）	日耗料量（g）	周耗料量（g）	周累计耗料量（g）	日采食能量（cal）	周采食能量（cal）	日采食蛋白（g）	累计摄入蛋白（g）	日采食青绿饲料（g）	周累计青绿饲料（g）
31	14	3 969	4 046	160	1 120	28 770	440	3 080	24.0	4 259.5	239	40 271
32	13	3 982	4 059	160	1 120	29 890	440	3 080	24.0	4 427.5	239	41 944
33	13	3 995	4 072	160	1 120	31 010	440	3 080	24.0	4 595.5	239	43 617
34	13	4 008	4 085	160	1 120	32 130	440	3 080	24.0	4 763.5	239	45 290
35	13	4 021	4 098	160	1 120	33 250	440	3 080	24.0	4 931.5	239	46 963
36	12	4 033	4 110	160	1 120	34 370	440	3 080	24.0	5 099.5	239	48 636
37	12	4 045	4 122	160	1 120	35 490	440	3 080	24.0	5 267.5	239	50 309
38	12	4 057	4 134	160	1 120	36 610	440	3 080	24.0	5 435.5	239	51 982
39	12	4 069	4 146	160	1 120	37 730	440	3 080	24.0	5 603.5	239	53 655
40	11	4 080	4 157	160	1 120	38 850	440	3 080	24.0	5 771.5	239	55 328
41	11	4 091	4 168	160	1 120	39 970	440	3 080	24.0	5 939.5	239	57 001
42	11	4 102	4 179	160	1 120	41 090	440	3 080	24.0	6 107.5	240	58 681
43	11	4 113	4 190	160	1 120	42 210	440	3 080	24.0	6 275.5	241	60 368
44	11	4 124	4 201	160	1 120	43 330	440	3 080	24.0	6 443.5	241	62 055
45	11	4 135	4 212	160	1 120	44 450	440	3 080	24.0	6 611.5	241	63 742
46	9	4 144	4 221	161	1 127	45 577	443	3 101	24.0	6 779.5	242	65 436
47	9	4 153	4 230	161	1 127	46 704	443	3 101	24.2	6 948.9	242	67 130
48	9	4 162	4 239	161	1 127	47 831	443	3 101	24.2	7 118.3	242	68 824
49	9	4 171	4 248	161	1 127	48 958	443	3 101	24.2	7 287.7	243	70 525
50	9	4 180	4 257	162	1 134	50 092	446	3 122	24.2	7 457.1	243	72 226
51	8	4 188	4 265	162	1 134	51 226	446	3 122	24.3	7 627.2	243	73 927
52	8	4 196	4 273	162	1 134	52 360	446	3 122	24.3	7 797.3	243	75 628
53	8	4 204	4 281	162	1 134	53 494	446	3 122	24.3	7 967.4	244	77 336
54	8	4 212	4 289	163	1 141	54 635	448	3 136	24.3	8 137.5	244	79 044
55	8	4 220	4 297	163	1 141	55 776	448	3 136	24.5	8 309	244	80 752
56	8	4 228	4 305	163	1 141	56 917	448	3 136	24.5	8 480.5	244	82 460
57	7	4 235	4 312	163	1 141	58 058	448	3 136	24.5	8 652	244	84 168
58	7	4 242	4 319	164	1 148	59 206	451	3 157	24.5	8 823.5	244	85 876
59	7	4 249	4 326	164	1 148	60 354	451	3 157	24.6	8 995.7	244	87 584
60	7	4 256	4 333	164	1 148	61 502	451	3 157	24.6	9 167.9	244	89 292

周龄	周增重（g）	累计增重（g）	体重（g）	日耗料量（g）	周耗料量（g）	周累计耗料量（g）	日采食能量（cal）	周采食能量（cal）	日采食蛋白（g）	累计摄入蛋白（g）	日采食青绿饲料（g）	周累计青绿饲料（g）
61	7	4 263	4 340	164	1 148	62 650	451	3 157	24.6	9 340.1	244	91 000
62	6	4 269	4 346	165	1 155	63 805	454	3 178	24.6	9 512.3	244	92 708
63	6	4 275	4 352	165	1 155	64 960	454	3 178	24.8	9 685.9	244	94 416
64	6	4 281	4 358	165	1 155	66 115	454	3 178	24.8	9 859.5	244	96 124
65	6	4 287	4 364	165	1 155	67 270	454	3 178	24.8	10 033.1	244	97 832
66	6	4 293	4 370	165	1 155	68 425	454	3 178	24.8	10 206.7	244	99 540

豁眼鹅蛋用系建议体重与喂料标准（母鹅）见附表3。

附表3　豁眼鹅蛋用系建议体重与喂料标准（母鹅）

周龄	周增重（g）	累计增重（g）	体重（g）	日耗料量（g）	周耗料量（g）	周累计耗料量（g）	日采食能量（cal）	周采食能量（cal）	日采食蛋白（g）	累计摄入蛋白（g）	日采食青绿饲料（g）	周累计青绿饲料（g）
1	97	97	175	21	147	147	60	420	4	28	5	35
2	238	335	413	41	287	434	118	826	8	84	29	238
3	280	615	693	55	385	819	157	1 099	10	154	44	546
4	293	908	986	66	462	1 281	185	1 295	12	238	58	952
5	286	1 194	1 272	73	511	1 792	204	1 428	13	329	70	1 442
6	267	1 461	1 539	82	574	2 366	230	1 610	15	434	80	2 002
7	244	1 705	1 783	90	630	2 996	252	1 764	16	546	95	2 667
8	212	1 917	1 995	96	672	3 668	269	1 883	17	665	107	3 416
9	186	2 103	2 181	104	728	4 396	291	2 037	19	798	118	4 242
10	163	2 266	2 344	109	763	5 159	300	2 100	15	903	130	5 152
11	143	2 409	2 487	114	798	5 957	314	2 198	16	1 015	142	6 146
12	124	2 533	2 611	120	840	6 797	330	2 310	17	1 134	156	7 238
13	108	2 641	2 719	124	868	7 665	341	2 387	17	1 253	169	8 421
14	94	2 735	2 813	132	924	8 589	363	2 541	18	1 379	180	9 681
15	85	2 820	2 898	136	952	9 541	374	2 618	19	1 512	190	11 011
16	74	2 894	2 972	144	1 008	10 549	396	2 772	20	1 652	202	12 425
17	65	2 959	3 037	149	1 043	11 592	408	2 856	21	1 799	210	13 895
18	60	3 019	3 097	153	1 071	12 663	421	2 947	21	1 946	216	15 407
19	53	3 072	3 150	158	1 106	13 769	435	3 045	22	2 100	227	16 996
20	46	3 118	3 196	163	1 141	14 910	448	3 136	23	2 261	233	18 627

（续）

周龄	周增重（g）	累计增重（g）	体重（g）	日耗料量（g）	周耗料量（g）	周累计耗料量（g）	日采食能量（cal）	周采食能量（cal）	日采食蛋白（g）	累计摄入蛋白（g）	日采食青绿饲料（g）	周累计青绿饲料（g）
21	39	3 157	3 235	167	1 169	16 079	459	3 213	23	2 422	236	20 279
22	34	3 191	3 269	170	1 190	17 269	467	3 269	24	2 590	240	21 959
23	29	3 220	3 298	175	1 225	18 494	481	3 367	24	2 758	247	23 688
24	21	3 241	3 319	178	1 246	19 740	489	3 423	25	2 933	253	25 459
25	20	3 261	3 339	181	1 267	21 007	498	3 486	25	3 108	255	27 244
26	16	3 277	3 355	183	1 281	22 288	502	3 514	26	3 290	260	29 064
27	14	3 291	3 369	184	1 288	23 576	505	3 535	26	3 472	260	30 884
28	12	3 303	3 381	184	1 288	24 864	506	3 542	26	3 654	260	32 704
29	10	3 313	3 391	184	1 288	26 152	506	3 542	26	3 836	260	34 524
30	10	3 323	3 401	184	1 288	27 440	506	3 542	26	4 032	260	36 344
31	9	3 332	3 410	184	1 288	28 728	506	3 542	28	4 228	260	38 164
32	9	3 341	3 419	184	1 288	30 016	506	3 542	28	4 424	260	39 984
33	9	3 350	3 428	184	1 288	31 304	506	3 542	28	4 620	260	41 804
34	9	3 359	3 437	184	1 288	32 592	506	3 542	28	4 816	260	43 624
35	9	3 368	3 446	184	1 288	33 880	506	3 542	28	5 012	260	45 444
36	8	3 376	3 454	184	1 288	35 168	506	3 542	28	5 208	260	47 264
37	8	3 384	3 462	184	1 288	36 456	506	3 542	28	5 404	260	49 084
38	8	3 392	3 470	184	1 288	37 744	506	3 542	28	5 600	260	50 904
39	8	3 400	3 478	184	1 288	39 032	506	3 542	28	5 796	260	52 724
40	8	3 408	3 486	184	1 288	40 320	506	3 542	28	5 992	260	54 544
41	8	3 416	3 494	184	1 288	41 608	506	3 542	28	6 188	260	56 364
42	8	3 424	3 502	184	1 288	42 896	506	3 542	28	6 384	258	58 170
43	7	3 431	3 509	184	1 288	44 184	505	3 535	28	6 580	258	59 976
44	7	3 438	3 516	183	1 281	45 465	503	3 521	27	6 769	256	61 768
45	7	3 445	3 523	183	1 281	46 746	503	3 521	27	6 958	255	63 553
46	7	3 452	3 530	182	1 274	48 020	501	3 507	27	7 147	252	65 317
47	7	3 459	3 537	182	1 274	49 294	501	3 507	27	7 336	252	67 081
48	7	3 466	3 544	181	1 267	50 561	498	3 486	27	7 525	252	68 845
49	7	3 473	3 551	181	1 267	51 828	498	3 486	27	7 714	252	70 609
50	7	3 480	3 558	180	1 260	53 088	495	3 465	27	7 903	252	72 373

周龄	周增重（g）	累计增重（g）	体重（g）	日耗料量（g）	周耗料量（g）	周累计耗料量（g）	日采食能量（cal）	周采食能量（cal）	日采食蛋白（g）	累计摄入蛋白（g）	日采食青绿饲料（g）	周累计青绿饲料（g）
51	7	3 487	3 565	179	1 253	54 341	492	3 444	27	8 092	252	74 137
52	6	3 493	3 571	178	1 246	55 587	490	3 430	27	8 281	252	75 901
53	6	3 499	3 577	177	1 239	56 826	487	3 409	27	8 470	252	77 665
54	6	3 505	3 583	176	1 232	58 058	484	3 388	26	8 652	252	79 429
55	6	3 511	3 589	175	1 225	59 283	481	3 367	26	8 834	252	81 193
56	6	3 517	3 595	174	1 218	60 501	479	3 353	26	9 016	252	82 957
57	6	3 523	3 601	173	1 211	61 712	476	3 332	26	9 198	252	84 721
58	6	3 529	3 607	172	1 204	62 916	473	3 311	26	9 380	252	86 485
59	6	3 535	3 613	171	1 197	64 113	470	3 290	26	9 562	252	88 249
60	6	3 541	3 619	170	1 190	65 303	468	3 276	26	9 744	252	90 013
61	6	3 547	3 625	169	1 183	66 486	465	3 255	25	9 919	252	91 777
62	5	3 552	3 630	168	1 176	67 662	462	3 234	25	10 094	252	93 541
63	5	3 557	3 635	167	1 169	68 831	459	3 213	25	10 269	252	95 305
64	5	3 562	3 640	166	1 162	69 993	457	3 199	25	10 444	252	97 069
65	5	3 567	3 645	165	1 155	71 148	454	3 178	25	10 619	252	98 833
66	5	3 572	3 650	164	1 148	72 296	451	3 157	25	10 794	252	100 597

豁眼鹅蛋用系建议生长曲线见附图 1。

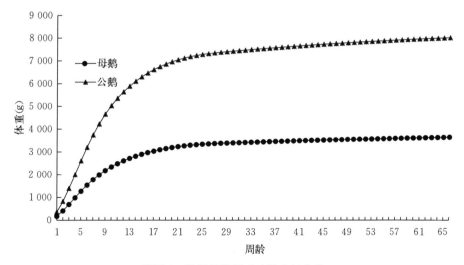

附图 1　豁眼鹅蛋用系建议生长曲线

豁眼鹅蛋用系建议周增重曲线见附图2。

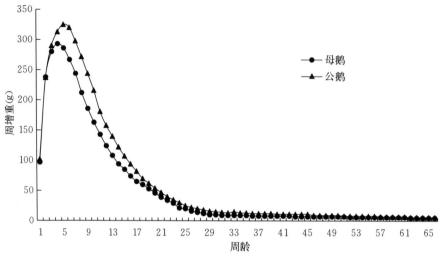

附图2　豁眼鹅蛋用系建议周增重曲线

豁眼鹅快长系建议体重与喂料标准（公鹅）见附表4。

附表4　豁眼鹅快长系建议体重与喂料标准（公鹅）

周龄	周增重 (g)	累计增重 (g)	体重 (g)	日耗料量 (g)	周耗料量 (g)	周累计耗料量 (g)	日采食能量 (cal)	周采食能量 (cal)	日采食蛋白 (g)	累计摄入蛋白 (g)	日采食青绿饲料 (g)	周累计青绿饲料 (g)
1	117	117	205	26	182	182	75	525	5.0	35	7	49
2	271	388	476	48	336	518	137	959	9.1	98.7	57	448
3	331	719	807	67	469	987	192	1 344	12.8	188.3	81	1 015
4	358	1 077	1 165	88	616	1 603	247	1 729	15.9	299.6	101	1 722
5	371	1 448	1 536	107	749	2 352	300	2 100	19.3	434.7	117	2 541
6	366	1 814	1 902	121	847	3 199	339	2 373	21.8	587.3	128	3 437
7	340	2 154	2 242	128	896	4 095	359	2 513	23.1	749	145	4 452
8	311	2 465	2 553	135	945	5 040	377	2 639	24.2	918.4	155	5 537
9	279	2 744	2 832	142	994	6 034	396	2 772	25.5	1 096.9	171	6 734
10	247	2 991	3 079	148	1 036	7 070	409	2 863	20.8	1 242.5	185	8 029
11	207	3 198	3 286	153	1 071	8 141	421	2 947	21.5	1 393	202	9 443
12	180	3 378	3 466	159	1 113	9 254	436	3 052	22.3	1 549.1	215	10 948

周龄	周增重（g）	累计增重（g）	体重（g）	日耗料量（g）	周耗料量（g）	周累计耗料量（g）	日采食能量（cal）	周采食能量（cal）	日采食蛋白（g）	累计摄入蛋白（g）	日采食青绿饲料（g）	周累计青绿饲料（g）
13	160	3 538	3 626	163	1 141	10 395	449	3 143	22.8	1 708.7	226	12 530
14	139	3 677	3 765	167	1 169	11 564	459	3 213	23.3	1 871.8	238	14 196
15	122	3 799	3 887	169	1 183	12 747	465	3 255	23.6	2 037	246	15 918
16	107	3 906	3 994	172	1 204	13 951	474	3 318	24.1	2 205.7	256	17 710
17	94	4 000	4 088	174	1 218	15 169	477	3 339	24.3	2 375.8	262	19 544
18	80	4 080	4 168	175	1 225	16 394	481	3 367	24.4	2 546.6	264	21 392
19	71	4 151	4 239	176	1 232	17 626	484	3 388	24.7	2 719.5	265	23 247
20	62	4 213	4 301	177	1 239	18 865	487	3 409	24.8	2 893.1	266	25 109
21	54	4 267	4 355	178	1 246	20 111	490	3 430	24.9	3 067.4	267	26 978
22	46	4 313	4 401	179	1 253	21 364	493	3 451	25.1	3 243.1	268	28 854
23	40	4 353	4 441	180	1 260	22 624	497	3 479	25.2	3 419.5	270	30 744
24	34	4 387	4 475	182	1 274	23 898	499	3 493	25.5	3 598	271	32 641
25	29	4 416	4 504	183	1 281	25 179	503	3 521	25.6	3 777.2	272	34 545
26	25	4 441	4 529	183	1 281	26 460	503	3 521	25.6	3 956.4	273	36 456
27	23	4 464	4 552	183	1 281	27 741	503	3 521	25.6	4 135.6	273	38 367
28	21	4 485	4 573	183	1 281	29 022	503	3 521	25.6	4 314.8	273	40 278
29	18	4 503	4 591	183	1 281	30 303	503	3 521	25.6	4 494	273	42 189
30	17	4 520	4 608	183	1 281	31 584	503	3 521	25.6	4 673.2	273	44 100
31	16	4 536	4 624	183	1 281	32 865	503	3 521	27.4	4 865	273	46 011
32	15	4 551	4 639	183	1 281	34 146	503	3 521	27.4	5 056.8	273	47 922
33	15	4 566	4 654	183	1 281	35 427	503	3 521	27.4	5 248.6	273	49 833
34	15	4 581	4 669	183	1 281	36 708	503	3 521	27.4	5 440.4	273	51 744
35	15	4 596	4 684	183	1 281	37 989	503	3 521	27.4	5 632.2	273	53 655
36	14	4 610	4 698	183	1 281	39 270	503	3 521	27.4	5 824	273	55 566
37	14	4 624	4 712	183	1 281	40 551	503	3 521	27.4	6 015.8	273	57 477
38	14	4 638	4 726	183	1 281	41 832	503	3 521	27.4	6 207.6	273	59 388

（续）

周龄	周增重 (g)	累计增重 (g)	体重 (g)	日耗料量 (g)	周耗料量 (g)	周累计耗料量 (g)	日采食能量 (cal)	周采食能量 (cal)	日采食蛋白 (g)	累计摄入蛋白 (g)	日采食青绿饲料 (g)	周累计青绿饲料 (g)
39	14	4 652	4 740	183	1 281	43 113	503	3 521	27.4	6 399.4	273	61 299
40	13	4 665	4 753	183	1 281	44 394	503	3 521	27.4	6 591.2	273	63 210
41	13	4 678	4 766	183	1 281	45 675	503	3 521	27.4	6 783	273	65 121
42	13	4 691	4 779	183	1 281	46 956	503	3 521	27.4	6 974.8	274	67 039
43	13	4 704	4 792	183	1 281	48 237	503	3 521	27.4	7 166.6	275	68 964
44	13	4 717	4 805	183	1 281	49 518	503	3 521	27.4	7 358.4	275	70 889
45	13	4 730	4 818	183	1 281	50 799	503	3 521	27.4	7 550.2	275	72 814
46	10	4 740	4 828	184	1 288	52 087	506	3 542	27.4	7 742	276	74 746
47	10	4 750	4 838	184	1 288	53 375	506	3 542	27.6	7 935.2	276	76 678
48	10	4 760	4 848	184	1 288	54 663	506	3 542	27.6	8 128.4	276	78 610
49	10	4 770	4 858	184	1 288	55 951	506	3 542	27.6	8 321.6	278	80 556
50	10	4 780	4 868	185	1 295	57 246	509	3 563	27.6	8 514.8	278	82 502
51	9	4 789	4 877	185	1 295	58 541	509	3 563	27.8	8 709.4	278	84 448
52	9	4 798	4 886	185	1 295	59 836	509	3 563	27.8	8 904	278	86 394
53	9	4 807	4 895	185	1 295	61 131	509	3 563	27.8	9 098.6	279	88 347
54	9	4 816	4 904	186	1 302	62 433	512	3 584	27.8	9 293.2	279	90 300
55	9	4 825	4 913	186	1 302	63 735	512	3 584	28.0	9 489.2	279	92 253
56	9	4 834	4 922	186	1 302	65 037	512	3 584	28.0	9 685.2	279	94 206
57	8	4 842	4 930	186	1 302	66 339	512	3 584	28.0	9 881.2	279	96 159
58	8	4 850	4 938	187	1 309	67 648	515	3 605	28.0	10 077.2	279	98 112
59	8	4 858	4 946	187	1 309	68 957	515	3 605	28.1	10 273.9	279	100 065
60	8	4 866	4 954	187	1 309	70 266	515	3 605	28.1	10 470.6	279	102 018
61	8	4 874	4 962	187	1 309	71 575	515	3 605	28.1	10 667.3	279	103 971
62	7	4 881	4 969	188	1 316	72 891	519	3 633	28.1	10 864	279	105 924
63	7	4 888	4 976	188	1 316	74 207	519	3 633	28.3	11 062.1	279	107 877
64	7	4 895	4 983	188	1 316	75 523	519	3 633	28.3	11 260.2	279	109 830
65	7	4 902	4 990	188	1 316	76 839	519	3 633	28.3	11 458.3	279	111 783
66	7	4 909	4 997	188	1 316	78 155	519	3 633	28.3	11 656.4	279	113 736

豁眼鹅快长系建议体重与喂料标准（母鹅）见附表5。

附表5　豁眼鹅快长系建议体重与喂料标准（母鹅）

周龄	周增重 (g)	累计增重 (g)	体重 (g)	日耗料量 (g)	周耗料量 (g)	周累计耗料量 (g)	日采食能量 (cal)	周采食能量 (cal)	日采食蛋白 (g)	累计摄入蛋白 (g)	日采食青绿饲料 (g)	周累计青绿饲料 (g)
1	107	107	192	23	161	161	66	462	4	28	5	35
2	261	368	453	45	315	476	130	910	9	91	32	259
3	307	675	760	60	420	896	172	1 204	11	168	48	595
4	322	997	1 082	72	504	1 400	203	1 421	13	259	64	1 043
5	314	1 311	1 396	80	560	1 960	224	1 568	14	357	77	1 582
6	293	1 604	1 689	90	630	2 590	253	1 771	16	469	88	2 198
7	268	1 872	1 957	99	693	3 283	277	1 939	18	595	104	2 926
8	233	2 105	2 190	105	735	4 018	295	2 065	19	728	117	3 745
9	204	2 309	2 394	114	798	4 816	320	2 240	21	875	130	4 655
10	179	2 488	2 573	120	840	5 656	329	2 303	16	987	143	5 656
11	157	2 645	2 730	125	875	6 531	345	2 415	18	1 113	156	6 748
12	136	2 781	2 866	132	924	7 455	362	2 534	19	1 246	171	7 945
13	119	2 900	2 985	136	952	8 407	374	2 618	19	1 379	186	9 247
14	103	3 003	3 088	145	1 015	9 422	399	2 793	20	1 519	198	10 633
15	93	3 096	3 181	149	1 043	10 465	411	2 877	21	1 666	209	12 096
16	81	3 177	3 262	158	1 106	11 571	435	3 045	22	1 820	222	13 650
17	71	3 248	3 333	164	1 148	12 719	448	3 136	23	1 981	231	15 267
18	66	3 314	3 399	168	1 176	13 895	462	3 234	23	2 142	237	16 926
19	58	3 372	3 457	173	1 211	15 106	478	3 346	24	2 310	249	18 669
20	51	3 423	3 508	179	1 253	16 359	492	3 444	25	2 485	256	20 461
21	43	3 466	3 551	183	1 281	17 640	504	3 528	25	2 660	259	22 274
22	37	3 503	3 588	187	1 309	18 949	513	3 591	26	2 842	264	24 122
23	32	3 535	3 620	192	1 344	20 293	528	3 696	26	3 024	271	26 019
24	23	3 558	3 643	195	1 365	21 658	537	3 759	27	3 213	278	27 965
25	22	3 580	3 665	199	1 393	23 051	547	3 829	27	3 402	280	29 925
26	18	3 598	3 683	201	1 407	24 458	551	3 857	29	3 605	285	31 920
27	15	3 613	3 698	202	1 414	25 872	554	3 878	29	3 808	285	33 915
28	13	3 626	3 711	202	1 414	27 286	556	3 892	29	4 011	285	35 910
29	11	3 637	3 722	202	1 414	28 700	556	3 892	29	4 214	285	37 905
30	11	3 648	3 733	202	1 414	30 114	556	3 892	31	4 431	285	39 900
31	10	3 658	3 743	202	1 414	31 528	556	3 892	31	4 648	285	41 895
32	10	3 668	3 753	202	1 414	32 942	556	3 892	31	4 865	285	43 890

（续）

周龄	周增重 (g)	累计 增重 (g)	体重 (g)	日耗 料量 (g)	周耗 料量 (g)	周累计 耗料量 (g)	日采食 能量 (cal)	周采食 能量 (cal)	日采食 蛋白 (g)	累计摄 入蛋白 (g)	日采食 青绿饲料 (g)	周累计 青绿饲料 (g)
33	10	3 678	3 763	202	1 414	34 356	556	3 892	31	5 082	285	45 885
34	10	3 688	3 773	202	1 414	35 770	556	3 892	31	5 299	285	47 880
35	10	3 698	3 783	202	1 414	37 184	556	3 892	31	5 516	285	49 875
36	9	3 707	3 792	202	1 414	38 598	556	3 892	31	5 733	285	51 870
37	9	3 716	3 801	202	1 414	40 012	556	3 892	31	5 950	285	53 865
38	9	3 725	3 810	202	1 414	41 426	556	3 892	31	6 167	285	55 860
39	9	3 734	3 819	202	1 414	42 840	556	3 892	31	6 384	285	57 855
40	9	3 743	3 828	202	1 414	44 254	556	3 892	31	6 601	285	59 850
41	9	3 752	3 837	202	1 414	45 668	556	3 892	31	6 818	285	61 845
42	9	3 761	3 846	202	1 414	47 082	556	3 892	31	7 035	283	63 826
43	8	3 769	3 854	202	1 414	48 496	554	3 878	31	7 252	283	65 807
44	8	3 777	3 862	201	1 407	49 903	552	3 864	30	7 462	281	67 774
45	8	3 785	3 870	201	1 407	51 310	552	3 864	30	7 672	280	69 734
46	8	3 793	3 878	200	1 400	52 710	550	3 850	30	7 882	277	71 673
47	8	3 801	3 886	200	1 400	54 110	550	3 850	30	8 092	277	73 612
48	8	3 809	3 894	199	1 393	55 503	547	3 829	30	8 302	277	75 551
49	8	3 817	3 902	199	1 393	56 896	547	3 829	30	8 512	277	77 490
50	8	3 825	3 910	198	1 386	58 282	544	3 808	30	8 722	277	79 429
51	8	3 833	3 918	197	1 379	59 661	540	3 780	30	8 932	277	81 368
52	7	3 840	3 925	195	1 365	61 026	538	3 766	30	9 142	277	83 307
53	7	3 847	3 932	194	1 358	62 384	535	3 745	30	9 352	277	85 246
54	7	3 854	3 939	193	1 351	63 735	531	3 717	29	9 555	277	87 185
55	7	3 861	3 946	192	1 344	65 079	528	3 696	29	9 758	277	89 124
56	7	3 868	3 953	191	1 337	66 416	526	3 682	29	9 961	277	91 063
57	7	3 875	3 960	190	1 330	67 746	523	3 661	29	10 164	277	93 002
58	7	3 882	3 967	189	1 323	69 069	519	3 633	29	10 367	277	94 941
59	7	3 889	3 974	188	1 316	70 385	516	3 612	29	10 570	277	96 880
60	7	3 896	3 981	187	1 309	71 694	514	3 598	29	10 773	277	98 819
61	7	3 903	3 988	186	1 302	72 996	511	3 577	27	10 962	277	100 758
62	5	3 908	3 993	184	1 288	74 284	507	3 549	27	11 151	277	102 697
63	5	3 913	3 998	183	1 281	75 565	504	3 528	27	11 340	277	104 636
64	5	3 918	4 003	182	1 274	76 839	502	3 514	27	11 529	277	106 575
65	5	3 923	4 008	181	1 267	78 106	498	3 486	27	11 718	277	108 514
66	5	3 928	4 013	180	1 260	79 366	495	3 465	27	11 907	277	110 453

豁眼鹅快长系建议体重标准曲线见附图 3。

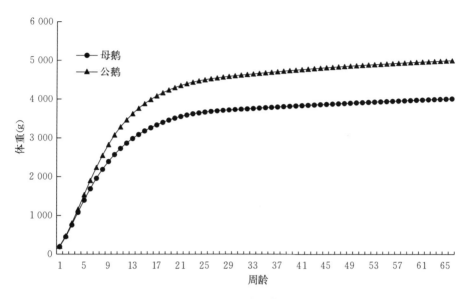

附图 3　豁眼鹅快长系建议体重标准曲线

豁眼鹅快长系建议周增重标准曲线见附图 4。

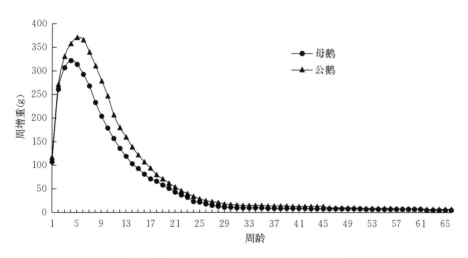

附图 4　豁眼鹅快长系建议周增重标准曲线

豁眼鹅蛋用系建议产蛋性能标准（第一产蛋期）见附表 6。

附表6 豁眼鹅蛋用系建议产蛋性能标准（第一产蛋期）

周龄	产蛋周龄	饲养日产蛋率（%）	入舍母鹅周产蛋数（个）	入舍母鹅累计产蛋数（个）	平均蛋重（g）	入舍母鹅周产合格蛋数（个）	入舍母鹅累计合格蛋数（个）	入孵蛋孵化率（%）	入舍母鹅周产雏数（只）	累计入舍母鹅产雏数（只）
31	1	5.0	0.4	0.4						
32	2	20.0	1.4	1.8	116					
33	3	30.0	2.1	3.9	117	1.8	2.0	74.0	1.4	1.5
34	4	40.3	2.8	6.7	118	2.5	4.5	75.0	1.9	3.4
35	5	46.2	3.2	9.9	119	2.8	7.3	76.0	2.2	5.5
36	6	49.0	3.4	13.3	120	3.0	10.3	78.0	2.4	7.9
37	7	49.5	3.5	16.8	121	3.0	13.4	80.0	2.4	10.3
38	8	49.5	3.5	20.3	121	3.0	16.4	82.0	2.5	12.8
39	9	49.5	3.5	23.7	121	3.0	19.5	83.0	2.5	15.3
40	10	49.5	3.5	27.2	122	3.0	22.5	84.0	2.6	17.9
41	11	49.5	3.5	30.7	123	3.0	25.6	84.0	2.6	20.5
42	12	49.5	3.5	34.1	123	3.0	28.6	84.0	2.6	23.0
43	13	49.5	3.5	37.6	124	3.0	31.7	84.0	2.6	25.6
44	14	49.5	3.5	41.1	124	3.0	34.7	84.0	2.6	28.2
45	15	49.5	3.5	44.5	125	3.0	37.8	84.0	2.6	30.7
46	16	49.0	3.4	48.0	125	3.0	40.8	83.0	2.5	33.2
47	17	48.0	3.4	51.3	125	3.0	43.8	83.0	2.5	35.7
48	18	46.9	3.3	54.6	126	2.9	46.7	83.0	2.4	38.1
49	19	46.0	3.2	57.8	127	2.8	49.5	83.0	2.4	40.4
50	20	44.8	3.1	60.9	128	2.8	52.2	83.0	2.3	42.7
51	21	43.4	3.0	64.0	128	2.7	54.9	83.0	2.2	44.9
52	22	42.0	2.9	66.9	128	2.6	57.5	83.0	2.1	47.1
53	23	40.7	2.8	69.8	129	2.5	60.0	82.0	2.1	49.1
54	24	39.0	2.7	72.5	129	2.4	62.4	82.0	2.0	51.1
55	25	37.0	2.6	75.1	130	2.3	64.7	81.0	1.8	53.0
56	26	35.0	2.5	77.5	131	2.2	66.9	81.0	1.7	54.7
57	27	33.0	2.3	79.9	132	2.0	68.9	81.0	1.6	56.3
58	28	31.0	2.2	82.0	133	1.9	70.8	80.0	1.5	57.9
59	29	29.0	2.0	84.1	133	1.8	72.6	80.0	1.4	59.3
60	30	27.0	1.9	85.9	134	1.7	74.2	79.0	1.3	60.6
61	31	25.0	1.8	87.7	135	1.5	75.8	79.0	1.2	61.8
62	32	22.4	1.6	89.3	135	1.4	77.2	79.0	1.1	62.9
63	33	20.0	1.4	90.7	135	1.2	78.4	76.0	0.9	63.9
64	34	18.0	1.3	91.9	136	1.1	79.5	76.0	0.8	64.7
65	35	16.0	1.1	93.0	136	1.0	80.5	76.0	0.7	65.5
66	36	13.1	0.9	94.0	136	0.8	81.3	76.0	0.6	66.1

豁眼鹅蛋用系建议产蛋性能标准（第二产蛋期）见附表7。

附表7　豁眼鹅蛋用系建议产蛋性能标准（第二产蛋期）

周龄	产蛋周龄	饲养日产蛋率（%）	入舍母鹅周产蛋数（个）	入舍母鹅累计产蛋数（个）	平均蛋重（g）	入舍母鹅周产合格蛋数（个）	入舍母鹅累计合格蛋数（个）	入孵蛋孵化率（%）	入舍母鹅周产雏数（只）	累计入舍母鹅产雏数（只）
85	1	5.5	0.4							
86	2	18.7	1.3	1.7	118					
87	3	32.9	2.3	4.0	119	2.0	2.0	75.0	1.5	1.5
88	4	45.6	3.2	7.2	120	2.8	4.9	76.0	2.2	3.7
89	5	52.7	3.7	10.9	121	3.3	8.2	77.0	2.5	6.2
90	6	55.0	3.9	14.7	122	3.4	11.6	79.0	2.7	8.9
91	7	55.2	3.9	18.6	122	3.4	15.0	81.0	2.8	11.7
92	8	55.2	3.9	22.5	123	3.4	18.5	83.0	2.9	14.6
93	9	55.2	3.9	26.3	123	3.4	21.9	84.0	2.9	17.5
94	10	55.2	3.9	30.2	124	3.4	25.4	85.0	2.9	20.4
95	11	55.2	3.9	34.1	125	3.4	28.8	85.0	2.9	23.3
96	12	55.2	3.9	37.9	125	3.4	32.2	85.0	2.9	26.2
97	13	55.2	3.9	41.8	125	3.4	35.7	85.0	2.9	29.2
98	14	55.2	3.9	45.6	126	3.4	39.1	85.0	2.9	32.1
99	15	55.0	3.9	49.5	128	3.4	42.5	85.0	2.9	35.0
100	16	54.2	3.8	53.3	128	3.4	45.9	84.0	2.8	37.8
101	17	53.3	3.7	57.0	128	3.3	49.2	84.0	2.8	40.6
102	18	51.8	3.6	60.6	129	3.2	52.5	84.0	2.7	43.3
103	19	50.3	3.5	64.2	130	3.1	55.6	84.0	2.6	46.0
104	20	48.5	3.4	67.6	130	3.0	58.6	84.0	2.5	48.5
105	21	47.0	3.3	70.9	131	2.9	61.5	84.0	2.5	51.0
106	22	45.2	3.2	74.0	131	2.8	64.4	84.0	2.4	53.3
107	23	43.3	3.0	77.0	131	2.7	67.1	83.0	2.2	55.6
108	24	41.2	2.9	79.9	132	2.6	69.6	83.0	2.1	57.7
109	25	39.4	2.8	82.7	133	2.5	72.1	82.0	2.0	59.7
110	26	37.3	2.6	85.3	134	2.3	74.4	82.0	1.9	61.6
111	27	35.5	2.5	87.8	135	2.2	76.6	82.0	1.8	63.4
112	28	33.3	2.3	90.1	136	2.1	78.7	81.0	1.7	65.1
113	29	31.5	2.2	92.3	136	2.0	80.7	81.0	1.6	66.7
114	30	29.4	2.1	94.4	137	1.8	82.5	80.0	1.5	68.2
115	31	27.3	1.9	96.3	138	1.7	84.2	80.0	1.4	69.5
116	32	24.4	1.7	98.0	138	1.5	85.7	80.0	1.2	70.7
117	33	22.5	1.6	99.6	138	1.4	87.1	77.0	1.1	71.8
118	34	20.7	1.4	101.0	139	1.3	88.4	77.0	1.0	72.8
119	35	18.5	1.3	102.3	139	1.2	89.6	77.0	0.9	73.7
120	36	16.4	1.1	103.5	139	1.0	90.6	77.0	0.8	74.5

豁眼鹅蛋用系产蛋率曲线见附图 5。

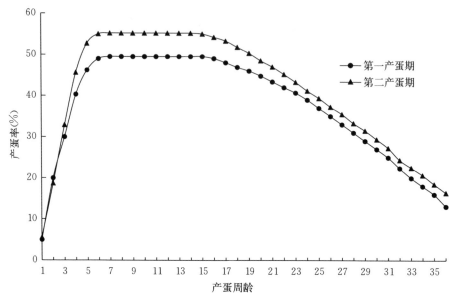

附图 5 豁眼鹅蛋用系产蛋率曲线

豁眼鹅蛋用系累计产蛋数曲线见附图 6。

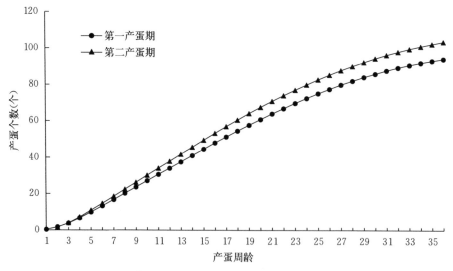

附图 6 豁眼鹅蛋用系累计产蛋数曲线

豁眼鹅快长系建议产蛋性能标准（第一产蛋期）见附表8。

附表8　豁眼鹅快长系建议产蛋性能标准（第一产蛋期）

周龄	产蛋周龄	饲养日产蛋率（％）	入舍母鹅周产蛋数（个）	入舍母鹅累计产蛋数（个）	平均蛋重（g）	入舍母鹅周产合格蛋数（个）	入舍母鹅累计合格蛋数（个）	入孵蛋孵化率（％）	入舍母鹅周产雏数（只）	累计入舍母鹅产雏数（只）
31	1	4.7	0.3							
32	2	18.8	1.3	1.3	118					
33	3	27.6	1.9	3.2	119	1.7	1.7	73.0	1.3	1.3
34	4	35.8	2.5	5.8	120	2.2	3.9	74.0	1.7	2.9
35	5	41.8	2.9	8.7	121	2.6	6.6	74.0	1.9	4.8
36	6	45.5	3.2	11.9	122	2.8	9.4	76.0	2.2	7.0
37	7	45.5	3.2	15.1	122	2.8	12.2	78.0	2.2	9.2
38	8	45.5	3.2	18.2	123	2.8	15.1	80.0	2.3	11.5
39	9	45.5	3.2	21.4	123	2.8	17.9	81.0	2.3	13.8
40	10	45.5	3.2	24.6	124	2.8	20.7	82.0	2.3	16.1
41	11	45.5	3.2	27.8	125	2.8	23.6	82.0	2.3	18.4
42	12	45.5	3.2	31.0	125	2.8	26.4	82.0	2.3	20.7
43	13	45.5	3.2	34.2	125	2.8	29.2	82.0	2.3	23.1
44	14	44.8	3.1	37.3	126	2.8	32.0	82.0	2.3	25.3
45	15	43.6	3.1	40.3	127	2.7	34.7	82.0	2.2	27.6
46	16	42.4	3.0	43.3	127	2.6	37.4	81.0	2.1	29.7
47	17	40.9	2.9	46.2	127	2.5	39.9	81.0	2.1	31.8
48	18	39.1	2.7	48.9	128	2.4	42.4	81.0	2.0	33.8
49	19	37.6	2.6	51.5	129	2.3	44.7	81.0	1.9	35.6
50	20	36.4	2.5	54.1	129	2.3	47.0	81.0	1.8	37.5
51	21	34.5	2.4	56.5	130	2.1	49.1	81.0	1.7	39.2
52	22	33.3	2.3	58.8	130	2.1	51.2	81.0	1.7	40.9
53	23	31.5	2.2	61.0	130	2.0	53.2	80.0	1.6	42.5
54	24	30.3	2.1	63.2	131	1.9	55.0	80.0	1.5	44.0
55	25	29.4	2.1	65.2	132	1.8	56.9	79.0	1.4	45.4
56	26	28	2.0	67.2	133	1.7	58.6	79.0	1.4	46.8
57	27	26.4	1.8	69.0	134	1.6	60.3	79.0	1.3	48.1
58	28	25.2	1.8	70.8	135	1.6	61.8	78.0	1.2	49.3
59	29	24.2	1.7	72.5	135	1.5	63.3	78.0	1.2	50.5
60	30	23	1.6	74.1	136	1.4	64.8	77.0	1.1	51.6
61	31	22	1.5	75.6	137	1.4	66.2	77.0	1.1	52.7
62	32	20.9	1.5	77.1	137	1.3	67.5	77.0	1.0	53.7
63	33	19.7	1.4	78.5	137	1.2	68.7	74.0	0.9	54.6
64	34	19.1	1.3	79.8	138	1.2	69.9	74.0	0.9	55.5
65	35	18.2	1.3	81.1	138	1.1	71.0	74.0	0.8	56.3
66	36	16.7	1.2	82.3	138	1.0	72.0	74.0	0.8	57.1

豁眼鹅快长系建议产蛋性能标准（第二产蛋期）见附表 9。

附表 9　豁眼鹅快长系建议产蛋性能标准（第二产蛋期）

周龄	产蛋周龄	饲养日产蛋率(%)	入舍母鹅周产蛋数(个)	入舍母鹅累计产蛋数(个)	平均蛋重(g)	入舍母鹅周产合格蛋数(个)	入舍母鹅累计合格蛋数(个)	入孵蛋孵化率(%)	入舍母鹅周产雏数(只)	累计入舍母鹅产雏数(只)
85	1	5.2	0.4	0.4						
86	2	20.7	1.4	1.8	120					
87	3	34.1	2.4	4.2	121	2.2	2.2	74	1.6	1.6
88	4	44.8	3.1	7.4	122	2.2	4.3	75	1.6	3.2
89	5	50.3	3.5	10.9	123	3.3	7.6	76	2.5	5.8
90	6	51.5	3.6	14.5	124	3.4	11.1	78	2.7	8.4
91	7	51.5	3.6	18.1	124	3.4	14.5	80	2.8	11.2
92	8	51.5	3.6	21.7	125	3.5	18.0	82	2.9	14.1
93	9	51.5	3.6	25.3	125	3.5	21.6	83	2.9	17.0
94	10	51.5	3.6	28.9	126	3.4	25.0	84	2.9	19.9
95	11	51.5	3.6	32.5	127	3.3	28.3	84	2.8	22.7
96	12	51.5	3.6	36.1	127	3.3	31.7	84	2.8	25.5
97	13	51.5	3.6	39.7	127	3.2	34.9	84	2.7	28.2
98	14	50.3	3.5	43.3	128	3.2	38.1	84	2.7	31.0
99	15	48.5	3.4	46.6	130	3.2	41.4	84	2.7	33.7
100	16	46.0	3.2	49.9	130	3.0	44.4	83	2.5	36.2
101	17	44.5	3.1	53.0	130	2.9	47.3	83	2.4	38.7
102	18	43.0	3.0	56.0	131	2.8	50.2	83	2.4	41.0
103	19	40.9	2.9	58.9	132	2.8	53.0	83	2.4	43.4
104	20	38.8	2.7	61.6	132	2.7	55.8	83	2.3	45.7
105	21	37.3	2.6	64.2	133	2.5	58.3	83	2.1	47.8
106	22	35.8	2.5	66.7	133	2.5	60.8	83	2.0	49.8
107	23	34.2	2.4	69.1	133	2.4	63.1	82	1.9	51.8
108	24	33.0	2.3	71.4	134	2.3	65.4	82	1.9	53.6
109	25	31.5	2.2	73.6	135	2.2	67.5	81	1.8	55.4
110	26	30.6	2.1	75.7	136	2.2	69.7	81	1.8	57.1
111	27	29.7	2.1	77.8	137	2.1	71.7	81	1.7	58.8
112	28	28.2	2.0	79.8	138	2.1	73.8	80	1.7	60.4
113	29	27.0	1.9	81.7	138	1.8	75.8	80	1.6	62.0
114	30	26.0	1.9	83.5	139	1.8	77.7	79	1.6	63.6
115	31	24.5	1.7	85.2	140	1.9	79.6	79	1.5	65.0
116	32	23.0	1.6	86.8	140	1.9	81.4	79	1.5	66.5
117	33	22.0	1.5	88.4	140	1.8	83.2	76	1.3	67.8
118	34	20.6	1.4	89.8	141	1.7	84.9	76	1.3	69.1
119	35	20.0	1.4	91.2	141	1.4	86.2	76	1.0	70.2
120	36	18.0	1.3	92.5	141	1.3	87.5	76	1.0	71.1

豁眼鹅快长系产蛋率曲线见附图7。

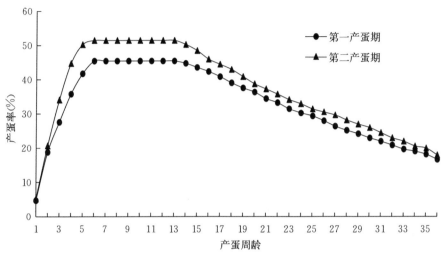

附图7　豁眼鹅快长系产蛋率曲线

豁眼鹅快长系累计产蛋数曲线见附图8。

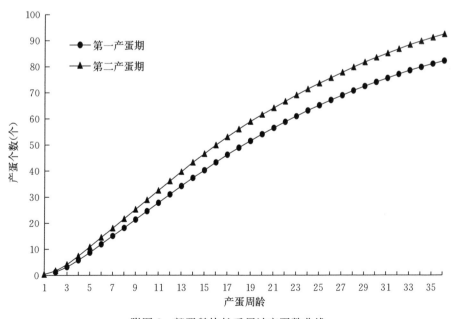

附图8　豁眼鹅快长系累计产蛋数曲线

二、商品肉鹅建议营养需要量

详细内容见附表 10。

附表 10　商品肉鹅饲粮营养需要推荐量

（公母混养，以 88% 干物质计）

项目	育雏期 （0 周龄～3 周龄）	生长期 （4 周龄～6 周龄）	育肥期 （7 周龄至上市）
鹅代谢能，MJ/kg（kcal/kg）	11.5（2 750）	11.5（2 750）	11.7（2 800）
粗蛋白质（CP），%	17.0	16.0	15.0
粗纤维（CF），%	4.50	5.50	6.50
总氨基酸（Total AAs），%			
赖氨酸（Lys）	0.80	0.75	0.70
蛋氨酸（Met）	0.37	0.36	0.35
蛋氨酸＋胱氨酸（Met＋Cys）	0.77	0.76	0.75
苏氨酸（Thr）	0.73	0.58	0.45
色氨酸（Trp）	0.19	0.16	0.15
精氨酸（Arg）	1.00	0.90	0.80
亮氨酸（Leu）	1.00	0.90	0.80
异亮氨酸（Ile）	0.60	0.55	0.50
苯丙氨酸（Phe）	0.55	0.50	0.44
苯丙氨酸＋酪氨酸（Phe＋Tyr）	1.00	0.90	0.80
组氨酸（His）	0.25	0.23	0.22
缬氨酸（Val）	0.62	0.61	0.53
甘氨酸＋丝氨酸（Gly＋Ser）	0.72	0.65	0.53
表观可利用氨基酸[a]（AA AAs），%			
表观可利用赖氨酸（AA Lys）	0.69	0.62	0.58
表观可利用蛋氨酸（AA Met）	0.29	0.26	0.25
表观可利用蛋氨酸＋表观可利用胱氨酸（AA Met＋AA Cys）	0.67	0.63	0.62
表观可利用苏氨酸（AA Thr）	0.64	0.5	0.41
表观可利用色氨酸（AA Trp）	0.15	0.12	0.10
表观可利用精氨酸（AA Arg）	0.85	0.74	0.66
表观可利用亮氨酸（AA Leu）	0.90	0.79	0.69

项目	育雏期	生长期	育肥期
	（0 周龄～3 周龄）	（4 周龄～6 周龄）	（7 周龄至上市）
表观可利用异亮氨酸（AA Ile）	0.45	0.42	0.38
表观可利用苯丙氨酸（AA Phe）	0.49	0.46	0.41
表观可利用苯丙氨酸＋表观可利用酪氨酸（AA Phe＋AA Tyr）	0.91	0.85	0.73
表观可利用组氨酸（AA His）	0.23	0.21	0.20
表观可利用缬氨酸（AA Val）	0.52	0.49	0.43
表观可利用甘氨酸＋表观可利用丝氨酸（AA Gly＋AA Ser）	0.52	0.45	0.38
矿物质元素[b]（Minerals）			
总钙（Total Ca），%	1.00	0.90	0.80
总磷（Total P），%	0.75	0.70	0.60
非植酸磷（NPP），%	0.45	0.40	0.35
钠（Na），%	0.19	0.21	0.21
氯（Cl），%	0.28	0.31	0.31
铁（Fe），mg/kg	100	95.0	90.0
铜（Cu），mg/kg	7.50	7.00	6.50
锰（Mn），mg/kg	100	95.0	90.0
锌（Zn），mg/kg	88.0	85.0	80.0
碘（I），mg/kg	0.42	0.42	0.42
硒（Se），mg/kg	0.30	0.30	0.30
维生素[c]和脂肪酸（Vitamins and Fatty Acid）			
维生素 A（Vitamin A），IU/kg	9.00×10^3	8.50×10^3	8.00×10^3
维生素 D_3（Vitamin D_3），IU/kg	1.60×10^3	1.60×10^3	1.60×10^3
维生素 E（Vitamin E），IU/kg	20.0	20.0	20.0
维生素 K_3（Vitamin K），mg/kg	2.00	2.00	2.00
硫胺素（Thiamin），mg/kg	2.20	2.20	2.20
核黄素（Riboflavin），mg/kg	5.00	4.00	4.00
烟酸（Niacin），mg/kg	70.0	60.0	60.0
泛酸（Pantothenic acid），mg/kg	11.0	10.0	10.0
吡哆醇（Pyridoxine），mg/kg	3.00	3.00	3.00

（续）

项目	育雏期	生长期	育肥期
	（0 周龄~3 周龄）	（4 周龄~6 周龄）	（7 周龄至上市）
生物素（Biotin），mg/kg	0.20	0.10	0.10
叶酸（Folic acid），mg/kg	0.50	0.40	0.40
维生素 B_{12}（Vitamin B_{12}），µg/kg	25.0	20.0	20.0
胆碱（Choline），g/kg	1.40×10^3	1.40×10^3	1.40×10^3
亚油酸[d]（Linoleic acid），%	1.00	1.00	1.00

注：a 玉米-豆粕型饲料的表观可利用氨基酸含量。

　　b 饲料中添加微生态制剂可适当调低微量元素用量。

　　c 维生素需要量未包括饲料原料中提供的维生素量。

　　d 亚油酸需要量包括饲料原料中提供的亚油酸量。

三、鹅常见饲料成分与营养价值表

具体内容见附表 11 至附表 14。

附表 11　饲料描述及常规成分（风干基础）[*]

序号	中国饲料号（前3位）	原料名称 raw material	饲料描述 description	鹅表观代谢能 AME (MJ/kg)	鹅真代谢能 TME (MJ/kg)	干物质 DM (%)	粗蛋白质 CP (%)	粗脂肪 EE (%)	粗纤维 CF (%)	中性洗涤纤维 NDF (%)	酸性洗涤纤维 ADF (%)	钙 Ca (%)	总磷 P (%)
1	4-07	小麦 wheat grain	12样本平均值	12.19	12.23	88.0	13.6	2.0	2.3	15.7	4.5	0.25	0.61
2	4-07	玉米 corn grain	20样本平均值	12.66	12.70	86.0	8.5	3.6	1.8	10.3	2.4	0.05	0.23
3	4-07	高粱 sorghum	8样本平均值	11.70	11.74	86.0	9.2	3.5	1.8	18.9	10.1	0.11	0.47
4	4-07	大麦 barely grain	7样本平均值	10.79	10.83	87.0	14.2	2.4	2.2	11.4	2.8	0.06	0.37
5	4-07	燕麦 oat grain	5样本平均值	11.84	11.88	87.0	13.5	3.1	2.4	12.7	2.4	0.05	0.42
6	4-07	稻谷 paddy	15样本平均值	11.40	11.44	86.0	10.1	2.3	1.2	8.5	1.5	0.05	0.38

序号	中国饲料号（前3位）	原料名称 raw material	饲料描述 description	鹅表观代谢能 AME (MJ/kg)	鹅真代谢能 TME (MJ/kg)	干物质 DM (%)	粗蛋白质 CP (%)	粗脂肪 EE (%)	粗纤维 CF (%)	中性洗涤纤维 NDF (%)	酸性洗涤纤维 ADF (%)	钙 Ca (%)	总磷 P (%)
7	4-08	米糠 rice bran	16样本平均值	10.96	11.00	87.0	13.1	16.2	5.8	23.2	13.7	0.11	1.51
8	4-08	小麦麸 wheat bran	20样本平均值	8.62	8.66	87.0	15.9	4.2	6.8	28.6	16.8	0.15	0.98
9	4-10	玉米胚芽粕 corn germ meal	11样本平均值	8.37	8.41	90.0	17.9	2.5	9.2	48.3	26.5	0.10	1.45
10	5-11	DDGS	9样本平均值	8.78	8.41	89.0	28.4	15.6	7.2	38.0	18.7	0.26	0.71
11	5-10	棕榈粕 palm kernel meal	8样本平均值	9.88	9.92	88.0	17.5	2.9	6.5	21.3	15.8	0.72	1.34
12	5-10	大豆粕 soybean meal	15样本平均值	9.81	9.85	89.0	43.8	1.2	12.1	28.8	21.4	0.41	0.59
13	5-10	芝麻粕 sesame meal	7样本平均值	8.60	8.64	92.0	45.4	9.1	6.9	17.5	11.6	1.85	1.24
14	5-10	棉籽粕 cottonseed meal	6样本平均值	9.64	8.68	90.0	44.9	0.68	11.9	39.4	24.6	0.32	1.24
15	5-10	菜籽粕 rapeseed meal	11样本平均值	6.96	7.00	88.0	37.2	7.0	11.0	34.6	25.4	0.62	0.88
16	5-10	高粱粕 sorghum grain meal	5样本平均值	9.96	10.00	89.0	44.7	1.9	2.1	24.8	13.5	0.26	0.51
17	1-11	葡萄籽粕 grape seed meal	8样本平均值	—	—	89.0	13.8	8.3	48.3	58.3	53.3	0.57	0.23
18	5-10	花生粕 peanut meal	10样本平均值	10.79	10.83	88.0	50.4	1.6	7.1	17.1	12.4	0.32	0.62
19	1-05	花生蔓 *Arachis duranensis*	13样本平均值	2.81	2.85	88.0	9.0	1.7	33.6	60.7	39.1	3.12	1.15
20	1-05	苜蓿草 alfalfa meal	12样本平均值	4.31	4.35	87.0	16.5	2.8	24.4	40.1	29.3	1.61	0.34

（续）

序号	中国饲料号（前3位）	原料名称 raw material	饲料描述 description	鹅表观代谢能 AME (MJ/kg)	鹅真代谢能 TME (MJ/kg)	干物质 DM (%)	粗蛋白质 CP (%)	粗脂肪 EE (%)	粗纤维 CF (%)	中性洗涤纤维 NDF (%)	酸性洗涤纤维 ADF (%)	钙 Ca (%)	总磷 P (%)
21	1-05	皇竹草 Pennisetum hydridum	7样本 平均值	3.90	3.94	89.0	15.5	2.4	26.8	44.7	35.5	2.13	0.75
22	1-05	籽粒苋粉 amaranth grain	6样本 平均值	3.49	3.53	88.0	9.4	1.9	27.2	53.9	31.3	2.62	0.71
23	1-05	墨西哥玉米干草粉 Zea Mexicana hay meal	8样本 平均值	5.52	5.48	90.0	10.17	—	23.79	22.21	21.80	0.32	0.62
24	1-06	玉米秸秆 Silage corn stalk	12样本 平均值	2.26	2.22	77.7	5.5	0.90	30.0	14.8	9.01	0.31	0.27
25	1-05	黑麦草 Ryegrass	6样本 平均值	2.30	2.26	76.8	10.02	4.9	35.69	35.61	34.65	0.56	0.28
26	1-05	羊草 Chinese wild rye	10样本 平均值	1.67	1.63	90.0	6.39	3.6	26.75	64.8	39.0	0.37	0.18
27	5-13	鱼粉 fish meal	8样本 平均值	15.60	15.77	90.0	60.3	4.1	0.5	—	—	4.06	2.80
28	5-13	肉骨粉 meat and bone meal	9样本 平均值	9.00	9.16	94.0	52.2	10.7	1.2	—	—	7.40	3.90
29	5-13	羽毛粉 feather meal	6样本 平均值	10.48	10.64	89.0	82.3	2.0	0.6	—	—	0.26	0.71
30	5-13	血粉 blood meal	6样本 平均值	9.51	9.67	88.0	78.9	0.5				0.29	0.37
31	5-13	蚕蛹粉 silkworm chrysalis meal	7样本 平均值	10.05	10.21	88.0	66.4	18.2	—	—	—	0.75	1.58
32	4-17	大豆油 soybean oil	6样本 平均值	35.78	35.94	99.0		98.0					
33	4-17	玉米油 corn oil	6样本 平均值	36.15	36.31	99.0		98.0					
34	4-17	花生油 peanut oil	7样本 平均值	38.27	38.88	99.0		98.0					

序号	中国饲料号（前3位）	原料名称 raw material	饲料描述 description	鹅表观代谢能 AME (MJ/kg)	鹅真代谢能 TME (MJ/kg)	干物质 DM (%)	粗蛋白质 CP (%)	粗脂肪 EE (%)	粗纤维 CF (%)	中性洗涤纤维 NDF (%)	酸性洗涤纤维 ADF (%)	钙 Ca (%)	总磷 P (%)
35	4-17	菜籽油 rapeseed oil	5样本平均值	37.62	37.78	99.0		98.0					
36	4-17	棉籽油 cottonseed oil	5样本平均值	37.04	37.20	99.0		98.0					
37	4-17	棕榈油 palm oil	5样本平均值	23.98	24.14	99.0		98.0					
38	4-17	鸭油 duck oil	6样本平均值	37.81	37.97	99.0		98.0					
39	4-17	猪油 lard oil	8样本平均值	37.51	37.67	99.0		98.0					

*本表为国家水禽产业技术体系营养与饲料研究室测定数据。

—表示未测值。

空的数据项代表为0（下表同）。

饲料中总能采用ISO 9831测定；饲料中水分采用GB/T 6435测定；饲料中粗蛋白质采用GB/T 6432测定；饲料中粗脂肪采用GB/T 6433测定；饲料中粗维素采用GB/T 6434测定；饲料中钙采用GB/T 6436测定；饲料中磷采用GB/T 6437测定。

附表 12　饲料氨基酸含量（风干基础，%）（1）

氨基酸 AA	玉米胚芽粕 corn germ meal	玉米酒精糟 DDGS	棕榈粕 palm kernel meal	大豆粕 Soybean meal	芝麻粕 sesame meal	棉籽粕 cottonseed meal	菜籽粕 rapeseed meal	高粱粕 sorghum grain meal	花生粕 peanut meal	葡萄籽粕 grape seed meal
天冬氨酸 Asp	0.83	1.25	1.25	5.61	2.93	3.55	2.33	2.55	5.40	0.71
苏氨酸 Thr	0.78	0.89	0.47	2.02	1.06	1.20	1.44	1.21	1.23	0.26
丝氨酸 Ser	1.39	0.95	0.60	2.46	0.88	1.49	1.34	1.50	2.12	0.36
谷氨酸 Glu	1.41	0.67	3.06	1.20	7.68	8.22	6.81	7.31	9.70	2.04
丙氨酸 Ala	1.30	1.42	0.65	1.92	1.49	1.49	1.54	2.98	1.81	0.42
胱氨酸 Cys	0.35	0.32	0.36	0.78	0.08	0.95	1.14	1.06	1.20	0.29
缬氨酸 Val	1.72	1.34	0.84	2.21	2.12	1.84	1.87	2.01	2.01	2.59
蛋氨酸 Met	0.32	0.48	0.23	0.82	0.92	0.29	0.41	0.55	0.35	0.32
异亮氨酸 Ile	0.72	1.23	0.59	2.31	1.56	1.23	1.44	1.55	1.59	0.33

（续）

氨基酸 AA	玉米胚芽粕 corn germ meal	玉米酒精糟 DDGS	棕榈粕 palm kernel meal	大豆粕 Soybean meal	芝麻粕 sesame meal	棉籽粕 cottonseed meal	菜籽粕 rapeseed meal	高粱粕 sorghum grain meal	花生粕 peanut meal	葡萄籽粕 grape seed meal
亮氨酸 Leu	1.19	2.45	1.08	2.98	2.78	2.26	2.51	4.55	3.08	0.61
酪氨酸 Tyr	0.87	1.15	0.47	1.59	1.27	0.86	0.87	1.33	1.62	0.19
苯丙氨酸 Phe	0.85	2.21	0.60	2.87	1.81	2.11	1.36	1.94	2.42	0.41
赖氨酸 Lys	0.92	0.45	0.46	2.98	0.61	1.78	2.03	0.96	1.73	0.34
组氨酸 His	0.74	0.65	0.29	1.45	0.88	1.10	0.98	0.78	1.12	0.22
精氨酸 Arg	1.32	0.75	1.76	3.43	2.89	4.32	2.10	1.62	5.30	0.61
脯氨酸 Pro	1.04	0.89	0.59	1.21	1.43	1.46	2.32	2.66	2.00	0.41
总氨基酸 TAA	15.75	17.10	13.3	34.59	30.99	34.15	30.49	34.56	42.68	10.11

附表 12　饲料氨基酸含量（风干基础，%）（2）

氨基酸 AA	小麦 wheat grain	玉米 corn grain	高粱 sorghum	大麦 barely grain	燕麦 oat grain	稻谷 paddy	米糠 rice bran	小麦麸 wheat bran
天冬氨酸 Asp	0.21	0.41	0.47	1.03	0.58	0.36	2.14	2.62
苏氨酸 Thr	0.38	0.35	0.35	0.43	0.37	0.38	0.52	0.51
丝氨酸 Ser	1.01	0.54	0.41	0.58	0.44	0.48	0.84	0.76
谷氨酸 Glu	0.74	0.81	0.71	2.82	3.08	0.93	0.35	0.41
丙氨酸 Ala	0.31	0.24	0.18	0.62	0.43	0.29	0.31	0.24
胱氨酸 Cys	0.34	0.18	0.14	0.68	0.56	0.17	0.17	0.23
缬氨酸 Val	0.57	0.44	0.52	0.70	0.56	0.57	0.78	0.59
蛋氨酸 Met	0.30	0.20	0.15	0.15	0.12	0.22	0.24	0.15
异亮氨酸 Ile	0.49	0.26	0.44	0.51	0.43	0.36	0.60	0.42
亮氨酸 Leu	1.02	1.20	0.89	0.99	0.84	0.74	1.04	0.79
酪氨酸 Tyr	0.49	0.42	0.41	0.49	0.33	0.33	0.48	0.26
苯丙氨酸 Phe	0.70	0.51	0.52	0.65	0.59	0.49	0.61	0.55
赖氨酸 Lys	0.41	0.30	0.21	0.52	0.35	0.42	0.76	0.57
组氨酸 His	0.36	0.30	0.20	0.30	0.25	0.27	0.42	0.38
精氨酸 Arg	0.45	0.40	0.42	0.46	0.47	0.78	1.02	1.00
脯氨酸 Pro	0.25	0.35	0.27	0.68	1.37	0.24	0.33	0.29
总氨基酸 TAA	10.08	6.58	7.46	12.64	11.17	7.03	10.61	9.77

附表 12　饲料氨基酸含量（风干基础,%）（3）

氨基酸 AA	花生蔓 *Arachis duranensis*	苜蓿草 alfalfa meal	皇竹草 *Pennisetum hydridum*	籽粒苋粉 amaranth grain meal	墨西哥玉米干草粉 *Euchsaena mexicana*	黑麦草 ryegrass
天冬氨酸 Asp	0.79	1.19	1.87	1.16	—	0.49
苏氨酸 Thr	0.31	0.46	0.39	0.27	0.32	0.26
丝氨酸 Ser	0.35	0.53	0.56	0.41	—	0.25
谷氨酸 Glu	0.82	1.16	1.32	0.64	—	0.69
丙氨酸 Ala	0.37	0.71	0.58	0.42	0.67	0.39
胱氨酸 Cys	0.26	0.23	0.29	0.25	0.08	0.43
缬氨酸 Val	0.38	0.69	0.57	0.47	0.46	0.45
蛋氨酸 Met	0.31	0.24	0.26	0.12	0.25	0.31
异亮氨酸 Ile	0.28	0.49	0.43	0.31	0.47	0.28
亮氨酸 Leu	0.53	0.95	0.82	0.44	0.49	0.44
酪氨酸 Tyr	0.34	0.47	0.51	0.36	0.35	0.28
苯丙氨酸 Phe	0.28	0.59	0.48	0.30	—	0.38
赖氨酸 Lys	0.39	0.64	0.71	0.38	0.59	0.27
组氨酸 His	0.33	0.28	0.31	0.27	—	0.10
精氨酸 Arg	0.33	0.51	0.62	0.32	—	0.29
脯氨酸 Pro	1.04	0.87	0.92	0.79	—	0.33
总氨基酸 TAA	7.11	10.01	10.64	6.91	—	5.92

附表 12　饲料氨基酸含量（风干基础,%）（4）

氨基酸 AA	鱼粉 fish meal	肉骨粉 meat bone meal	羽毛粉 feather meal	血粉 blood meal	蚕蛹粉 silkworm chrysalis meal
天冬氨酸 Asp	3.87	3.73	5.91	5.47	4.71
苏氨酸 Thr	1.80	2.13	3.71	3.17	2.26
丝氨酸 Ser	2.26	3.37	9.27	5.86	2.26
谷氨酸 Glu	6.41	6.42	9.90	7.38	5.82
丙氨酸 Ala	3.41	2.85	3.88	4.19	2.61
胱氨酸 Cys	0.26	0.89	2.83	1.06	0.33
缬氨酸 Val	1.87	2.80	5.95	4.91	2.77
蛋氨酸 Met	2.81	3.36	0.58	4.78	2.37
异亮氨酸 Ile	1.34	2.08	4.16	2.40	1.93
亮氨酸 Leu	2.63	3.72	6.56	6.86	3.12

（续）

氨基酸 AA	鱼粉 fish meal	肉骨粉 meat bone meal	羽毛粉 feather meal	血粉 blood meal	蚕蛹粉 silkworm chrysalis meal
酪氨酸 Tyr	1.03	1.50	1.69	1.07	1.68
苯丙氨酸 Phe	1.52	2.06	3.37	3.89	2.37
赖氨酸 Lys	2.76	2.22	1.31	3.30	3.28
组氨酸 His	1.51	0.77	0.66	2.38	1.49
精氨酸 Arg	3.51	3.26	5.02	3.98	2.63
脯氨酸 Pro	1.16	0.65	8.82	0.61	0.85
总氨基酸 TAA	43.96	45.5	80.43	65.67	43.39

注：饲料中氨基酸采用 GB/T 18246 测定。

附表 13　饲料常规营养成分利用率（%）

原料名称 raw material	粗蛋白质 CP	粗脂肪 EE	粗纤维 CF	中性洗涤纤维 NDF	酸性洗涤纤维 ADF	钙 Ca	总磷 P
玉米胚芽粕 corn germ meal	76.32	79.24	41.08	68.40	51.62	65.69	67.24
玉米干酒糟及其配合物 DDGS	67.10	85.08	17.71	45.70	36.05	62.85	73.01
棕榈粕 palm kernel meal	69.71	87.74	7.70	26.30	16.58	65.58	75.68
大豆粕 soybean meal	85.54	91.02	22.58	23.89	26.38	59.13	58.88
芝麻粕 sesame meal	67.16	72.48	19.98	27.84	30.50	58.33	60.70
棉籽粕 cottonseed meal	62.31	78.24	10.12	29.12	18.50	56.18	51.84
菜籽粕 rapeseed meal	65.67	81.92	8.14	36.36	21.36	54.00	61.96
高粱粕 sorghum grain meal	69.26	85.68	11.80	40.02	24.96	57.73	65.59
花生粕 peanut meal	89.40	94.62	17.74	19.46	21.97	54.66	54.54
葡萄籽粕 grape seed meal	47.64	—	34.49	44.84	34.27	61.10	60.03

原料名称 raw material	粗蛋白质 CP	粗脂肪 EE	粗纤维 CF	中性洗涤纤维 NDF	酸性洗涤纤维 ADF	钙 Ca	总磷 P
小麦 wheat grain	88.81	32.79	5.02	7.48	6.14	51.62	53.20
玉米 corn grain	93.56	82.99	1.94	5.66	3.32	64.50	54.64
高粱 sorghum	82.07	77.68	7.82	12.52	9.34	37.28	47.02
大麦 barely grain	87.12	56.80	4.27	9.54	6.23	50.10	50.34
燕麦 oat grain	91.62	80.86	3.42	7.08	4.72	44.50	34.26
稻谷 paddy	83.26	79.68	5.65	12.68	7.20	39.16	48.45
花生蔓 *Arachis duranensis*	57.40	53.68	27.37	33.47	35.24	39.82	49.37
苜蓿草 alfalfa meal	63.05	59.54	20.42	36.29	27.04	44.97	54.34
皇竹草 *Pennisetum hydridum*	59.63	55.50	17.26	35.02	28.40	44.89	50.92
籽粒苋粉 amaranth grain	56.57	57.78	19.16	30.32	27.12	54.79	50.90
米糠 rice bran	73.68	91.30	14.48	42.66	32.71	52.56	62.74
小麦麸 wheat bran	76.32	79.24	16.52	43.84	27.06	65.69	66.96
墨西哥玉米干草粉 *Euchsaena mexicana*	46.49	—	28.02	23.33	25.10	77.75	31.96
青贮玉米秸秆 silage corn stalk	54.13	—	48.28	58.51	49.32	59.52	56.26
黑麦草 ryegrass	39.60	—	22.10	25.41	27.61	46.14	24.94
羊草 chinese wild rye	48.52	—	18.40	21.47	22.29	42.48	31.85

（续）

原料名称 raw material	粗蛋白质 CP	粗脂肪 EE	粗纤维 CF	中性洗涤纤维 NDF	酸性洗涤纤维 ADF	钙 Ca	总磷 P
鱼粉 fish meal	57.78	85.345				61.83	32.77
肉骨粉 meat and bone meal	88.28	58.05				44.67	26.87
羽毛粉 feather meal	46.27	56.27				41.47	38.77
血粉 blood meal	58.28	33.78				37.28	29.63
蚕蛹粉 silkworm chrysalis meal	69.76	79.76				47.76	45.81

附表 14　饲料氨基酸真利用率（％）（1）

氨基酸 AA	玉米胚芽粕 corn germ meal	玉米酒精糟 DDGS	棕榈粕 palm kernel meal	豆粕 soybean meal	芝麻粕 sesame meal	棉籽粕 cottonseed meal	菜籽粕 rapeseed meal	高粱粕 sorghum grain meal	花生粕 peanut meal	葡萄籽粕 grape seed meal
天冬氨酸 Asp	82.44	79.42	82.08	90.06	90.39	75.95	68.55	71.71	94.20	91.18
苏氨酸 Thr	79.18	71.54	74.24	89.99	82.74	69.38	66.48	69.80	94.09	89.91
丝氨酸 Ser	85.74	68.91	71.76	91.94	78.63	77.58	69.00	72.08	96.02	91.22
谷氨酸 Glu	89.38	74.38	77.10	92.75	91.92	78.87	85.36	88.24	96.92	94.22
丙氨酸 Ala	74.76	73.99	76.60	78.30	64.68	66.56	78.86	81.84	82.32	93.25
胱氨酸 Cys	76.28	67.14	69.80	78.33	61.82	68.28	77.01	80.02	82.44	93.36
缬氨酸 Val	82.42	71.49	74.18	77.84	72.46	74.32	79.80	82.94	81.96	84.40
蛋氨酸 Met	73.51	80.34	83.10	89.75	93.29	71.84	90.49	93.40	93.84	92.50
异亮氨酸 Ile	65.26	73.46	76.18	82.16	80.80	59.32	76.70	80.08	86.38	92.24
亮氨酸 Leu	82.43	77.36	80.01	85.68	81.18	71.79	82.32	85.36	89.74	92.88
酪氨酸 Tyr	85.92	70.98	73.68	87.97	87.16	69.78	79.56	83.09	92.10	92.33
苯丙氨酸 Phe	93.64	74.39	77.09	89.34	84.11	77.68	78.44	81.14	93.42	94.84
赖氨酸 Lys	75.84	74.84	77.52	91.37	93.35	63.88	81.10	84.12	95.56	92.92
组氨酸 His	78.56	71.56	74.22	92.97	86.46	70.78	86.13	89.06	96.78	92.88
精氨酸 Arg	91.60	77.16	79.87	93.99	92.52	89.78	86.96	90.26	97.56	94.25
脯氨酸 Pro	84.37	74.87	77.6	87.34	81.31	70.66	74.82	77.50	91.34	88.53

附表 14　饲料氨基酸真利用率（％）（2）

氨基酸 AA	小麦 wheat grain	玉米 corn grain	高粱 sorghum	大麦 barely grain	燕麦 oat grain	稻谷 paddy	米糠 rice bran	小麦麸 wheat bran
天冬氨酸 Asp	90.38	94.52	80.83	88.11	92.62	82.98	79.75	72.11
苏氨酸 Thr	92.62	96.26	78.00	90.32	93.98	80.14	71.88	84.63
丝氨酸 Ser	94.92	91.07	85.88	92.65	89.48	88.03	69.45	85.36
谷氨酸 Glu	93.96	98.26	86.42	91.66	96.26	88.57	86.93	94.38
丙氨酸 Ala	90.90	96.42	75.94	88.61	94.03	78.10	80.60	74.26
胱氨酸 Cys	93.57	88.88	84.82	91.18	86.92	86.96	80.06	75.46
缬氨酸 Val	89.42	91.12	84.70	87.16	89.22	86.85	77.94	88.07
蛋氨酸 Met	86.82	89.72	72.71	84.58	87.94	74.86	93.16	84.38
异亮氨酸 Ile	86.83	91.13	83.48	84.56	89.40	85.62	80.11	76.46
亮氨酸 Leu	89.39	92.01	83.66	86.95	90.23	85.80	83.72	87.78
酪氨酸 Tyr	93.32	97.34	83.91	90.98	90.06	86.06	83.54	91.47
苯丙氨酸 Phe	91.37	98.56	87.66	88.80	96.11	89.81	80.98	87.38
赖氨酸 Lys	92.70	94.07	74.00	90.32	92.13	76.16	87.56	81.44
组氨酸 His	93.28	98.76	85.00	91.02	96.58	87.15	77.92	84.08
精氨酸 Arg	94.64	97.34	91.73	92.22	95.28	93.88	89.78	91.65
脯氨酸 Pro	87.08	98.90	84.00	84.94	96.66	86.14	81.25	78.32

附表 14　饲料氨基酸真利用率（％）（3）

氨基酸 AA	花生蔓 *Arachis duranensis*	苜蓿草 alfalfa meal	皇竹草 *Pennisetum hydridum*	籽粒苋粉 amaranth grain meal	墨西哥玉米干草粉 *Euchsaena mexicana*	青贮玉米秸秆 silage corn stalk	黑麦草 ryegrass	羊草 chinese wild rye
天冬氨酸 Asp	60.66	65.98	76.14	72.74	86.81	89.34	85.68	85.88
苏氨酸 Thr	54.45	84.44	75.29	69.28	83.13	85.98	77.74	83.09
丝氨酸 Ser	63.12	68.28	73.22	57.70	88.95	88.42	82.45	87.98
谷氨酸 Glu	70.19	94.66	91.09	88.28	90.79	92.77	89.12	89.43
丙氨酸 Ala	55.48	60.60	57.44	50.02	86.85	88.46	81.77	83.86
胱氨酸 Cys	59.03	62.92	58.93	61.32	81.60	88.46	55.61	89.22
缬氨酸 Val	52.11	58.67	58.01	55.62	81.20	83.39	73.46	83.15
蛋氨酸 Met	53.00	83.03	82.61	83.52	82.60	76.70	63.14	88.32
异亮氨酸 Ile	52.60	82.18	79.30	75.36	81.04	87.35	77.73	85.16
亮氨酸 Leu	55.99	61.39	58.14	58.73	89.32	91.73	85.93	88.49

（续）

氨基酸 AA	花生蔓 *Arachis* *duranensis*	苜蓿草 alfalfa meal	皇竹草 *Pennisetum* *hydridum*	籽粒苋粉 amaranth grain meal	墨西哥玉 米干草粉 *Euchsaena* *mexicana*	青贮玉米 秸秆 silage corn stalk	黑麦草 ryegrass	羊草 chinese wild rye
酪氨酸 Tyr	53.76	67.28	61.64	74.50	85.29	89.51	80.57	90.10
苯丙氨酸 Phe	65.96	70.93	67.58	55.74	85.55	89.59	81.01	87.52
赖氨酸 Lys	46.21	79.76	68.22	64.48	87.02	88.32	83.05	89.05
组氨酸 His	67.06	94.81	65.09	60.66	96.49	92.57	86.91	91.78
精氨酸 Arg	77.37	88.84	84.94	81.38	92.34	93.10	90.92	91.33
脯氨酸 Pro	56.22	61.42	61.21	59.05	90.42	91.90	79.28	88.55

附表 14　饲料氨基酸真利用率（％）（4）

氨基酸 AA	鱼粉 fish meal	肉骨粉 meat bone meal	羽毛粉 feather meal	血粉 blood meal	蚕蛹粉 silkworm chrysalis meal
天冬氨酸 Asp	86.34	72.34	62.34	71.34	86.34
苏氨酸 Thr	78.70	62.69	86.57	74.24	82.35
丝氨酸 Ser	80.29	70.56	75.69	67.63	78.63
谷氨酸 Glu	79.06	79.04	69.14	75.24	85.24
丙氨酸 Ala	82.50	73.72	73.72	74.17	74.17
胱氨酸 Cys	52.72	80.72	74.52	56.37	64.72
缬氨酸 Val	72.28	71.38	80.28	74.93	78.93
蛋氨酸 Met	81.77	72.12	42.52	82.72	90.72
异亮氨酸 Ile	82.71	71.76	71.76	63.41	53.41
亮氨酸 Leu	82.72	76.67	78.67	77.72	81.72
酪氨酸 Tyr	72.59	69.59	63.59	74.09	84.09
苯丙氨酸 Phe	82.60	71.60	79.60	78.70	86.20
赖氨酸 Lys	84.42	66.42	41.42	73.77	86.77
组氨酸 His	90.63	75.45	45.85	67.55	80.55
精氨酸 Arg	81.52	85.52	79.52	74.67	88.67
脯氨酸 Pro	85.61	72.96	76.46	73.66	79.66

一、豁眼鹅品种与养殖模式

豁眼鹅公鹅

豁眼鹅母鹅

豁眼鹅快长系公鹅

豁眼鹅快长系母鹅

选育的灰色豁眼鹅新品系

豁眼鹅"豁眼"特征

豁眼鹅保种场运动场

鹅种蛋大角度翻蛋孵化器

豁眼鹅出雏

豁眼鹅保温箱育雏

雏鹅网床养殖模式

雏鹅多层立体平养

豁眼鹅繁育群

豁眼鹅家系选育分栏饲养外景

豁眼鹅林地饲养

反季节繁殖遮黑鹅舍

鹅舍外运动场遮阴网

反季节繁殖控光鹅舍内景

豁眼鹅旱养模式

雏鹅舍暖风管道与网床养殖内景

鹅舍自动刮粪装置和饮水装置

鹅舍内网床饲养

豁眼鹅舍内地面饲养内景

豁眼鹅圈养运动场与水池

鹅家系选育运动场与水池设计

豁眼鹅舍外运动场与水池外景

豁眼鹅舍外水塘养殖模式

密闭种鹅舍与室外运动场结合模式

鹅家系选育舍内全景

雏鹅多层立体平养内景

二、鹅病理剖检图谱

刁有祥教授　提供

小鹅瘟（两腿麻痹，不能站立等神经症状）

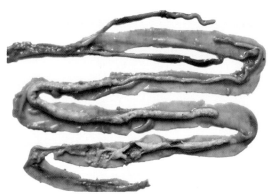

小鹅瘟（肠道黏膜呈弥漫性出血，肠腔内充满栓状物）

鹅新城疫（病鹅扭颈、转圈、仰头等神经症状）

鹅新城疫（腺胃乳头出血）

鹅新城疫（卵泡变形）

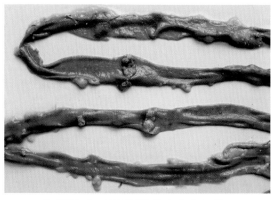

鹅新城疫（肠黏膜黄白色坏死）

鹅禽流感（患病鹅头肿大，皮下水肿，结膜白色坏死）

鹅禽流感（患病鹅皮肤毛孔充血，出血）

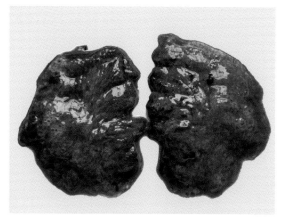

鹅禽流感（肺出血，水肿）

鹅禽流感（输卵管黏膜水肿，管腔中有黄白色渗出物，卵泡膜充血、出血）

鹅禽流感（肠黏膜弥漫性出血）

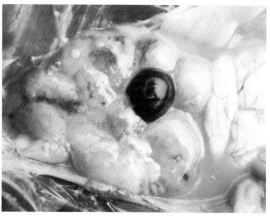

鹅禽流感（卵泡萎缩，卵泡膜充血，出血变形，其中一枚呈紫葡萄样）

鹅大肠杆菌病（肝表面、心脏表面有黄白色纤维蛋白渗出）

鹅大肠杆菌病（心脏表面有黄白色纤维蛋白渗出）

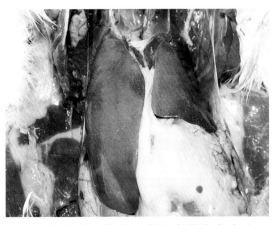

鹅霍乱（肝肿大，表面有黄白色大小不一的坏死点）

鹅霍乱（心冠脂肪有大小不一的出血点）

鹅霍乱

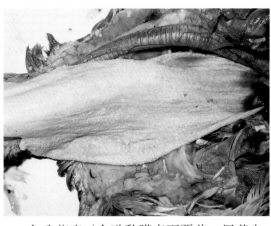

念珠菌病（食道黏膜表面覆盖一层黄白色渗出）